動力學

戴澤墩◎主編　溫炯亮　葛自祥　張振添◎校訂

Dynamics

序言

本書目標在使學生對力學原理有較深入的理解，奠定材料力學、結構學、流體力學及機械設計等相關課程之基礎，適合做為大專機械、土木、工管、建築等相關科系之教材，亦十分方便工程界人士參考使用。

本書由數位教授合力編寫，由長期的教學經驗之累積，除了精心選取內容外，在原理的闡述上力求概念精準、推理嚴謹、層次分明，並以深入淺出之方式，使不同階段與程度的學生均能吸收、領會。

本書編寫過程嚴謹、審慎，內容之選定與編排均經反覆研討並多次校訂，力求正確無誤。若仍有百密之疏，尚祈專家、讀者不吝賜教，以利日後改正，不勝感謝。

主編者　謹識

目　錄

第十三章 剛體平面運動學 183

第十四章 質點的相對運動學 265

第十五章　質點系運動力學　313

第十六章　剛體平面運動力學　355

11 質點運動學

11-1 動力學概論

在靜力學中，已研習了物體在平衡狀態下的外力計算，本章開始研究動力學，即研究物體機械運動與物體受力之間的關係。為了研究的方便與解決實際問題的需要，動力學可分為**運動學**(kinematics) 與**運動力學**(kinetics)。運動學是從幾何角度研究物體運動的幾何性質 (如位置、位移、速度和加速度等)，而不考慮產生運動的原因。運動力學則是在掌握物體受力分析和運動分析方法的基礎上，建立物體的運動和受力之間的數量關係。

動力學的形成與發展是和社會生產力的發展水準密切相關的。隨著現代工農業和科學技術的發展，近代工程技術仍在不斷地給動力學提出各種新課題。例如，高速旋轉機械的動力平衡、振動和運動的穩定性；結構在衝擊和各種振動條件下的動態響應；控制系統中動態特性分析和各種飛行器的運動軌道、飛行姿態等，都為動力學理論的應用和發展開闢了非常廣闊的前景。

動力學的研究對象或力學模型是**質點**和**質點系**。所謂**質點**(particle) 是指具有一定質量而無大小的幾何點。當忽略物體的大小並不影響所研究問題的結果時，即可把物體抽象為質點。當只研究物體的質量中心（質點）的運動規律時，就可視物體為一質點，該質點集中著整個物體的質量。例如，研究行星的質心繞太陽運行的軌道時，就可視行星為質點。凡是不能抽象為一個質點的物體或物體系，均可視為質點系，即質點系是一群具有某種關係的質點的組合。質點系是力學中最普遍、最一般的力學模型。如果質點系中任意兩質點之間的距離始終保持不變，則該質點系稱為**剛體**。在運動學中，由於不涉及質量，所以又可把質點進一步抽象化為純幾何點，剛體則抽象化為純幾何圖形。

本書將研究質點和剛體的運動學，研究質點和質點系都普遍適用的動力學基本原理和定理。但考慮到工程實際中常遇到的物體多半可視為剛體，所以我們將把諸原理和定理的應用重點放在解決剛體系的動力學問題上。

物理學中指出，對一切物體運動的描述都是相對於某一預先選定的參照物（參考體）而言的。參照物又稱**參考系**。對不同的參考系來觀察和描述同一物體的運動，其結果是不同的。例如站在地面上和坐在行駛著的車輛中來觀察同一地面建築物。在地面觀察者以地面為參考系，看到建築物處於靜止；坐在車上的觀察者，以行駛著的車輛為參考系，看到建築物處於與車輛行駛的反方向運動中。為了便於對物體的運動進行定量的描述，在選定參考系之後，還需要選定與參考系相關連的某種座標系。這種座標系稱為**參考座標系** (Reference coordinate system)。通常選取直角座標系，此外還有弧座標系、圓柱座標系等。無論那種座標系，在運動學中都可以把它們理解為一個在三維空間中的剛體。一般說來，在運動學中由於不考慮運動的物理因素，因此可以任意地選取參考系和參考座標系。但是，由於人類生活在地球上，習慣以地球為參考系來考察物體的運動。因此，以後除了特別聲明以外，物體的運動均指相對於地球這一參考系而言。在運動力學中，由於必須考慮運動的物理因素，因此，參考系的選取就不再具有任意性。例如牛頓運動定律只適用於特定的參考座標系 —— 慣性參考座標系。

11-2 質點的直線運動

根據運動路徑，可以把質點的運動分為直線運動和曲線運動（平面曲線運動和空間曲線運動）。

當質點沿一直線路徑運動時，稱該質點作**直線運動**(rectilinear motion)。例如車廂沿直線軌道的運動，鍛壓時落錘的運動等。這一節將討論直線運動時，質點的運動方程式及其速度和加速度。

11-2-1　運動方程式

設質點 M 沿直線軌道運動。取此直線為 x 軸，在軸上任選一點 O 為座標原點，即參考點，如圖 11-2.1 所示。於是質點 M 在各瞬時的位置，可用座標 x 來確定。當質點 M 運動時，它的位置隨時間變化。所以，座標 x 是時間 t 的單值連續函數，用方程式表示為

$$x = f(t) \tag{11-2.1}$$

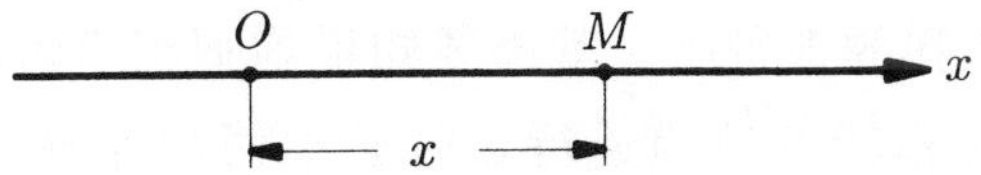

圖 11-2.1

上式稱為質點之直線運動的運動方程式，它表示 M 點的位置隨時間的變化規律。函數 $f(t)$ 知道後，即可確定任一瞬時質點 M 在直線軌道上的位置，式中長度的國際制單位 (SI) 為公尺 (m)；美國慣用單位為呎 (ft)。

11-2-2　速度

速度是表示質點之運動快慢和方向的一個物理量。設在某一瞬時 t，質點在位置 M，其座標為 x。而經過時間間隔 Δt 後，在時間

$t' = t+\Delta t$ 時，質點在位置 M'，其座標是 $x' = x+\Delta x$，如圖 11-2.2 所示。於是質點在 Δt 時間內座標的增量 $\Delta x = x' - x$， Δx 是質點由位置 M 運動至 M' 的位置變化量，稱為**位移**(displacement)。Δx 與 Δt 的比值，叫做質點在 Δt 時間內的**平均速度**(average velocity)，以 v^* 表示，則

$$v^* = \frac{\Delta x}{\Delta t}$$

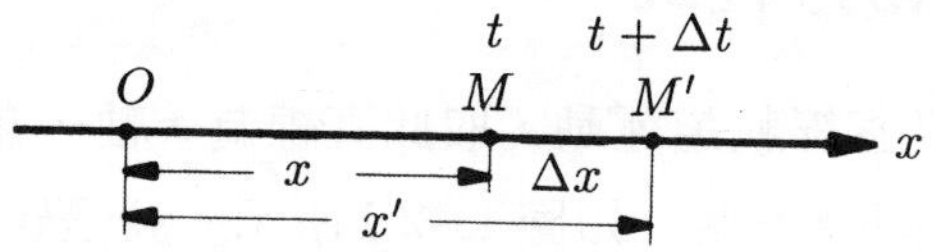

圖 11-2.2

平均速度 v^* 只能說明質點在某一段時間內運動快慢的平均值。在實際工程中，需要確切地知道物體在某一瞬時的運動速度。例如，在研究炮彈的飛行時，就需要知道炮彈出口瞬時的速度；發射人造衛星要按預期的軌道運行，就必須使它在進入軌道的瞬時，速度達到一定的大小和方向。因此，令 Δt 趨近於零，則 M' 點趨近於 M 點，而平均速度趨近於某一極限值，此極限值稱為質點在時間 t 的**瞬時速度**(instantaneous velocity)，以 v 表示該速度，則

$$v = \lim_{\Delta t \to 0} \frac{\Delta x}{\Delta t} = \frac{dx}{dt} = f'(t) \qquad (11\text{-}2.2)$$

可見，在直線運動中，質點的速度等於質點的座標對時間的一階導數。

這樣，只要知道了質點的運動方程式，求速度的問題就歸結為求已知函數 $x = f(t)$ 的一階導數的問題。如果導數 $\frac{dx}{dt}$ 在某瞬時的值為正，則表示 x 隨時間增大，因此質點沿 x 軸的正向運動。反之，

如果導數 $\frac{dx}{dt}$ 在某瞬時的值為負，則表示 x 隨時間而減少，因此質點沿 x 軸的負向運動。所以，速度的正負將表示質點沿 x 軸運動的方向。

速度的國際單位為公尺／秒 (m/s)；美國慣用單位為呎／秒 (ft/s)。

11-2-3　加速度

速度只能表示質點運動的快慢和方向，而通常質點的速度是變化的。設在某瞬時 t，質點在位置 M 的速度是 v，經過 Δt 時間間隔後，質點移至位置 M' 的速度是 v'，於是質點的速度在 Δt 時間內的增量是 $\Delta v = v' - v$。取 Δv 與 Δt 的比值，叫做質點在 Δt 時間內的**平均加速度**(average acceleration) 。以 a^* 表示，則

$$a^* = \frac{\Delta v}{\Delta t}$$

式中 a^* 表示在 Δt 時間間隔內速度的平均變化率。若令 Δt 趨近於零，則 M' 點趨近於 M 點，v' 趨近於 v，而平均加速度趨近於某一極限值，此極限值稱為質點在瞬時 t 的**瞬時加速度** (instantaneous accelemtion)，以 a 表示該加速度，則

$$a = \lim_{\Delta t \to 0} \frac{\Delta v}{\Delta t} = \frac{dv}{dt} \tag{11-2.3}$$

可見，在直線運動中，質點的加速度等於質點速度對時間的一階導數。將 $v = \frac{dx}{dt}$ 代入上式得

$$a = \frac{dv}{dt} = \frac{d^2x}{dt^2} = f''(t) \tag{11-2.4}$$

因此，質點的加速度又等於該點的座標對時間的二階導數。

這樣，只要知道了質點的運動方程式，求加速度的問題就歸結為求已知函數 $x = f(t)$ 的二階導數的問題了。

如果導數 $\frac{dv}{dt}$ 在某瞬時的值為正，則表示 a 的方向與 x 軸正向相同；反之，如果導數 $\frac{dv}{dt}$ 在某瞬時的值為負，則表示 a 的方向與 x 軸

正向相反。但是，加速度的方向並不表示質點運動的方向，它可以與運動方向（即速度方向）相同，也可以相反。如果 v 與 a 同號，則速度的絕對值越來越大，此時質點作加速運動；如果 v 與 a 異號，則速度的絕對值越來越小，此時質點作減速運動。

加速度的國際單位為公尺/秒^2(m/s^2)；美國慣用單位為呎/秒^2(ft/s^2)。由上所述，如果已知運動方程式，則求質點的速度和加速度，將變為求導數的問題；反之，如果已知速度或加速度，要求質點的運動軌跡，則只要將式 (11-2.2) 或式 (11-2.4) 積分即得，積分常數由質點運動的**初始條件**(initial condition) 決定。

11-2-4 等速直線運動與等加速直線運動

(一) 等速直線運動

當質點直線運動的速度 v 為常數時，這樣的運動叫做質點的 **等速直線運動**。由等式 $v=\dfrac{dx}{dt}$ 得

$$dx = vdt$$

設 $t=0$ 時，$x=x_0$；而在任一瞬時 t，質點的座標為 x。將上式積分

$$\int_{x_0}^{x} dx = \int_0^t vdt$$

由於 v 為常數，得

$$x - x_0 = vt$$

故

$$x = x_0 + vt \tag{11-2.5}$$

上式即為等速直線運動之質點的運動方程式。

(二) 等加速直線運動

當質點直線運動的加速度 a 為常數時，這樣的運動叫做質點的

等加速直線運動。由等式 $a=\frac{dv}{dt}$ 得

$$dv = adt$$

設 $t=0$ 時，$v=v_0$；而在瞬時 t，質點的速度為 v。將上式積分

$$\int_{v_0}^{v} dv = \int_0^t adt$$

由於 a 為常數，得

$$v = v_0 + at \tag{11-2.6}$$

將 $v=\frac{dx}{dt}$ 代入上式可得

$$\frac{dx}{dt} = v_0 + at$$

或

$$dx = v_0 dt + atdt$$

設 $t=0$ 時，$x=x_0$；而在瞬時 t，質點的座標為 x。積分上式

$$\int_{x_0}^{x} dx = \int_0^t v_0 dt + \int_0^t atdt$$

故 $$x = x_0 + v_0 t + \frac{1}{2}at^2 \tag{11-2.7}$$

(11-2.6) 及 (11-2.7) 式均為等加速直線運動公式，只有 a 為常數時才適用。如果從 (11-2.6) 式中解出 t，再代入 (11-2.7) 式，可得等加速直線運動的另一個公式：

$$v^2 = v_0^2 + 2a(x - x_0) \tag{11-2.8}$$

例 11-2.1

已知質點沿直線運動，其運動方程式為 $x=t^2-6t+10$（t 以 s 計，x 以 m 計）；求 $t=2$ s 時的速度和加速度。

解：

因已知質點的運動方程式為

$$x = t^2 - 6t + 10$$

根據 (11-2.2) 式和 (11-2.4) 式，即可求得質點在任意瞬時的速度和加速度為

$$v = \frac{dx}{dt} = 2t - 6$$

$$a = \frac{dv}{dt} = 2$$

將 $t = 2$ s 代入上式得

$$v = 2 \times 2 - 6 = -2\ \mathrm{m/s}$$

$$a = 2\ \mathrm{m/s^2} = 常數$$

由於 a 為常數，並且 v 與 a 異號，故知質點在該瞬時作等減速運動。

例 11-2.2

正弦機構如圖 11-2.3 所示。當曲柄 OA 繞 O 軸轉動時，可通過插於滑道中的滑塊 A 帶動槽桿 BC 沿鉛垂直線軌道滑動。已知角 φ 按 $\varphi = \omega t$ 規律變化，而 ω 為一常數。設 $OA = r$，$BC = b$，求滑槽上 B 點的速度和加速度。

解：

(1) 列運動方程式：因滑槽上 B 點係做直線運動，取 B 點的直線軌跡為 x 軸，曲柄的轉動中心 O 為座標原點。根據圖示的幾何關係，B 點的座標為

$$x = OB = r\sin\varphi = r\sin\omega t \tag{a}$$

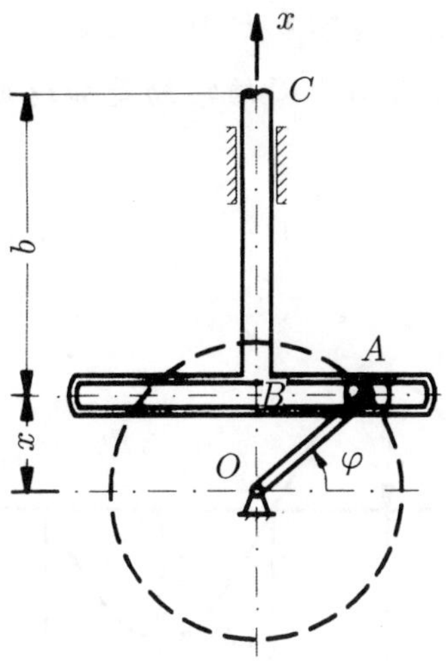

圖 11-2.3

這就是 B 點的運動方程式。它的位置 x 隨時間成正弦規律變化，稱為簡諧運動，故該機構稱為正弦機構。

(2) 質點的速度和加速度：把 B 點的運動方程式 (a) 對時間 t 求一階導數和二階導數，便得 B 點的速度和加速度為

$$v = \frac{dx}{dt} = r\omega\cos\omega t \tag{b}$$

$$a = \frac{dv}{dt} = \frac{d^2x}{dt^2} = -r\omega^2\sin\omega t \tag{c}$$

由於 $x = r\sin\omega t$，所以 B 點的加速度又可表示為

$$a = -\omega^2 x \tag{d}$$

(3) 分析討論：由 (a)、(b) 及 (c) 式，可知 B 點的座標、速度和加速度是隨時間變化的，用曲線表示如圖 11-2.4 所示，分別叫做運動圖、速度圖和加速度圖。從圖中看到：B 點將以 O 點為中心沿 x 軸在 r 和 $-r$ 之間作周期性往復運動，點 O 稱為 B 點的振動中心。B 點偏離振動中心最遠的距離 r 稱為振幅。在振動

中心時，速度值最大，加速度值為零。而在兩端位置時，加速度值最大，速度值為零。B 點從振動中心向兩端的運動是減速運動，而從兩端回到中心的運動是加速運動。即加速度方向始終指向振動中心。

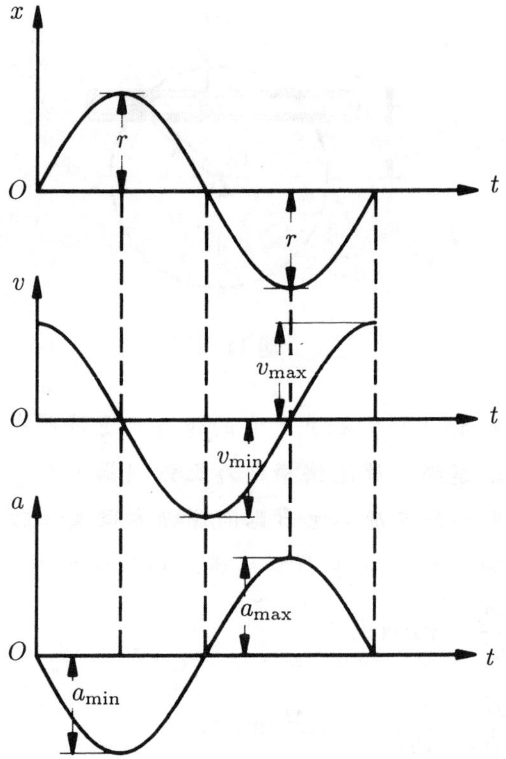

圖 11-2.4

曲柄 OA 每轉一周，B 點往復運動一次。如以 T 表示曲柄轉動一周所需的時間，則

$$\omega T = 2\pi \tag{e}$$

故

$$T = \frac{2\pi}{\omega} \tag{f}$$

在工程中，T稱為簡諧運動的週期，週期的單位為秒(s)。
週期T的倒數為每秒往復運動的次數，稱為頻率。以f表示，則

$$f = \frac{1}{T} = \frac{\omega}{2\pi} \tag{g}$$

頻率的國際單位與英制單位相同，為1/秒(1/s)，或稱為赫茲(Hz)。通常把$\omega = 2\pi f$稱為**圓頻率**，表示在2π秒內往復運動的次數。

例 11-2.3

曲柄連桿機構如圖11-2.5所示。曲柄OA可繞O軸轉動，曲柄的一端A用銷子與連桿AB連接，連桿的另端B用銷子與滑塊相連。滑塊由連桿帶動，在兩個平行導板間作直線運動。設曲柄OA長為r，與水平線間的夾角$\varphi = \omega t$，其中ω為常數。連桿長為ℓ，求滑塊B的運動方程式、速度和加速度。

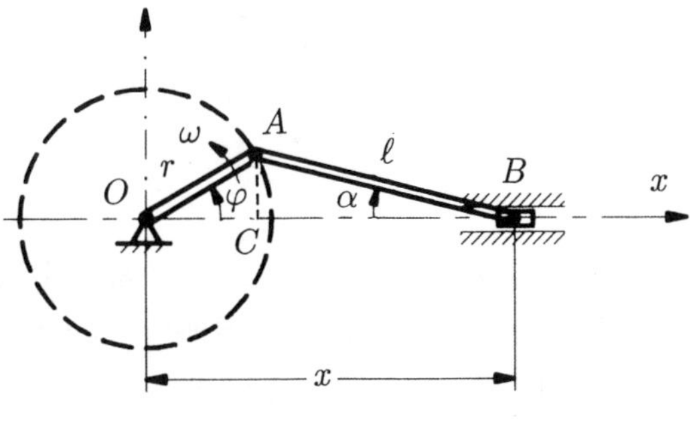

圖 11-2.5

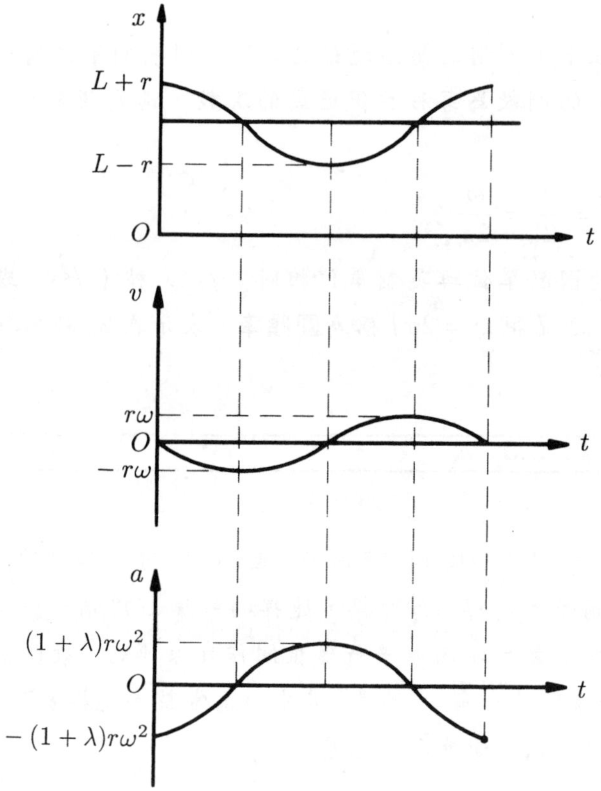

圖 11-2.6

解：

(1) 列運動方程式：滑塊 B 沿水平做直線運動，取滑塊 B 的直線軌跡為 x 軸，O 點為座標原點。在 t 秒時，OA 軸與水平軸的夾角為 φ。由幾何關係知滑塊 B 之座標為

$$\begin{aligned} x &= OB = OC + CB \\ &= r\cos\varphi + \ell\cos\alpha \end{aligned} \tag{a}$$

其中 $\varphi = \omega t$。為了將上式中 α 角也表示為時間 t 的函數，由三角形 OAC 及 ACB 得

$$r \sin\varphi = \ell \sin\alpha$$
$$\sin\alpha = \frac{r}{\ell}\sin\varphi = \lambda \sin\varphi$$

式中 $\lambda = \dfrac{r}{\ell}$ 表示曲柄長與連桿長之比，而由三角函數知

$$\cos\alpha = \sqrt{1-\sin^2\alpha} = \sqrt{1-\lambda^2\sin^2\varphi}$$

將上式代入 (a) 式，便得滑塊 B 的運動方程式

$$x = r\cos\omega t + \ell\sqrt{1-\lambda^2\sin^2\omega t} \tag{b}$$

一般曲柄連桿機構中，$\lambda < 0.2$，為了將 (b) 式簡化，可將 $\sqrt{1-\lambda^2\sin^2\varphi}$ 按二項式定理展開為級數，得

$$\sqrt{1-\lambda^2\sin^2\varphi} = 1 - \frac{1}{2}\lambda^2\sin^2\varphi + \frac{1}{8}\lambda^4\sin^4\varphi - \cdots$$

如果取 $\lambda = 0.2$，則 $\lambda^2 = 0.04$，$\lambda^4 = 0.0016\cdots$。又因 $\sin\varphi$ 的最大值是 1，可見展開式中各項的值迅速減小，例如第三項 $\frac{1}{8}\lambda^4\sin^4\varphi = 0.0002$。因此，將此項及以後各項略去，對計算結果產生的誤差極小。這樣，滑塊 B 的運動方程式可簡化為

$$x = r\cos\omega t + \ell\left(1 - \frac{1}{2}\lambda^2\sin^2\omega t\right)$$

由於

$$\sin^2\omega t = \frac{1}{2}(1-\cos 2\omega t)$$

代入 (c) 式，可得

$$x = \ell\left(1-\frac{\lambda^2}{4}\right) + r\left(\cos\omega t + \frac{\lambda}{4}\cos 2\omega t\right) \tag{c}$$

曲柄連桿機構常用來實現轉動與滑動的轉換。如鋸床、空氣錘、空氣壓縮機和往復式水泵等，就是利用它把主動件的旋轉運動轉換為從動件的直線往復運動；又如內燃機和蒸汽機等，則利用它把主動件的直線往復運動轉換為從動件的旋轉運動。

(2) 求速度和加速度：將 (d) 式對時間 t 求一階導數和二階導數，便得滑塊 B 的速度和加速度如下

$$v = \frac{dx}{dt} = -r\omega\left(\sin\omega t + \frac{\lambda}{2}\sin 2\omega t\right) \tag{d}$$

$$a = \frac{dv}{dt} = -r\omega^2\left(\cos\omega t + \lambda\cos 2\omega t\right) \tag{e}$$

(3) 分析討論：同前面例題一樣，可以將滑塊 B 的座標、速度和加速度隨時間的變化規律用曲線表示出來（圖 11-2.6）。由圖可見，當滑塊在行程兩端時，速度為零，加速度達最大值；當滑塊接近行程中點時，速度達最大值，而加速度為零。

例 11-2.4

礦井提昇裝置如圖 11-2.7(a) 所示。罐籠 A 由絞車帶動，提昇高度為 876 m，起動階段罐籠的加速度為 0.7 m/s^2，速度達到 7.84 m/s 後，即以此速度等速提昇，制動階段以減速度 0.7 m/s^2 減速提升直到最後停止。試求提昇一次所需的時間 T。

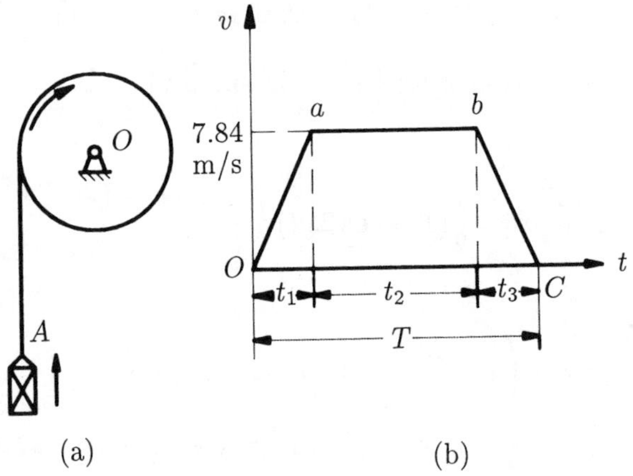

圖 11-2.7

解：

(1) 分析運動：罐籠 A 沿鉛垂直線運動，起動階段為等加速運動，第二階段為等速度運動，制動階段為等減速運動。圖 11-2.7(b) 表示罐籠的速度圖。

(2) 列等加速運動與等速運動公式，求未知量：以 t_1、t_2、 t_3 分別表示提昇各階段所用的時間。故提昇一次的總時間 $T = t_1 + t_2 + t_3$。

先計算 t_1。由於起動階段是等加速度運動，故由等加速直線運動公式即可求出 t_1。

由　$v_1 = v_0 + a_1 t_1$

因 $t = 0$ 時，$v_0 = 0$，$a_1 = 0.7\ \text{m/s}^2$；$t = t_1$，$v_1 = 7.84\ \text{m/s}$ 。

以此代入上式，得

$$7.84 = 0.7 t_1$$

$$t_1 = \frac{7.84}{0.7} = 11.2\ \text{s}$$

再計算 t_3。由於制動階段是等減速運動，故有

$$v_3 = v_2 + a_3 t_3$$

因制動開始時的速度 $v_2 = 7.84\ \text{m/s}$，$a_3 = -0.7\text{m/s}_2$；$t = t_3$ 時，$v_3 = 0$。代入上式得

$$0 = 7.84 - 0.7 t_3$$

$$t_3 = \frac{7.84}{0.7} = 11.2\ \text{s}$$

最後計算 t_2。這時，需要求出起動和制動階段所提昇的高度。在 t_1 時間內罐籠上昇的高度 h_1，由等加速運動的行程公式

$$h_1 = v_0 t_1 + \frac{1}{2} a_1 t_1^2$$

可得　$h_1 = \dfrac{1}{2} \times 0.7 \times (11.2)^2 = 44\ \text{m}$

由於 $t_1 = t_3$，故在 t_3 時間內提昇罐籠的高度 h_3 也等於 44 m。故 t_2 時間內罐籠提昇高度 h_2 為

$$h_2 = 876 - 2 \times 44 = 788 \text{ m}$$

因這個階段是等速運動，速度等於 7.84 m/s，故所需時間為

$$t_2 = \frac{7.88}{7.84} = 100.4 \text{ s}$$

所以提昇一次所需的時間為

$$\begin{aligned} T &= t_1 + t_2 + t_3 = 11.2 + 100.4 + 11.2 \\ &= 122.8 \text{ s} \end{aligned}$$

例 11-2.5

液壓減振器的部份裝置如圖 11-2.8 所示。當減振器工作時，它的活塞在油缸內作直線往復運動。設活塞的加速度 $a = -kv$，式中 v 為活塞的速度，k 為比例常數，初始速度為 v_0，求活塞的運動規律。

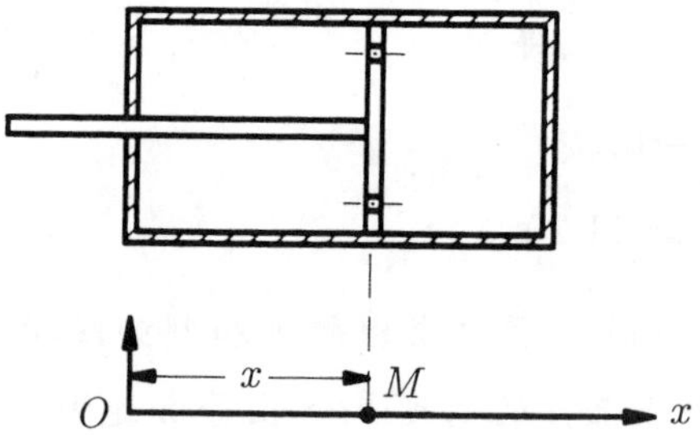

圖 11-2.8

解：

活塞作直線運動，取座標軸 Ox 如圖所示。

因　$$\frac{dv}{dt} = a$$

代入已知條件，得

$$\frac{dv}{dt} = -kv$$

分離變數並積分

$$\int_{v_0}^{v} \frac{dv}{v} = -k\int_0^t dt$$

$$\ln\frac{v}{v_0} = -kt$$

解得　$$v = v_0 e^{-kt}$$

因　$$v = \frac{dx}{dt} = v_0 e^{-kt}$$

積分上式，得

$$\int_{x_0}^{x} dx = v_0\int_0^t e^{-kt}dt$$

解得

$$x = x_0 + \frac{v_0}{k}(1 - e^{-kt})$$

例 11-2.6

如圖 11-2.9 所示。繩索 ABC 跨過滑輪 C，一端掛有重物 B，另一端 A 被人拉著沿水平方向以速度 $v = 1$ m/s 等速前進；A 點至地面的距離 $h = 1$ m，滑輪離地面的高度 $H = 9$ m，B 物和滑輪的尺寸忽略不計。當運動開始時，重物在地面上 B_0 處，繩索位於圖中虛線 A_0 位置，且處於拉緊狀態。求重物 B 上昇的運動方程式，以及重物 B 到達滑輪處時的速度和加速度。

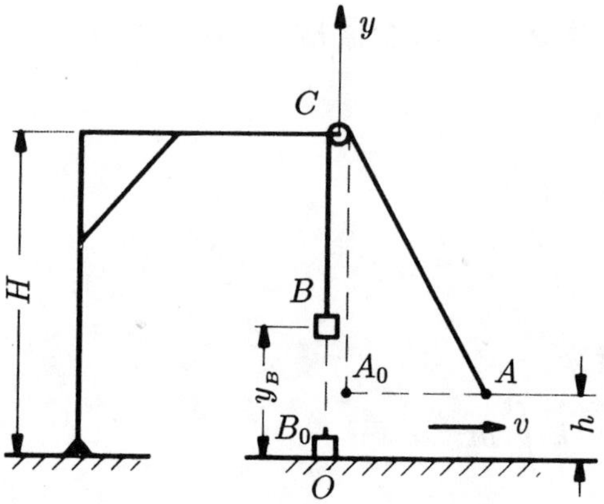

圖 11-2.9

解：

(1) 列運動方程式：重物 B 作直線運動，選座標軸 Oy 如圖示。重物 B 在任意位置的座標 y_B 與 CA 有關，由幾何關係：

$$y_B = H - (L - AC)$$

式中 $L = 2H - h = 17$ m 為繩的總長度。代入數據可得

$$y_B = AC - 8 \tag{a}$$

由題意知 $A_0C = H - h = 9 - 1 = 8$ m，$A_0A = vt = t$；由直角三角形 AA_0C 可知

$$AC = \sqrt{(A_0C)^2 + (A_0A)^2} = \sqrt{64 + t^2} \tag{b}$$

將 (b) 式代入 (a) 式得重物 B 的運動方程式為

$$y_B = \sqrt{64 + t^2} - 8 \tag{c}$$

(2) 求速度和加速度：由式 (c) 對時間 t 求導數，得任一瞬時 t 重物的速度為

$$v_B = \frac{dy_B}{dt} = \frac{t}{\sqrt{64+t^2}} \tag{d}$$

由式 (d) 對時間 t 求導數，得任一瞬時 t 重物 B 的加速度為

$$a_B = \frac{dv_B}{dt} = \frac{64}{(\sqrt{64+t^2})^3} \tag{e}$$

將 $y_B = H = 9\ m$ 代入式 (c)，可求得重物 B 到達滑輪處所需的時間為

$$t = 15 \text{ s}$$

將 $t = 15$ s 代入式 (d) 和 (e)，即得重物 B 到達滑輪處時的速度和加速度為

$$v_B = 0.882 \text{ m/s}$$

$$a_B = 0.013 \text{ m/s}$$

由上可知，A 點雖作等速運動，但 B 並非相應地作等速運動。

11-3 質點的曲線運動、速度和加速度

當質點沿一曲線路徑運動時，稱該質點作**曲線運動**(curvilinear motion)。

11-3-1　速度

設質點 M 在平面內作曲線運動，如圖 11-3.1 所示。取 $x-y$ 座標系，則質點在任一瞬時 t 的位置可用位置向量 $\boldsymbol{r}$ 表示。經過時間間隔 Δt 後，即在 $t' = t + \Delta t$ 時，質點的位置變為 M'，位置向量變為 $\boldsymbol{r}'$ ，位置向量的改變量 $\Delta \boldsymbol{r}$ 即為質點 M 在時間間隔 Δt 內的 **位移**

(displacement)。它描述了質點在 Δt 時間間隔內的位置改變量，顯然 $\Delta \boldsymbol{r}$ 是一向量，其大小為 M 至 M' 點的直線長度，方向由 M 指向 M' 點。位移 $\Delta \boldsymbol{r}$ 與時間間隔 Δt 的比值，則稱為質點在 Δt 時間內的**平均速度**。以 $\boldsymbol{v}^*$ 表示，則

$$\boldsymbol{v}^* = \frac{\Delta \boldsymbol{r}}{\Delta t}$$

令 Δt 趨近於零，則 M' 點趨近於 M 點，平均速度趨近於某一極限值，此極限值稱為質點在瞬時 t 的**瞬時速度**。以 $\boldsymbol{v}$ 表示，則

$$\boldsymbol{v} = \lim_{\Delta t \to 0} \frac{\Delta \boldsymbol{r}}{\Delta t} = \frac{d\boldsymbol{r}}{dt} \tag{11-3.1}$$

由此可見，在曲線運動中，**質點的速度向量等於它的位置向量 $\boldsymbol{r}$ 對時間的一階導數**。由於 Δt 是純量，所以平均速度的方向沿著割線 $\overline{MM'}$，並與運動的指向一致。當 Δt 趨近於零時，點 M' 最後將無限接近點 M ，割線 $\overline{MM'}$ 便成為運動路徑的切線。因此質點的速度向量沿著運動路徑的切線，並與此質點的運動方向一致（圖 11-3.1）。

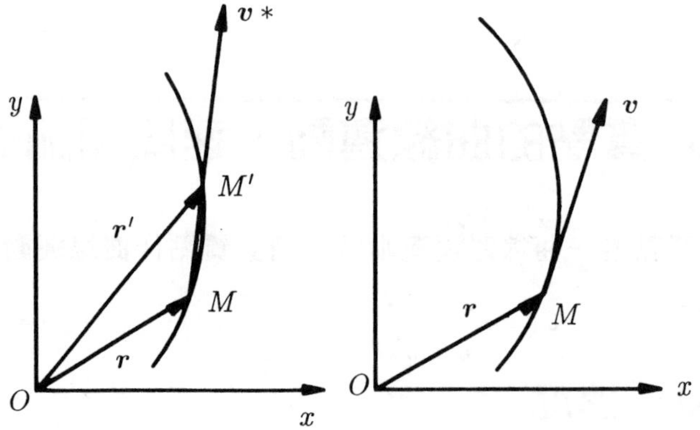

圖 11-3.1

11-3-2　加速度

為了反映質點在 t 瞬時之速度 $\boldsymbol{v}$ 改變快慢的程度，必須建立加速度的概念。設在某瞬時 t，質點 M 速度為 $\boldsymbol{v}$，如圖 11-3.2 所示。經過極短的時間間隔 Δt 後，質點的位置到達點 M'，速度為 $\boldsymbol{v}'$。於是，在 Δt 時間間隔內速度向量的增量為 $\Delta \boldsymbol{v} = \boldsymbol{v}' - \boldsymbol{v}$。（參考圖 11-3.2）。速度向量的增量 $\Delta \boldsymbol{v}$ 與時間間隔 Δt 的比值，表示質點速度在 Δt 時間內的平均變化快慢，稱為質點在此時間內的**平均加速度**。以 $\boldsymbol{a}^*$ 表示，則

$$\boldsymbol{a}^* = \frac{\Delta \boldsymbol{v}}{\Delta t}$$

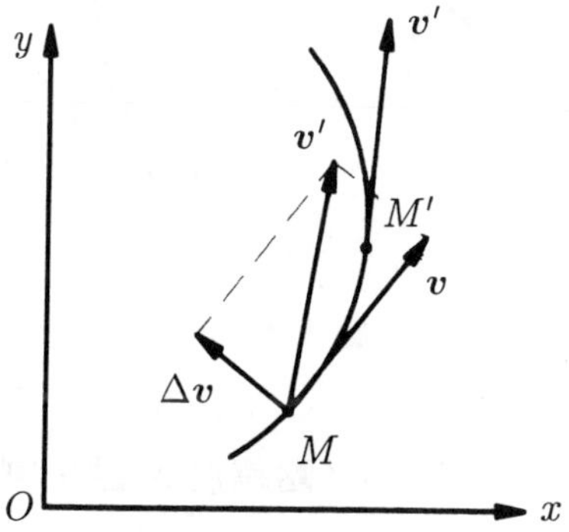

圖 11-3.2

顯然 $\boldsymbol{a}^*$ 的方向與 $\Delta \boldsymbol{v}$ 相同。當 Δt 趨近於零時，平均加速度 $\boldsymbol{a}^*$ 的極限值稱為質點在瞬時 t 的**瞬時加速度**。以 $\boldsymbol{a}$ 表示，則

$$\boldsymbol{a} = \lim_{\Delta t \to 0} \frac{\Delta \boldsymbol{v}}{\Delta t} = \frac{d\boldsymbol{v}}{dt}$$

或　$$\boldsymbol{a} = \frac{d\boldsymbol{v}}{dt} = \frac{d^2\boldsymbol{r}}{dt^2} \qquad (11\text{-}3.2)$$

上式說明，**質點的加速度向量等於該點的速度向量對時間的一階導數，或等於質點的位置向量對時間的二階導數**。

為了說明向量 $\dfrac{d\boldsymbol{v}}{dt}$ 的方向，如圖 11-3.3(a) 所示，由任一點 O' 順序作出質點在各個瞬時 t、t'、t''、$t'''\cdots$ 的速度向量 $\boldsymbol{v}$、$\boldsymbol{v}'$、$\boldsymbol{v}''$、$\boldsymbol{v}'''\cdots$。連接各個速度向量的末端 m、m'、m''、$m'''\cdots$ 所得曲線稱為質點的速度向量端圖。於是由向量導數的概念可知質點在某瞬時加速度向量的方向應沿著質點速度向量端圖在該瞬時位置的切線。

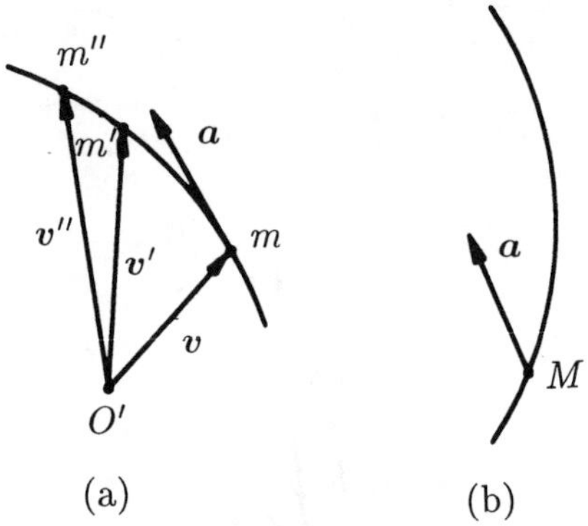

圖 11-3.3

事實上當 Δt 趨於零時，m' 點趨於 m 點，割線 $\overline{mm'}$ 趨於速度向量端圖在 m 點的切線。所以，質點的加速度向量的方向與速度向量端圖在相應的點 M 的切線平行，如圖 11-3.3(b) 所示。可見，質點的加速度向量並不沿質點路徑的切線方向。

11-4 質點的曲線運動－速度和加速度在直角座標系上的投影

當質點作曲線運動時，通常採用向量分析的方法來描述質點的位移、速度和加速度，以作為理論分析的基礎。但在具體運算時，則採用某些特定的座標系。本節採用直角座標系來求質點速度和加速度的大小與方向。

11-4-1　速度在直角座標軸上的投影

設質點 M 在平面內作曲線運動，如圖 11-4.1 所示，取固定直角參考座標系 Oxy，則在任意瞬時 t 質點的位置向量沿直角座標軸的分解式可表為

$$\boldsymbol{r} = x\boldsymbol{i} + y\boldsymbol{j}$$

式中座標 x 與 y 均為時間的函數，$\boldsymbol{i}$、$\boldsymbol{j}$ 分別為 x、y 軸的單位向量。把上式代入式 (11-3.1)，並注意到 $\boldsymbol{i}$、$\boldsymbol{j}$ 是大小與方向均不變的常向量，它們對時間的導數均為零，於是可得速度向量沿座標軸的分解式為

$$\boldsymbol{v} = \frac{d\boldsymbol{r}}{dt} = \frac{dx}{dt}\boldsymbol{i} + \frac{dy}{dt}\boldsymbol{j} \tag{11-4.1}$$

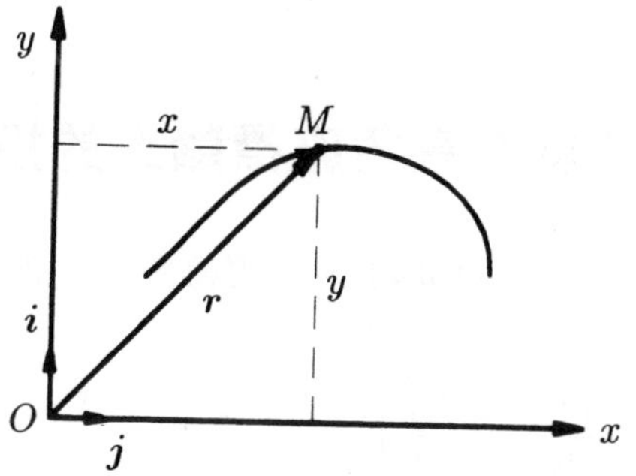

圖 11-4.1

顯然，$\boldsymbol{i}$、$\boldsymbol{j}$ 前面的係數分別表示質點速度向量在 x、y 軸上的投影 v_x、v_y。所以 (11-4.1) 式表明：**質點速度向量在直角座標系各軸上**

的投影，等於對應座標對時間的一階導數。即

$$\left.\begin{aligned} v_x &= \frac{dx}{dt} \\ v_y &= \frac{dy}{dt} \end{aligned}\right\} \tag{11-4.2}$$

而速度的大小和方向分別為

$$\left.\begin{aligned} v &= \sqrt{v_x^2 + v_y^2} \\ \tan\alpha &= \frac{v_y}{v_x} \end{aligned}\right\} \tag{11-4.3}$$

式中 α 係以逆時針方向從 x 軸量至 $\boldsymbol{v}$ 之角度（圖 11-4.2）。

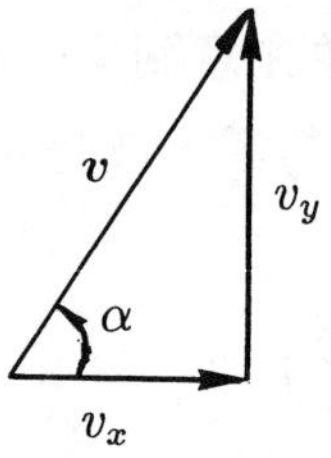

圖 11-4.2

11-4-2 加速度在直角座標軸上的投影

把 (11-4.1) 式代入 (11-3.2) 式，可得質點的加速度向量沿直角座標軸的分解式

$$\begin{aligned} \boldsymbol{a} &= \frac{d\boldsymbol{v}}{dt} = \frac{dv_x}{dt}\boldsymbol{i} + \frac{dv_y}{dt}\boldsymbol{j} \\ &= \frac{d^2x}{dt^2}\boldsymbol{i} + \frac{d^2y}{dt^2}\boldsymbol{j} \end{aligned} \tag{11-4.4}$$

顯然，式中 $\boldsymbol{i}$、$\boldsymbol{j}$ 前面的係數分別表示質點加速度向量在 x、y 軸上的投影 a_x、a_y，即

$$\left.\begin{aligned} a_x &= \frac{dv_x}{dt} = \frac{d^2x}{dt^2} \\ a_y &= \frac{dv_y}{dt} = \frac{d^2y}{dt^2} \end{aligned}\right\} \tag{11-4.5}$$

(11-4.5) 式表明：**質點的加速度向量在直角座標軸上的投影，分別等於其對應的速度投影對時間的一階導數，或對應的座標對時間的二階導數**。

當已知 (11-4.5) 式時，可求得加速度向量的大小與方向為

$$\left.\begin{aligned} a &= \sqrt{a_x^2 + a_y^2} \\ \tan\beta &= \frac{a_y}{a_x} \end{aligned}\right\} \tag{11-4.6}$$

式中 β 係以逆時針方向從 x 軸量至 $\boldsymbol{a}$ 之角度（見圖 11-4.3）。

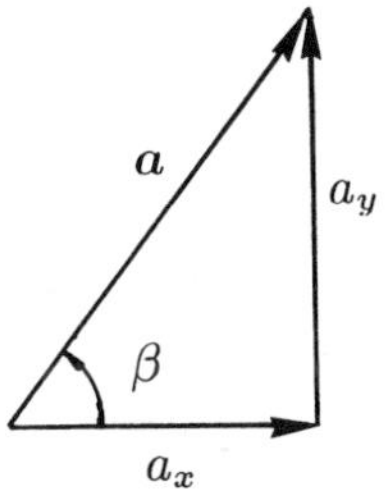

圖 11-4.3

例 11-4.1

橢圓規的規尺 AB 在點 C 與曲柄 OC 以鉸銷相聯，兩端分別與置於鉛垂和水平軌道內的滑塊 A、B 相鉸接（圖 11-4.4(a)）。當曲柄轉動時，帶動滑塊在軌道中滑動。試求規尺上 M 點的運動方程式、軌跡、速度和加速度。設已知 $AC = BC = OC = \ell$，$MC = b$、角 $\varphi = \omega t$，其中 ω 為常數。

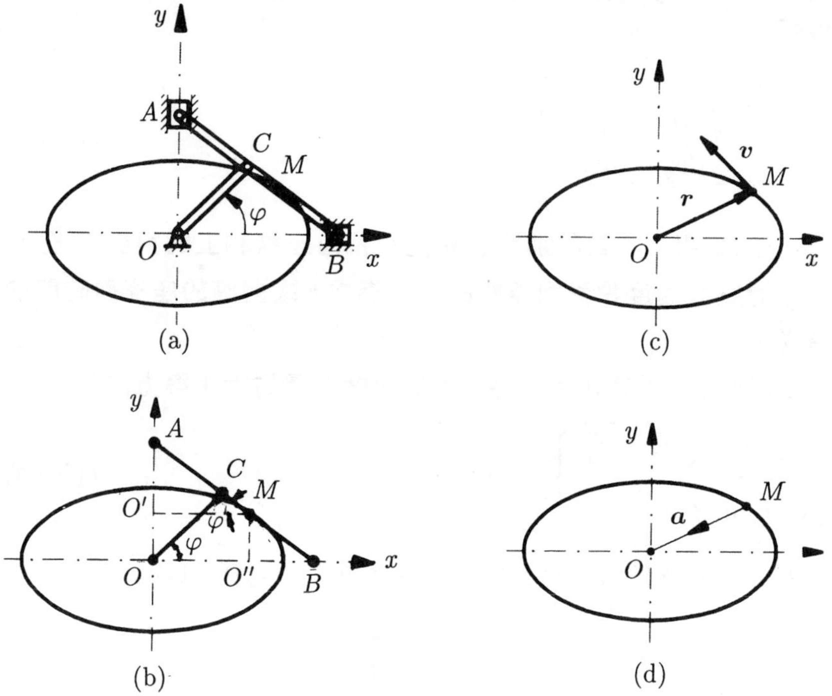

圖 11-4.4

解：

(1) 求運動方程式和軌跡方程式：選直角座標軸 Oxy 如圖示。規尺上 M 點做平面曲線運動。

參考圖 11-4.4(b)：

$$\overline{OC} = \overline{CB}$$

$$\therefore \quad \angle COB = \angle OBC = \varphi$$

$\therefore$ M 點之 x 座標

$$x = \overline{AM}\cos\varphi$$

$$= (\ell + b)\cos\varphi = (\ell + b)\cos\omega t$$

M 點之 y 座標

$$y = \overline{BM}\sin\varphi$$
$$= (\ell - b)\sin\varphi$$
$$= (\ell - b)\sin\omega t$$

此即 M 點的運動方程式。消去運動方程式中時間 t，得到軌跡方程式為

$$\frac{x^2}{(\ell + b)^2} + \frac{y^2}{(\ell - b)^2} = 1$$

這是長軸等於 $(\ell+b)$ 並與 x 軸重合，短軸等於 $(\ell-b)$ 並與 y 軸重合的橢圓。若在 M 點固定一筆尖，即可畫出此橢圓如圖所示。

(2) 求速度：將 M 點的座標 x、y 分別對時間 t 求一階導數，可得 M 點的速度在 x、y 軸上的投影分別為

$$v_x = \frac{dx}{dt} = -(\ell + b)\omega\sin\omega t$$

$$v_y = \frac{dy}{dt} = (\ell - b)\omega\cos\omega t$$

由此可求得 M 點的速度大小為

$$v = \sqrt{v_x^2 + v_y^2} = \omega\sqrt{\ell^2 + b^2 - 2\ell b\cos 2\omega t}$$

速度向量 $\boldsymbol{v}$ 的方向為（參考圖 11-4.5）

$$\theta = \tan^{-1}\frac{v_y}{v_x}$$

(3) 求加速度：把各速度分量對時間求導數可得加速度之各分量為

$$a_x = \frac{dv_x}{dt} = -(\ell + b)\omega^2\cos\omega t = -x\omega^2$$

$$a_y = \frac{dv_y}{dt} = -(\ell - b)\omega^2\sin\omega t = -y\omega^2$$

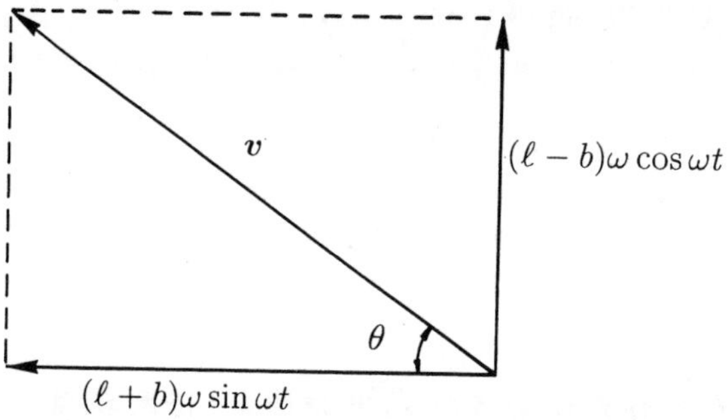

圖 11-4.5

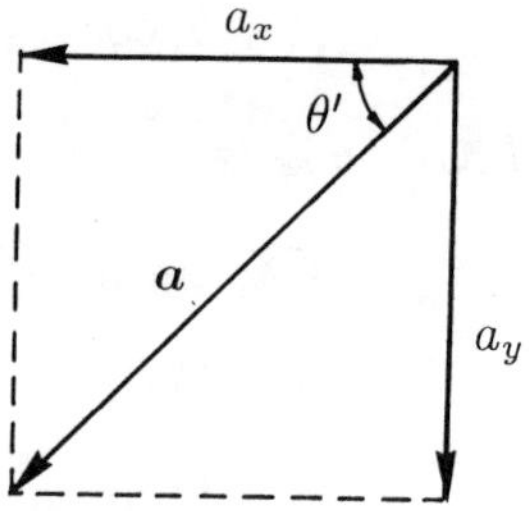

圖 11-4.6

故得加速度的大小為

$$a=\sqrt{a_x^2+a_y^2}=\omega^2\sqrt{x^2+y^2}=r\omega^2$$

加速度向量 $\boldsymbol{a}$ 的方向為（參見圖 11-4.6）

$$\theta'=\tan^{-1}\frac{a_y}{a_x}$$

於是有

$$\boldsymbol{a}=a_x\boldsymbol{i}+a_y\boldsymbol{j}=-\omega^2(x\boldsymbol{i}+y\boldsymbol{j})=-\omega^2\boldsymbol{r}$$

上式中 $\boldsymbol{r}$ 為 M 點的位置向量。可見 $\boldsymbol{a}$ 的大小與向量 $\boldsymbol{r}$ 的大小成正比，而方向與 $\boldsymbol{r}$ 相反（圖 11-4.4c 及 d）。

例 11-4.2

質點 A 和 B 在同一直角座標系中的運動方程式分別為

$$x_A=t\ ,\ y_A=2t^2$$
$$x_B=t^2\ ,\ y_B=2t^4$$

其中 x、y 以 mm 計算，t 以 s 計。試求 (1) 兩點的運動軌跡；(2) 兩點相遇的時刻；(3) 該時刻它們各自的速度和加速度的大小。

解：

(1) A、B 的軌跡：由 A、B 兩質點各自運動方程式消去 t，得軌跡為

$$y_A = 2x_A^2$$

$$y_B = 2x_B^2$$

(2) 相遇的時刻：由 A、B 點各自的運動方程式對時間求導數，則

$$v_{Ax} = \frac{dx_A}{dt} = 1\ ,\ v_{Ay} = \frac{dy_A}{dt} = 4t$$

$$v_A = \sqrt{v_{Ax}^2 + v_{Ay}^2} = \sqrt{1 + 16t^2}$$

$$v_{Bx} = \frac{dx_B}{dt} = 2t\ ,\ v_{By} = \frac{dy_B}{dt} = 8t^3$$

$$v_B = \sqrt{v_{Bx}^2 + v_{By}^2} = 2t\sqrt{1 + 16t^3}$$

$$a_{Ax} = \frac{dv_{Ax}}{dt} = 0\ ,\ a_{Ay} = \frac{dv_{Ay}}{dt} = 4$$

$$a_A = \sqrt{0^2 + 4^2} = 4$$

$$a_{Bx} = \frac{dv_{Bx}}{dt} = 2\ ,\ a_{By} = \frac{dv_{By}}{dt} = 24t^2$$

$$a_B = \sqrt{2^2 + (24t^2)^2}$$

當 $x_A = x_B$ 時，有

$$t = t^2$$

$$\Rightarrow t(t-1) = 0\ ,\ \therefore t = 1$$

當 $y_A = y_B$ 時，有

$$t^2 = t^4$$

$$\Rightarrow t^2(t^2 - 1) = 0\ ,\ t = \pm 1$$

故 $t=1$ s時兩質點相遇。

(3) 該時刻的速度和加速度：以 $t=1$ 代入有

$$v_A = \sqrt{1+16} = \sqrt{17} = 4.12 \text{ mm/s}$$

$$v_B = 2\sqrt{1+16} = 2\sqrt{17} = 8.25 \text{ mm/s}$$

$$a_A == 4 \text{ mm/s}^2$$

$$a_B = \sqrt{4+(24t^2)^2} = \sqrt{4+(24\times 1^2)^2}$$

$$= \sqrt{580} = 24.1 \text{ mm/s}^2$$

例 11-4.3

質點的加速度之直角座標各分量為 $a_x=-16\cos 2t$，$a_y=-20\sin 2t$ ，已知 $t=0$ 時，$x_0=4$，$y_0=5$，$v_{0x}=0$，$v_{0y}=10$ 。其長度單位以cm計，時間以s計。試求其運動方程式和軌跡方程式。

解：

由 $dv_x=a_xdt$ 及 $dv_y=a_ydt$

二式各於兩邊積分：

$$\int_{v_{0x}}^{v_x} dv_x = \int_0^t a_x dt \text{ , } \int_{v_{0y}}^{v_y} dv_y = \int_0^t a_y dt$$

得：

$$v_x = \int_0^t -16\cos 2t dt = -8\sin 2t$$

$$v_y = 10 + \int_0^t -20\sin 2t dt$$

$$= 10 + 10\cos 2t \Big|_0^t$$

$$= 10\cos 2t$$

由 $dx = v_x dt$ 及 $dy = v_y dt$

二式各於兩邊積分：

$$\int_{x_0}^{x} dx = \int_{v_{0x}}^{v_x} v_x dt\ ,\ \int_{y_0}^{y} dy = \int_{v_{0y}}^{v_y} v_y dt$$

得：
$$x - 4 = 4\cos 2t\Big|_0^t$$

$$x = 4\cos 2t$$

$$y - 5 = \int_0^t 10\cos 2t$$

$$y = 5 + 5\sin 2t$$

故其運動方程式為

$$x = 4\cos 2t$$

$$y = 5 + 5\sin 2t$$

可寫為

$$\frac{x}{4} = \cos 2t$$

$$\frac{y-5}{5} = \sin 2t$$

∴軌跡方程式為

$$\frac{x^2}{4^2} + \frac{(y-5)^2}{5^2} = 1$$

例 11-4.4

噴水槍的仰角 $\varphi = 45°$，水流以 $v_o = 20$ m/s 的速度射至傾角為 60° 的斜坡上。欲使水流射到斜坡上的速度與斜面垂直，試求水流噴射在斜坡上的高度 h 及水槍位置 O 與坡腳 A 的距離 s（圖 11-4.7）。

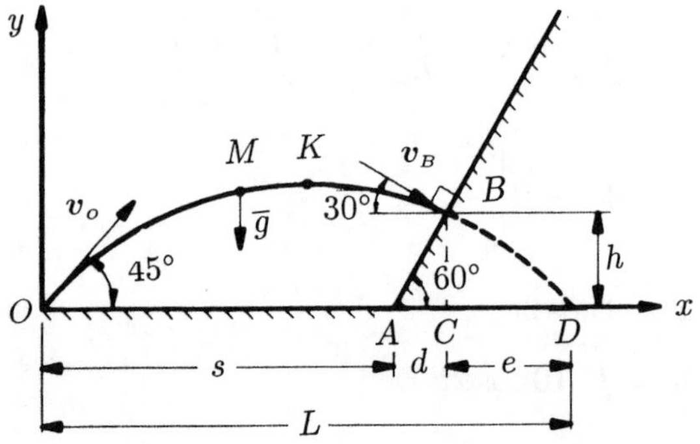

圖 11-4.7

解：

(1) 運動分析：如圖所示，水流（可視為拋射體）質點的加速度在座標軸 x、y 上的投影分別為 $a_x = 0$，$a_y = -9.81\ \mathrm{m/s^2}$，即水質點在 x 方向上作等速運動，在 y 方向上作等加速度運動。

(2) 求高度 h：設水流噴射在斜坡上的 B 點，此時的速度為 $\boldsymbol{v}_B$，由圖知 $\boldsymbol{v}_B$ 與水平線的交角為 30°，則有

$$v_o \cos\varphi = v_B \cos 30^\circ$$

即

$$v_B = v_o \frac{\cos 45^\circ}{\cos 30^\circ} = 20\frac{\sqrt{2}}{\sqrt{3}}\ \mathrm{m/s}$$

$$v_{By} = -v_B \sin 30^\circ = -10\frac{\sqrt{2}}{\sqrt{3}}\mathrm{m/s}$$

由拋物體的運動性質，如無斜面 AB 阻擋，水流落至水平面 D 處的末速度亦為 v_o，它在 y 軸上投影為

$$v_{oy} = -v_o \sin 45^\circ = -20\frac{\sqrt{2}}{2} = -10\sqrt{2}\ \mathrm{m/s}$$

由 $a_y =$ 常數的性質有

$$v_{oy}^2 - v_{By}^2 = 2gh$$

故　$h = \dfrac{v_{oy}^2 - v_{By}^2}{2g} = \dfrac{200 - \dfrac{200}{3}}{2 \times 9.81} = 6.80 \text{ m}$

(3) 求 s：由拋射體性質有

$$v_{oy} = v_{By} - gt_{BD}$$

得　$t_{BD} = \dfrac{10\sqrt{2} - 10\dfrac{\sqrt{2}}{\sqrt{3}}}{9.81} = 0.61 \text{ s}$

故　$e \ = v_o \cos\varphi \times t_{BD} = 10\sqrt{2} \times 0.61 = 8.62 \text{ m}$

又　$d \ = h \tan 30^\circ = \dfrac{6.8}{\sqrt{3}} = 3.92 \text{ m}$

設水流至最高點 K（此時水流速度平行 x 軸）所需時間為 t_1，則

$$0 = v_o \sin\varphi - gt_1$$

得　$t_1 = \dfrac{v_o \sin 45^\circ}{g} = \dfrac{10\sqrt{2}}{9.81} = 1.44 \text{ s}$

故一個完整的拋射過程為時間 $t = 2t_1 = 2.88$ s，而整個水平距離為

$$L = = v_o \cos\varphi \times t = 10\sqrt{2} \times 2.88$$

$$= 40.8 \text{ m}$$

故　$s = L - d - e = 40.8 - 3.92 - 8.62$

$$= 28.3 \text{ m}$$

例 11-4.5

定向爆破時爆炸物從起爆點 A 至散落處 B 的運動可以近似地作

為拋射運動。設 A、B 兩處高差為 H，水平距離為 L，初速 $\boldsymbol{v}_0$ 與水平線夾角為 α，試推證 $\boldsymbol{v}_0$ 的大小應為（圖 11-4.8）

$$v_0 = \sqrt{\frac{gL}{\left(1 + \frac{H}{L}\cot\alpha\right)\sin 2\alpha}}$$

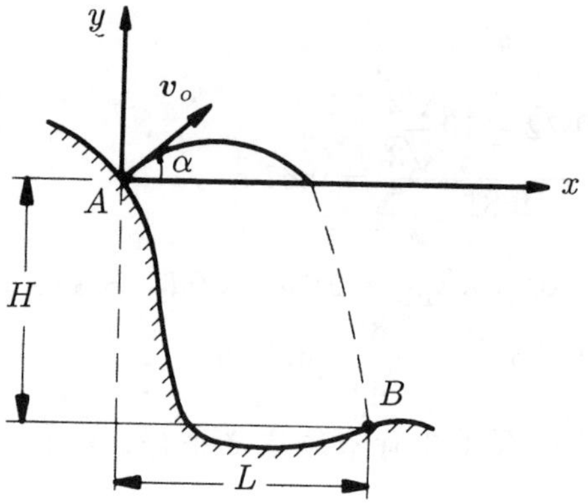

圖 11-4.8

解：

由拋射體公式有

$$-H = v_o \sin\alpha \cdot t - \frac{1}{2}gt^2 \tag{a}$$

$$L = v_o t \cos\alpha \tag{b}$$

由 (b) 式解出 t

$$t = \frac{L}{v_o \cos\alpha}$$

代入 (a) 式所得

$$-H = v_0\frac{\sin\alpha \cdot L}{v_o\cos\alpha} - \frac{1}{2}g\frac{L^2}{V_o^2\cos^2\alpha}$$

故 $$v_o^2 = \frac{gL^2}{2\cos^2\alpha(L\tan\alpha + H)}$$

$$v_o = \sqrt{\frac{gL}{\left(1+\dfrac{H}{L}\cot\alpha\right)\sin 2\alpha}}$$

11-5 質點的曲線運動－速度和加速度在自然軸系上的投影

在研究質點運動時，常常遇到質點的運動路徑（或稱軌跡）是已知的情況。這時雖然也可用直角座標系這種方法求解，但通常用自然座標系的方法更為方便。設質點的運動軌跡為已知平面曲線 $\overset{\frown}{AB}$，在 $\overset{\frown}{AB}$ 上任取某點 O 為參考點（圖 11-5.1），並規定從這點開始向曲線某一方向量取的弧長為正值，向相反方向量取的弧長為負值。則任一瞬時 t 質點 M 在已知軌跡上的位置，可由其距 O 點的弧長 s 來確定。代數量 s 稱為質點 M 的**弧座標**(Arc coordinate)。當質點沿已知軌跡運動時，弧座標 s 是時間 t 的單值連續函數，並表示為

$$s = f(t) \tag{11-5.1}$$

上式稱為**質點沿已知軌跡的運動方程式**，或自然形式的點運動方程式。

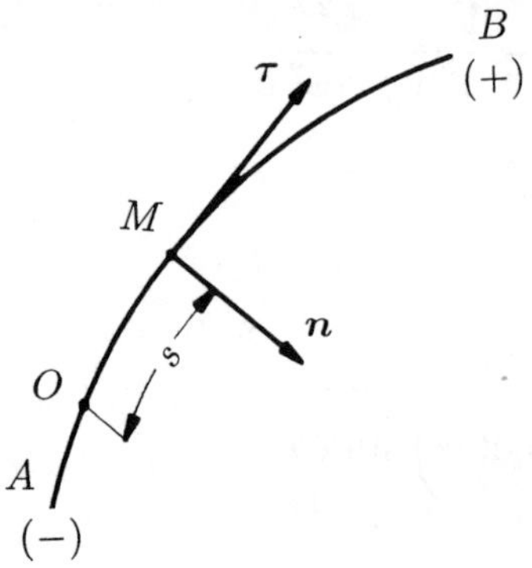

圖 11-5.1

11-5-1 速度在自然座標系上的投影

設已知質點的運動方程式 $s = f(t)$。某時刻 t，在質點 M 所在的位置處，選取軌跡曲線的切線和法線作為互相垂直的軸系，稱為**自然座標系**。以 $\boldsymbol{\tau}$ 表示沿切線並指向 s 增加的方向的單位向量，以 $\boldsymbol{n}$ 表示沿法線並指向曲線的曲率中心的單位向量。則由解析幾何知

$$\boldsymbol{\tau} = \frac{dx}{ds}\boldsymbol{i} + \frac{dy}{ds}\boldsymbol{j} \tag{11-5.2}$$

其中 (x , y) 為質點 M 處的直角座標，$\boldsymbol{i}$、$\boldsymbol{j}$ 為沿直角座標軸的正向單位向量。

由上節知：

$$\boldsymbol{v} = \frac{dx}{dt}\boldsymbol{i} + \frac{dy}{dt}\boldsymbol{j} = \frac{dx}{ds}\cdot\frac{ds}{dt}\boldsymbol{i} + \frac{dy}{ds}\cdot\frac{ds}{dt}\boldsymbol{j}$$

$$= \frac{ds}{dt}\left(\frac{dx}{ds}\boldsymbol{i} + \frac{dy}{ds}\boldsymbol{j}\right)$$

考慮 (11-5.2) 式即得

$$\boldsymbol{v} = \frac{ds}{dt}\boldsymbol{\tau} \tag{11-5.3}$$

或寫成

$$\boldsymbol{v} = v\boldsymbol{\tau} \tag{11-5.4}$$

其中 $v = \dfrac{ds}{dt}$，(11-5.3) 式說明質點速度的大小等於 $\left|\dfrac{ds}{dt}\right|$，它的方向總與軌跡切線平行。當 $\dfrac{ds}{dt} > 0$ 時，速度方向與 $\boldsymbol{\tau}$ 同向；當 $\dfrac{ds}{dt} < 0$ 時，速度方向與 $\boldsymbol{\tau}$ 反向。

11-5-2　加速度在自然軸系上的投影

設 $\boldsymbol{v}$ 和 $\boldsymbol{v}'$ 分別為質點 M 在 t 和 $t' = t + \Delta t$ 瞬時的速度向量，由 (11-5.4) 式可知它們可以寫成

$$\boldsymbol{v}' = v\boldsymbol{\tau}'$$

$$\boldsymbol{v} = v\boldsymbol{\tau}$$

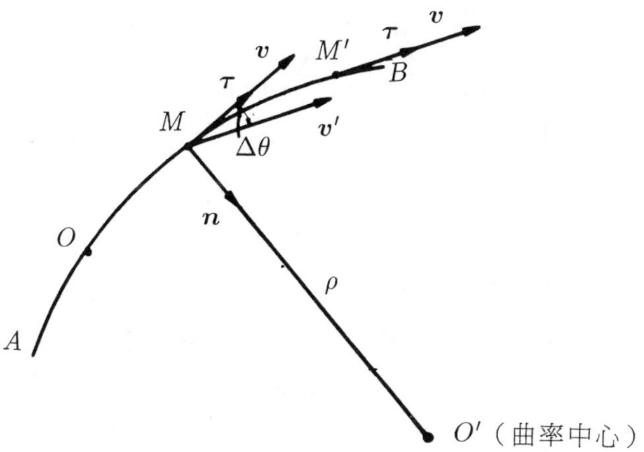

圖 11-5.2

又設 $\Delta\theta$ 為 $\boldsymbol{\tau}'$ 相對於 $\boldsymbol{\tau}$ 所轉過的角（圖 11-5.2）。由高等數學知，

$$\lim_{\Delta\theta \to 0} \frac{\Delta s}{\Delta\theta} = \rho$$

其中 $\Delta s = \overset{\frown}{MM'}$，$\rho$ 稱為曲線在 M 點的曲率半徑。

由加速度的定義知

$$\boldsymbol{a} = \frac{d\boldsymbol{v}}{dt} = \lim_{\Delta t \to 0} \frac{\boldsymbol{v}' - \boldsymbol{v}}{\Delta t}$$

可得加速度 $\boldsymbol{a}$ 在 $\boldsymbol{\tau}$ 和 $\boldsymbol{n}$ 的投影分別為

$$a_\tau = \lim_{\Delta t \to 0} \frac{(\boldsymbol{v}' - \boldsymbol{v})_\tau}{\Delta t} = \lim_{\Delta t \to 0} \frac{v' \cos \Delta\theta - v}{\Delta t}$$

$$a_n = \lim_{\Delta t \to 0} \frac{(\boldsymbol{v}' - \boldsymbol{v})_n}{\Delta t} = \lim_{\Delta t \to 0} \frac{v' \sin \Delta\theta - 0}{\Delta t}$$

$$= \lim_{\Delta t \to 0} \frac{\sin \Delta\theta}{\Delta s} \cdot \frac{\Delta s}{\Delta t} \cdot v'$$

考慮到當 $\Delta t \longrightarrow 0$ 時有 $\cos \Delta\theta \longrightarrow 1$，$\sin \Delta\theta \longrightarrow \Delta\theta$，$v' \longrightarrow v$，則有

$$\begin{aligned} a_\tau &= \lim_{\Delta t \to 0} \frac{v' - v}{\Delta t} = \frac{dv}{dt} = \frac{d^2 s}{dt^2} \\ a_n &= \lim_{\Delta t \to 0} \left(\frac{\Delta\theta}{\Delta s}\right) \cdot \left(\frac{\Delta s}{\Delta t}\right) \cdot v' = \frac{v^2}{\rho} \end{aligned} \tag{11-5.5}$$

因此質點加速度向量式寫為：

$$\boldsymbol{a} = \boldsymbol{a}_\tau + \boldsymbol{a}_n = a_\tau \boldsymbol{\tau} + a_n \boldsymbol{n} \tag{11-5.6}$$

其中 $\boldsymbol{a}_\tau$ 稱為**切線加速度**(Tangential acceleration)，它反映了質點速度大小的變化率。如果 $a_\tau = \dfrac{dv}{dt}$ 在某瞬時的值為負，則表示 $\boldsymbol{a}_\tau$ 指向軌跡負向一邊。$\boldsymbol{a}_n$ 稱為**法線加速度**(Normal acceleration)，它反映了質點速度方向的變化率。它的大小是正值，方向總是指向曲率中心，故也叫**向心加速度**。

全加速度的大小由下式求出：

$$a = \sqrt{a_\tau^2 + a_n^2} \tag{11-5.7}$$

它與法線間的夾角之正切為（圖 11-5.3）

$$\tan\alpha = \frac{|a_\tau|}{a_n} \tag{11-5.8}$$

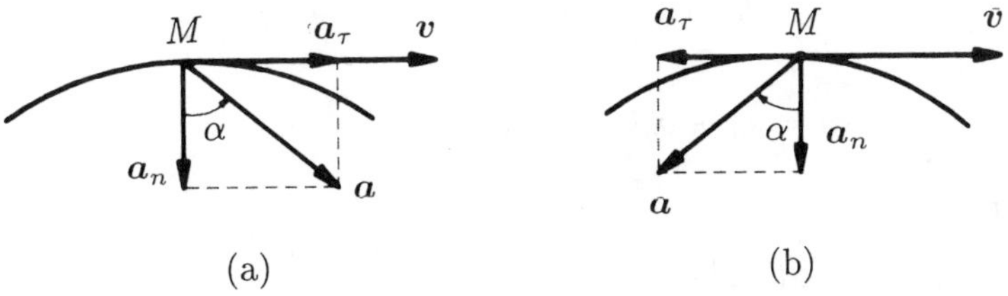

圖 11-5.3

當質點作直線運動時，$\rho = \infty$，因此，$a_n = 0$，即 $a = a_\tau$。質點的加速度只有切線加速度，它始終與軌跡（直線）重合。

11-5-3　等速率曲線運動與等加速率曲線運動

(一) 等速率曲線運動

當質點作等速率曲線運動時，$v = \dfrac{ds}{dt} =$ 常數，因此 $a_\tau = 0$，即 $\boldsymbol{a} = \boldsymbol{a}_n$，質點的加速度只有法線加速度，它始終指向曲線的曲率中心。此時質點在弧座標下的運動方程式可由積分得

$$\int_{s_0}^{s} ds = \int_0^t v dt$$

$$s = s_0 + vt \tag{11-5.9}$$

其中 s_0 為 $t = 0$ 時質點的弧座標。

(二) 等加速率曲線運動

當質點作等加速率曲線運動時，$a_\tau = \dfrac{dv}{dt} =$ 常數。由 $dv = a_\tau dt$ 積分得

$$\int_{v_0}^{v} dv = \int_0^t a_\tau dt$$

$$v = v_0 + a_\tau t \tag{11-5.10}$$

再由 $ds = (v_0 + a_\tau t)dt$ 積分得

$$\int_{s_0}^{s} ds = \int_0^t (v_0 + a_\tau t)dt$$

$$s = s_0 + v_0 t + \frac{1}{2}a_\tau t^2 \tag{11-5.11}$$

再由

$$\frac{dv}{dt} = \frac{dv}{ds} \cdot \frac{ds}{dt} = v\frac{dv}{ds} = a_\tau$$

分離變數積分可得

$$\int_{v_0}^{v} vdv = \int_{s_0}^{s} a_\tau ds$$

$$v^2 - v_0^2 = 2a_\tau(s - s_0) \tag{11-5.12}$$

式 (11-5.10)、(11-5.11) 和 (11-5.12) 與質點作等加速度直線運動的公式完全相似，只不過質點作曲線運動時，式中的加速度應該是切線加速度 a_τ，而不是全加速度 $\boldsymbol{a}$，這是因為質點作曲線運動時，表示運動速度大小變化的量只是全加速度的一個分量，即切線加速度。

例 11-5.1

圖 11-5.4 所示曲柄搖桿機構，曲柄 OA 長 10 cm，繞 O 軸轉動，已知轉角 $\varphi = \frac{\pi}{4}t$（φ 的單位為 rad，t 的單位是 s）。擺桿長 $O_1B = 24$ cm，係由鉸銷連接於 OA 上的滑塊 A 帶著繞 O_1 軸轉動。距離 $OO_1 = 10$ cm，求 B 點的運動方程式、速度和加速度。

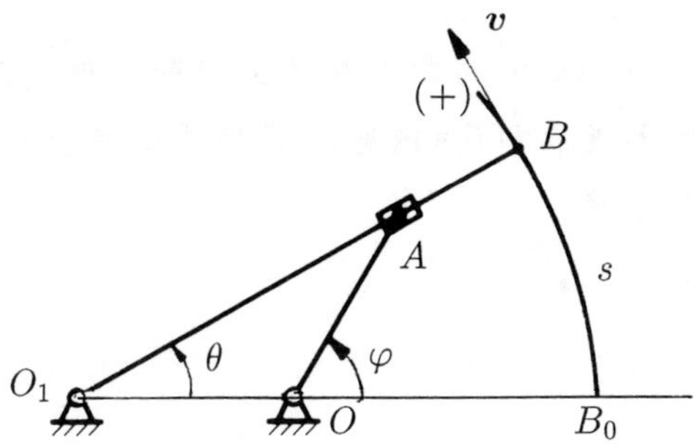

圖 11-5.4

解：

B 點的運動軌跡是以 $O_1B = 24$ cm 為半徑的圓弧，取 $t = 0$ 時 B 所在位置 B_0 為弧座標原點，則 B 點的弧座標運動方程式為

$$s = B_0B = \overline{O_1B} \cdot \theta$$

因　$\overline{O_1O} = \overline{OA}$，$\varphi = 2\theta$

故　$s = O_1B \cdot \dfrac{\varphi}{2} = \dfrac{1}{2} \times 24 \times \dfrac{\pi}{4}t = 3\pi t$

B 點的速度

$$v = \frac{ds}{dt} = 3\pi \approx 9.42 \text{ cm/s}$$

B 點的加速度

$$a_\tau = \frac{d^2s}{dt^2} = 0$$

$$a_n = \frac{v^2}{\rho} = \frac{(3\pi)^2}{24} = 3.70 \text{ cm/s}$$

速度方向沿軌跡切線方向，加速度方向始終指向 O_1 點。

例 11-5.2

列車在半徑為 900 m 的曲線軌道上行駛，速度為 100 km/h，因故突然剎車。剎車後最初 6 s 內速度等加速率減至 60 km/h。求開始剎車時火車的加速度。

解：

火車作平面曲線運動（圓周運動）。剎車後 6 s 內為等減速運動，由等加速曲線運動公式

$$v = v_0 + a_\tau t$$

根據已知條件

$$v_0 = \frac{100 \times 10^3}{3600} = 27.78 \text{ m/s}$$

$$v = \frac{60 \times 10^3}{3600} = 16.67 \text{ m/s}$$

$$t = 6 \text{ s}$$

可求得切線加速度

$$a_\tau = \frac{v - v_0}{t} = \frac{16.67 - 27.78}{6}$$

$$= -1.852 \text{ m/s}^2$$

開始剎車時火車位於圖 11-5.5 之 A 點處，其速度為 $\boldsymbol{v}_o$，該瞬時向心加速度的大小為

$$a_{An} = \frac{v_0^2}{R} = \frac{27.78^2}{900} = 0.8573 \text{ m/s}^2$$

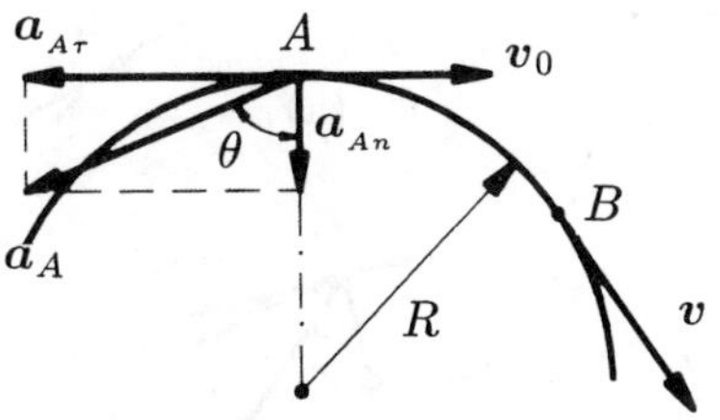

圖 11-5.5

開始剎車時全加速度為

$$a_A = \sqrt{a_{A\tau}^2 + a_{An}^2} = \sqrt{(-1.852)^2 + (0.8573)^2}$$

$$= 2.041 \text{ m/s}^2$$

$$\theta = \tan^{-1}\frac{|a_{A\tau}|}{a_{An}} = \tan^{-1}\frac{1.852}{0.8573} = 65.16°$$

例 11-5.3

一競賽汽車速度等加速增加，在半徑為 250 m 的彎道上行進 150 m 後由 90 km/h 增加到 126 km/h。求當它沿彎道駛過 100 m 時的全加速度。

解：

汽車作等加速圓周運動。由已知條件有（圖 11-5.6a）

$$v_A = 90 \text{ km/h} = 25 \text{ m/s}$$

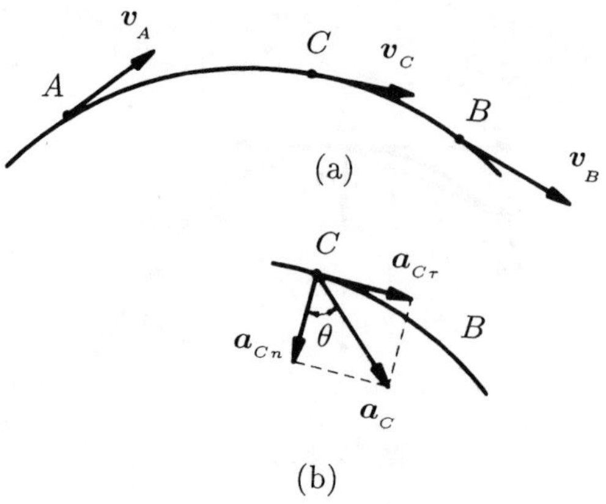

圖 11-5.6

$$v_B = 126 \text{ km/h} = 35 \text{ m/s}$$

$$R = 250 \text{ m}$$

速度由 v_A 增至 v_B 時，汽車走過距離 $s_1 = 150$ m，汽車的切線加速度可由下式求出

$$a_\tau = \frac{v_B^2 - v_A^2}{2s_1} = \frac{(35)^2 - (25)^2}{2 \times 150} = 2 \text{ m/s}^2$$

又 $v_C^2 - v_A^2 = 2a_\tau s_2$，$A$，$C$ 間距離為 $s_2 = 100$ m（圖 11-5.6b），故

$$v_C = \sqrt{v_A^2 + 2a_\tau s_2}$$

$$= \sqrt{(25)^2 + 2 \times 2 \times 100} = 32.02 \text{ m/s}$$

$$a_{Cn} = \frac{v_C^2}{R} = \frac{(32.02)^2}{250} = 4.1 \text{ m/s}^2$$

$$a_C = \sqrt{a_\tau^2 + a_{Cn}^2} = \sqrt{(2)^2 + (4.1)^2} = 4.562 \text{ m/s}^2$$

$$\tan\theta = \frac{|a_\tau|}{a_{Cn}} = \frac{2}{4.1} = 0.4878$$

$$\theta = 26^\circ$$

例 11-5.4

衛星圍繞地球沿圓形軌道運行，它的法線加速度是 $g\left(\frac{R}{r}\right)^2$，式中 R 為地球半徑等於 6370 km；g 為地面上的重力加速度，等於 $9.81\ \mathrm{m/s^2}$；r 為地心到衛星的距離。(1) 當衛星運行速度是 25000 km/h 時，求衛星離地表的高度；(2) 如果衛星離地表的高度為 1600 km，求衛星圍繞地球運行的速度；(3) 試證明衛星運行速度應與運行軌道半徑的平方根成反比，並求衛星環繞地球一周的最短時間。

解：

衛星繞地球中心 O 作圓周運動（圖 11-5.7）。已知

$$a_{An} = g\left(\frac{R}{r}\right)^2 = \frac{v_A^2}{r}$$

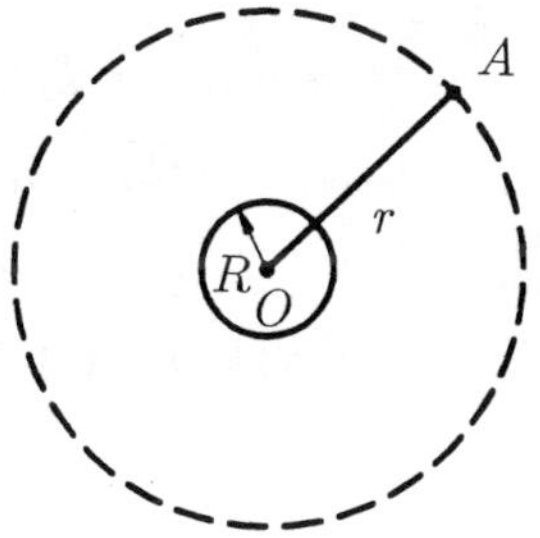

圖 11-5.7

(1) 當 $v_A = 25000$ km/h 時

$$r = \frac{gR^2}{v_A^2} = \frac{9.81 \times (6370)^2 \times 10^6}{\left(\dfrac{25000}{3.6}\right)^2}$$

得　$r = 8.254 \times 10^6\ \mathrm{m} = 8254\ \mathrm{km}$

設衛星離地表面的高度為 h，則

$$h = r - R = 8254 - 6370 = 1884 \text{ km}$$

(2) 當衛星離地表面高度 $h = 1600$ km 時，其速度設為 v，故

$$r = h + R = 1600 + 6370 = 7970 \text{ km}$$

由已知條件有

$$v = \sqrt{\frac{gR^2}{r}} = R\sqrt{\frac{g}{r}} = 6370 \times 10^3 \sqrt{\frac{9.81}{7970 \times 10^3}}$$

$$= 7067 \text{ m/s} = 25440\text{km/h}$$

(3) 由已知條件有

$$\frac{v^2}{r} = g\left(\frac{R}{r}\right)^2$$

故 $$v = \frac{R\sqrt{g}}{\sqrt{r}}$$

因 $R\sqrt{g}$ 為已知常數，故證得 v 與 $\sqrt{r}$ 成反比。故當 $r \longrightarrow R$ 時，衛星的速度增至最大，$v_{\max} = \sqrt{Rg}$，而此時，衛星運行軌道的半徑為最小，有 $r_{\min} = R$。

衛星速度最大，而運行軌道的圓周最小時，衛星繞地球一周所用時間 t 最短。

$$t_{\min} = \frac{2\pi r_{\min}}{v_{\max}} = \frac{2\pi R}{\sqrt{gR}} = 2\pi\sqrt{\frac{R}{g}}$$

$$= 2 \times 3.142\sqrt{\frac{6370 \times 10^3}{9.81}}$$

$$= 5063 \text{ s} = 1.406 \text{ h}$$

例 11-5.5

半徑為 r 的車輪在直線軌道上滾動而不滑動（純滾動），如圖 11-5.8 所示。已知輪心 A 的速度 u 是常數，求輪緣上一點 M 的軌跡、速度、加速度和軌跡的曲率半徑。

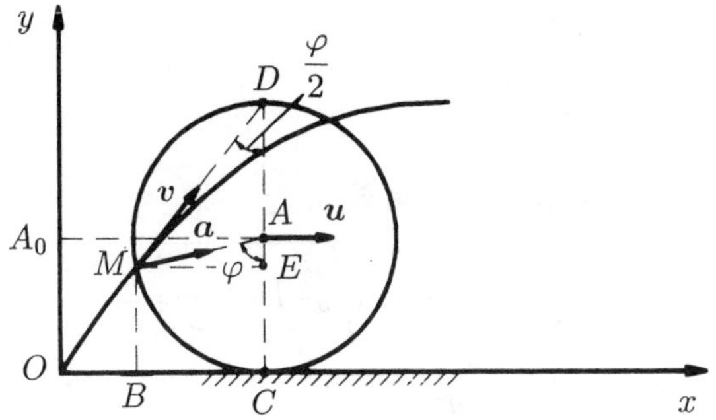

圖 11-5.8

解：

取 Oxy 座標系如圖示。令 $t=0$ 時，M 點位於座標原點 O，輪心 A 點位於 Oy 軸上 A_0 點。設在 t 瞬時，輪心和 M 點位於圖示位置。由於輪作純滾動，$OC=\overset{\frown}{MC}=A_0A=ut$，$\varphi=\dfrac{\overset{\frown}{MC}}{r}=\dfrac{ut}{r}$。$M$ 點的 x、y 座標都是角 φ 的函數，有

$$x=OB=OC-BC=\overset{\frown}{MC}-ME=r\varphi-r\sin\varphi$$

$$y=MB=EC=AC-AE=r-r\cos\varphi$$

以 φ 值代入得 M 點的運動方程式得

$$x=ut-r\sin\frac{ut}{r}$$

$$y=r-r\cos\frac{ut}{r}$$

此二式即 M 點軌跡的參數方程式，它所表示的曲線稱為旋輪線或擺線。

由於運動是周期性的，所以只在 $0 \leq \varphi \leq 2\pi$ 即 $0 \leq t \leq 2\pi r/u$ 區間內求點的速度和加速度。

將運動方程式對時間 t 求一階導數得速度的投影

$$v_x = \frac{dx}{dt} = u\left(1 - \cos\frac{ut}{r}\right)$$

$$v_y = \frac{dy}{dt} = u\sin\frac{ut}{r}$$

從而得 M 點速度的大小和方向餘弦為

$$v = \sqrt{v_x^2 + v_y^2} = \sqrt{u^2\left(1 - \cos\frac{ut}{r}\right)^2 + u^2\left(\sin\frac{ut}{r}\right)^2}$$

$$= 2u\sin\frac{ut}{2r}$$

$$\cos(\boldsymbol{v}\ ,\ \boldsymbol{i}) = \frac{v_x}{v} = \sin\frac{ut}{2r} = \sin\frac{\varphi}{2} = \frac{ME}{MD}$$

$$\cos(\boldsymbol{v}\ ,\ \boldsymbol{j}) = \frac{v_y}{v} = \cos\frac{ut}{2r} = \cos\frac{\varphi}{2} = \frac{DE}{MD}$$

可見速度 $\boldsymbol{v}$ 恒通過車輪的最高點 D。

將速度的投影對時間 t 求一階導數，得加速度的投影

$$a_x = \frac{dv_x}{dt} = \frac{u^2}{r}\sin\frac{ut}{r}$$

$$a_y = \frac{dv_y}{dt} = \frac{u^2}{r}\cos\frac{ut}{r}$$

從而求得 M 點加速度的大小和方向餘弦為

$$a = \sqrt{a_x^2 + a_y^2} = \frac{u^2}{r} = \text{常量}$$

$$\cos(\boldsymbol{a}\ ,\ \boldsymbol{i}) = \frac{a_x}{a} = \sin\frac{ut}{r} = \sin\varphi = \frac{ME}{MA}$$

$$\cos(\boldsymbol{a}\ ,\ \boldsymbol{j})=\frac{a_y}{a}=\cos\frac{ut}{r}=\cos\varphi=\frac{AE}{MA}$$

可見加速度 $\boldsymbol{a}$ 恒通過車輪中心 A 點。

將速度 $v=2u\sin\dfrac{ut}{2r}$ 對時間 t 求一階導數，可得 M 點的切線加速度為

$$a_\tau=\frac{dv}{dt}=\frac{u^2}{r}\cos\frac{ut}{2r}$$

將 a_τ 及 a 值代入 $a=\sqrt{a_\tau^2+a_n^2}$ 解得 M 點的法線加速度為

$$a_n=\sqrt{a^2-a_\tau^2}=\frac{u^2}{r}\sin\frac{ut}{2r}$$

由 $a_n=\dfrac{v^2}{\rho}$ 可得曲率半徑

$$\rho=\frac{v^2}{a_n}=4r\sin\frac{ut}{2r}$$

可見，當 $ut=\pi r$ 時（對應於軌跡最高點），曲率半徑最大，$\rho_{\max}=4r$。當 $ut=0$ 或 $2\pi r$ 時（相當於 M 點在軌道上），曲率半徑最小，$\rho_{\min}=0$，在這裡軌跡曲線具有尖點。

11-6 質點的曲線運動－圓柱座標與極座標

11-6-1 圓柱座標和極座標表示的質點運動方程式

當質點作曲線運動時，某些問題採用圓柱座標或極座標來求速度和加速度比較方便。如圖 11-6.1 所示，質點 M 在空間的位置若用三個獨立參數 ρ、φ 和 z 來確定，這三個參數稱為圓柱座標。當質點的運動給定時，圓柱座標為時間 t 的已知單值連續函數

$$\left.\begin{aligned}\rho&=\rho(t)\\ \varphi&=\varphi(t)\\ z&=z(t)\end{aligned}\right\}\qquad(11\text{-}6.1)$$

上式稱為**圓柱座標形式的質點運動方程式**。

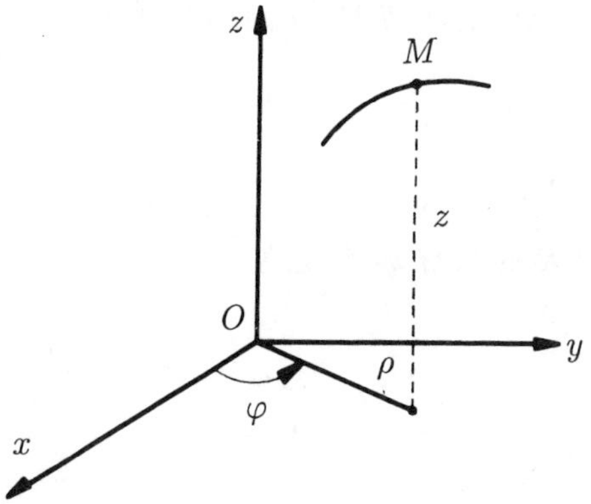

圖 11-6.1

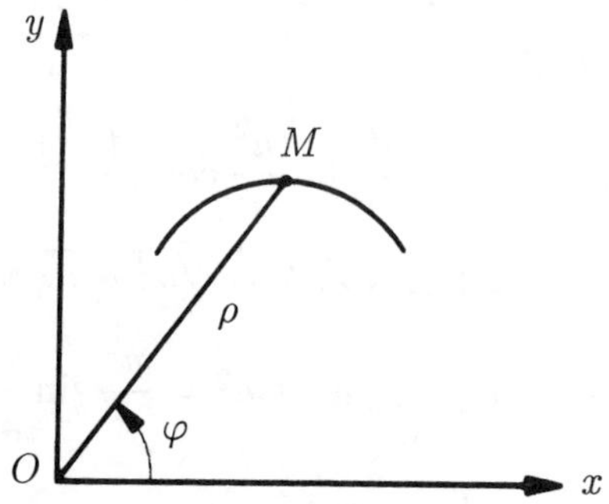

圖 11-6.2

當質點的軌跡位於 $x-y$ 平面上時，質點的位置只需要 ρ 和 φ 兩個參數確定，如圖 11-6.2 所示，ρ 和 φ 稱極座標。這時質點的運動方程式為

$$\left.\begin{aligned}\rho&=\rho(t)\\ \varphi&=\varphi(t)\end{aligned}\right\} \tag{11-6.2}$$

上式稱為**質點極座標形式的運動方程式**。φ 稱為極角，ρ 稱為極半徑，$x-y$ 平面稱為極平面，x 軸稱為極軸。

11-6-2 質點的速度在圓柱座標中的投影

如圖 11-6.3 所示，設圓柱座標的單位向量為 $\boldsymbol{\rho}_0$ 、 $\boldsymbol{\varphi}_0$ 和 $\boldsymbol{k}$，三個向量相互垂直，組成右手座標系，其中 $\boldsymbol{k}$ 沿 z 軸正向，$\boldsymbol{\rho}_0$ 和 $\boldsymbol{\varphi}_0$ 指向 ρ 和 φ 增大的方向。

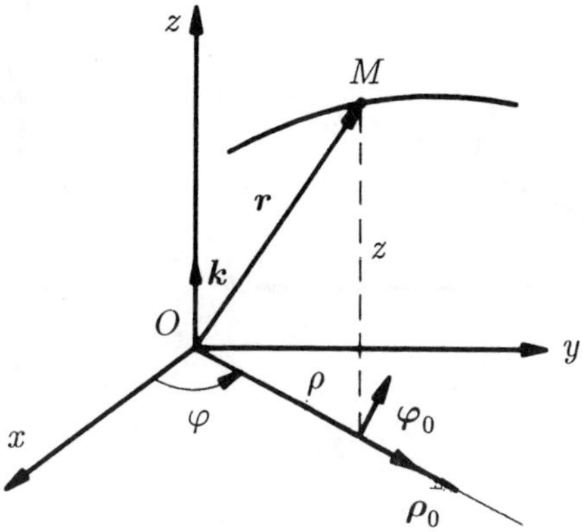

圖 11-6.3

為方便計，先研究圓柱座標系中單位向量的變化率。因為 $\boldsymbol{k}$ 是常向量，有

$$\frac{d\boldsymbol{k}}{dt}=0$$

顯然，向量 $\boldsymbol{\rho}_0$ 和 $\boldsymbol{\varphi}_0$ 是隨質點 M 位置的變化而不斷改變其方向的單位向量。因此，它們隨時間的變化率 $\dfrac{d\boldsymbol{\rho}_0}{dt}$ 和 $\dfrac{d\boldsymbol{\varphi}_0}{dt}$ 均不為零。如圖 11-6.4a 所示，用單位常向量 $\boldsymbol{i}$ 和 $\boldsymbol{j}$ 來表示單位向量 $\boldsymbol{\rho}_0$ 和 $\boldsymbol{\varphi}_0$ 可得

$$\left.\begin{aligned}\boldsymbol{\rho}_0&=\cos\varphi\boldsymbol{i}+\sin\varphi\boldsymbol{j}\\ \boldsymbol{\varphi}_0&=-\sin\varphi\boldsymbol{i}+\cos\varphi\boldsymbol{j}\end{aligned}\right\}\qquad(11\text{-}6.3)$$

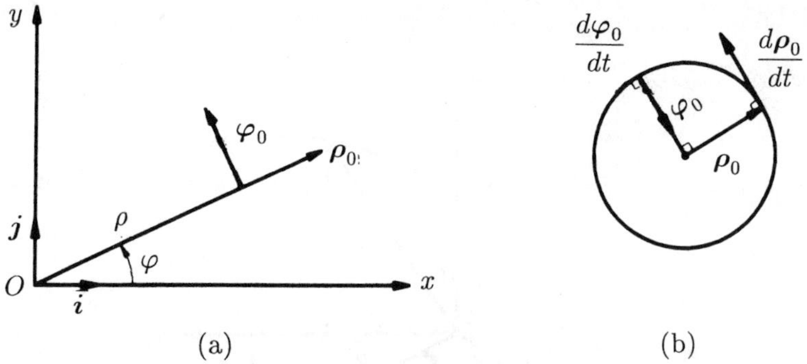

圖 11-6.4

將上式兩端對時間 t 求一階導數，因 $\boldsymbol{i}$、$\boldsymbol{j}$ 是單位常向量，對 t 導數為零，故有

$$\frac{d\boldsymbol{\rho}_0}{dt}=(-\sin\varphi)\frac{d\varphi}{dt}\boldsymbol{i}+(\cos\varphi)\frac{d\varphi}{dt}\boldsymbol{j}$$

$$=\frac{d\varphi}{dt}(-\sin\varphi\boldsymbol{i}+\cos\varphi\boldsymbol{j})$$

$$\frac{d\boldsymbol{\varphi}_0}{dt}=(-\cos\varphi)\frac{d\varphi}{dt}\boldsymbol{i}+(-\sin\varphi)\frac{d\varphi}{dt}\boldsymbol{j}$$

$$=-\frac{d\varphi}{dt}(\cos\varphi\boldsymbol{i}+\sin\varphi\boldsymbol{j})$$

將 (11-6.3) 式代入後，得

$$\left.\begin{aligned}\frac{d\boldsymbol{\rho}_0}{dt}&=\frac{d\varphi}{dt}\boldsymbol{\varphi}_0\\\frac{d\boldsymbol{\varphi}_0}{dt}&=-\frac{d\varphi}{dt}\boldsymbol{\rho}_0\end{aligned}\right\}\qquad(11\text{-}6.4)$$

上式表明，在平面內旋轉的單位向量對時間的一階導數是在旋轉平面內的另一向量，其大小等於單位向量的轉角對時間的一階導數的絕對值，其方向與單位向量垂直且指向旋轉方向。這一結論具有普

遍意義。在圖 11-6.4b 中，畫出了單位向量 $\boldsymbol{\rho}_0$ 和 $\boldsymbol{\varphi}_0$ 的向量端圖及其一階導數 $\frac{d\boldsymbol{\rho}_0}{dt}$ 和 $\frac{d\boldsymbol{\varphi}_0}{dt}$ 的方向。

現在求速度在圓柱座標系中的投影。質點 M 的位置向量可用圓柱座標系表示（圖 11-6.3），即

$$\boldsymbol{r} = \rho\boldsymbol{\rho}_0 + z\boldsymbol{k}$$

上式對時間求一階導數，得 M 點的速度為

$$\boldsymbol{v} = \frac{d\boldsymbol{r}}{dt}$$

$$= \frac{d\rho}{dt}\boldsymbol{\rho}_0 + \rho\frac{d\boldsymbol{\rho}_0}{dt} + \frac{dz}{dt}\boldsymbol{k} + z\frac{d\boldsymbol{k}}{dt}$$

考慮到 $\frac{d\boldsymbol{k}}{dt} = 0$ 及 (11-6.4) 式，得

$$\boldsymbol{v} = \frac{d\rho}{dt}\boldsymbol{\rho}_0 + \rho\frac{d\varphi}{dt}\boldsymbol{\varphi}_0 + \frac{dz}{dt}\boldsymbol{k} \tag{11-6.5}$$

由此得到質點的速度在圓柱座標系中的各分量為

$$\left.\begin{aligned} v_\rho &= \frac{d\rho}{dt} \\ v_\varphi &= \rho\frac{d\varphi}{dt} \\ v_z &= \frac{dz}{dt} \end{aligned}\right\} \tag{11-6.6}$$

11-6-3　質點的加速度在圓柱座標中的投影

將 (11-6.5) 式對時間求導數，得

$$\boldsymbol{a} = \frac{d\boldsymbol{v}}{dt} = \left(\frac{d^2\rho}{dt^2}\boldsymbol{\rho}_0 + \frac{d\rho}{dt}\frac{d\boldsymbol{\rho}_0}{dt}\right)$$

$$+ \left(\frac{d\rho}{dt}\frac{d\varphi}{dt}\boldsymbol{\varphi}_0 + \rho\frac{d^2\varphi}{dt^2}\boldsymbol{\varphi}_0 + \rho\frac{d\varphi}{dt}\frac{d\boldsymbol{\varphi}_0}{dt}\right)$$

$$+\left(\frac{d^2z}{dt^2}\boldsymbol{k}+\frac{dz}{dt}\frac{d\boldsymbol{k}}{dt}\right)$$

考慮到 (11-6.4) 式及 $\frac{d\boldsymbol{k}}{dt}=0$ ，上式整理後得

$$\boldsymbol{a}=\left[\frac{d^2\rho}{dt^2}-\rho\left(\frac{d\varphi}{dt}\right)^2\right]\boldsymbol{\rho}_0 + \left[\frac{1}{\rho}\frac{d}{dt}\left(\rho^2\frac{d\varphi}{dt}\right)\right]\boldsymbol{\varphi}_0+\frac{d^2z}{dt^2}\boldsymbol{k} \tag{11-6.7}$$

於是質點的加速度在圓柱座標系中的投影為：

$$\left.\begin{aligned} a_\rho&=\frac{d^2\rho}{dt^2}-\rho\left(\frac{d\varphi}{dt}\right)^2\\ a_\varphi&=\frac{1}{\rho}\frac{d}{dt}\left(\rho^2\frac{d\varphi}{dt}\right)\\ a_z&=\frac{d^2z}{dt^2}\end{aligned}\right\} \tag{11-6.8}$$

11-6-4 質點的速度和加速度在極座標中的投影

若質點 M 的運動軌跡為極平面內的平面曲線時，$v_z=\frac{dz}{dt}=0$，$a_z=\frac{d^2z}{dt^2}=0$ 。代入 (11-6.5) 式與 (11-6.7) 式分別得速度和加速度在極座標中的表示式為

$$\boldsymbol{v}=\frac{d\rho}{dt}\boldsymbol{\rho}_0+\rho\frac{d\varphi}{dt}\boldsymbol{\varphi}_0=\boldsymbol{v}_\rho+\boldsymbol{v}_\varphi \tag{11-6.9}$$

$$\boldsymbol{a}=\left[\frac{d^2\rho}{dt^2}-\rho\left(\frac{d\varphi}{dt}\right)^2\right]\boldsymbol{\rho}_0+\left[\frac{1}{\rho}\frac{d}{dt}\left(\rho^2\frac{d\varphi}{dt}\right)\right]\boldsymbol{\varphi}_0 \tag{11-6.10}$$

(11-6.9) 式中，$\boldsymbol{v}_\rho=\frac{d\rho}{dt}\boldsymbol{\rho}_0$ 和 $\boldsymbol{v}_\varphi=\rho\frac{d\varphi}{dt}\boldsymbol{\varphi}_0$ 是速度沿極半徑的分量和垂直於極半徑的分量，分別稱為**徑向速度**和**橫向速度**；同樣，(11-6.10) 式中加速度亦分為**徑向加速度**和**橫向加速度**。

由 (11-6.9) 式和 (11-6.10) 式，即可得質點速度和加速度在極座標系中的投影為

$$\left.\begin{aligned} v_\rho &= \frac{d\rho}{dt} \\ v_\varphi &= \rho\frac{d\varphi}{dt} \end{aligned}\right\} \tag{11-6.11}$$

$$\left.\begin{aligned} a_\rho &= \frac{d^2\rho}{dt^2} - \rho\left(\frac{d\varphi}{dt}\right)^2 \\ a_\varphi &= \frac{1}{\rho}\frac{d}{dt}\left(\rho^2\frac{d\varphi}{dt}\right) = \rho\frac{d^2\varphi}{dt^2} + 2\frac{d\rho}{dt}\frac{d\varphi}{dt} \end{aligned}\right\} \tag{11-6.12}$$

例 11-6.1

螺線畫規如圖 11-6.5 所示。桿 CD 和曲柄 OA 鉸接，並穿過可繞 B 軸轉動的套筒。如取 B 點為極座標系的極點，直線 BO 為極軸。試求 M 點的極座標運動方程式、軌跡方程式、速度和加速度的大小。設已知極角 $\varphi = kt$，其中 k 為常數，$BO = AO = r$，$AM = b$。

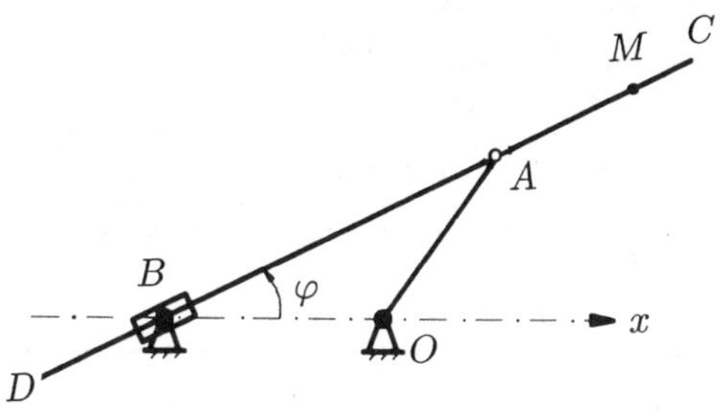

圖 11-6.5

解：

(1) 建立運動方程式：因 $\rho = BM = 2r\cos\varphi + b$，又 $\varphi = kt$，故得點 M 的極座標運動方程式為

$$\left.\begin{aligned}\rho&=2r\cos kt + b\\ \varphi&=kt\end{aligned}\right\}$$

消去時間 t，得 M 點的軌跡方程式

$$\rho = 2r\cos\varphi + b$$

這表明軌跡為一條平面螺旋線。

(2) 求速度和加速度：由 (11-6.11) 式和 (11-6.12) 式可得 M 點的速度和加速度：

$$v_\rho = \frac{d\rho}{dt} = -2rk\sin kt$$

$$v_\varphi = \rho\frac{d\varphi}{dt} = \rho k = 2r\cos kt + bk$$

$$v = \sqrt{v_\rho^2 + v_\varphi^2} = k\sqrt{4r^2 + b^2 + 4rb\cos kt}$$

$$\begin{aligned}a_\rho &= \frac{d^2\rho}{dt} - \rho\left(\frac{d\varphi}{dt}\right)^2 = -2rk^2\cos kt - (2r\cos kt + b)k^2\\ &= -4rk^2\cos kt - bk^2\\ a_\varphi &= \rho\frac{d^2\varphi}{dt^2} + 2\frac{d\varphi}{dt}\frac{d\rho}{dt} = 2k(-2rk\sin kt)\\ a &= \sqrt{a_\rho^2 + a_\varphi^2} = k^2\sqrt{16r^2 + b^2 + 8rb\cos kt}\end{aligned}$$

例 11-6.2

已知質點 M 運動的極座標方程式為 $\rho = Ae^{kt}$ 和 $\varphi = kt$ ，其中 A 和 k 為常數。試求 M 點的軌跡方程式、速度、加速度及其軌跡的曲率半徑 ρ_m。

解：

由運動方程式消去參數 t 得到點 M 的軌跡方程式為

$$\rho = Ae^{\varphi}$$

此為對數螺線方程式，其圖形如圖 11-6.6 所示。

根據 (11-6.9) 式，可得點 M 的速度為

$$\boldsymbol{v} = Ake^{kt}\boldsymbol{\rho}_0 + Ake^{kt}\boldsymbol{\varphi}_0$$

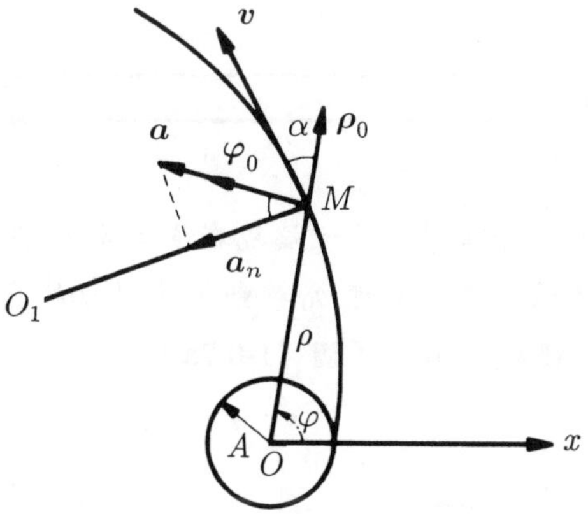

圖 11-6.6

速度的大小為

$$|\boldsymbol{v}| = \sqrt{2}Ake^{kt}$$

速度方向為

$$\alpha = \tan^{-1}\frac{\rho\dot{\varphi}}{\dot{\rho}} = \tan^{-1}\left(\frac{Ake^{kt}}{Ake^{kt}}\right) = \frac{\pi}{4}$$

根據 (11-6.10) 式可得 M 點的加速度為

$$\boldsymbol{a} = 2Ak^2e^{kt}\boldsymbol{\varphi}_0$$

可見加速度的大小為 $2Ak^2e^{kt}$，方向沿 φ_0 方向。

為了用公式 $\rho_m = \frac{v^2}{a_n}$ 求曲率半徑，先將加速度 $\boldsymbol{a}$ 沿軌跡的切線和法線分解，得到法線加速度

$$a_n = |\boldsymbol{a}|\cos\alpha = 2Ak^2e^{kt} \times \frac{1}{\sqrt{2}}$$

$$= \sqrt{2}Ak^2e^{kt}$$

所以，曲率半徑

$$\rho_m = \frac{2A^2k^2e^{2kt}}{\sqrt{2}Ak^2e^{kt}} = \sqrt{2}Ae^{kt}$$

例 11-6.3

金屬線一端連著套筒 A，另一端繞在固定於 O 點的捲筒上。已知套筒 A 沿直線路徑向右以等速 v_0 移動，求 $d\varphi/dt$ 與 v_0、b 和 φ 之間的關係，捲筒半徑略去不計（圖 11-6.7a）。

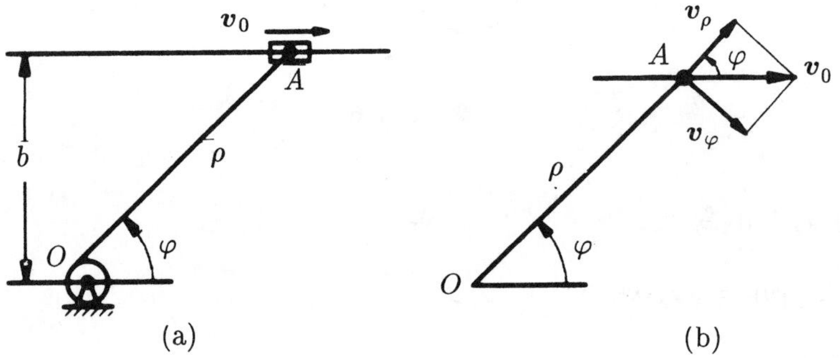

圖 11-6.7

解：

套筒 A 的速度 $\boldsymbol{v}_0$ 可分解為徑向速度 $\dot{\rho}$ 與橫向速度 $\rho\dot{\varphi}$（圖 11-6.7b）。由圖可見

$$\rho\dot{\varphi}=v_0\sin\varphi$$

故得 $$\dot{\varphi}=\frac{v_0\sin\varphi}{\rho}$$

但 $$\rho=\frac{b}{\sin\varphi}$$

代入上式，並考慮到橫向速度的指向與橫向單位向量 $\boldsymbol{\varphi}_0$ 相反，最後得到

$$\frac{d\varphi}{dt}=\dot{\varphi}=-\frac{v_0\sin^2\varphi}{b}$$

例 11-6.4

火箭從發射台 B 鉛垂發射，並用雷達 A 跟蹤。求 (1) 火箭飛行的速度 v 與 l、φ 和 $\dot{\varphi}$ 之間的關係；(2) 火箭的加速度 a 與 l、φ、$\dot{\varphi}$ 和 $\ddot{\varphi}$ 之間的關係（圖 11-6.8a）。

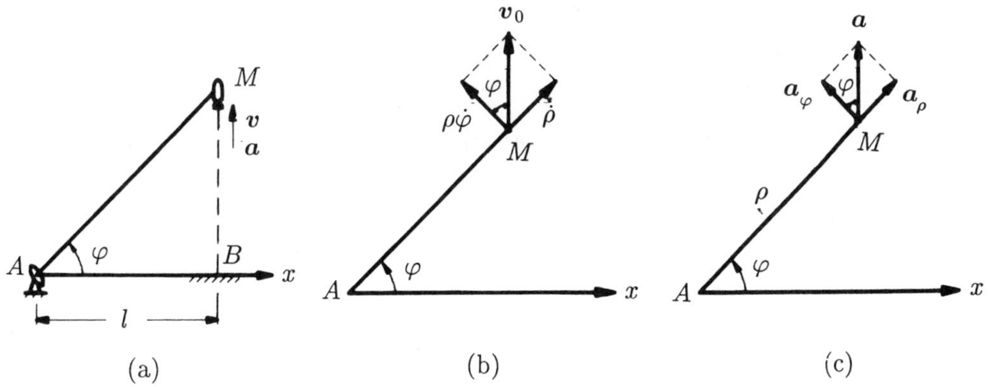

圖 11-6.8

解：

(1) 由圖 11-6.8b 可見

$$v\cos\varphi = \rho\dot{\varphi}$$

但 $$\rho = \frac{l}{\cos\varphi}$$

故得 $$v = \frac{l\dot{\varphi}}{\cos^2\varphi}$$

(2) 由圖 11-6.8c 可見

$$a_\varphi = a\cos\varphi$$

由 (11-6.12) 式，已知 $a_\varphi = \rho\ddot{\varphi} + 2\dot{\rho}\dot{\varphi}$。又已知

$$\rho = \frac{l}{\cos\varphi}$$

由圖 (11-6.8b) 又可得

$$\dot{\rho} = v_\rho = v\sin\varphi = \frac{l\dot{\varphi}\sin\varphi}{\cos^2\varphi}$$

故 $$a_\varphi = \frac{l}{\cos\varphi}(\ddot{\varphi} + 2\dot{\varphi}^2\tan\varphi)$$

最後得

$$a = \frac{a_\varphi}{\cos\varphi} = \frac{l}{\cos^2\varphi} = (\ddot{\varphi} + 2\dot{\varphi}^2\tan\varphi)$$

$$= l\sec^2\varphi(\ddot{\varphi} + 2\dot{\varphi}^2\tan\varphi)$$

習　題

11-1 礦井提昇機上昇時，運動方程式為

$$y = \frac{h}{2}(1 - \cos kt)$$

其中 h 為上昇的最大昇高度，$k = \sqrt{\frac{2b}{h}}$，b 為常數。求提昇機的速度、加速度及上昇到最大高度 h 所需的時間 T。

11-2 半圓形凸輪以等速 $v_0 = 1$ cm/s 水平向左運動，而使活塞桿 AB 沿鉛垂軌道運動。已知運動開始時，活塞桿 A 端在凸輪最高點。凸輪的半徑 $R = 8$ cm，求活塞 B 的運動方程式和 $t = 4$ s 時的速度和加速度。

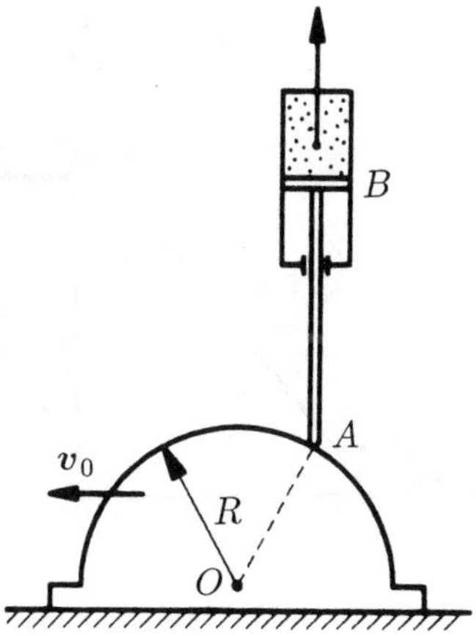

題 11-2 圖

11-3 工廠使用自由落錘砸碎廢鐵。已知重錘被提昇到 9.6 m，然後放開，該錘自由落下砸碎廢鐵。求重錘剛落到廢鐵上時的速度和下落所需的時間。

11-4 汽車以 36 km/h 的速度行駛，突然剎車，經過 2 s 便停下來。求剎車時的平均加速度和滑過的距離。

11-5 為測井深，在井口把一石塊投入井水中。石塊初速為零，在 5 s 後聽到石塊落水的聲音。試計算井口到水面的深度（音速為 340 m/s）。

11-6 一氣球以 $2\ \mathrm{m/s^2}$ 的加速度鉛直上昇，5 s的時候，從氣球上落下一物體。問要經過多少時間這個物體才落到地面？

11-7 電車沿直線軌道行駛時，位移與時間的立方成正比，在頭 30 s 內電車走過 90 m。求在 $t = 10$ s時，電車的速度與加速度。

11-8 小車 A 與 B 以繩索相連，放置如圖，A 車高出 B 車 $h = 1.5$ m。小車 A 以 $v_A = 0.4$ m/s作等速運動而拉動 B 車。設開始時 $BC = l_0 = 4.5$ m，求 5 s後小車 B 的速度與加速度。滑輪 C 與車的尺寸不計。

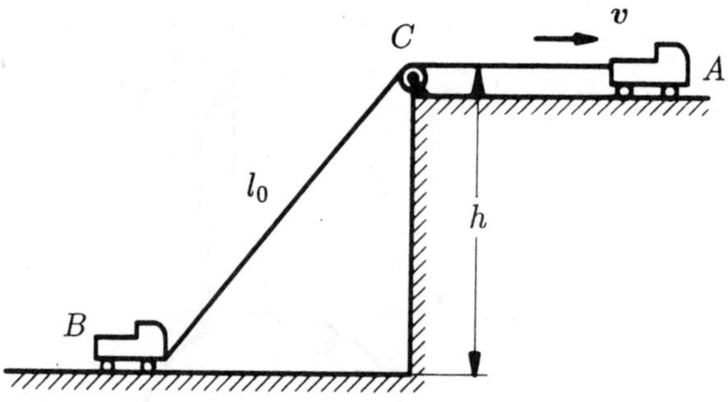

題 11-8 圖

11-9 靠在直角牆壁上的細桿 AB 長為 l，由鉛垂位置在 Oxy 鉛垂面內滑下。設已知 A 端沿水平直線作等速運動，速度為 v_A。求當 $\theta = 45°$ 時，沿鉛垂直線滑動的 B 點的速度 v_B 和加速度 a_B。

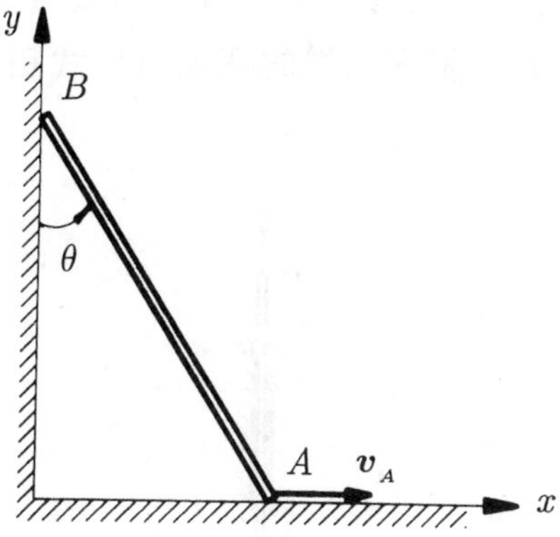

題 11-9 圖

11-10 套筒 A 由繞過定滑輪 B 的繩索牽引而沿鉛直導軌上昇，滑輪中心到導軸的距離為 l，如圖所示。設繩索以等速 v_0 拉下，求套筒 A 的速度和加速度分別與距離 x 的關係式。滑輪的尺寸忽略不計。

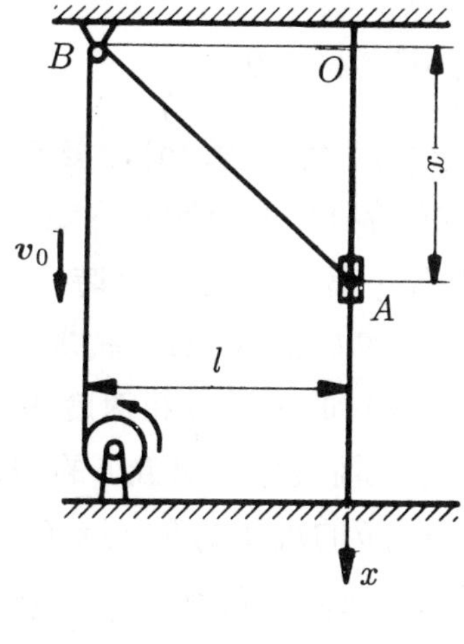

題 11-10 圖

11-11 如圖所示，偏心凸輪半徑為 R，繞 O 軸轉動，轉角 $\varphi = \omega t$（ω 為常數），偏心距 $OC = e$，凸輪帶動挺桿 AB 沿鉛垂軌道作往復運動。試求挺桿的運動方程式和速度。

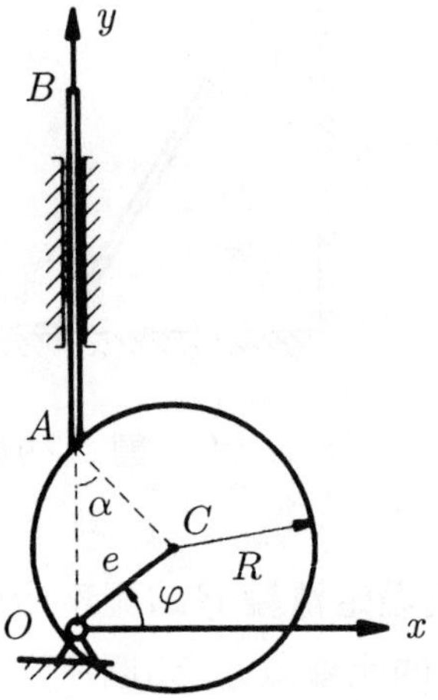

題 11-11 圖

11-12 質點沿直線運動的方程式為

$$x = \frac{1}{3}t^3 - 3t^2 + 8t + 2$$

式中 x 以 m 計，t 以 s 計。求 (a) 什麼時候質點的速度為零；(b) 當加速度為零時質點的位置和質點所走過的路徑。

11-13 潛水艇鉛直下沉，當下沉力不大時，其速度表示式為 $v = c(1 - e^{bt})$，式中 c 和 b 均為常數。試求潛水艇下沉距離隨時間變化的規律，以及它的加速度和速度間的關係。

11-14 圖示雷達在距離火箭發射台 A 為 l 的 O 處，觀察鉛直上昇的火箭發射，測得角 θ 的規律為 $\theta = kt$（k 為常數）。試寫出火箭的運動方程式，並計算當 $\theta = \frac{\pi}{6}$ 和 $\frac{\pi}{3}$ 時，火箭的速度和加速度。

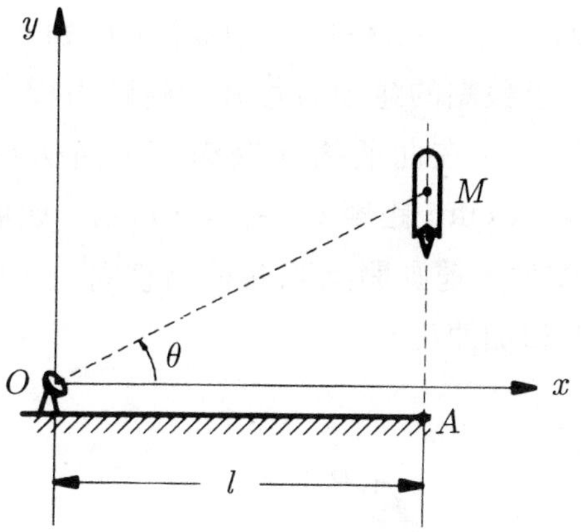

題 11-14 圖

11-15 如圖所示，曲柄連桿機構 $r = l = 60$ cm，$MB = \frac{1}{3}l$，$\varphi = 4t$（t 以 s 計）。求連桿上 M 點的軌跡，並求當 $t = 0$ 時，該點的速度與加速度。

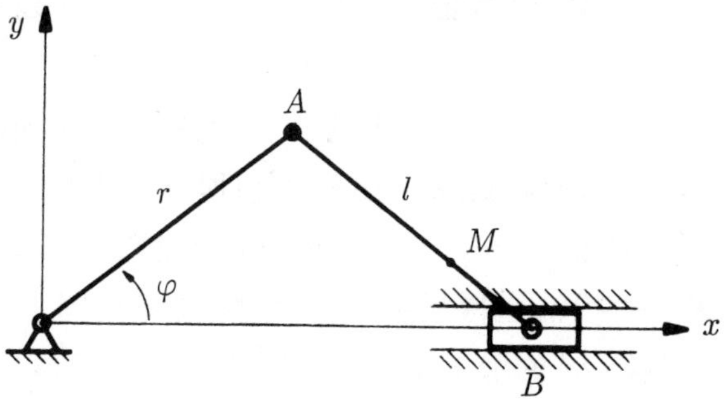

題 11-15 圖

11-16 質點作平面曲線運動，其速度方程式為：

$$v_x = 3$$

$$v_y = 2\pi \sin 4\pi t$$

其中 v_x、 v_y 以 m/s 計， t 以 s 計。已知在初瞬時該質點在座標原點，求該點的運動方程式和軌跡方程式。

11-17 如圖所示，在曲柄搖桿機構中，曲柄 $O_1A = 10$ cm，搖桿 $O_2B = 24$ cm，距離 $O_1O_2 = 10$ cm。如曲柄以 $\varphi = \frac{\pi}{4}t$ rad 繞 O_1 軸轉動，運動開始時曲柄鉛直向上。求 B 點的運動方程式、速度和加速度。

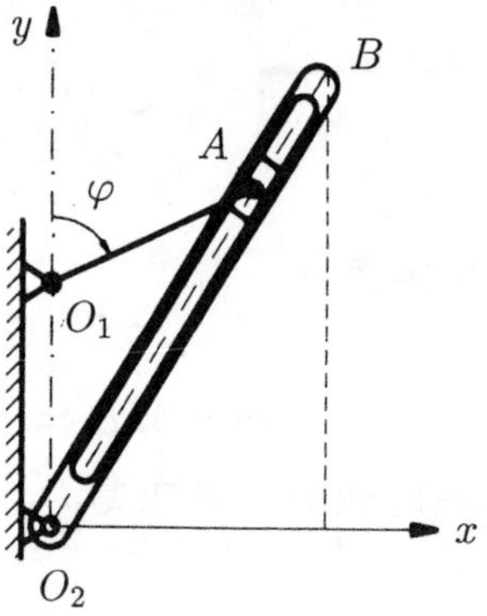

題 11-17 圖

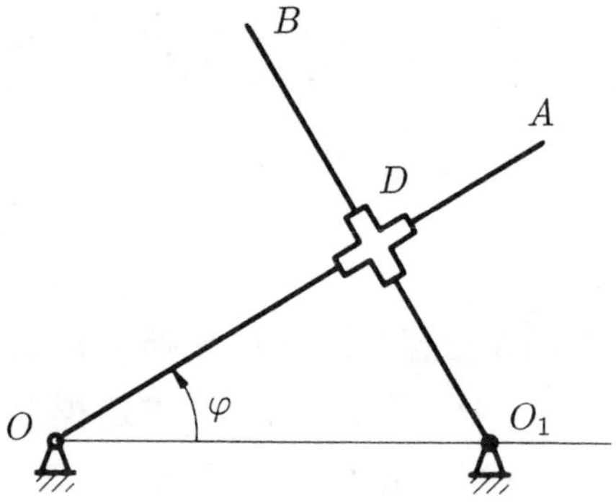

題 11-18 圖

11-18 如圖所示，OA 和 O_1B 兩桿分別繞 O 和 O_1 軸轉動，用十字形滑塊 D 將兩桿連接。在運動過程中，兩桿保持相交成直角。已知 $OO_1 = b$，$\varphi = kt$，其中 k 為常數。求滑塊 D 的速度。

11-19 圖示搖桿滑道機構中的滑塊 M 同時在固定的圓弧槽 BC 中和搖桿 OA 的滑道中滑動。弧 BC 的半徑為 R，搖桿 OA 的軸 O 在通過弧 BC 的圓周上。設搖桿以 $\varphi = \omega t$ 繞 O 軸轉動，其中 ω 為常數。運動開始時，搖桿在水平位置。試分別用直角座標法和自然座標法給出點 M 的運動方程式，並求其速度和加速度。

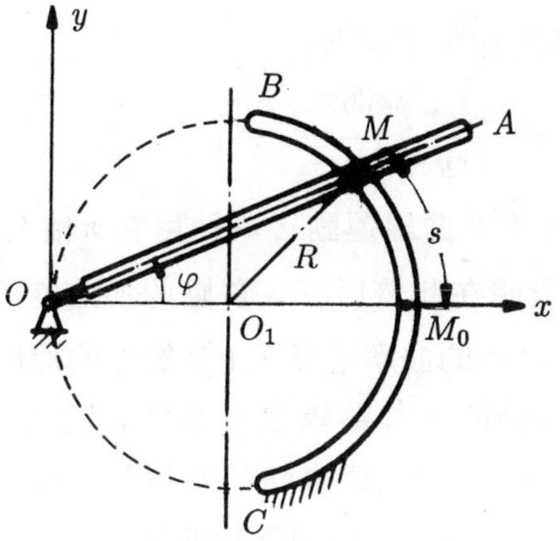

題 11-19 圖

11-20 質點的運動方程式為

$$\begin{cases} x=75\cos 4t^2 \\ y=75\sin 4t^2 \end{cases}$$

其中長度以 mm 計，t 以 s 計。求質點的速度、切線加速度和法線加速度。

11-21 質點的運動方程式為 $x = t^2 - t$，$y = 2t$，求 $t = 1$ s 時的速度、加速度，並分別求切線加速度、法線加速度與曲率半徑。x 和 y 的單位為 m，t 的單位為 s。

11-22 已知質點在平面中的運動方程式為

$$\begin{cases} x=x(t) \\ y=y(t) \end{cases}$$

試證其切線和法線加速度為

$$a_\tau = \frac{\dot{x}\ddot{x} + \dot{y}\ddot{y}}{\sqrt{\dot{x}^2 + \dot{y}^2}}$$

$$a_n = \frac{|\dot{x}\ddot{y} - \dot{y}\ddot{x}|}{\sqrt{\dot{x}^2 + \dot{y}^2}}$$

而軌跡的曲率半徑為

$$\rho = \frac{(\dot{x}^2 + \dot{y}^2)^{3/2}}{|\dot{x}\ddot{y} - \ddot{x}\dot{y}|}$$

11-23 質點作平面曲線運動，其速度在 x 軸上的投影始終為一常數 c，試證明在此情形下，質點的加速度的大小為 $a = \dfrac{v^3}{c\rho}$。其中 ρ 為軌跡的曲率半徑，v 為質點的速度大小。

11-24 飛輪轉動時，其輪緣上一點按方程式 $s = 0.1t^3$ 運動；s 以 m 計，t 以 s 計。設飛輪的半徑為 2 m，求當此點的速度 $v =$ 30m/s 時，其切線與法線加速度。

11-25 飛輪半徑 $R = 2$ m，以等加速由靜止開始轉動。經過 10 s 後，輪緣上各點速度 $v = 100$ m/s。求當 $t = 15$ s 時，輪緣上一點的速度、切線和法線加速度。

11-26 已知質點用極座標表示的運動方程式為

$$\begin{cases} \rho = 3 + 4t^2 \\ \varphi = 1.5t^2 \end{cases}$$

其中 ρ 以 m 計，φ 以 rad 計，t 以 s 計。求 $\varphi = 60^\circ$ 時質點的速度和加速度。

11-27 圖示機構中，槽桿 OB 繞 O 軸轉動時，帶動銷釘 A 在固定圓弧槽內運動。設 OB 的轉角 $\varphi = kt$，k 為常數。運動開始時 OB 桿在鉛垂位置，試求銷釘 A 的全加速度。

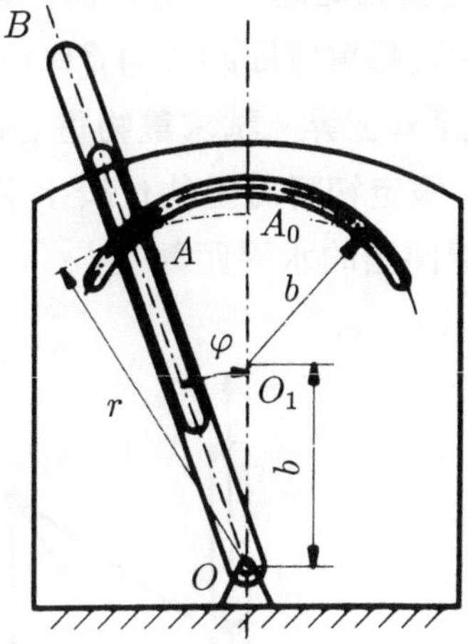

題 11-27 圖

11-28 已知質點 M 的極座標運動方程式：$\rho = ce^{kt}$，$\varphi = kt$，其中 c、k 都是已知常數。試以極徑 ρ 的函數表示該點的軌跡方程式、速度、加速度以及軌跡的曲率半徑。

11-29 質點 M 沿半徑為 R 的圓周以等速度 v 作逆時針方向的運動，如圖所示。如以圓的水平直徑左端點 O 為極點，試求極徑 ρ 的表示式以及質點 M 的加速度的徑向和橫向分量。

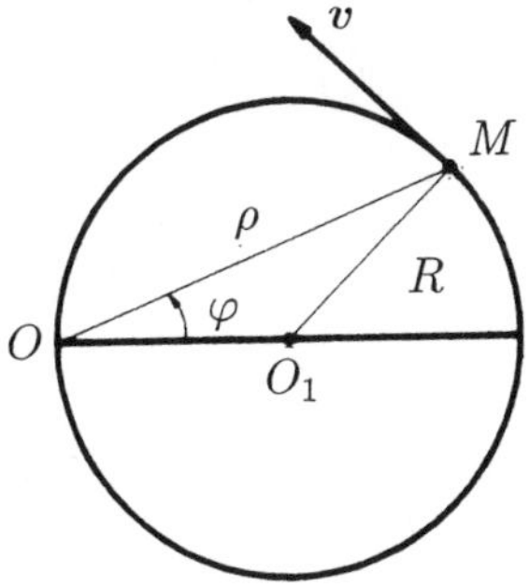

題 11-29 圖

11-30 具有鉛直固定轉軸的起重機轉動時其轉角 $\varphi = \omega t$（ω為常數），而其轉軸與起重臂間的夾角 β 保持不變，如圖所示。同時重物 M 以等速 $\boldsymbol{u}$ 上昇。試求重物重心的速度、加速度和軌跡的曲率半徑。假定初瞬時重物位於水平面 Oxy 的 Ox 軸上。起重機的起重臂伸出的水平距離為 l。

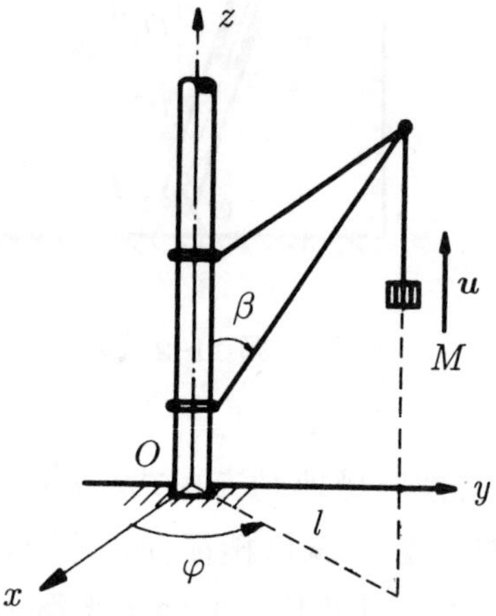

題 11-30 圖

12 質點運動力學

12-1 概　論

本章將以牛頓第二定律及質點的運動學為基礎，首先建立質點的運動微分方程式，用以解決質點的運動與其受力之間的關係。然後將介紹質點運動力學的幾個基本原理，這些原理可總稱為動力學普遍原理，它們在解決某些特殊質點的動力學問題，特別是在解決質點系的動力學問題上，具有極重要的實際意義。這些原理包括功能原理、線動量和角動量原理。這些原理是通過對質點的運動微分方程式的變換，給出質點的某些特徵量（動能、線動量、角動量）和力對質點的作用量（力的功、衝量、力矩）之間的定量關係。

普遍原理中的特徵量，一方面具有明確的物理意義；另一方面，又都是各自反映質點的獨立運動參數。例如質點的動能，它既有能量的概念，又是獨立反映質點速度大小的量（與速度方向無關）。因此，只求質點速度大小的變化規律時，利用功能原理比利用質點運動微分方程式來求解更為方便。

12-2 質點的運動微分方程

牛頓第二定律建立了質點的質量、加速度與作用力之間的關係。當質點受到幾個力作用時，作用力應為這幾個力的合力。其表示式為

$$m\boldsymbol{a}=\sum_{i=1}^{n}\boldsymbol{F}_i \tag{12-2.1}$$

如果將質點的加速度用質點的速度 $\boldsymbol{v}$ 或向徑 $\boldsymbol{r}$ 對時間 t 的一階導數或二階導數表示，則上式可表為

$$m\frac{d\boldsymbol{v}}{dt}=m\frac{d^2\boldsymbol{r}}{dt^2}=\sum_{i=1}^{n}\boldsymbol{F}_i \tag{12-2.2}$$

(12-2-2) 式是包含向量導數的方程式，稱為**質點的運動微分方程式** (Differential equations of motion of a particle)。

由運動學知，質點加速度還可以根據不同的座標系寫成各種分量型式，因此在求解實際問題時，需應用它的分量型式。

12-2-1 質點運動微分方程式的直角座標形式

設質點相對於慣性直角座標系 $Oxyz$ 的運動方程式為

$$\left.\begin{aligned} x&=x(t)\\ y&=y(t)\\ z&=z(t)\end{aligned}\right\}$$

則將 (12-2.2) 式兩端分別向各座標軸投影，可得

$$\left.\begin{aligned} m\frac{d^2x}{dt^2}&=\sum_{i=1}^{n}X_i\\ m\frac{d^2y}{dt^2}&=\sum_{i=1}^{n}Y_i\\ m\frac{d^2z}{dt^2}&=\sum_{i=1}^{n}Z_i\end{aligned}\right\} \tag{12-2.3}$$

式中 X_i、Y_i、Z_i 分別為力 $\boldsymbol{F}_i$ 在三個座標軸上的投影，(12-2.3) 式稱為**質點運動微分方程式的直角座標形式**。

12-2-2　質點運動微分方程式的自然座標形式

若質點 M 的運動路徑為已知的平面曲線，由運動學知，質點沿已知軌跡的運動方程式可由弧座標 s 表示，即

$$s = f(t)$$

這時質點的加速度在自然座標系上的投影可表示為

$$\left.\begin{aligned} a_\tau &= \frac{dv}{dt} = \frac{d^2s}{dt^2} \\ a_n &= \frac{v^2}{\rho} = \frac{1}{\rho}\left(\frac{ds}{dt}\right)^2 \end{aligned}\right\}$$

將 (12-2.2) 式以自然座標系分量之型式表達可得

$$\left.\begin{aligned} m\frac{dv}{dt} &= m\frac{d^2s}{dt^2} = \sum_{i=1}^{n} F_{i\tau} \\ m\frac{v^2}{\rho} &= m\frac{1}{\rho}\left(\frac{ds}{dt}\right)^2 = \sum_{i=1}^{n} F_{in} \end{aligned}\right\} \qquad (12\text{-}2.4)$$

式中 $\boldsymbol{F}_{i\tau}$、$\boldsymbol{F}_{in}$ 分別為力 $\boldsymbol{F}_i$ 在運動軌跡上 M 點處的切線 $\boldsymbol{\tau}$ 和法線 $\boldsymbol{n}$ 上的投影，(12-2.4) 式稱為**質點運動微分方程式在自然座標系上的分量型式**。

有時可根據問題的需要，將 (12-2.2) 式向別的座標系，如圓柱座標系或極座標系投影，從而使得問題求解變得更為方便。但值得注意的是，必須正確寫出加速度和力在所選座標系上的分量。

當應用質點運動微分方程解工程問題時，常使用國際單位制（SI 單位）和英制單位。國際單位制中長度、質量和時間是基本單位，它們分別用公尺 (m)、公斤或仟克 (kg) 及秒 (s)。力的單位是導出單位，稱為牛頓 (N)。即

$$1\ \text{N} = (1\ \text{kg})(1\ \text{m/s}^2) = 1\ \text{kg.m/s}^2$$

物體在重力場中，其重力加速度為 $\boldsymbol{g}$，由牛頓第二定律知質量為 m 的物體的重量大小 W 為

$$W = mg$$

用 $g = 9.81\ \mathrm{m/s^2}$，1 kg質量的物體其重量為

$$W = (1\ \mathrm{kg})(9.81\ \mathrm{m/s^2}) = 9.81\ \mathrm{N}$$

英制單位中長度、力和時間為基本單位，它們分別用呎 (ft)、磅 (lbf) 及秒 (s)。質量為導出單位，稱為斯拉格 (slug)。由牛頓第二定律可得到

$$1\ \mathrm{lbf} = (1\ \mathrm{slug})(1\ \mathrm{ft/s^2})$$

在英制單位中，重力加速度 $g = 32.2\ \mathrm{ft/s^2}$，故由 $W = mg$ 知 1 slug 質量的物體，其重量為

$$W = (1\ \mathrm{slug})(32.2\ \mathrm{ft/s^2}) = 32.2\ \mathrm{lb}$$

12-2-3 質點運動力學的兩類基本問題

應用質點運動微分方程式可以求解質點運動力學的兩類基本問題。

第一類問題是已知質點的運動，求解作用於質點上的未知力。例如已知質點的運動方程式，即可利用運動學知識求得質點的加速度，因而利用 (12-2.2) 式求解未知力，實質是求解與 (12-2.2) 式相同意義的代數方程式（投影式）的問題。

第二類問題是已知作用於質點的力，求質點的運動。如果要求的未知數是加速度，那麼，這時也歸結為求解代數方程式組的簡單問題；如果要求的是質點的速度或運動方程式，那麼面臨的是求解微分方程式的問題。這時往往需要積分和定積分常數，而積分常數通常又是由已知的運動初始條件，即運動開始時質點所在的位置和

速度來確定。在工程實際問題中，作用力往往只是常數或只是時間、座標和速度中某一個變數的函數。對於這樣的問題，我們可以求得解析解。但是在很多情況下，作用於質點的力同時是時間、座標和速度的函數，那麼，求解質點的運動將會遇到很大的困難，甚至只得到它們的近似解。

此外，質點運動力學的很多實際問題是屬於以上兩類基本問題的綜合問題。這類問題多屬非自由質點的運動力學問題。一方面要求質點在主動力的作用下的運動軌跡，另一方面還要求質點在這種運動情況下所受的未知拘束反力。

無論是何種問題，(12-2.2)式的向量方程式中各向量（加速度和力）是共面時，則它僅提供兩個分量的代數方程式，因此只能求解兩個未知參數；如果(12-2.2)式的向量方程式中各向量是空間的（不共面）向量時，則它為我們提供三個代數方程式，因此最多可求解三個未知參數。

下面舉例說明利用質點運動微分方程式求解質點運動力學問題的方法和步驟。

例 12-2.1

圖 12-2.1 所示為礦井提昇機提昇重物，重物的質量是 m，鋼絲繩單位體積的質量為 γ，它的截面積為 A，鋼絲繩以等加速度 $\boldsymbol{a}$ 沿鉛垂線上昇。求鋼絲繩任意截面上的拉力。

解：

從題意可知，這是屬於運動力學第一類基本問題。

(1) 選研究對象，畫自由體圖：用一假想截面將鋼絲繩在距重物 x 處切開，以截面下面部分的鋼絲繩和重物為研究對象。設重物重 W，鋼絲繩重 W_1，鋼絲繩拉力為 T，如圖 12-2.1 所示。

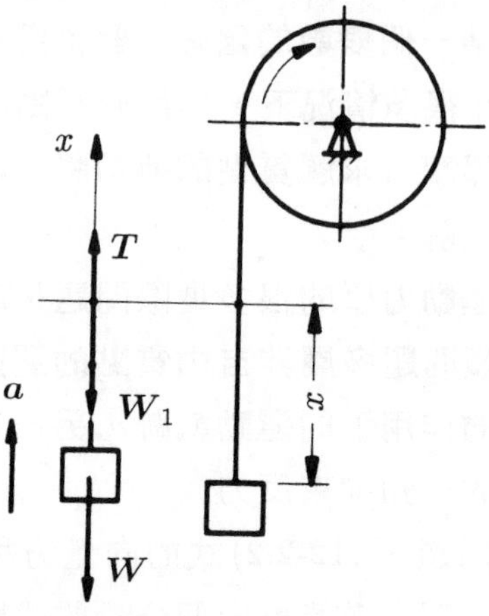

圖 12-2.1

(2) 分析運動：鋼絲繩與重物一起以加速度 $\boldsymbol{a}$ 鉛垂直線上昇。

(3) 列運動微分方程式，求未知量：選圖示座標軸 x，應用 (12-2.3) 式得

$$(m+\gamma Ax)a = T - W - W_1$$

將 $W = mg$，$W_1 = \gamma Ax$ 代入上式，即得

$$T = (m+\gamma Ax)(a+g)$$

(4) 分析討論：從結果中可看出：(a) 鋼絲繩拉力 T 隨截面位置 x 的變化而不同。(b) 鋼絲繩拉力 T 由兩部分組成，一部分由於物重和鋼絲繩重引起的靜拉力，大小等於 $(m+\gamma Ax)g$；另一部分由於加速度而引起的附加動拉力，大小等於 $(m+\gamma Ax)a$。全部拉力 T 稱為動拉力。當提昇重物以等速上昇時，$a=0$，動拉力等於靜拉力。

例 12-2.2

振動輸送台如圖 12-2.2a 所示。輸送台面在鉛垂方向的運動方程式為 $y = b\sin\omega t$（暫不研究水平 x 軸方向的運動）。式中 $\omega = 2\pi f$，f 稱為頻率，表示每秒振動的次數。物料隨台面一起運動，當某頻率時，物料開始與台面分離而向上拋起，求此最小頻率。

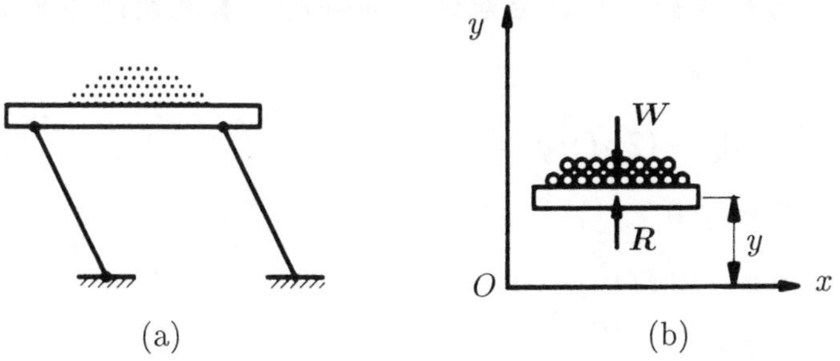

圖 12-2.2

解：

(1) 選研究對象，畫自由體圖：以物料為研究對象。當物料尚未與台面分開時，物料所受的力有重力 W，台面的反力 $\boldsymbol{R}$，如圖 12-2.2b 所示。

(2) 運動分析：當物料尚未與台面分開時，物料的運動與台面相同，即 $y = b\sin\omega t$。

(3) 列運動微分方程式，求未知量：選圖示的座標軸 Oxy，應用式 (12-2.3) 式得

$$m\frac{d^2y}{dt^2} = R - W$$

式中 $W = mg$。由已知條件 $y = b\sin\omega t$ 得

$$\frac{d^2y}{dt^2} = -b\omega^2 \sin\omega t = -(2\pi f)^2 b\sin\omega t$$
$$= -(2\pi f)^2 y$$

代入上式得

$$-m(2\pi f)^2 y = R - mg$$

故 $$R = mg - m(2\pi f)^2 y$$

當物料開始與台面分離時，物料與台面之間的作用力為零，即 $R = 0$，故得

$$m[g - (2\pi f)^2 y] = 0$$

因為 $m \neq 0$

所以 $g - (2\pi f)^2 y = 0$

$$f = \frac{1}{2\pi}\sqrt{\frac{g}{y}}$$

由上式可知，當 y 為最大值 $y = b$ 時，使物料與台面分離的頻率為最小，即

$$f_{\min} = \frac{1}{2\pi}\sqrt{\frac{g}{b}}\ \text{Hz}$$

若設 $b = 2$ mm，則

$$f_{\min} = \frac{1}{2 \times 3.14}\sqrt{\frac{9800}{2}} = 11\ \text{Hz}$$

例 12-2.3

圖 12-2.3a 所示，傾角為 θ 的粗糙斜面沿水平面以等加速度 $\boldsymbol{a}_0$ 向右運動。如果有一質點放於斜面上，要保持相對靜止不動，問質點和斜面之間的靜摩擦係數至少應為多少？

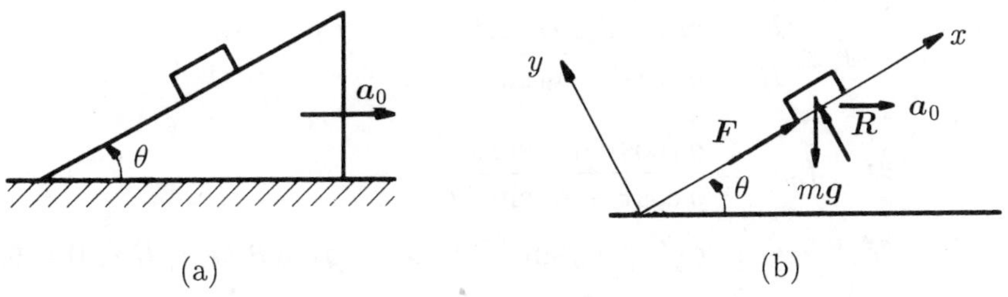

圖 12-2.3

解：

本題要求質點相對於斜面保持靜止，即質點與斜面應具有相同的速度和加速度，因此質點的運動為已知。根據靜力學知，質點和斜面無相對滑動的條件是 $F \leq fR$，即 $f \geq \dfrac{F}{R}$，其中 F 為摩擦力，R 為法向反力。因此，求摩擦係數 f 的最小值，即是求 F/R 的比值。可見此題是典型的第一類基本問題。又因質點的加速度和受力共面，故可求解兩個未知數，而質點所受的摩擦力和法向反力正好為兩個未知數。

(1) 取質點為研究對象，自由體圖示於圖 12-2.3b。質點受主動力 $m\boldsymbol{g}$，未知力 $\boldsymbol{F}$ 和 $\boldsymbol{R}$ 作用。

(2) 質點加速度 $\boldsymbol{a}_0$ 為已知。

(3) 列質點運動微分方程式，求未知量：

建立圖示座標軸 x、y，應用 (12-2.3) 式得

$$\left.\begin{aligned} ma_0\cos\theta &= F - mg\sin\theta \\ -ma_0\sin\theta &= R - mg\cos\theta \end{aligned}\right\}$$

(4) 解方程式得

$$F = m(a_0\cos\theta + g\sin\theta)$$

$$R = m(g\cos\theta - a_0\sin\theta)$$

故由靜力學知，質點相對斜面不滑動的條件為

$$f \geq \frac{F}{R} = \frac{a_0\cos\theta + g\sin\theta}{g\cos\theta - a_0\sin\theta}$$

即 $f_{min} = \dfrac{a_0\cos\theta + g\sin\theta}{g\cos\theta - a_0\sin\theta}$

顯然，當 $g\cos\theta < a_o\sin\theta$，即 $a_o > g\cot\theta$ 時，$R < 0$，質點脫離斜面，無論摩擦系數等於何值，質點均不能保持相對靜止。

例 12-2.4

圖 12-2.4 所示為橋式起重機，其上小車吊一重物，質量為 m，沿橫向作等速運動，速度為 $\boldsymbol{v}_0$。由於突然急剎車，重物因慣性而繞懸掛點 O 向前擺動。設繩長為 l，試求鋼繩的最大張力。

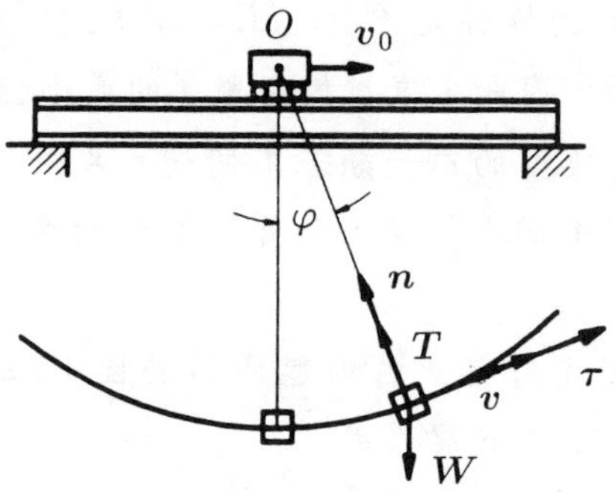

圖 11-2.4

解：

(1) 選研究對象，畫自由體圖：取質量 m 為研究對象，其上作用有重力 $\boldsymbol{W}$ ，鋼繩拉力 $\boldsymbol{T}$。

(2) 分析運動：剎車後，小車停止運動，但重物由於慣性，繼續繞懸點 O 作擺動，即在以 O 為圓心，以 l 為半徑的一段圓弧上運動。

(3) 列運動微分方程式，求未知量：由於運動軌跡已知，故應用 (12-2.4) 式得

$$m\frac{dv}{dt} = -W\sin\varphi \tag{a}$$

$$m\frac{v^2}{l} = T - W\cos\varphi \tag{b}$$

由於我們只求 T，故由式 (b) 即得

$$T = m\left(g\cos\varphi + \frac{v^2}{l}\right)$$

事實上擺角 φ 愈大，重物的速度 v 愈小。因此，當 $\varphi = 0$ 時，即開始剎車的瞬時，鋼繩的拉力最大。這時重物的速度為 v_0 。由此，求得鋼繩最大的拉力為

$$T_{\max} = m\left(g + \frac{v_0^2}{l}\right)$$

(4) 分析討論：剎車前，小車作等速直線運動，重物處於平衡狀態。故 $T = mg$。剎車後，重物作加速度運動，故拉力 T 發生了變化。為了避免剎車時鋼繩受的拉力過大，一般在操作規範中都規定吊車行走速度不能太快；此外，在不影響吊裝工作安全的條件下，鋼繩應長一些，以減小最大拉力。

由以上數例可以看出，求解質點運動力學第一類問題的具體步驟為：

(1) 根據問題確定某質點為研究對象；

(2) 分析質點所受力包括主動力和反力，畫出自由體圖；

(3) 分析質點的運動，計算加速度；

(4) 列出質點運動微分方程式的分量形式；

(5) 解方程式求出未知量。

例 12-2.5

炮彈以初速 v_0 與水平成 α 角發射，若不計空氣阻力，求炮彈在重力作用下的運動方程式。

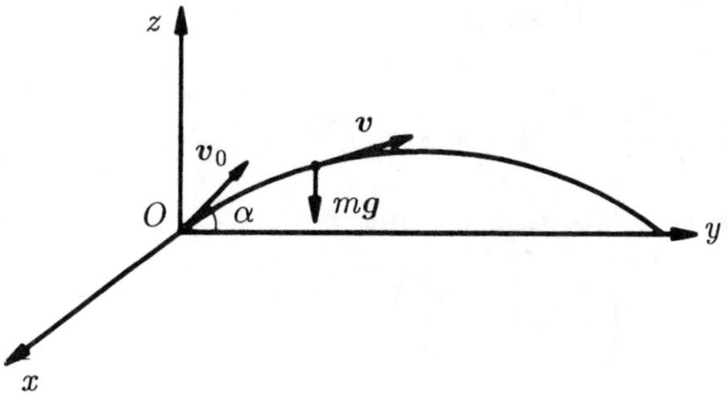

圖 12-2.5

解：

炮彈可視為質點。要求質點的運動方程式，必須先求質點在任意時刻的加速度，然後根據初始條件對運動微分方程式進行積分。本題質點只受重力作用，故加速度可求。此題為典型的運動力學的第二類問題。其解題步驟為：

(1) 取炮彈為研究對象，並視為質點。

(2) 炮彈為自由質點，一般可在三維空間中運動。

(3) 炮彈只受已知重力 mg 作用。

(4) 取炮彈初始位置為座標系 $Oxyz$ 的原點，如圖 12-2.5 所示。並設炮彈任意時刻的位置座標為 (x, y, z)，則由質點運動微分方程式的直角座標投影式得

$$m\frac{d^2x}{dt^2}=0\ ,\ m\frac{d^2y}{dt^2}=0\ ,\ m\frac{d^2z}{dt^2}=-mg$$

或 $\ddot{x}=0$，$\ddot{y}=0$，$\ddot{z}=-g$　(a)

並有初始條件為：當 $t=0$ 時

$$\left.\begin{array}{l} x=0\,,\ y=0\,,\ z=0 \\ \dot{x}=0\,,\ \dot{y}=v_0\cos\alpha\,,\ \dot{z}=v_0\sin\alpha \end{array}\right\} \quad \text{(b)}$$

(5) 解微分分程式：由 (a) 式中第一個方程式，和 (b) 式中第一、四式，不難求得

$$x\equiv 0$$

即炮彈只在 Oyz 平面內運動。

由 (a) 式中第二個方程式和 (b) 式中第二、五式，不難求得

$$y=v_0t\cos\alpha$$

由 (a) 式中第三個方程式，並考慮到初始條件，可得

$$\int_{v_0\cos\alpha}^{\dot{z}}dz=-g\int_0^t dt$$

$$\dot{z}=v_0\sin\alpha-gt$$

再積分一次，可得

$$\int_0^z dz=\int_0^t(v_0\sin\alpha-gt)dt$$

$$z=v_0t\sin\alpha-\frac{1}{2}gt^2$$

這樣，我們就得到了炮彈的運動方程式為

$$\left.\begin{array}{l} x=0 \\ y=v_0t\cos\alpha \\ z=v_0t\sin\alpha-\dfrac{1}{2}gt^2 \end{array}\right\}$$

消去時間 t 得軌跡方程式為

$$x=0$$

$$z=y\tan\alpha-\frac{g}{2v_0^2\cos^2\alpha}y^2$$

顯然軌跡為 Oxz 平面內的一條拋物線。

此題中炮彈只作平面曲線運動 $x \equiv 0$，這一結果不難從 $t=0$ 時，$x(0)=0$，$\dot{x}(0)=0$，直接求出。因此，今後遇到類似問題，可直接認為質點作平面曲線運動，而只列兩個代數微分方程式。

例 12-2.6

分析有介質阻力時，自由落體的運動規律。設介質阻力與質點的速度成正比，其比例係數為 μ，阻力的方向始終與速度的方向相反。

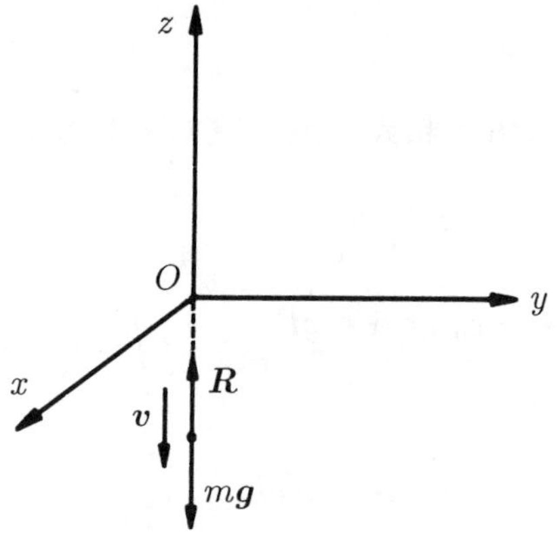

圖 12-2.6

解：

此題和前例類似，仍屬典型的運動力學第二類問題。建立如圖 12-2.6 所示座標系 $Oxyz$，顯然由於 $t=0$ 時，$x(0)=y(0)=0$，$\dot{x}(0)=0$，$\dot{y}(0)=0$，且對於方程式

$$\left.\begin{aligned} m\ddot{x} &= \Sigma X_i = -\mu\dot{x} \\ m\ddot{y} &= \Sigma Y_i = -\mu\dot{y} \end{aligned}\right\}$$

式中，因為阻力 $\boldsymbol{R}=-\mu\boldsymbol{v}$，故有 $R_x=-\mu\dot{x}$， $R_y=-\mu\dot{y}$。故有解

$$\left.\begin{aligned} x=x(o)=0 \\ y=y(o)=0 \end{aligned}\right\}$$

所以質點只作直線運動。解題步驟為：

(1) 取質點為研究對象。

(2) 質點受重力 $m\boldsymbol{g}$，介質阻力 $\boldsymbol{R}=-\mu\boldsymbol{v}$ 作用。

(3) 由初始條件和受力特點知，質點作鉛垂直線運動。

(4) 由圖示座標系，知運動微分方程式為

$$m\ddot{z}=-mg-\mu\dot{z} \tag{a}$$

由題意知初始條件：當 $t=0$ 時，$z=\dot{z}=0$。

(5) 解微分方程式：由 (a) 式可得

$$\frac{d\dot{z}}{dt}=-\frac{\mu}{m}\left(\dot{z}+\frac{m}{\mu}g\right)$$

分離變數並考慮到初始條件，可得積分式如下

$$\int_0^{\dot{z}}\frac{d\dot{z}}{\dot{z}+\dfrac{m}{\mu}g}=\int_0^t-\frac{\mu}{m}dt$$

$$\ln\left(\dot{z}+\frac{m}{\mu}g\right)\Bigg|_0^{\dot{z}}=-\frac{\mu}{m}t$$

$$\Longrightarrow\ln\left(\dot{z}+\frac{m}{\mu}g\right)-\ln\left(\frac{m}{\mu}g\right)=-\frac{\mu}{m}t$$

$$\Longrightarrow\ln\frac{\dot{z}+\dfrac{m}{\mu}g}{\dfrac{m}{\mu}g}=-\frac{\mu}{m}t$$

$$\Longrightarrow\dot{z}+\frac{m}{\mu}g=\frac{m}{\mu}ge^{-\frac{\mu t}{m}}$$

$$\Longrightarrow\dot{z}=\frac{mg}{\mu}\left(e^{-\frac{\mu}{m}t}-1\right) \tag{b}$$

對上式再進行一次積分，得落體的運動方程式

$$\int_0^z dz = \frac{mg}{\mu}\int_0^t (e^{-\frac{\mu}{m}t} - 1)dt$$

$$z = \frac{m^2}{\mu^2}g(1 - e^{-\frac{\mu}{m}t}) - \frac{mg}{\mu}t \qquad \text{(c)}$$

從以上結果不難看出：由 (b) 式知，當 $t > 0$ 時，$\dot{z} = v_z < 0$，即落體速度始終沿 z 的負方向。當 $t \longrightarrow \infty$ 時，$|v_z| \longrightarrow mg/\mu$，即落體下降速度存在一極大值 $v_m = mg/\mu$。v_m 稱為落體的極限速度。落體達到極限速度後，將等速下降。實際上，當 $t = 4m/\mu$ 時，有 $|v_z| = 0.982v_m$，即 $|v_z|$ 已非常接近 v_m 值。由於阻力係數 μ 與質點的形狀有關，所以極限速度由質點的形狀和重力決定。利用這一性質可以將不同重量和形狀的物體在介質中進行分離。例如在選礦工業的生產過程中，經常利用液體分離大小不同的混合物。

例 12-2.7

由地球表面垂直向上發射一火箭，在離地面高度 h 處，火箭發動機熄滅。此時火箭的質量為 m，鉛直向上的速度為 v_0。不計空氣阻力，求此火箭在地球引力作用下，其速度的變化規律和可能達到的最大高度。

解：

視火箭為質點，根據牛頓萬有引力定律，地球對火箭的引力為

$$\boldsymbol{F} = -\frac{kMm}{r^3}\boldsymbol{r}$$

其中 $\boldsymbol{r}$ 為火箭相對於地心的徑向距離，M 為地球質量，k 為萬有引力常數。如果建立如圖 12-2.7 所示座標系 $Oxyz$，則 $\boldsymbol{F}$ 在 x、y 軸上

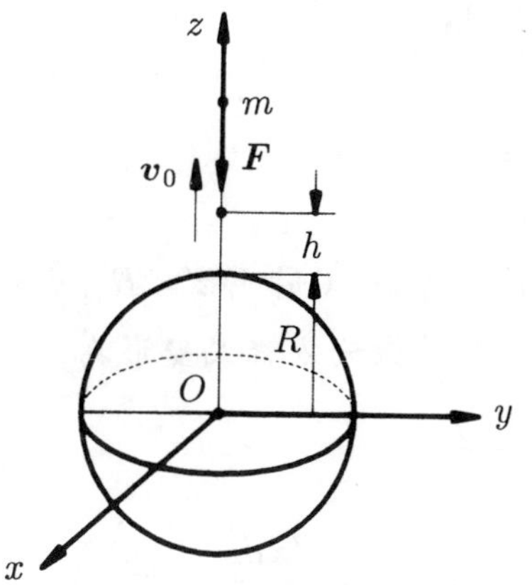

圖 12-2.7

的投影分別為

$$F_x = -\frac{kMm}{r^3}x$$

$$F_y = -\frac{kMm}{r^3}y$$

而且當 $t = 0$ 時，有 $x(0) = y(0) = \dot{x}(0) = \dot{y}(0) = 0$，容易知道，火箭運動軌跡與 z 軸重合。因此，質點作直線運動。其解題步驟為：

(1) 取火箭為研究對象，並視為質點。

(2) 質點受地球引力作用，根據萬有引力定律知，引力大小為

$$F = \frac{kMm}{r^2}$$

因為質點在 $r = R$（地球半徑）時，$F = mg$，故有 $mg = \dfrac{kMm}{R^2}$，可得 $kM = R^2 g$，於是火箭所受引力大小可寫為

$$F = \frac{mR^2 g}{r^2}$$

(3) 質點作鉛垂直線運動。

(4) 根據圖示座標，質點運動微分方程式為

$$m\ddot{z} = -m\frac{R^2 g}{z^2}$$

即 $\ddot{z} = -\frac{R^2 g}{z^2}$

且有初始條件：當 $t = 0$ 時，$z = R + h$，$\dot{z} = v_0$。

(5) 解微分方程式：將微分方程式變形為

$$\dot{z}\frac{d\dot{z}}{dz} = \frac{R^2 g}{z^2}$$

$$\left(\ddot{z} = \frac{d\dot{z}}{dt} = \frac{d\dot{z}}{dz}\frac{dz}{dt} = \dot{z}\frac{d\dot{z}}{dz}\right)$$

分離變數，並考慮到初始條件得

$$\int_{v_0}^{\dot{z}} \dot{z}d\dot{z} = -R^2 g \int_{R+h}^{z} \frac{dz}{z^2}$$

$$\dot{z}^2 = v_0^2 - 2g\frac{R^2}{R+h} + 2g\frac{R^2}{z}$$

$$\dot{z} = \pm\sqrt{v_0^2 - 2gR\left(\frac{1}{R+h} - \frac{1}{z}\right)}$$

此式表示火箭速度在 z 軸上的分量隨 z 而變化的規律。式中正負號表示火箭上昇到 z 位置和達到最高位置後又回到 z 位置時，$\dot{z}$ 的兩個值。這兩個時刻的速度大小相等，方向相反。

因為火箭到達最高位置時，其速度應為零。故由 $\dot{z} = 0$ 可得最大 z 值，即

$$z_{\max} = \frac{2gR^2(R+h)}{2gR^2 - v_0^2(R+h)}$$

火箭離地面的最大高度則為

$$h_{\max} = z_{\max} - R = \frac{2R^2 g(R+h)}{2R^2 g - v_0^2(R+h)} - R$$

如果 $h \ll R$，則取 $R+h \approx R$，於是得

$$h_{\max} = \frac{v_0^2 R}{2gR - v_0^2}$$

此結果說明：

1. 如 $v_0^2 < 2gR$，則火箭飛行只能達到一定高度 $h_{\max}$，然後在地球引力作用下沿直線返回地面。
2. 如 $v_0^2 \geq 2gR$，則不存在 $h_{\max}$，這時 $h_{\max} \longrightarrow \infty$ ，這說明，火箭將飛出地球引力範圍，永遠得不到指向地心的速度。初速度 $v_0 = \sqrt{2gR} = v_{\text{II}}$ 時，稱為**第二宇宙速度**。代入 R、g 值可得

$$\begin{aligned} v_{\text{II}} &= \sqrt{2gR} = \sqrt{2 \times 9.80 \times 6.37 \times 10^6} \\ &= 11.2 \times 10^3 \text{ m/s} \end{aligned}$$

例 12-2.8

質量為 m 的物體 A 可在光滑水平面上滑動，並通過一彈簧係數為 k 的彈簧與固定點 O_1 連接。將物體置於彈簧被拉長 λ_0 的位置無初速釋放，求此後物體 A 的運動規律。彈簧質量不計。（圖 12-2.8）。

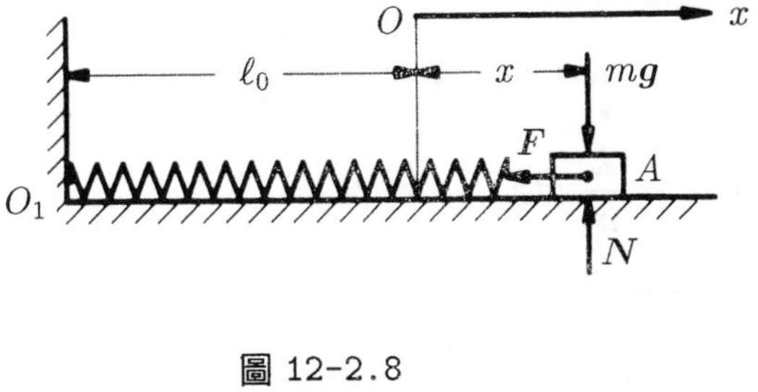

圖 12-2.8

解：

物體A可視為質點。依題意要求質點的運動規律，即運動方程式。由虎克定律知彈簧力是位置的函數。其解題步驟為：

(1) 取物體A為研究對象。

(2) 物體A受力有重力$m\boldsymbol{g}$，平面反力$\boldsymbol{N}$，彈簧的彈力$\boldsymbol{F}$。

(3) 物體A沿水平作直線運動。

(4) 建立如圖所示座標Ox，其中$x = 0$時，彈簧等於原長ℓ_0，此時彈簧力等於零。當$x > 0$時，彈簧伸長x，其彈簧力的大小等於kx，方向指向O，故$\boldsymbol{F}$在x軸上的投影為$X = -kx$。當$x < 0$時，彈簧力的大小等於$k|x|$，方向指向O點，故$\boldsymbol{F}$在x軸上的投影為$X = k|x|$。可見彈簧力$\boldsymbol{F}$在任何位置時均可表示為

$$X = -kx$$

重力$m\boldsymbol{g}$和法向反力$\boldsymbol{N}$在x軸上投影均為零。所以質點運動微分方程式為

$$m\ddot{x} = -kx$$

或
$$\ddot{x} = -\frac{k}{m}x$$

由題意得初始條件：當$t = 0$時，$x(0) = \lambda_0$，$\dot{x}(0) = 0$。

(5) 解微分方程式：由於$\ddot{x} = \frac{d\dot{x}}{dx}\cdot\frac{dx}{dt} = \dot{x}\frac{d\dot{x}}{dx}$，故方程式可變形為

$$\dot{x}d\dot{x} = \frac{k}{m}xdx$$

考慮到初始條件，積分後為

$$\int_0^{\dot{x}} \dot{x}d\dot{x} = -\frac{k}{m}\int_{\lambda_0}^{x} xdx$$

$$\dot{x} = \pm\sqrt{\frac{k}{m}(\lambda_0^2 - x^2)}$$

將 $\dot{x}=\dfrac{dx}{dt}$ 代入，並考慮到初始條件，有

$$\int_{\lambda_0}^{x}\frac{dx}{\sqrt{\lambda_0^2-x^2}}=\pm\int_0^t\sqrt{\frac{k}{m}}dt$$

$$\sin^{-1}\left(\frac{x}{\lambda_0}\right)-\frac{\pi}{2}=\pm\sqrt{\frac{k}{m}}t$$

或　$x=\lambda_0\sin\left(\dfrac{\pi}{2}\pm\sqrt{\dfrac{k}{m}}t\right)=\lambda_0\cos\sqrt{\dfrac{k}{m}}t$

由此可見，質點將在 O 點附近作往復運動，其規律遵循餘弦變化律。這種運動稱為簡諧振動。其週期為

$$T=2\pi\sqrt{\frac{m}{k}}$$

這個結果說明，質點在彈簧力作用下作簡諧振動，其週期只與質點的質量和彈簧的彈簧係數 k 有關，而與質點的初始條件無關。

例 12-2.9

在冰面上踢一小石子，使它獲得一速度 $v_0=4.9$ m/s。設冰面動滑動摩擦係數 $\mu=0.2$，求 6 s 後石子所在的位置。

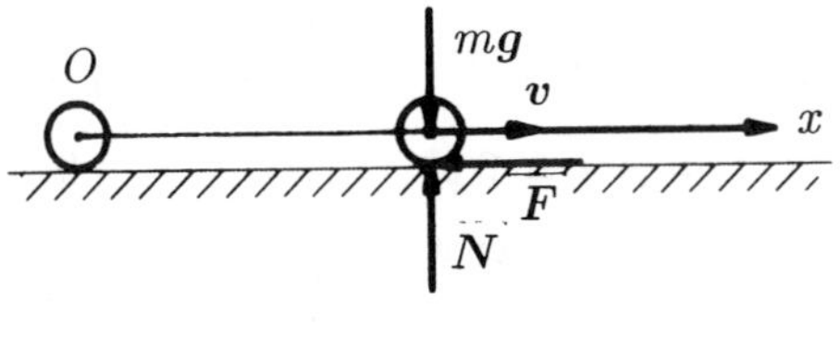

圖 12-2.9

解：

(1) 以石子為研究對象。

(2) 石子受力有重力 $m\boldsymbol{g}$，冰面反力 $\boldsymbol{N}$ 和摩擦力 $\boldsymbol{F}$。

(3) 石子作水平直線運動。

(4) 以石子初始位置 O 為原點，建立座標 Ox。當 $\dot{x}>0$ 時，摩擦力在 x 軸上投影為

$$X=-\mu mg$$

當 $\dot{x}=0$ 時，摩擦力在 x 軸上投影為

$$X=0$$

當 $\dot{x}<0$ 時，摩擦力在 x 軸上的投影為

$$X=\mu mg$$

綜上所述，摩擦力的投影可表示為

$$X=-\frac{\dot{x}}{|\dot{x}|}\mu mg \quad (\dot{x}\neq 0)$$

根據質點運動微分方程式可得

$$m\ddot{x}=-\mu mg\frac{\dot{x}}{|\dot{x}|}$$

或 $$\ddot{x}=-\mu g\frac{\dot{x}}{|\dot{x}|} \tag{a}$$

由題意得初始條件：當 $t=0$ 時，$x=0$、$\dot{x}=v_0=4.9\ \text{m/s}$。

(5) 解微分方程式：由於 $t=0$ 時，$\dot{x}=v_0=4.9\ \text{m/s}$，故在一段時間內 $\dot{x}>0$，這時微分方程式可寫為

$$\ddot{x}=-\mu g \tag{b}$$

分離變數，並考慮到初始條件，可得定積分

$$\int_{v_0}^{\dot{x}}d\dot{x}=\int_0^t-\mu g dt$$

$$\dot{x} = v_0 - \mu g t \tag{c}$$

此方程式只適用於 $\dot{x} = v_0 - \mu g t > 0$，即

$$t < \frac{v_0}{\mu g} = \frac{4.9}{0.2 \times 9.8} = 2.5\ (\text{s})$$

因此，當 $t < 2.5$ s時，對(c)式進行積分有

$$\int_0^{x_1} dx = \int_0^{2.5} (v_0 - \mu g t) dt$$

$$\begin{aligned} x_1 &= v_0 \times 2.5 - \frac{1}{2}\mu g (2.5)^2 \\ &= 4.9 \times 2.5 - \frac{1}{2} \times 0.2 \times 9.8 \times (2.5)^2 \\ &= 6.125\ \text{m} \end{aligned}$$

x_1 為速度為零以前石子走過的距離。

當 $t = 2.5$ s時，$x = 6.125$ m，$\dot{x} = 0$，而摩擦力 $X = 0$。故此後，石子的速度，加速度均為零，即永遠處於靜止。因此當 $t = 6$ s(> 2.5 s) 時，石子仍靜止在離初始位置 $x_1 = 6.125$ m的地方。

以上例12-2.5－例12-2.9都是典型的第二類運動力學問題。從這些例題中可以看出，其解題步驟和第一類問題基本相同，只是在列微分方程式時還必須根據題意寫出初始條件。而且在一些問題中，還必須考慮微分方程式的適用範圍（如例12-2.9）。

工程中還有很多實際問題是第一類基本問題與第二類基本問題的綜合。這類問題多屬於有某種拘束的非自由質點的運動力學問題。這時運動和力同時取決於已知的主動力。下面舉例說明此類問題的求解方法。

例 12-2.10

單擺的擺錘重 W，繩長 l，懸於固定點 O，繩的質量不計。設開始時繩與鉛垂線成 α 角 $(< \frac{\pi}{2})$，並被無初速地釋放。求單擺運動

過程中拉力的最大值。

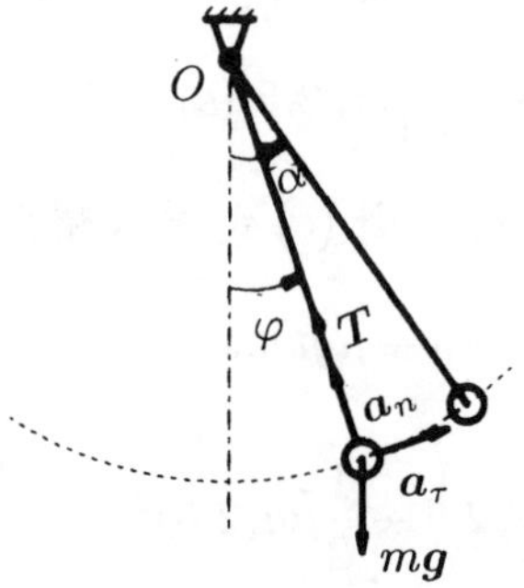

圖 12-2.10

解：

擺錘在繩的拘束下只能作圓周運動。顯然，繩的拉力與擺錘的向心加速度，或速度有關。因此本題雖然只要求最大拉力，但必須先求出任意時刻的速度。故屬於兩類基本問題的綜合。

(1) 取擺錘為研究對象。

(2) 設擺錘處於一般位置時，擺線與鉛垂線的夾角為 φ（如圖 12-2.10 所示），則擺錘的加速度可表為

$$a_\tau = l\ddot{\varphi}\ ,\ a_n = l\dot{\varphi}^2$$

(3) 擺錘受力有已知重力 $\boldsymbol{W}$ 和未知拉力 $\boldsymbol{T}$ 。

(4) 由質點運動微分方程式的自然軸形式得

$$\frac{W}{g}l\ddot{\varphi} = -W\sin\varphi$$

$$\frac{W}{g}l\dot{\varphi}^2 = T - W\cos\varphi$$

或 $$\ddot{\varphi} = -\frac{g}{l}\sin\varphi \tag{a}$$

$$T = \frac{W}{g} l\dot{\varphi}^2 + W\cos\varphi \tag{b}$$

由題意知，有初始條件為：當 $t = 0$ 時，$\varphi = \alpha$，$\dot{\varphi} = 0$。

(5) 解方程式：由 (a) 式並考慮到 $\ddot{\varphi} = \frac{d\dot{\varphi}}{dt} = \dot{\varphi}\frac{d\dot{\varphi}}{d\varphi}$ 和初始條件，得

$$\int_0^{\dot{\varphi}} \dot{\varphi} d\dot{\varphi} = \int_\alpha^{\varphi} -\frac{g}{l}\sin\varphi d\varphi$$

$$\dot{\varphi}^2 = \frac{2g}{l}(\cos\varphi - \cos\alpha) \tag{c}$$

將此值代入 (b) 式得

$$\begin{aligned} T &= 2W(\cos\varphi - \cos\alpha) + W\cos\varphi \\ &= W(3\cos\varphi - 2\cos\alpha) \end{aligned}$$

因為 $\dot{\varphi}^2 \geq 0$，故由 (c) 式知 φ 的取值範圍為 $[-\alpha\ ,\ \alpha]$。因此，$\varphi = 0$ 時 T 有極大值。即

$$T_{\max} = W(3 - 2\cos\alpha)$$

例 12-2.11

有圓錘擺如圖 12-2.11 所示。擺錘質量為 m，擺線長為 l，質量不計。已知擺錘在水平面內作圓周運動，且擺線與鉛垂線成 α 的夾角。試求擺錘的速度和擺線的拉力。

解：

由題意知，擺錘的運動軌跡為一已知圓（水平平面曲線），其速度大小為未知，故在任意瞬時其加速度為未知。擺錘受力有已知重力和擺線的未知拉力。待求的量既有運動量，也有未知力，故屬兩類基本問題的綜合。其步驟為：

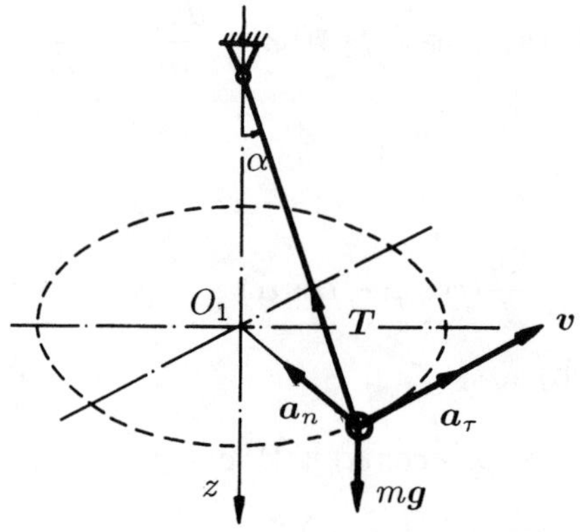

圖 12-2.11

(1) 以擺錘為研究對象，並視為質點。

(2) 擺錘的加速度為

$$a_\tau = \frac{dv}{dt} \text{ 為未知}$$

$$a_n = v^2/l\sin\alpha \text{ 也為未知}$$

(3) 擺錘受力有已知重力 $\boldsymbol{mg}$，未知拉力 $\boldsymbol{T}$ 。

(4) 由質點運動微分方程式在自然軸系上的投影式（或建立圓柱座標形式的投影式）得

$$m\frac{dv}{dt} = 0 \tag{a}$$

$$\frac{mv^2}{l\sin\alpha} = T\sin\alpha \tag{b}$$

及由 $\Sigma Z = 0$ 有

$$0 = mg - T\cos\alpha \tag{c}$$

(5) 解方程式：由 (a) 式得 $v=$ 常數，由 (c) 式得 $T=mg/\cos\alpha$。將 T 之值代入 (b) 式即得

$$v=\tan\alpha\sqrt{gl\cos\alpha}$$

12-3 功能原理

本節將研究質點的功能原理。這個原理，建立了物體的動能變化與作用於物體上力的功之間的關係。由物理學知，物體之間機械運動的相互傳遞以及機械運動和其它運動形態之間的相互轉換，可以用能量來量度。力的功是物體運動過程中力對物體作用效果的總和，其結果是引起能量的改變和轉化。下面首先討論不同情況下功的計算。

12-3-1　力的功

1. 常力的功

設一物體（圖 12-3.1）在常力 $\boldsymbol{F}$（大小、方向都不變）的作用下，沿直線運動。α 表示力和運動方向間的夾角，$\boldsymbol{s}=\overrightarrow{AB}$ 表示力作用點的位移。由物理學知，力 $\boldsymbol{F}$ 在位移 $\boldsymbol{s}$ 上的功 (work) 為

$$U=|\boldsymbol{F}|\cdot|\boldsymbol{s}|\cos\alpha \tag{12-3.1}$$

或寫成向量的純量積

$$U=\boldsymbol{F}\cdot\boldsymbol{s} \tag{12-3.2}$$

由 (12-3.1) 式可知：當 $\alpha<90^\circ$ 時，力作的功是正功；當 $\alpha>90^\circ$ 時，力作的功是負功；當 $\alpha=90^\circ$ 時，力不作功。可見，功是只有大小、正負，而沒有方向的量，所以，功是一個代數量。

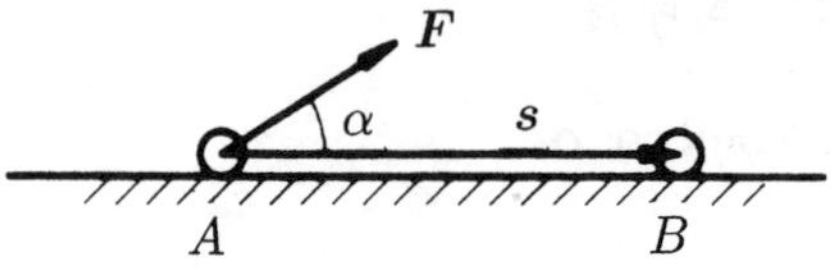

圖 12-3.1

功的單位是由力的單位乘以長度單位。在國際單位制 (SI) 中，力的單位用牛頓 (N)，長度單位公尺 (m)，功的單位是焦耳 (J)，即

$$1\text{ J} = 1\text{ N}\cdot\text{m} = 1\text{ kg}\cdot\text{m}^2/\text{s}^2$$

美國慣用單位功的單位為 ft·lb。

2. 變力在曲線運動中的功

為了計算變力 $\boldsymbol{F}$ 在某一曲線路程 $\widehat{AB}$ 中的功，我們計算力在其中一小位移 $d\boldsymbol{r}$（圖 12-3.2）上的微少功。當 $d\boldsymbol{r}$ 很小時，$\boldsymbol{F}$ 可視為常量，位移 $d\boldsymbol{r}$ 可視為與運動路線重合，故力在此過程中的微功，可寫為

$$d'U = |\boldsymbol{F}| \cdot |d\boldsymbol{r}| \cos\alpha$$

實際上當 $d\boldsymbol{r} \longrightarrow 0$ 時，$|d\boldsymbol{r}| \longrightarrow ds$，$\alpha$ 為 $\boldsymbol{F}$ 與軌跡切線的夾角，故 $|\boldsymbol{F}|\cos\alpha = F_\tau$ 為力在運動方向上的投影，所以微功又可寫為

$$d'U = F_\tau ds \qquad (12\text{-}3.3)$$

當力以 $\boldsymbol{F} = X\boldsymbol{i} + Y\boldsymbol{j} + Z\boldsymbol{k}$ 表示時，由於

$$\begin{aligned} d\boldsymbol{r} &= d(x\boldsymbol{i} + y\boldsymbol{j} + z\boldsymbol{k}) \\ &= (dx)\boldsymbol{i} + (dy)\boldsymbol{j} + (dz)\boldsymbol{k} \end{aligned}$$

故力 $\boldsymbol{F}$ 的微功又可寫為

$$d'U = \boldsymbol{F} \cdot d\boldsymbol{r} \tag{12-3.4}$$

或

$$d'U = Xdx + Ydy + Zdz \tag{12-3.5}$$

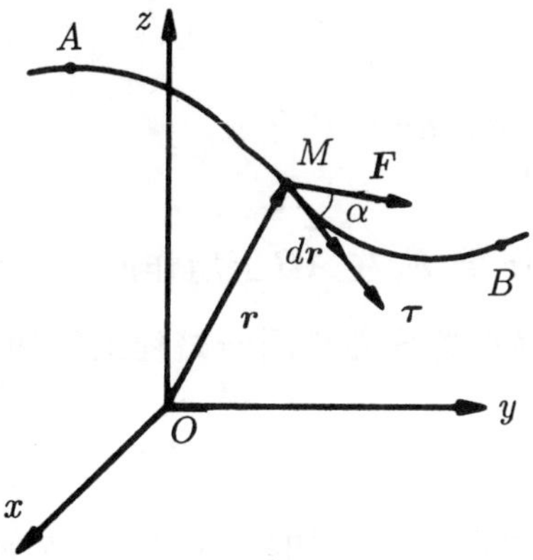

圖 12-3.2

由於以上各微小功的表示式不一定能寫成某函數的全微分，故我們用 $d'U$ 表示力的微小功，$d'U$ 只表示力在微小位移上的微小功，並不表示功的全微分。只有在微小功可以寫成某一函數的全微分時，它才可以表成 dU 的形式，這時 U 可以表成座標的函數。

力在有限路程 $\overset{\frown}{AB}$ 上的功，為無限多個微小功的和。因此由 (12-3.3) 式，可把力 $\boldsymbol{F}$ 在 $\overset{\frown}{AB}$ 上的功表示為在 $\overset{\frown}{AB}$ 弧長上的曲線積分

$$U_{\overset{\frown}{AB}} = \int_{\overset{\frown}{AB}} F_\tau ds \tag{12-3.6}$$

由式 (12-3.5)，力 $\boldsymbol{F}$ 在 $\overset{\frown}{AB}$ 上的功還可表示為對座標的曲線積分，即

$$U_{\overset{\frown}{AB}} = \int_{\overset{\frown}{AB}} Xdx + Ydy + Zdz \tag{12-3.7}$$

3. 匯交力系合力的功

設有 n 個力 $\boldsymbol{F}_1$，$\boldsymbol{F}_2$，$\cdots$，$\boldsymbol{F}_n$ 同時作用於一點，則該力系有一合力 $\boldsymbol{R}=\Sigma\boldsymbol{F}_i$ 作用於同一點，故合力的功為

$$U_{\widehat{AB}}=\int_{\widehat{AB}}\boldsymbol{R}\cdot d\boldsymbol{r}=\int_{\widehat{AB}}\Sigma\boldsymbol{F}_i\cdot d\boldsymbol{r}$$

$$=\Sigma\int_{\widehat{AB}}\boldsymbol{F}_i\cdot d\boldsymbol{r}=\Sigma U_i \qquad (12\text{-}3.8)$$

式中 $U_i=\int_{\widehat{AB}}\boldsymbol{F}_i\cdot d\boldsymbol{r}$ 為 $\boldsymbol{F}_i$ 在 $\widehat{AB}$ 上所作的功。可見 **匯交力系合力在有限路程上的功等於各分力在同一路程上的功之代數和**。

4. 功的圖示法

在很多實際問題中，無法知道力的解析表示式，而是通過測試得到力沿路徑切線的投影之變化曲線 $F_\tau(s)$，如圖 12-3.3 所示。由 (12-3.6) 式知，力的功可由圖中陰影部分的面積來表示。因此圖 12-3.3 又稱為示功圖。

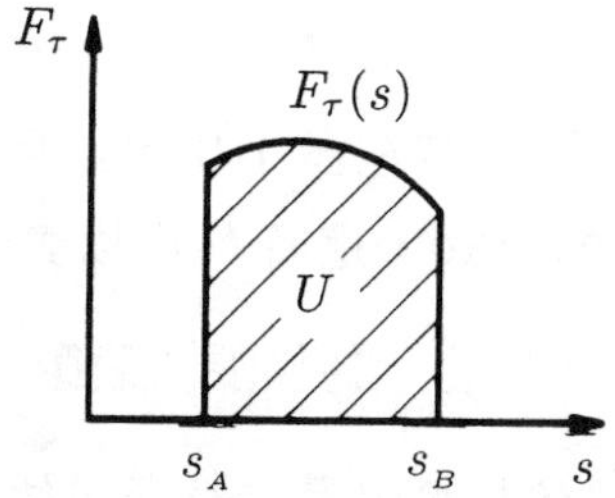

圖 12-3.3

5. 幾種常見力的功之計算公式

下面介紹幾種常見力的功，它們只與運動的始末位置參數有關，而與運動的過程無關，因此可以將這些力的功寫成始末狀態參數的函數，而它們的微功，為此函數的全微分。

(1) 重力的功

設物體質心 C 沿曲線由 A 運動到 B。建立如圖 12-3.4 所示之座標系，則物體的重力為

$$\boldsymbol{F} = m\boldsymbol{g} = -mg\boldsymbol{k}$$

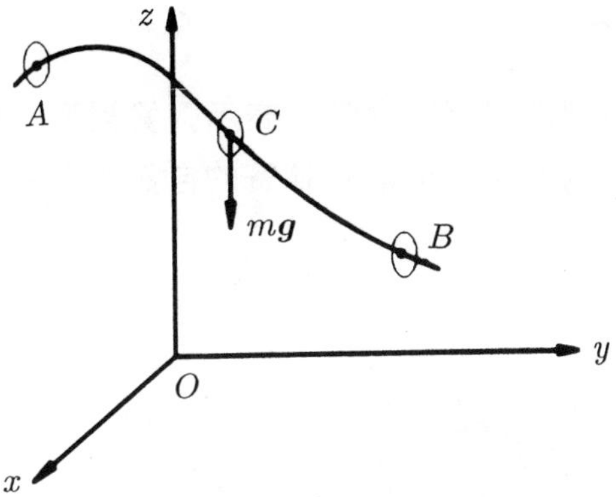

圖 12-3.4

即 $X = 0$，$Y = 0$，$Z = -mg$

因此，由 (12-3.7) 式得

$$U_{\widehat{AB}} = \int_{\widehat{AB}} -mgdz = \int_{z_A}^{z_B} -mgdz$$

$$= mg(z_A - z_B) \tag{12-3.9}$$

即**重力的功等於物體的重量與其質心的下降高度之乘積**。由此可見重力的功與質心的運動過程（路徑、快慢）無關，只與其起止位置的高度差有關。令 h 為重心的下降高度，則重力的功可寫為

$$U_{\widehat{AB}} = mgh \tag{12-3.10}$$

當 $h > 0$，即質心下降時，其功為正；當 $h < 0$，即質心上昇時，其功為負。

(2) 彈簧力的功

設兩個質點 C_1 和 C_2 以一直線彈簧連結，如圖 12-3.5 所示。在彈性限度內，彈簧作用於 C_1 和 C_2 的彈簧力分別可表示為

$$\boldsymbol{F}_1 = -k(l_0 - l)\frac{\boldsymbol{l}}{l}$$

$$\boldsymbol{F}_2 = -\boldsymbol{F}_1$$

式中 k 為彈簧的剛度或彈簧常數，表示彈簧變形單位長度兩端所施的力。l_0 為彈簧的原長，或稱為彈簧的自然長度。向量 $\boldsymbol{l} = \overrightarrow{C_1C_2} = \boldsymbol{r}_2 - \boldsymbol{r}_1$。

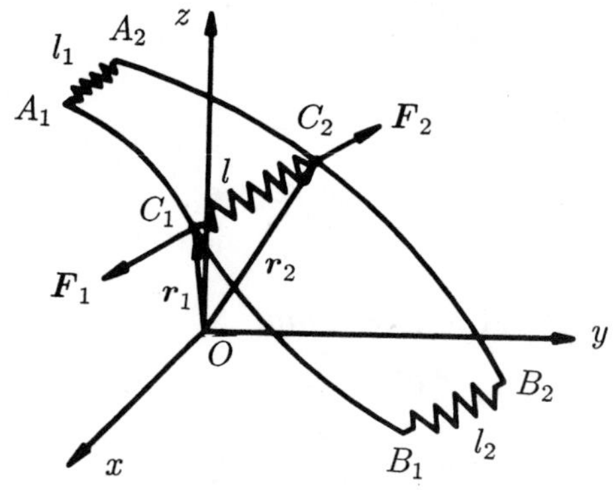

圖 12-3.5

由微功定義，可得 $\boldsymbol{F}_1$ 和 $\boldsymbol{F}_2$ 微小功和，即

$$\begin{aligned} d'U &= \boldsymbol{F}_1 \cdot d\boldsymbol{r}_1 + \boldsymbol{F}_2 \cdot d\boldsymbol{r}_2 = -\boldsymbol{F}_1 \cdot (d\boldsymbol{r}_2 - d\boldsymbol{r}_1) \\ &= -\boldsymbol{F}_1 \cdot d(\boldsymbol{r}_2 - \boldsymbol{r}_1) = -\boldsymbol{F}_1 \cdot d\boldsymbol{l} \\ &= k(l_0 - l)\frac{\boldsymbol{l}}{l} \cdot d\boldsymbol{l} \end{aligned}$$

由於 $\boldsymbol{l} \cdot d\boldsymbol{l} = \frac{1}{2}d(\boldsymbol{l} \cdot \boldsymbol{l}) = \frac{1}{2}dl^2 = ldl$

故有 $\quad d'U = k(l_0 - l)dl = -k(l - l_0)d(l - l_0)$

$$= -k\delta d\delta$$

其中 $\delta = l - l_0$ 為彈簧的變形量。

設在同一時間內，C_1 從 A_1 運動到 B_1；C_2 從 A_2 運動到 B_2。則彈簧長度從 $A_1A_2 = l_1$ 變為 $B_1B_2 = l_2$，變形量從 $\delta_1 = l_1 - l_0$ 變為 $\delta_2 = l_2 - l_0$，這時 $\boldsymbol{F}_1$ 和 $\boldsymbol{F}_2$ 所作功之和為

$$U = \int d'U = \int_{\delta_1}^{\delta_2} -k\delta d\delta$$

$$= \frac{1}{2}k(\delta_1^2 - \delta_2^2) \tag{12-3.11}$$

即**彈簧力的功等於彈簧常數與其始末位置的變形量的平方差之乘積的一半**。可見彈簧力的功也只與運動始末位置的參數有關，而與運動過程無關。

(3) 牛頓引力的功

設質點的質量為 m，受到固定於 O 處的另一質量為 M 的質點之引力作用（圖 12-3.6），其作用力為

$$\boldsymbol{F} = -\frac{GMm}{r^3}\boldsymbol{r}$$

其中 $\boldsymbol{r}$ 是質量為 m 的質點相對於 O 的向徑，G 為引力常數。引力 $\boldsymbol{F}$ 的微小功可寫為

$$d'U = -\frac{GMm}{r^3}\boldsymbol{r} \cdot d\boldsymbol{r} = -\frac{GMm}{r^3}rdr$$

$$= -\frac{GMm}{r^2}dr$$

設質點從離 O 的距離為 r_1 的位置運動到為 r_2 的位置，則 $\boldsymbol{F}$ 的功為

$$U = \int d'U = \int_{r_1}^{r_2} -\frac{GMm}{r^2}dr$$

$$= GMm\left(\frac{1}{r_2} - \frac{1}{r_1}\right) \tag{12-3.12}$$

由此可見牛頓引力的功也只與質點的起止位置有關，而與運動過程的路徑無關。

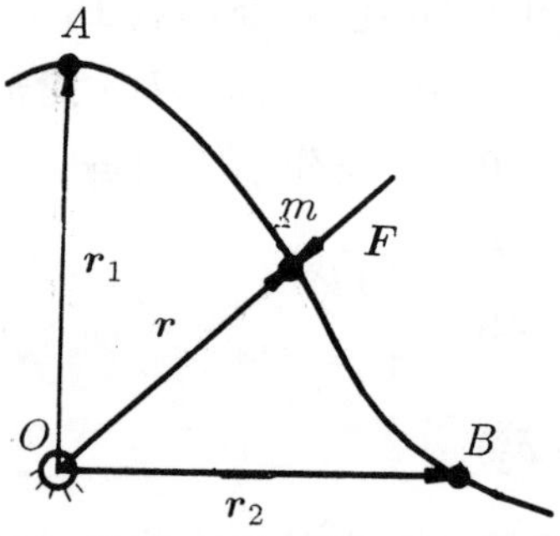

圖 12-3.6

例 12-3.1

兩桿組成的幾何可變結構如圖 12-3.7 所示。A 是固定鉸支座，B 是活動滾支座。銷釘 C 上掛一重物 D，質量為 m。一剛度為 k 的彈簧兩端分別與 AC、BC 的中點連結。彈簧原長 $l_0 = \frac{AC}{2} = \frac{BC}{2}$，即 ABC 為等邊三角形時，彈簧不變形。試求當 $\angle CAB$ 由 $\frac{\pi}{3}$ 變為 $\frac{\pi}{6}$ 時，重物 D 的重力和彈簧力所作的功。

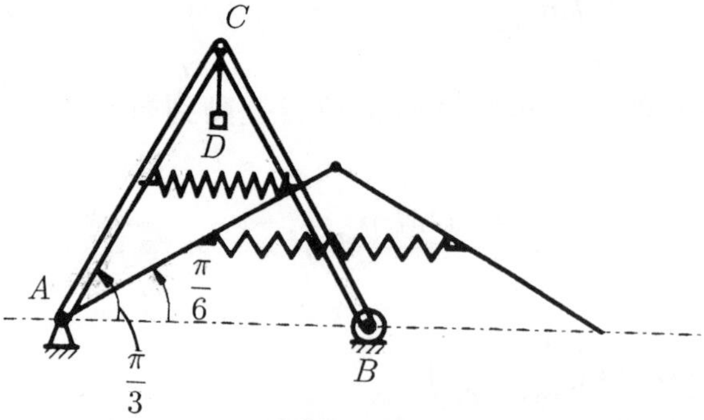

圖 12-3.7

解：

(1) 重物 D 的重力所作的功

因為重物 D 的下降高度為

$$h = 2l_0\left(\sin\frac{\pi}{3} - \sin\frac{\pi}{6}\right) = (\sqrt{3}-1)l_0$$

所以重力作的功為

$$U_m = mgh = mg(\sqrt{3}-1)l_0$$

(2) 彈簧力所作的功

當 $\angle CAB = \dfrac{\pi}{3}$ 時，

$$\delta_1 = 0$$

當 $\angle CAB = \dfrac{\pi}{6}$ 時，

$$\delta_2 = 2l_0\cos\frac{\pi}{6} - l_0 = (\sqrt{3}-1)l_0$$

所以彈簧力的功為

$$U_F = \frac{1}{2}k(\delta_1^2 - \delta_2^2) = -\frac{1}{2}k(\sqrt{3}-1)^2 l_0^2$$

$$= -2\left(1 - \frac{\sqrt{3}}{2}\right)kl_0^2$$

12-3-2　質點的功能原理

設質點質量為 m，在合力為 $\boldsymbol{R}$ 的匯交力系作用下作曲線運動，如圖 12-3.8 所示。在任意瞬時質點之運動微分方程式如下

$$m\frac{d\boldsymbol{v}}{dt} = \boldsymbol{R}$$

兩端分別點乘向量 $\boldsymbol{v}dt = d\boldsymbol{r}$ 得

$$m\boldsymbol{v}\cdot d\boldsymbol{v} = \boldsymbol{R}\cdot d\boldsymbol{r}$$

於是有

$$d\left(\frac{1}{2}mv^2\right) = d'U$$

或

$$dT = d'U \tag{12-3.13}$$

式中 $T = \dfrac{1}{2}mv^2$ 是由於質點運動而具有的能量，稱為**質點的動能**(kinetic energy)，它是一個非負的物理量。動能的單位為 公斤·米^2／秒^2($kg{\cdot}m^2/s^2$)，與功的單位相同，在國際單位制中，也用焦耳(J)表示。式中 $d'U = \boldsymbol{R}\cdot d\boldsymbol{r}$ 為作用於質點的合力的微小功或作用於質點各力微小功之和。

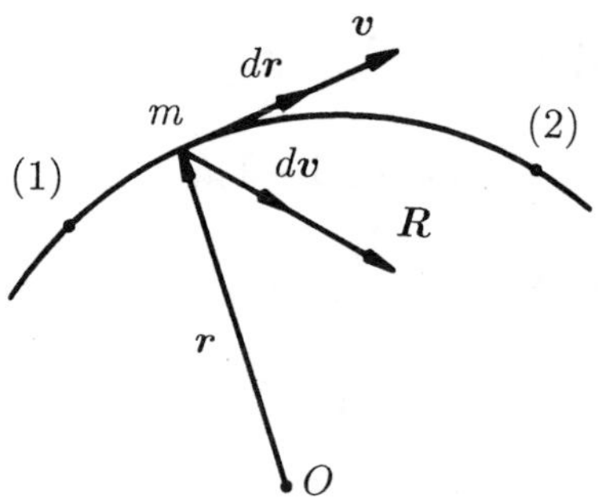

圖 12-3.8

(12-3.13)式說明，**質點動能的微分等於作用於質點之合力的微小功**。這就是**質點功能原理的微分型式**。

設質點從位置(1)沿曲線運動至位置(2)，它的速度的大小由 v_1 變為 v_2，則對(12-3.13)式兩端積分可得

$$\frac{1}{2}mv_2^2 - \frac{1}{2}mv_1^2 = U_{1,2} \tag{12-3.14}$$

式中 $U_{1,2} = \displaystyle\int_{(1)}^{(2)} \boldsymbol{R}\cdot d\boldsymbol{r}$ 為在此過程中作用於它的合力的功。

(12-3.14) 式稱為**質點功能原理的積分形式**。它表明，質點在某一運動過程中動能的增量，**等於它所受合力在同一過程中所作的功**。

例 12-3.2

圖 12-3.9 中套筒質量為 0.25 kg，它在彈簧力的作用下，沿光滑水平導桿滑動。彈簧原長為 1.5 m，彈簧常數 $k = 20$ N/m，設套筒在 B 點無初速釋放，求套筒經過點 A 時的速度。

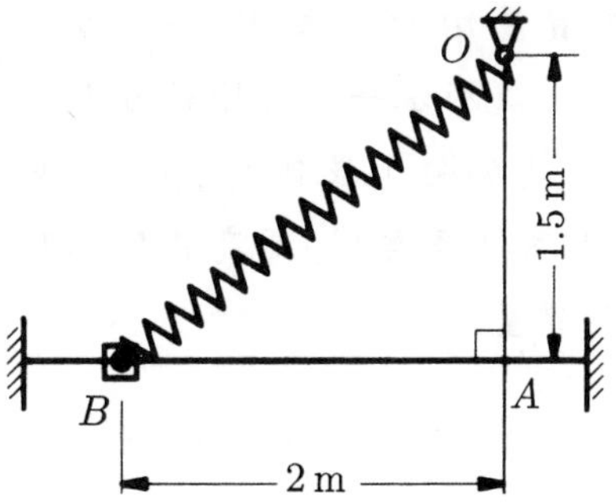

圖 12-3.9

解：

(1) 以套筒為研究對象。

(2) 套筒作水平直線運動。

(3) 套筒從 B 運動至 A 的過程中只有彈簧力作功，且

$$U_{AB} = \frac{1}{2}k(\delta_1^2 - \delta_2^2)$$

(4) 對上述過程應用功能原理的積分式有

$$\frac{1}{2}mv_A^2 - \frac{1}{2}mv_B^2 = \frac{1}{2}k(\delta_1^2 - \delta_2^2)$$

其中 $v_B = 0$，$m = 0.25\ \text{kg}$，$k = 20\ \text{N/m}$

$$\delta_1 = \sqrt{AB^2 + OA^2} - l_0 = \sqrt{2^2 + 1.5^2} - 1.5 = 1\ \text{m}$$
$$\delta_2 = OA - l_0 = 0$$

代入可得

$$v_A = 8.94\ \text{m/s}$$

例 12-3.3

繩 OA 的一端繫質量 m 的小球 A，另一端固定，如圖 12-3.10a 所示。設球以 $\boldsymbol{v}_0$ 從 OA 處於水平位置開始擺下，當擺至鉛垂位置時，繩子受到固定點 O_1 處的釘子限制，開始繞 O_1 點擺動。已知繩長為 l，$OO_1 = h$，求小球擺至與 O_1 等高的 C 點時，繩的張力。設繩不可伸長，且不計其質量。

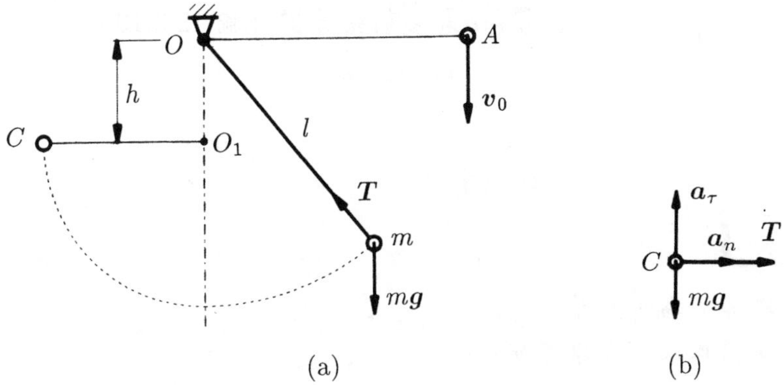

圖 12-3.10

解：

先應用功能原理求小球運動至 C 點的速度。

(1) 以小球（視為質點）為研究對象。

(2) 小球作已知曲線（如圖）運動，初速 v_0 為已知，末速 v_c 待求。

(3) 運動過程中只有重力作功，從初位置運動到末位置 C 時其功為

$$U = mgh$$

(4) 應用質點功能原理的積分式得

$$\frac{1}{2}mv_C^2 - \frac{1}{2}mv_0^2 = mgh$$

於是，質點在 C 點處的速度為

$$v_C = \sqrt{2gh + v_0^2}$$

下面利用質點運動微分方程式求張力。

(5) 小球運動至 C 時，其軌跡的曲率半徑為 $\rho = l - h$，故水平方向的加速度為向心加速度

$$a_n = \frac{v_C^2}{\rho} = \frac{1}{l-h}(2gh + v_0^2)$$

(6) 小球在 C 點處受重力 $m\boldsymbol{g}$ 和繩的張力 $\boldsymbol{T}$（圖 12-3.10b）。

(7) 運動微分方程式在法線（水平向右）的投影式為

$$ma_n = \Sigma F_n = T$$

即得　$$T = \frac{m}{l-h}(2gh + v_0^2)$$

12-3-3　功率、功率方程式、機械效率

1. 功率

力在單位時間內所作的功稱為**施力體的功率**(power)，也稱**力的功率**。以 P 表示瞬時功率，則有

$$P = \frac{d'U}{dt} \tag{12-3.15}$$

如果已知力 $\boldsymbol{F}$ 作用點的運動速度為 $\boldsymbol{v}$，則力 $\boldsymbol{F}$ 的功率表示為

$$P = \frac{\boldsymbol{F} \cdot d\boldsymbol{r}}{dt} = \boldsymbol{F} \cdot \boldsymbol{v} = F_\tau v \qquad (12\text{-}3.16)$$

式中 F_τ 為力 $\boldsymbol{F}$ 在速度方向的投影。由此可見，此時**力的功率等於力在速度方向的投影與其速度大小的乘積**。

(12-3-16) 式表明，當功率一定時，速度愈大，則其作用力就愈小；反之，如速度愈小，則其作用力愈大。這就是所謂 “得之於力，失之於速度” 的力學金律。汽車爬山，為了獲得較大的力，在發動機功率一定的情況下，必須減低運行速度，就是這個道理。

功率的單位為焦耳／秒 (J/s)，在 SI 單位中，此單位稱為瓦特 (watt ， W)，即

$$1\ \text{W} = 1\ \text{J/s} = 1\ \text{N·m/s} = 1\ \text{kg·m}^2/\text{s}^2$$

在美國慣用單位中，功率為 ft·lb/s，或是馬力 (hp)，即

$$1\ \text{hp} = 550\text{ft·lb/s} = 746\ \text{W} = 0.746\ \text{kW}$$

2. 功率方程式

將 (12-3.13) 式兩端同除以 dt，得

$$\frac{dT}{dt} = \frac{d'U}{dt}$$

即

$$\frac{dT}{dt} = P \qquad (12\text{-}3.17)$$

(12-3.17) 式通常叫做機器的**功率方程式**。它表示**任一機器的動能對時間的導數，等於作用於其上所有力的功率**。

任何機器工作時，都必須輸入一定的功率；同時，機器運動時，為克服阻力要消耗一部分功率。如以 P_λ 表示電動機輸入的功率，$P_{有}$ 及 $P_{無}$ 分別表示有用阻力（如機床的切削阻力）及無用阻力（

如摩擦力）所消耗的有用功率及無用功率，於是功率方程式可以寫為

$$\frac{dT}{dt} = P_{\lambda} - P_{有} - P_{無}$$

也可寫成為

$$P_{\lambda} = \frac{dT}{dt} + P_{有} + P_{無} \tag{12-3.18}$$

(12-3.18) 式表明輸入功率和輸出功率及機器的動能變化率之間的數量關係。

3. 機械效率

在工程中，機器正常運轉時，動能等於常數，即 $\frac{dT}{dt} = 0$ 。這時功率方程式為

$$P_{\lambda} = P_{有} + P_{無} \tag{12-3.19}$$

對於一部機器，總希望它在正常運轉時，無用功率儘可能地小，而其有效功率儘可能地接近輸入功率。因此，通常用機器在其正常運轉（穩定運轉）時的有用功率與輸入功率之比值作為評定機器品質的指標之一，並稱這一比值為機器的**機械效率**(mechanical efficiency) ，用 η 表示。即

$$\eta = \frac{P_{有}}{P_{\lambda}} \tag{12-3.20}$$

或由 (12-3.19) 式得

$$\eta = 1 - \frac{P_{無}}{P_{\lambda}} \tag{12-3.21}$$

由於無用功率取決於無用阻力，而無用阻力在任何機器中又不可能完全消除，故機器的機械效率一般總是小於 1 的值。對於一部機器，如果它的運轉條件一定，則它的機械效率是一個確定的值。這個值往往可由有關手冊或產品說明書中查得。

例 12-3.4

設提昇質量 2000 kg 的鋼錠，提昇速度 $v = 0.166$ m/s。問提昇此鋼錠所消耗的功率。

解：

因提昇鋼錠時為等速上昇，故提昇質量為
$m = 2000$ kg 的鋼錠所需的力為

$$F = mg = 2000 \times 9.81 = 19620 \text{ N}$$

現提昇速度 $v = 0.166$ m/s，故提昇鋼錠所需的功率為

$$P = F \cdot v = 19620 \times 0.166 = 3257 \text{N·m/s}$$
$$= 3257 \text{ W} = 3.26 \text{ kW}$$

例 12-3.5

皮帶輸送機如圖 12-3.11 所示。皮帶速度為 v(m/s)，每分鐘輸送質量為 1000 Q(kg)，輸送高度為 h (m)。已知機械效率為 η，求輸送機所用電機的功率應為多少。

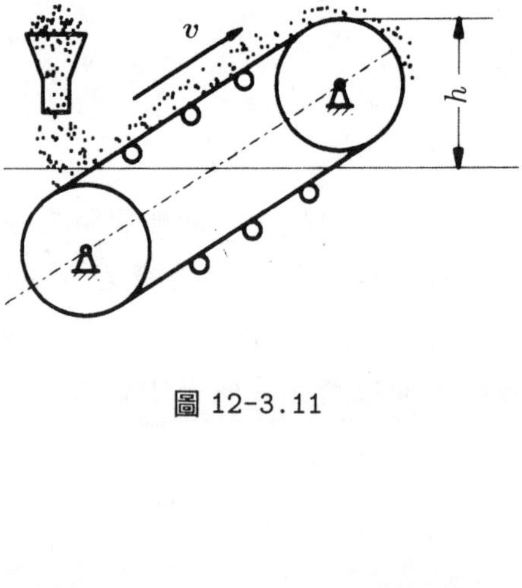

圖 12-3.11

解：

機器運轉過程中，對物料所作的功為有用功。設物料在 Δt 時間內有 Δm 的質量由初速為零變成速度為 v，且昇高 h。因此對這部分質量運用功能原理有

$$\frac{1}{2}\Delta mv^2 - 0 = U_{有} - \Delta mgh$$

即

$$U_{有} = \left(\frac{1}{2}v^2 + gh\right)\Delta m$$

其有用功率則為

$$P_{有} = \frac{U_{有}}{\Delta t} = \left(\frac{1}{2}v^2 + gh\right)\frac{\Delta m}{\Delta t}$$

因為已知輸送流量為

$$\frac{\Delta m}{\Delta t} = \frac{1000}{60}Q = \frac{100}{6}Q \text{ (kg/s)}$$

故

$$P_{有} = \frac{100}{6}Q\left(\frac{1}{2}v^2 + gh\right) \text{ W}$$

於是由 (12-3.21) 式得，電機功率（輸送機的輸入功率）為

$$P_{\lambda} = \frac{P_{有}}{\eta} = \frac{100}{6\eta}Q\left(\frac{1}{2}v^2 + gh\right) \text{ W}$$

12-4 機械能守恒定律

12-4-1 保守力和保守力場

質點在某種力的作用下，於某一確定的空間內運動時，如果這種力所作的功只與質點的起止位置有關，而與運動的路徑無關，則這種力稱為**保守力**(Conservative force)，或**勢力**。具有這種性質的空間稱為 **保守力場**，或**勢力場**。例如質點在地球表面附近運動時，重力的功只與質點起止位置的高度有關，而與其運動路徑無關。因此

地球表面附近對質點的作用力是保守力，而地球表面附近的空間則稱重力的保守力場。

12-4-2 位能和位能函數

因為保守力作功只與質點在保守力場中的起止位置有關，故如果取某一位置作為參考位置，顯然，質點從保守力場中任何確定的位置運動至該參考位置，保守力所作的功都是一個確定的值。即保守力場中的每一確定的位置反映了保守力具有作功的一種能力。物理學中將**質點從某位置** $A(x, y, z)$ **運動到給定的參考點** $A_0(x_0, y_0, z_0)$ **的過程中，保守力所做的功稱為質點在保守力場中位置** A **點的位能**(potential energy)或**勢能**。參考點 A_0 稱為零位置。顯然，根據保守力的定義，當零位置被確定後，質點在位置 $A(x, y, z)$ 點的位能只取決於 A 點的座標 x，y，z，即質點在空間的位能為點的座標 x，y，z 的函數，並記為 $V(x, y, z)$ ，稱之為保守力的**位能函數**(potentiol function)，它可表示為

$$V(x,y,z) = \int_{A(x,y,z)}^{A_0(x_0,y_0,z_0)} Xdx + Ydy + Zdz \tag{12-4.1}$$

其中 X，Y，Z 分別為保守力在 x，y，z 座標軸上的投影。

下面給出幾種保守力的位能函數的表示式。

(1) 重力的位能

由 (12-3.9) 式知，重力的功只與物體質心的起止位置有關，而與質心的運動路徑無關。所以作用於物體的重力是保守力。取物體質心的縱座標 $z_0 = 0$ 為零位置，則由 (12-3.9) 式可得物體在任意位置時的重力位能為

$$V_{重} = mgz_C \tag{12-4.2}$$

式中 z_C 為物體質心在圖 12-3.4 所示直角座標系中的縱座標值。這式說明，物體在重力場中的位能只與物體質心的高度有關。

(2) 彈簧力的位能

由 (12-3.11) 式知，彈簧力的功只與彈簧兩端點的起止位置有關。當彈簧兩端點的起止位置確定以後，則其起止位置的變形量 δ_1 和 δ_2 就確定了。因此，彈簧力的功也就被唯一確定。所以，彈簧力也是保守力。取滿足變形量 $\delta = 0$ 的兩端點位置為位能的零位置，則彈簧力在彈簧的任意位置時的位能可表示為

$$V_{彈} = \frac{1}{2}k\delta^2 \tag{12-4.3}$$

式中 δ 為彈簧所在位置的變形量。顯然，應用上式計算彈簧力的位能時，規定伸長量為正還是壓縮量為正，對結果都無關緊要。

(3) 牛頓引力的位能

由 (12-3.12) 式知，牛頓引力的功只與質點的起止位置有關，而與運動路徑無關。所以作用於質點的牛頓引力是保守力。取 $r = \infty$，為牛頓引力位能的零位置，則質點在任意 r 位置的位能為

$$V_{引} = -\frac{GMm}{r} \tag{12-4.4}$$

應該指出，位能是一個相對量，對於不同的零位置，各點的位能將取不同的值。因此，以上各種位能表示式只是對特定的零位置來說的。如果取別的零位置，它們將相差一個常數。

12-4-3　保守力場的性質

1. 保守力的功和位能的關係

設質點在保守力場中運動，並設從位置 M_1 運動到 M_2，保守力作功為 U_{12}；如取保守力場中位置 M_0 為質點位能的零位置，且質點分別從位置 M_1，M_2 運動至 M_0 時，保守力所做的功記為 U_{10}，

U_{20}。顯然由保守力作功與路徑無關的性質有

$$U_{10}=U_{12}+U_{20}$$

或 $$U_{12}=U_{10}-U_{20}$$

又由於 M_0 為位能零位置，故 U_{10}，U_{20} 分別為 M_1 和 M_2 的位能 V_1 和 V_2，於是

$$U_{12}=V_1-V_2 \tag{12-4.5}$$

這就表明，**質點在保守力場中運動時，保守力所作的功等於質點在運動的起止位置的位能差，即等於質點在此運動過程中位能的減少值**。

2. 保守力和位能的關係

由位能的定義知，位能是質點位置座標的函數，設質點從點 (x, y, z) 運動一小位移到達點 $(x+dx,\ y+dy,\ z+dz)$，則保守力作功為

$$\begin{aligned} d'U &= V(x, y, z)-V(x+dx, y+dy, z+dz) \\ &= -dV=-\left(\frac{\partial V}{\partial x}dx+\frac{\partial V}{\partial y}dy+\frac{\partial V}{\partial z}dz\right) \end{aligned}$$

即**保守力的微小功等於位能的微分加一負號**。

由力的微小功定義知

$$d'U=Xdx+Ydy+Zdz$$

式中 X，Y，Z 分別為保守力在 x，y，z 座標軸上的投影，所以比較上面兩式得

$$\left.\begin{aligned} X&=-\frac{\partial V}{\partial x} \\ Y&=-\frac{\partial V}{\partial y} \\ Z&=-\frac{\partial V}{\partial z} \end{aligned}\right\} \tag{12-4.6}$$

(12-4.6) 式建立了保守力和位能之間的關係。即**保守力在各直角座標軸上的投影等於位能函數對相應座標的偏導數加一負號**。

最後，我們指出，由於選取不同的零位置，其位能函數 V 只相差一個常數。因此，無論是用位能的差計算保守力的功，還是用位能函數的偏導數求保守力，都與位能的零位置之選取無關。

12-4-4　機械能守恆定律

如果對質點作功不為零的力都是保守力，或質點僅在保守力作用下運動，並設質點在初瞬時和終了瞬時的動能分別為 T_1 和 T_2，保守力在此過程中作的功為

$$U_{12} = V_1 - V_2$$

則由質點的功能原理有

$$T_2 - T_1 = V_1 - V_2$$

或

$$T_2 + V_2 = T_1 + V_1 \tag{12-4.7}$$

質點在同一瞬時的動能和位能之和稱為質點的機械能，以 E 表示。因此，(12-4.7) 式表明，**質點在對其作功不為零的力都是保守力的作用下運動時，運動過程中其機械能不變**。這一性質稱為質點的**機械能守恆定律**。

如果對質點同時有保守力和非保守力作功，並設非保守力在質點運動過程中作功為 U'_{12}，則由功能原理得

$$T_2 - T_1 = V_1 - V_2 + U'_{12}$$

或

$$(T_2 + V_2) - (T_1 + V_1) = U'_{12} \tag{12-4.8}$$

(12-4.8) 式給出了有非保守力作用下的質點機械能的改變與非保守力作功之間的關係。即**機械能的增加等於非保守力的功**。這時，質點

的機械能不再是守恒的了。但是當考慮到運動過程中還存在著機械能和其它形式能量的轉化時，仍然有總能量保持不變的性質。如摩擦力作功小於零，它是一種非保守力。因而由於摩擦力的存在，機械能將要減少，可是這時又因為摩擦的存在而會產生熱能；相反，當熱機推動機械運動時，機械能又會由於熱能的減少而增加。物理學的普遍能量守恒定律說明了力學現象與熱學、電學等各種物理現象之間的聯係。

利用機械能守恒定律，可以方便地解決很多保守力系作用下質點的運動力學問題。下面舉例說明。

例 12-4.1

求第二宇宙速度。

解：

第二宇宙速度是宇宙飛船脫離地球引力場運動，從地面發射所需的最小速度。

(1) 取宇宙飛船為研究對象，並視為質點。

(2) 飛船僅受地心引力的作用，在引力場內運動時，機械能守恒。

(3) 設在地球表面附近飛船的速度為 $\boldsymbol{v}_1$，此後任一時刻的速度為 $\boldsymbol{v}_2$，由機械能守恒定律有

$$\frac{1}{2}mv_1^2 - \frac{kmM}{r_1} = \frac{1}{2}mv_2^2 - \frac{kmM}{r_2}$$

(4) 欲使宇宙飛船脫離地球引力場飛向太空，令 $r_2 = \infty$，$v_2 = 0$，$r_1 = R = 6370$ km（地球半徑），求得第二宇宙速度為

$$v_1 = \sqrt{\frac{2kM}{R}}$$

在地球表面，地心引力等於重力，即

$$mg = \frac{kmM}{R^2}$$

$$kM = gR^2$$

代入上式，得

$$v_1 = \sqrt{2Rg} = 11.2\ \text{km/s}$$

例 12-4.2

圖 12-4.1 所示機構中，滑輪可繞水平軸 O_1 旋轉。在滑輪上跨過一不可伸長的繩。繩的一端懸掛一質量為 m 的重物，另一端固連在一鉛直彈簧上。彈簧的彈性常數為 k。設滑輪與繩的質量忽略不計，且繩與輪無相對滑動。當 $t = 0$ 時，系統靜止，彈簧長度為其自然長。求系統的運動方程式。

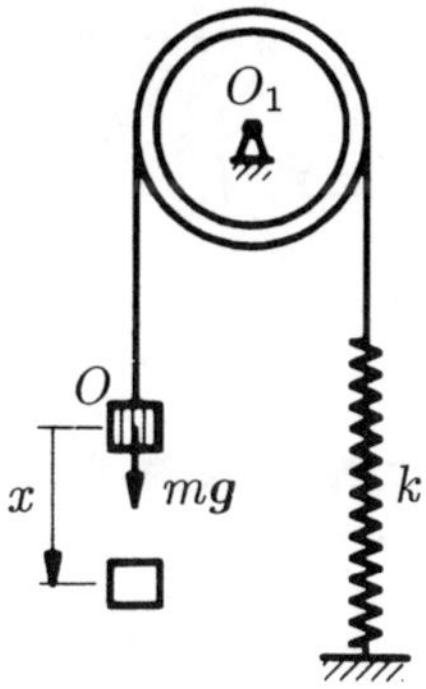

圖 12-4.1

解：

(1) 取整個系統為研究對象。

(2) 當系統運動時, 作用於系統的力只有重力和彈簧力作功，且它們都是保守力。故系統機械能守恒。

(3) 設彈簧未變形時，重物質心位置為原點建立座標 Ox 如圖示。系統的動能為

$$T = \frac{1}{2}m\dot{x}^2$$

設在 $t = 0$ 時，重力和彈力位能均為零。則系統在任意位置時的總位能為

$$V = -mgx + \frac{1}{2}kx^2$$

(4) 由機械能守恒定律得

$$E = \frac{1}{2}m\dot{x}^2 - mgx + \frac{1}{2}kx^2 = 常數$$

將上式兩端對時間 t 求導數得

$$m\ddot{x} + kx = mg$$

這就是系統的運動微分方程式。

(5) 解微分方程式

令 $x_1 = x - \dfrac{mg}{k}$，代入上式得

$$\ddot{x}_1 + \frac{k}{m}x_1 = 0$$

這是標準常係數線性二階齊次微分方程式，其解為

$$x_1 = A\sin\left(\sqrt{\frac{k}{m}}t + \alpha\right)$$

即 $$x = x_1 + \frac{mg}{k} = \frac{mg}{k} + A\sin\left(\sqrt{\frac{k}{m}}t + \alpha\right)$$

式中 A，α 為積分常數，考慮到 $t = 0$ 時，$x = 0$，$\dot{x} = 0$，可得

$$\alpha = \frac{\pi}{2}，A = -\frac{mg}{k}$$

故系統的運動方程式為

$$x = \frac{mg}{k}\left(1 - \cos\sqrt{\frac{k}{m}}t\right)$$

可見重物在 $x = mg/k$ 附近做簡諧運動。其周期為

$$\tau = 2\pi\sqrt{\frac{m}{k}}$$

12-5 線動量與衝量原理

線動量與衝量原理是運動力學中的另一個原理。它建立了物體的線動量變化與所受外力的衝量之間的關係。這個原理在解決有衝擊或碰撞的問題時，特別有用。

12-5-1 質點的線動量

質點的質量和它的速度的乘積稱為質點的線動量(Linear momentum)。以 $\boldsymbol{K}$ 表示線動量，有

$$\boldsymbol{K} = m\boldsymbol{v} \tag{12-5.1}$$

質點的線動量是一個向量，其方向與其速度相同，其大小等於它的質量與其速度大小的乘積。線動量的國際單位制是仟克·米／秒 (kg·m/s) 或牛頓·秒 (N·s)，在英制單位中以磅 · 秒 (lb·s) 表示。

質點在運動過程中，其線動量一般是時間的函數。一般說來，線動量隨時間的改變量，即先後兩個時刻的線動量差也是一個向量，線動量的改變包括大小和方向的改變。

正如普通物理學所指出的那樣，**質點的線動量是用來量度質點機械運動的強弱之物理量**。質點與質點之間相互作用時，它們之間進行的機械運動的傳遞關係可以用線動量來描述。例如，槍彈穿透

目標的能力不僅與它的質量有關，還與它的速度有關。子彈的質量雖小，但由於它的速度大，所以能穿透鋼板。而當要停靠碼頭的船，速度雖小，但由於它的質量很大，所以它對碼頭會產生很大的撞擊力。

線動量和動能雖然都是物體機械運動的度量，但線動量是向量，而動能是恒大於零的純量。當兩個質點的動能相等時，它們的線動量不一定相等，同樣它們的線動量相同時，其動能也不一定相同。

12-5-2 力的衝量

由物理學知，力的衝量(impulse)是用來量度力在某段時間內的作用效果 — 使物體的機械運動發生改變，不僅取決於力的大小和方向，而且還與它的作用時間之長短有關。因此定義：

(1) **常力的衝量為常力向量與其作用時間的乘積**。用 $\boldsymbol{S}$ 表示，即有

$$\boldsymbol{S} = \boldsymbol{F}t \tag{12-5.2}$$

力的衝量是一個向量，它的方向與力的方向相同。衝量的單位是力的單位和時間的單位的乘積，其國際制單位為

牛頓 · 秒 (N·s)= 仟克 · 米／秒 (kg·m/s)

可見，衝量的單位與線動量的單位相同。在英制單位中，衝量的單位仍以磅 · 秒 (lb·s) 表示。

(2) 任意力（常力或變力）在微小時間 dt 內的衝量稱為該力在 t 時刻的**微小衝量**。由於 dt 為無限短的時間，這時可將力 $\boldsymbol{F}$ 視為常力。用 $d\boldsymbol{S}$ 表示微小衝量，則有

$$d\boldsymbol{S} = \boldsymbol{F}(t)dt \tag{12-5.3}$$

(3) 任意力在有限時間內（從 t_1 至 t_2）的衝量定義為

$$\boldsymbol{S} = \int_{t_1}^{t_2} d\boldsymbol{S} = \int_{t_1}^{t_2} \boldsymbol{F}(t)dt \tag{12-5.4}$$

將 (12-5.4) 式寫成直角座標的投影式，則有

$$\left.\begin{aligned} S_x &= \int_{t_1}^{t_2} X(t)dt \\ S_y &= \int_{t_1}^{t_2} Y(t)dt \\ S_Z &= \int_{t_1}^{t_2} Z(t)dt \end{aligned}\right\} \tag{12-5.5}$$

式中 S_x、S_y、S_z 分別為力的衝量在直角座標軸 x、y、z 上的投影；$X(t)$、$Y(t)$、$Z(t)$ 則為力 $\boldsymbol{F}$ 在上述三個坐標軸上的投影。

在有些問題中，由於很難知道力隨時間變化的規律，所以在計算力的衝量時，常常採用所謂平均力的概念。定義

$$\boldsymbol{F}^* = \frac{\boldsymbol{S}}{t_2 - t_1} \tag{12-5.6}$$

為力 $\boldsymbol{F}$ 在 $(t_2 - t_1)$ 內的平均力，即假設力在 t_1 至 t_2 內保持一常向量 $\boldsymbol{F}^*$，但其衝量值仍和原變力衝量 $\boldsymbol{S}$ 相等。這樣，變力 $\boldsymbol{F}$ 的衝量可用它的平均力 $\boldsymbol{F}^*$ 簡單表示為

$$\boldsymbol{S} = \boldsymbol{F}^*(t_2 - t_1) \tag{12-5.7}$$

12-5-3　質點的線動量與衝量原理

(1) 線動量與衝量原理

考慮到質點的質量是一常數，故牛頓第二定律又可寫為

$$\frac{d(m\boldsymbol{v})}{dt} = \boldsymbol{F} \tag{12-5.8}$$

如果作用於質點的合力可寫成時間函數，即 $\boldsymbol{F} = \boldsymbol{F}(t)$，則 (12-5.8) 式又可寫為

$$d(m\boldsymbol{v}) = \boldsymbol{F}(t)dt \tag{12-5.9}$$

(12-5.8) 和 (12-5.9) 式說明，**質點線動量對於時間的一階導數等於作用於質點的合力**，或**質點線動量的微分等於作用於質點的合力的微小衝量**。這是牛頓第二定律的更加普遍的形式，稱為 **質點線動量與衝量原理的微分形式**。或簡稱**質點線動量原理的微分形式**。

對 (12-5.9) 式在時間 t_1 至 t_2 上積分得

$$m\boldsymbol{v}_2 - m\boldsymbol{v}_1 = \int_{t_1}^{t_2} \boldsymbol{F}(t)dt = \boldsymbol{S} \tag{12-5.10}$$

即**質點在 t_1 至 t_2 時間內線動量的改變量等於作用於質點的合力在同一時間內的衝量**。這就是**質點線動量與衝量原理的積分形式**。也可簡稱**質點線動量原理的積分形式**。

(12-5.9) 和 (12-5.10) 式常用它們在直角座標系上的投影式，即

$$\left.\begin{aligned} d(mv_x)&=Xdt \\ d(mv_y)&=Ydt \\ d(mv_z)&=Zdt \end{aligned}\right\} \tag{12-5.11}$$

$$\left.\begin{aligned} mv_{2x}-mv_{1x}&=S_x \\ mv_{2y}-mv_{1y}&=S_y \\ mv_{2z}-mv_{1z}&=S_z \end{aligned}\right\} \tag{12-5.12}$$

其中 X、Y、Z 分別為合力 $\boldsymbol{F}$ 在直角座標軸上的投影；S_x、S_y、S_z 為合力 $\boldsymbol{F}$ 的衝量在相應座標軸上的投影。

(2) 線動量守恒定律

如果在質點的運動過程中，合力 $\boldsymbol{F}$ 恒等於零，由 (12-5.9) 式知，質點作慣性運動。

如果質點在運動過程中，合力 $\boldsymbol{F}$ 在 x 軸上的投影恒等於零，則由 (12-5.11) 式知，質點的線動量在 x 軸上的投影保持不變，於是質點在 x 軸方向運動的速度保持不變。

以上兩結論統稱為質點的**線動量守恒定律**。

例 12-5.1

錘重 $W = 300$ N，從高度 $H = 1.5$ m 處自由落到鍛件上，如圖 12-5.1 所示，鍛件發生變形，歷時 $\tau = 0.01$ s。求錘對鍛件的平均壓力。

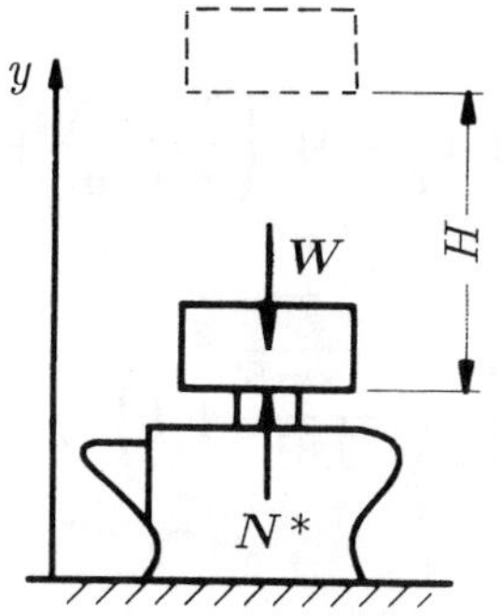

圖 12-5.1

解：

(1) 取錘為研究對象，並視為質點。

(2) 作用於錘上的力有重力 $\boldsymbol{W}$ 和錘與鍛件接觸後鍛件的反力。但鍛件的反力是變力，在極短的時間間隔 τ 內迅速變化，我們用平均反力 $\boldsymbol{N}^*$ 來代替。

(3) 令錘自由落下 H 高度時所需的時間為 t，則由自由落體的運動學公式有

$$t = \sqrt{\frac{2H}{g}}$$

(4) 取鉛直軸 y 向上為正，根據線動量原理 (12-5.12) 式有

$$mv_{2y} - mv_{1y} = S_y$$

由題意知，$v_1=0$，經過 $(t+\tau)s$ 後，$v_2=0$，因此 $S_y=0$。在這過程中，重力 W 的作用時間為 $(t+\tau)$，它的衝量大小等於 $W(t+\tau)$，方向鉛直向下；反力 $\boldsymbol{N}^*$ 作用時間為 τ，它的衝量大小為 $N^*\cdot\tau$，方向鉛直向上。於是得

$$S_y = N^*\tau - W(t+\tau) = 0$$

由此得

$$N^* = W\left(\frac{t}{\tau}+1\right) = W\left(\frac{1}{\tau}\sqrt{\frac{2H}{g}}+1\right)$$

代入數值得

$$N^* = 300\left(\frac{1}{0.01}\sqrt{\frac{2\times 15}{9.81}}+1\right)$$

$$= 16.9\ \text{kN}$$

鍾對鍛件的平均壓力等於平均反力的大小 N^*，即 16.9 kN。

例 12-5.2

機車牽引 30 個礦車，每個質量為 1200 kg，要求在 10 s 內使其速度達到 3 m/s，設阻力為重量的 1.5%，試求機車所需之牽引力。

解：

(1) 取礦車為研究對象，並視為質點。

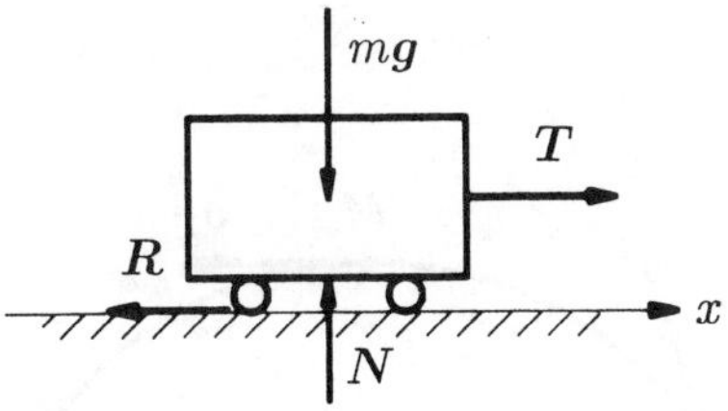

圖 12-5.2

(2) 作用於礦車的力有重力 $\boldsymbol{mg}$，鋼軌反力 $\boldsymbol{N}$，機車牽引力 $\boldsymbol{T}$ 及阻力 $\boldsymbol{R}$（圖 12-5.2）。並且總質量

$$m = 30 \times 1200 \text{ kg} = 36 \times 10^3 \text{ kg}$$

阻力　$R = 0.015mg$

(3) 礦車作直線運動，速度 $v_1 = 0$，$v_2 = 3$ m/s，$\tau = 10$ s 。

(4) 取座標軸 x 如圖示，由線動量原理有

$$mv_{2x} - mv_{1x} = \int_0^\tau (T - R)dt$$

$$m \times 3 - 0 = (T - 0.015mg)\tau$$

故　$$T = \frac{3m}{\tau} + 0.015mg$$

$$= \frac{3 \times 36 \times 10^3}{10} + 0.015 \times 36 \times 10^3 \times 9.81$$

$$= 16097 \text{ N} = 16.10 \text{ kN}$$

例 12-5.3

炮彈由 O 點射出，彈道的最高點為 M。已知炮彈質量為 100 kg，初速 $v_0 = 500$ m/s，$\alpha = 60°$，在 M 點的速度 $v_1 = 200$ m/s 。求炮彈由 O 點到 M 點的一段時間內作用在其上各力的總衝量（圖 12-5.3）。

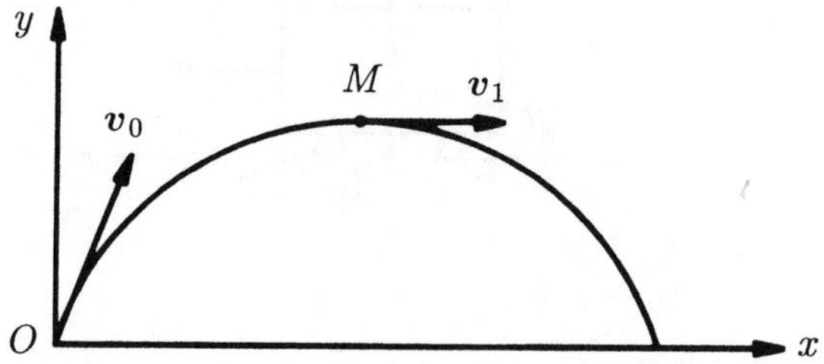

圖 12-5.3

解：

(1) 炮彈為研究對象。

(2) 由題意已知：

$$v_{0x}=v_0\cos\alpha = 500\cos 60° = 250 \text{ m/s}；$$
$$v_{0y}=v_0\sin\alpha = 500\sin 60° = 433 \text{ m/s}；$$
$$v_{1x}=200 \text{ m/s}，v_{1y} = 0$$

(3) 由線動量原理

$$mv_{1x} - mv_{0x} = S_x$$
$$S_x = m(v_{1x} - v_{0x}) = 100(200 - 250) = -5000 \text{ N·s}$$
$$= -5 \text{ kN·s}$$
$$mv_{1y} - mv_{0y} = S_y$$
$$S_y = m(v_{1y} - v_{0y}) = 100(0 - 433) = -43300 \text{ N·s}$$
$$= -43.3 \text{ kN·s}$$

故 $S = \sqrt{S_x^2 + S_y^2} = \sqrt{(-5)^2 + (-43.3)^2} = 43.6 \text{ kN·s}$

12-6 角動量原理

本節介紹質點運動力學普遍原理中的最後一個原理 — 角動量原理或稱動量矩原理。這個原理描述質點的線動量對某點的動量矩（角動量）與作用力對該點的力矩之間的定量關係。

12-6-1 質點的角動量

和力對點之力矩的定義類似，把質點 M 在某瞬時相對於某點 O 的向徑 $\boldsymbol{r}$ 與其線動量 $m\boldsymbol{v}$ 之向量積定義為質點在該瞬時對點 O 之**角動量**(moment of momentum) 或**動量矩**。以向量 $\boldsymbol{L}_0$ 表示，則有（如圖 12-6.1 所示）

$$\boldsymbol{L}_0 = \boldsymbol{r} \times m\boldsymbol{v} \tag{12-6.1}$$

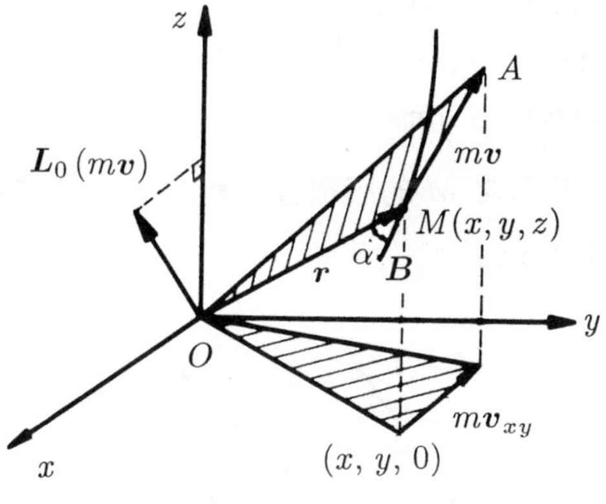

圖 12-6.1

質點的角動量是表示質點繞力矩中心 O 轉動的運動特徵量。角動量是一個向量，它的方位垂直於向徑 $\boldsymbol{r}$ 與 $m\boldsymbol{v}$ 所形成的平面，指向按照右手法則確定，它的大小為

$$|\boldsymbol{L}_0| = mv \cdot r \sin\alpha = 2\Delta OBA \tag{12-6.2}$$

角動量的單位是線動量單位和長度單位的乘積。國際單位制是（公斤・米／秒）米＝公斤・米^2/ 秒 (kg·m^2/s)＝ N·m·s，美國慣用單位是 lb·ft·s。

角動量的計算和力對點之力矩的計算方法相同，只需將力 $\boldsymbol{F}$ 用線動量 $m\boldsymbol{v}$ 代替，力的作用點用質點的位置代替即可。

如以力矩中心 O 為原點建立直角座標系 $Oxyz$，根據向量積定義有

$$\boldsymbol{L}_0 = \begin{vmatrix} \boldsymbol{i} & \boldsymbol{j} & \boldsymbol{k} \\ x & y & z \\ mv_x & mv_y & mv_z \end{vmatrix}$$

$$= (ymv_z - zmv_y)\boldsymbol{i} + (zmv_x - xmv_z)\boldsymbol{j} + (xmv_y - ymv_x)\boldsymbol{k}$$

即角動量在 x、y、z 座標軸上的投影為

$$\left.\begin{aligned} L_{0x} &= ymv_z - zmv_y \\ L_{0y} &= zmv_x - xmv_z \\ L_{0z} &= xmv_y - ymv_x \end{aligned}\right\} \qquad (12\text{-}6.3)$$

式中 x，y，z 為質點 M 的座標值；v_x，v_y，v_z 為質點的速度在 x，y，z 座標軸上的投影。

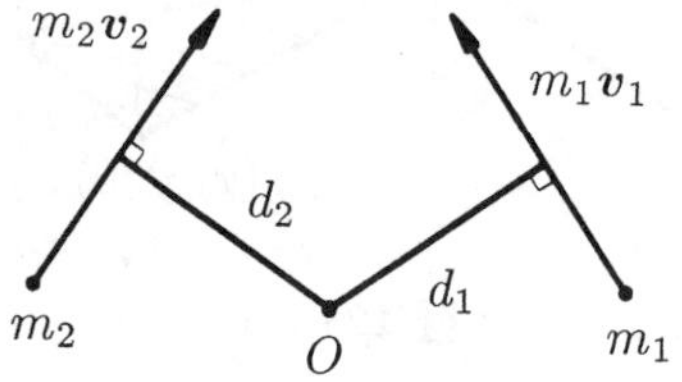

圖 12-6.2

對於平面問題，即質點作平面曲線運動時，由於質點對運動平面上任一點的角動量總是垂直於該平面，其方向不是指向平面，就

是背離平面，所以和平面問題中力對點之力矩一樣，質點的角動量只需定義為代數量即可。通常可規定逆時針轉向為正，順時針轉向為負。如圖 12-6.2 中兩質點的角動量分別為

$$L_1 = (m_1 v_1) d_1$$

$$L_2 = -(m_2 v_2) d_2$$

例 12-6.1

質點 M 的質量為 m，它在極座標中的運動方程式為

$$\left.\begin{aligned} \rho &= \rho(t) \\ \varphi &= \varphi(t) \end{aligned}\right\}$$

試求質點 M 對極點 O 的角動量（圖 12-6.3）。

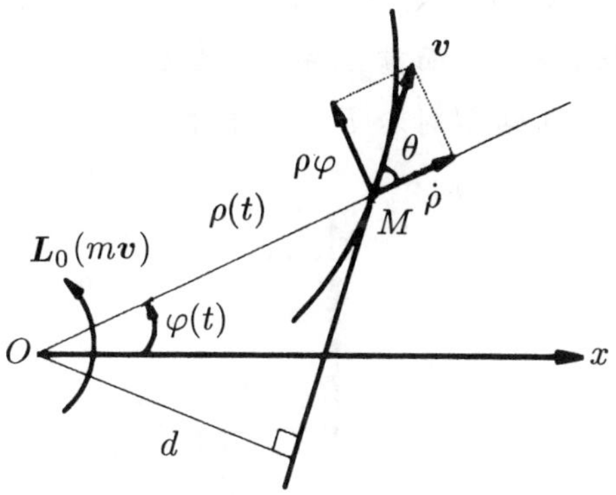

圖 12-6.3

解：

質點作平面曲線運動，設逆時針轉向為正，如圖所示。則

$$L_0 = (mv)d = mv\rho \sin\theta$$

式中 θ 為質點速度與向徑 $\boldsymbol{\rho}$ 的夾角，由運動學知

$$v\sin\theta = \rho\dot{\varphi}$$

於是得

$$L_0 = m\rho^2\dot{\varphi}$$

從此例可以看出，質點的角動量與質點相對於 O 點的方位變化率 $\dot{\varphi}$ 有關，它實際上反映了質點相對於 O 點的轉動特性。由於角動量是用來度量物體在轉動情況下，其機械運動強弱的物理量，所以它不僅與 $\dot{\varphi}$ 有關，還與它的質量以及它與轉動中心 O 的距離有關，這一性質，在此例的結果中是顯然的。

例 12-6.2

質量為 m 的質點，繞 AB 軸以 $\varphi = \omega t$ 轉動，$\omega =$ 常數。當 ABC 平面與 Byz 座標平面重合時，C 點的座標為 $(0, a, b)$，如圖 12-6.4 所示。試求此質點 C 對於 B 點的角動量。

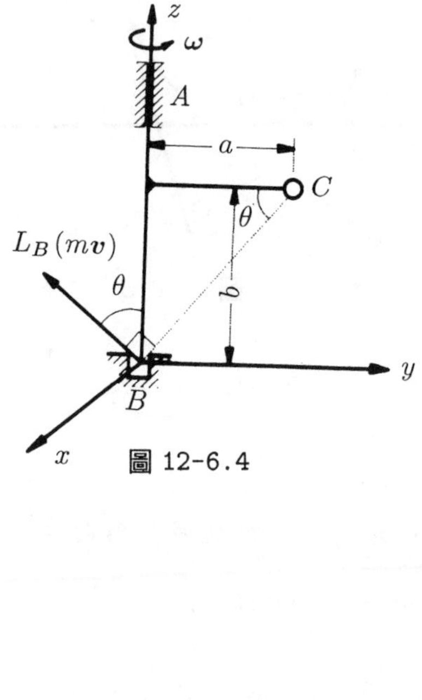

圖 12-6.4

解：

由運動學知，質點 C 的運動軌跡是以半徑為 a 的圓周，其速度可求得為

$$\boldsymbol{v} = -a\omega \boldsymbol{i}$$

根據質點角動量定義，有

$$L_x = 0$$

$$L_y = -(ma\omega)b = -mab\omega$$

$$L_z = (ma\omega)a = ma^2\omega$$

所以有　$\boldsymbol{L}_B = ma\omega(-b\boldsymbol{j} + a\boldsymbol{k})$

即質點對 B 的角動量之大小為

$$|\boldsymbol{L}_B| = ma\omega\sqrt{a^2 + b^2}$$

$|\boldsymbol{L}_B|$ 在 Byz 平面內與 z 軸的夾角 θ（如圖）由下式給出

$$\tan\theta = \frac{|L_y|}{L_z} = \frac{b}{a}$$

即　$\theta = \tan^{-1}\dfrac{b}{a}$

不難看出，$\boldsymbol{L}_B$ 與 BC 垂直。

12-6-2　質點的角動量原理

(1) 角動量原理

設質點質量為 m，某瞬時 t 相對於固定點 O 的向徑為 $\boldsymbol{r}$，其所受的合力為 $\boldsymbol{F}$（圖 12-6.5）。將質點的角動量 $\boldsymbol{L}_0$ 對時間 t 求導數，得

$$\frac{d}{dt}\boldsymbol{L}_0 = \frac{d}{dt}(\boldsymbol{r} \times m\boldsymbol{v})$$

$$= \frac{d\boldsymbol{r}}{dt} \times m\boldsymbol{v} + \boldsymbol{r} \times \frac{d}{dt}(m\boldsymbol{v})$$

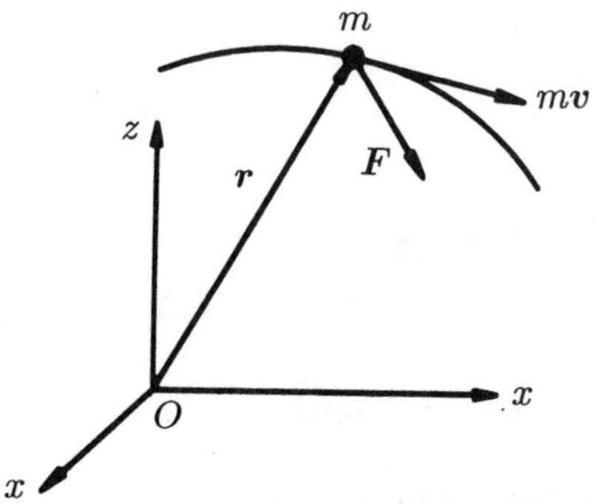

圖 12-6.5

因為 O 為定點，由運動學知，$\dfrac{d\boldsymbol{r}}{dt} = \boldsymbol{v}$，所以有

$$\frac{d\boldsymbol{r}}{dt} \times m\boldsymbol{v} = \boldsymbol{v} \times m\boldsymbol{v} = 0$$

又由質點的線動量原理知

$$\frac{d}{dt}(m\boldsymbol{v}) = \boldsymbol{F}$$

於是得 $$\frac{d}{dt}\boldsymbol{L}_0 = \boldsymbol{r} \times \boldsymbol{F}$$

即 $$\frac{d}{dt}\boldsymbol{L}_0 = \boldsymbol{M}_0 \tag{12-6.4}$$

式中 $\boldsymbol{M}_0$ 為合力 $\boldsymbol{F}$ 對定點 O 之力矩。此式表明，**質點對某定點的角動量對時間 t 的一階導數，等於作用於質點的合力對該點的力矩**。這就是**質點的角動量原理**，或稱 **動量矩原理**。

質點角動量原理描述了質點角動量的變化率與質點所受外力之間的關係。應該注意的是，這一結論是在力矩中心不隨時間改變的前提下得出的，否則 $\dfrac{d\boldsymbol{r}}{dt} \times m\boldsymbol{v}$ 不一定恒為零。

取 (12-6.4) 式在直角座標軸上的投影式，並考慮到對點的角動量與對軸的角動量的關係，得

$$\left.\begin{aligned}\frac{d}{dt}L_x=M_x\\\frac{d}{dt}L_y=M_y\\\frac{d}{dt}L_z=M_z\end{aligned}\right\}\qquad(12\text{-}6.5)$$

即質點對某定軸的角動量對時間的一階導數等於作用於質點的合力對該軸的力矩。

(2) 角動量守恒定律

如果作用於質點的合力對於某定點 O 的力矩恒等於零，則由 (12-6.4) 式知，質點對該點的角動量保持不變，即

$$\boldsymbol{L}_0=\text{常數}\qquad(12\text{-}6.6)$$

如果作用於質點的合力對於某定軸的力矩恒等於零，則由 (12-6.5) 式知，質點對該軸的角動量保持不變，例如 $M_z=0$，則

$$L_z=\text{常數}\qquad(12\text{-}6.7)$$

以上兩結論統稱為質點的角動量守恒定律。

例 12-6.3

利用質點的角動量原理研究單擺的微幅擺動規律（圖 12-6.6）。

解：

(1) 取擺錘 A 為研究對象，並視為質點。

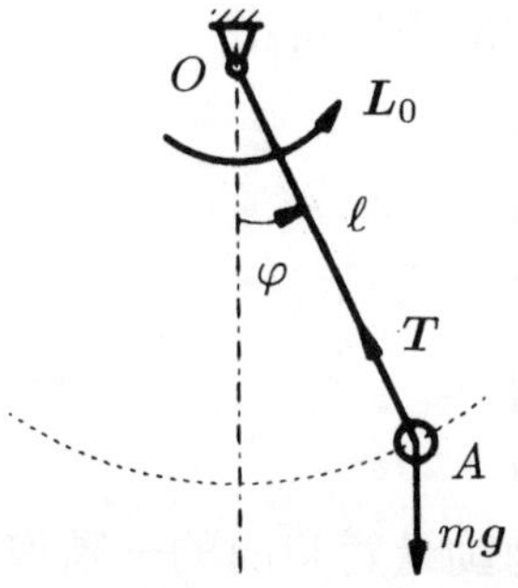

圖 12-6.6

(2) 擺錘在鉛垂面內作圓周運動，設任意時刻，擺線的擺角為 φ，則擺錘對定點 O 的角動量為

$$L_0 = mv\ell = m\ell^2\dot{\varphi}$$

轉向如圖示。

(3) 擺錘受重力 $\boldsymbol{mg}$ 和擺線拉力 $\boldsymbol{T}$ 作用，它們對 O 點的力矩為

$$M_0 = -mg\ell\sin\varphi$$

(4) 由角動量原理有

$$\frac{d}{dt}(m\ell^2\dot{\varphi}) = -mg\ell\sin\varphi$$

即 $$\ddot{\varphi} + \frac{g}{\ell}\sin\varphi = 0$$

當 φ 很小時，$\sin\approx\varphi$，故微擺動微分方程式為

$$\ddot{\varphi} + \frac{g}{\ell}\varphi = 0$$

此微分方程式的解為

$$\varphi = \varphi_m\sin\left(\sqrt{\frac{g}{\ell}}t + \alpha\right)$$

其中 φ_m 和 α 為由初始條件決定的常數。可見單擺作微擺動時，其擺角隨時間按正弦規律變化，其周期為

$$T = 2\pi\sqrt{\frac{\ell}{g}}$$

顯然，單擺的微擺動周期只與擺長有關，而與擺的初始條件無關。這就是單擺的等時性。

例 12-6.4

利用角動量守恒的性質，說明質點在**中心力**(central-force) 的作用下有：(1) 質點的軌跡為一平面曲線；(2) 質點相對於力心的向徑 $\boldsymbol{r}$ 在單位時間內所掃過的面積為一常數。（圖 12-6.7）

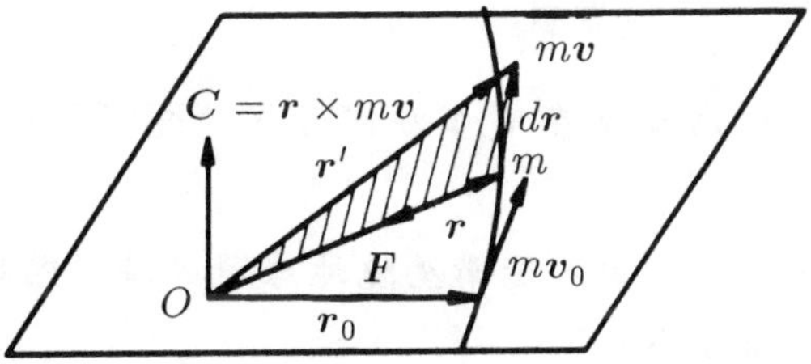

圖 12-6.7

解：

(1) 所謂中心力，就是力的作用線始終通過某定點的力，該定點稱為力心。故中心力對力心的力矩恒為零。這時，質點對力心的角動量守恒，即

$$\boldsymbol{r} \times m\boldsymbol{v} = \boldsymbol{r}_0 \times m\boldsymbol{v}_0 = \boldsymbol{C}\text{（常向量）}$$

式中 $\boldsymbol{r}_0$ 和 $\boldsymbol{v}_0$ 分別為初瞬時質點相對於力心的向徑和它的速度。此式說明，向徑 $\boldsymbol{r}$ 始終與常向量 $\boldsymbol{C}$ 垂直，即質點始終位於由 $\boldsymbol{r}_0$ 與 $\boldsymbol{v}_0$ 所決定的平面內運動，其軌跡為一平面曲線。在特殊情況下，即 $\boldsymbol{r}_0 /\!/ \boldsymbol{v}_0$ 時，質點作直線運動。

(2) 設質點在 dt 時間內的位移為 $d\boldsymbol{r}$，由向量積的定義知，$\boldsymbol{r}$ 在 dt 內掃過的面積，即由 $\boldsymbol{r}$ 和 $d\boldsymbol{r}$ 為鄰邊的三角形面積為

$$dA = \frac{1}{2}|\boldsymbol{r} \times d\boldsymbol{r}|$$

所以 $\boldsymbol{r}$ 在單位時間內所掃過的面積應為

$$\frac{dA}{dt} = \frac{1}{2}\left|\boldsymbol{r} \times \frac{d\boldsymbol{r}}{dt}\right| = \frac{1}{2m}|\boldsymbol{r} \times m\boldsymbol{v}|$$

$$= \frac{1}{2m}|\boldsymbol{r}_0 \times m\boldsymbol{v}_0|$$

即 $$\frac{dA}{dt} = \frac{|\boldsymbol{C}|}{2m} = 常數$$

這一結論稱為質點在中心力作用下的**面積速度**(areal velocity)定律。

由此定律可知，當人造衛星繞地球運動時，離地心近時速度大，離地心遠時速度小。

12-7 碰撞

當兩個物體在很短的時間內互相撞擊，這種現象稱為**碰撞**(impact)。碰撞作用的時間歷程雖很短，而作用的量值卻很大。鐵錘打擊釘子，衝床衝壓工件等，都是常見的碰撞現象。

研究碰撞規律的理論依據是運動力學的普遍原理。因此，本節所討論的問題實際上屬於前述原理的一種具體應用。

12-7-1　碰撞的基本特徵

碰撞現象有如下基本特徵：

(1) 相互作用的時間極短，往往只有千分之幾秒到萬分之幾秒。因此碰撞作用力又稱為**瞬時力**。

(2) 碰撞力在極短的時間內的變化規律與兩物體的相對速度、材料性質、接觸表面狀況等有關。要知道其具體規律是十分困難的。只能由線動量的改變量依據線動量原理計算其碰撞力在全過程中的衝量值。即

$$\boldsymbol{S} = \int_0^\tau \boldsymbol{F}dt = m\boldsymbol{u} - m\boldsymbol{v} \qquad (12\text{-}7.1)$$

其中 $\boldsymbol{v}$、 $\boldsymbol{u}$ 為物體碰撞前後的速度，它們都是可測量。 $\boldsymbol{S}$ 稱為**碰撞衝量**。

(3) 由於碰撞衝量可測，如果再測出其作用時間 τ 則可計算出瞬時力的平均值

$$\boldsymbol{F}^* = \frac{\boldsymbol{S}}{\tau} \qquad (12\text{-}7.2)$$

實測結果說明，瞬時力的平均值往往是物體本身重量的幾百倍到幾千倍。因此我們說碰撞力是一個極大的力。

(4) 相互碰撞的物體，由於受到極大碰撞力的作用，一般都要發生塑性變形，因此碰撞力在整個過程中作功不為零，碰撞前後物體的動能不守恒。

根據以上基本特徵，通常在研究碰撞問題時作如下兩點簡化：

1. 在整個碰撞歷程中，忽略非碰撞力。這是因為它們比起碰撞力來說是一個很小的量的原因。
2. 在整個碰撞歷程中，忽略掉物體的位移。這是因為物體雖有一定的速度，但所經歷的時間 τ 卻極短。

12-7-2　兩物體的對心正碰撞與恢復係數

兩物體碰撞時，如果接觸點的公法線與其質心連線重合（圖 12-

7.1），則兩物體的碰撞稱為**對心碰撞**，否則稱為**偏心碰撞**。如果兩物體碰撞時接觸點的相對速度垂直於公切面，則兩物體的碰撞稱為**正碰撞**，否則稱為**斜碰撞**。本節研究的碰撞既是對心碰撞，也是正碰撞，即**對心正碰撞**。

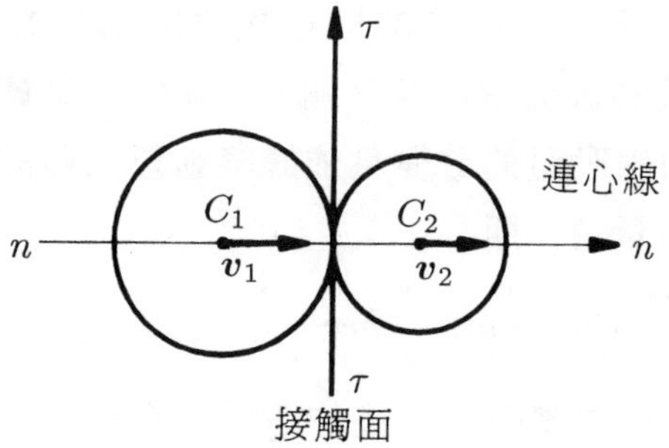

圖 12-7.1

對於對心正碰撞，如果碰撞前物體不轉動，則因為碰撞力過其質心，所以碰撞後物體也將保持不轉動。這樣，在碰撞過程中物體只作直線平移。它們各自的運動都可由其質心的運動規律來描述。本節只研究物體在這種情況下的碰撞。不失一般性，我們研究兩球的對心正碰撞規律。

1. 碰撞過程的兩個階段

物體碰撞的歷程均可分為兩個階段：變形階段和恢復階段。

(1) 第一階段 — 變形階段

設開始碰撞瞬時 $(t=0)$，兩物體的速度分別為 $\boldsymbol{v}_1$，$\boldsymbol{v}_2$（圖 12-7.2a）。顯然 $v_1 > v_2$ 是發生碰撞的必要條件。由於相互碰撞力的存在，後面物體的速度 $\boldsymbol{v}_1$ 將逐漸減小，而前面物體的速度 $\boldsymbol{v}_2$ 則會逐漸增加。這樣，直至兩物體具有相同的速度 $\boldsymbol{u}$（圖 12-7.2b）為止。在此過程中，物體的變形量也由零逐漸增至最大。因此，上述過程稱為變形階段。

(2) 第二階段 —— 恢復階段

當兩物體具有相同速度 $\boldsymbol{u}$ 時 $(t=t_1)$，它們就停止繼續變形。但由於存在彈性變形量，兩物體之間仍存在相互的作用力，所以後面物體的速度將繼續減小，前面物體的速度繼續增大，直至兩物體分離（圖 12-7.2c）為止 $(t=\tau)$。在此過程中（由 t_1 至 τ），物體的變形量由大變小，即它們逐漸恢復原形，因此稱為恢復階段。

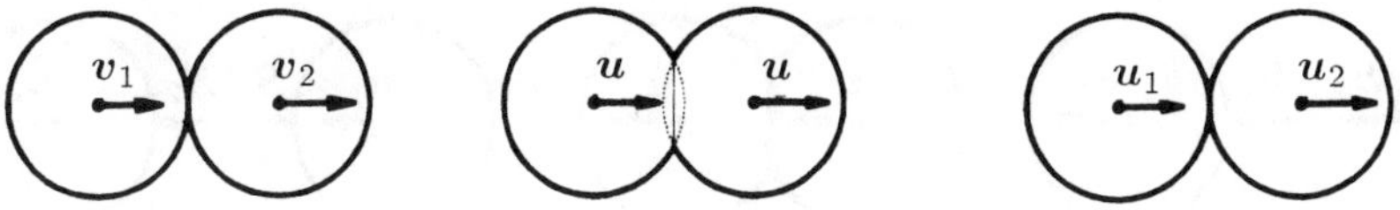

$t=0, v_1>v_2$　碰撞開始　(a)

$t=t_1$　最大變形　(b)

$t=\tau, u_2>u_1$　碰撞結束　(c)

圖 12-7.2

如果第二階段結束時 $(t=\tau)$，物體的形狀完全恢復到碰撞前 $(t=0)$ 的形狀，則物體在整個碰撞過程中，內力不作功，其動能守恒。這種情況下的碰撞稱為**完全彈性碰撞**。如果當兩物體完成第一階段 $(t=t_1)$ 後，物體不恢復其變形，即繼續保留其變形量，以同一速度 $\boldsymbol{u}$ 繼續運動下去，則碰撞於 $t=t_1$ 時刻即停止，實際上並不存在第二階段。這種無恢復階段的碰撞稱為**塑性碰撞**。大多數的碰撞是既存在恢復階段，也不可能完全恢復到碰撞前的原形。這類碰撞稱為**彈性碰撞**。彈性碰撞和完全彈性碰撞在結束碰撞歷程時，物體都將具有不同的速度而彼此分離，這是它們和塑性碰撞的主要區別。

2. 恢復係數及碰撞結束時兩物體的速度

設兩物體的質量分別為 m_1 和 m_2，兩物體碰撞後變形階段結束時 $(t=t_1)$，兩物體具有相同的速度 $\boldsymbol{u}$，並設 $\boldsymbol{u}$ 的方向與 $\boldsymbol{v}_1$、$\boldsymbol{v}_2$ 相

同，變形階段兩物體相互作用的碰撞衝量為 $\boldsymbol{S}_1$（圖 12-7.3a）。這時分別作用於兩物體的只有碰撞衝量 $\boldsymbol{S}_1$，其它非碰撞力（重力等）的衝量忽略不計。根據線動量原理在連心線上的投影式，分別列出兩物體的線動量變化方程式為

$$m_1(u - v_1) = -S_1 \tag{a}$$

$$m_2(u - v_2) = S_1 \tag{b}$$

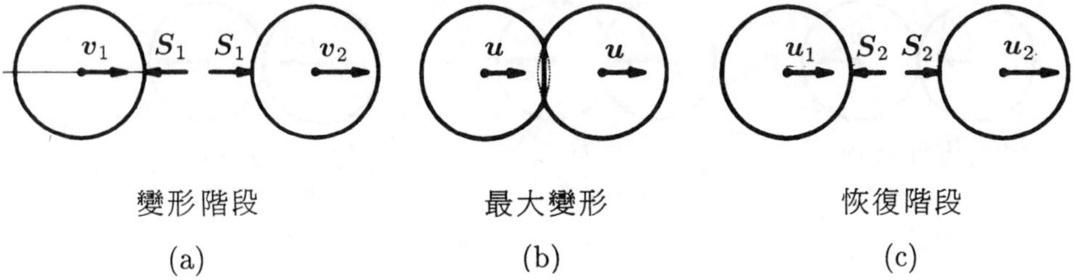

圖 12-7.3

設碰撞結束時 $(t = \tau)$ 的速度分別為 $\boldsymbol{u}_1$ 和 $\boldsymbol{u}_2$ ，恢復階段兩物體相互作用的碰撞衝量為 $\boldsymbol{S}_2$（圖 12-7.3c）。分別列出兩物體的線動量變化方程式為

$$m_1(u_1 - u) = -S_2 \tag{c}$$

$$m_2(u_2 - u) = S_2 \tag{d}$$

將 (a)+ (b) 式及 (c)+ (d) 式有

$$\left.\begin{aligned}(m_1 + m_2)u &= m_1v_1 + m_2v_2 \\ m_1u_1 + m_2u_2 &= (m_1 + m_2)u\end{aligned}\right\} \tag{12-7.3}$$

或

$$m_1u_1 + m_2u_2 = m_1v_1 + m_2v_2 \tag{12-7.4}$$

因而有

$$u = \frac{m_1v_1 + m_2v_2}{m_1 + m_2} = \frac{m_1u_1 + m_2u_2}{m_1 + m_2} \tag{12-7.5}$$

於是在第一階段，後面物體施加於前面物體的衝量為

$$\begin{aligned} S_1 &= m_2u - m_2v_2 \\ &= m_2\left(\frac{m_1v_1 + m_2v_2}{m_1 + m_2}\right) - m_2v_2 \\ &= \frac{m_1m_2}{m_1 + m_2}(v_1 - v_2) \end{aligned}$$

方向與圖示各速度方向相同。

在第二階段，後面物體施加於前面物體的衝量為

$$\begin{aligned} S_2 &= m_2u_2 - m_2u \\ &= m_2u_2 - m_2\left(\frac{m_1u_1 + m_2u_2}{m_1 + m_2}\right) \\ &= \frac{m_1m_2}{m_1 + m_2}(u_2 - u_1) \end{aligned}$$

方向與圖示各速度方向相同。

於是得兩個碰撞階段，物體之間的作用衝量之比可表為

$$k = \frac{S_2}{S_1} = \frac{u_2 - u_1}{v_1 - v_2} \tag{12-7.6}$$

其中 $u_2 - u_1$ 表示碰撞結束時前面物體離開後面物體的相對速度；$v_1 - v_2$ 表示開始碰撞時後面物體接近前面物體的相對速度。牛頓 (Newton) 在研究碰撞規律時發現，對於材料確定的物體，在發生碰撞過程中，上述比值是一個不變的量，並稱它為**恢復係數** (cofficient of restitution)。即**恢復係數等於恢復階段與變形階段兩個碰撞衝量之比，或等於碰撞結束時兩物體分離的相對速度與開始碰撞時兩物體接近的相對速度之比**。

顯然，對於塑性碰撞，由於 $S_2 = 0$，或 $u_2 - u_1 = 0$，故知 $k = 0$；對於完全彈性碰撞，將有 $k = 1$；對於彈性碰撞，$0 < k < 1$。

如果質量 $m_2 \gg m_1$，$v_2 = 0$，這相當於 m_1 和一固定面相撞。此時 $u_2 = 0$，於是恢復係數為

$$k = \frac{-u_1}{v_1}$$

或 $\quad u_1 = -kv_1$

負號表示 m_1 碰撞後的速度與碰撞前的速度反向。

如果物體從 h_1 高度自由下落與固定面相撞，則物體彈回高度為

$$h_2 = \frac{u_1^2}{2g} = \frac{1}{2g}k^2 v_1^2$$

但由 $h_1 = \frac{1}{2g}v_1^2$

得 $\quad h_2 = k^2 h_1$

或 $\quad k = \sqrt{\frac{h_2}{h_1}}$

測量 h_1 和 h_2 即可得到恢復係數 k 的值。

當已知兩物體碰撞的恢復係數時，不難由 (12-7.4) 和 (12-7.6) 式聯立解得

$$\left.\begin{aligned} u_1 &= v_1 - (1+k)\frac{m_2}{m_1+m_2}(v_1 - v_2) \\ u_2 &= v_2 + (1+k)\frac{m_1}{m_1+m_2}(v_1 - v_2) \end{aligned}\right\} \tag{12-7.7}$$

3. 動能損失、恢復係數與動能改變的關係

由於碰撞存在塑性變形，因而內力作負功，兩物體的動能會減少。全過程中，動能的損失量（即減少量）為

$$\Delta T = \frac{1}{2}m_1(v_1^2 - u_1^2) + \frac{1}{2}m_2(v_2^2 - u_2^2)$$

$$= \frac{1}{2}m_1(v_1 + u_1)(v_1 - u_1) + \frac{1}{2}m_2(v_2 + u_2)(v_2 - u_2)$$

由 (12-7.7) 式得

$$v_1 - u_1 = (1+k)\frac{m_2}{m_1+m_2}(v_1 - v_2)$$

$$v_2 - u_2 = -(1+k)\frac{m_1}{m_1+m_2}(v_1 - v_2)$$

於是

$$\Delta T=\frac{(1+k)m_1m_2}{2(m_1+m_2)}(v_1-v_2)(v_1+u_1-v_2-u_2)$$

再考慮到

$$u_1-u_2=-k(v_1-v_2)$$

最後可得

$$\Delta T=\frac{m_1m_2}{2(m_1+m_2)}(1-k^2)(v_1-v_2)^2 \tag{12-7.8}$$

可見，由於 $\Delta T\geq 0$，故知 $k\leq 1$。當 $k=1$時，$\Delta T=0$，這就證明了 $k=1$對應著碰撞為完全彈性碰撞，內力功為零。相反，如 $k=0$，即碰撞為塑性碰撞時，動能損失取最大值，其值為

$$\Delta T=\frac{m_1m_2}{2(m_1+m_2)}(v_1-v_2)^2 \tag{12-7.9}$$

進一步分析碰撞過程中兩個階段的動能損失，我們會發現恢復係數的第三種等價的定義。

兩物體在第一階段的動能損失可表示為

$$\begin{aligned}\Delta T_1&=\frac{1}{2}m_1v_1^2-\frac{1}{2}m_1u^2+\frac{1}{2}m_2v_2^2-\frac{1}{2}m_2u^2\\&=\frac{1}{2}[m_1v_1^2+m_2v_2^2-(m_1+m_2)u^2]\end{aligned}$$

代入 (12-7.5) 式的 u 值，並化簡可得

$$\Delta T_1=\frac{1}{2}\frac{m_1m_2}{m_1+m_2}(v_1-v_2)^2 \tag{12-7.10}$$

於是由 (12-7.9) 式減去 (12-7.10) 式，即得第二階段動能的損失值為

$$\begin{aligned}\Delta T_2&=\Delta T-\Delta T_1\\&=-\frac{k^2}{2}\frac{m_1m_2}{m_1+m_2}(v_1-v_2)^2\end{aligned} \tag{12-7.11}$$

這裡負號表示碰撞的第二階段，動能不是減小，而是增加，這是因為物體恢復變形時，內力是作功的。即第二階段動能的增加量為

$$\Delta T_2' = -\Delta T_2 = \frac{k^2}{2}\ \frac{m_1 m_2}{m_1 + m_2}(v_1 - v_2)^2 \tag{12-7.12}$$

於是不難得到

$$\frac{\Delta T_2'}{\Delta T_1} = k^2$$

即
$$k = \sqrt{\frac{\Delta T_2'}{\Delta T_1}} \tag{12-7.13}$$

即**恢復係數等於第二階段動能的增量與第一階段動能的損失量之比的平方根。**

例 12-7.1

一繩懸掛小球 A，於繩與鉛垂線成 60° 處無初速釋放。當線運動至鉛垂位置時球與靜止的物塊 B 相碰。碰撞後，球 A 返回到繩與鉛垂線成 15° 的位置處才再次下擺。而物塊 B 在水平面上移動 1 m 後停止。已知繩長 $l = 1$ m，$m_A = 2$ kg，$m_B = 4$ kg，求 (1) 球 A 與物塊 B 間的恢復係數；(2) 物塊 B 與水平面間的摩擦係數（圖 12-7.4）。

解：

小球碰撞前後速度，可根據碰前和碰後的運動，應用功能原理求得。然後再應用 (12-7.7) 式即可求得恢復係數和物塊碰撞後的速度。最後由物塊碰撞後的運動可求得摩擦力。具體步驟為

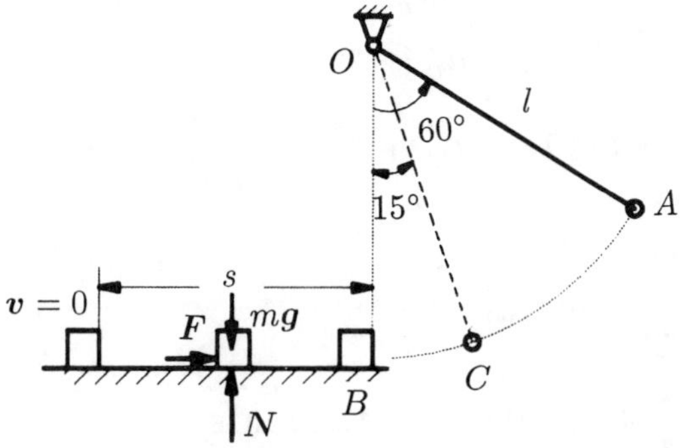

圖 12-7.4

(1) 對 A 碰撞前應用功能原理，有

$$\frac{1}{2}m_A v_1^2 - 0 = m_A gl(1 - \cos 60°)$$

解得

$$v_1 = \sqrt{gl} = \sqrt{9.8 \times 1} = 3.13 \text{ m/s}$$

(2) 對 A 碰撞後應用功能原理有

$$0 - \frac{1}{2}m_A u_1^2 = -m_A gl(1 - \cos 15°)$$

$$\begin{aligned} u_1 &= -\sqrt{2gl(1 - \cos 15°)} \\ &= -\sqrt{2 \times 9.8 \times 1(1 - \cos 15°)} \\ &= -0.817 \text{ m/s} \end{aligned}$$

負號表示 $\boldsymbol{u}_1$ 的實際方向水平向右。

(3) 研究 A、B 碰撞過程，並考慮到 B 碰撞前速度 $v_2 = 0$，故由 (12-7.7) 式有

$$u_1 = v_1 - (1 + k)\frac{m_B}{m_A + m_B}v_1 \qquad \text{(a)}$$

$$u_2=(1+k)\frac{m_A}{m_A+m_B}v_1 \tag{b}$$

(4) (a) 式 $\times m_A$+(b) 式 $\times m_B$ 得

$$m_A u_1+m_B u_2=m_A v_1$$

於是得

$$u_2=\frac{m_A}{m_B}(v_1-u_1)$$

$$=\frac{2}{4}(3.13+0.817)=1.974\ \text{m/s}$$

(a) 式－(b) 式得

$$u_1-u_2=-kv_1$$

即

$$k=\frac{u_2-u_1}{v_1}$$

（上式可由恢復係數的定義(12-7.6)式直接得到）代入數值有

$$k=\frac{u_2-u_1}{v_1}=\frac{1.974+0.817}{3.13}=0.89$$

(5) 研究 B 碰撞後的運動，由功能原理有

$$0-\frac{1}{2}m_B u_2^2=-Fs$$

得摩擦力

$$F=\frac{1}{2s}m_B u_2^2$$

又由摩擦定律知

$$F=fN=fm_B g$$

於是得動摩擦係數為

$$f=\frac{u_2^2}{2gs}=\frac{(1.974)^2}{2\times 9.8\times 1}=0.2$$

例 12-7.2

測定子彈速度的裝置如圖 12-7.5a 所示。已知子彈的質量 $m_1 = 50$ g，砂箱的質量 $m_2 = 10$ kg，彈簧的彈性常數 $c = 100$ kN/m，並測得子彈射進砂箱後彈簧壓縮 2.52 cm。不計砂箱與水平面間的摩擦，求子彈的速度。

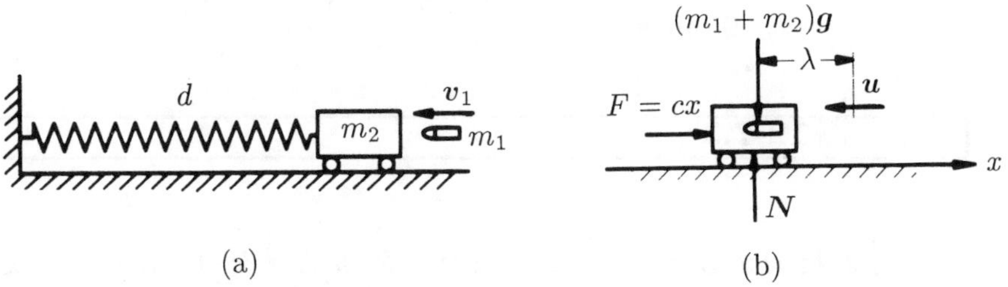

圖 12-7.5

解：

(1) 子彈與砂箱的碰撞為塑性碰撞，碰撞後一同以速度 $\boldsymbol{u}$ 繼續運動。設子彈碰撞前的速度為 v_1，砂箱的速度 $v_2 = 0$，考慮子彈與砂箱的碰撞過程有

$$u = \frac{m_1 v_1}{m_1 + m_2} \tag{a}$$

(2) 子彈與砂箱碰撞後，以速度向前運動並壓縮彈簧至速度為零，應用功能原理有

$$0 - \frac{1}{2}(m_1 + m_2)u^2 = -\frac{1}{2}c\lambda^2$$

故

$$u = \sqrt{\frac{c}{m_1 + m_2}}\lambda \tag{b}$$

(3) 將 (b) 代入 (a) 得子彈的速度

$$v_1 = \frac{m_1 + m_2}{m_1}\sqrt{\frac{c}{m_1 + m_2}}\lambda$$

$$= \frac{\lambda}{m_1}\sqrt{(m_1 + m_2)c}$$

$$= \frac{2.52 \times 10^{-2}}{0.05}\sqrt{10.05 \times 100 \times 10^3}$$

$$= 505 \text{ m/s}$$

例 12-7.3

打樁機的錘頭質量為 m_1，被打入的樁的質量為 m_2。假定恢復係數 $k = 0$，求打樁機的效率。

解：

恢復係數 $k = 0$，即碰撞結束時錘和樁一起運動。因此，碰撞結束時它們具有的總動能是有用動能。打樁機的效率應定義為

$$\eta = \frac{\text{碰撞後錘和樁的動能}}{\text{碰撞前錘的動能}}$$

其中碰撞前錘的動能為

$$T_0 = \frac{1}{2}m_1 v_1^2$$

碰撞後錘和樁的動能為

$$T = T_0 - \Delta T$$

$$= \frac{1}{2}m_1 v_1^2 - \frac{m_1 m_2}{2(m_1 + m_2)}v_1^2$$

$$= \frac{1}{2}\ \frac{m_1^2}{m_1 + m_2}v_1^2$$

所以打樁機的效率為

$$\eta = \frac{T_0 - \Delta T}{T_0} = \frac{m_1}{m_1 + m_2} = \frac{1}{1 + \dfrac{m_2}{m_1}}$$

由此可見，m_2/m_1 越小，效率越高。

例 12-7.4

已知鍛造機錘頭質量為 m_1，鍛件和鐵砧的總質量為 m_2，恢復係數為 k。求鍛造機的效率。

解：

鍛造機是利用鍛錘和鍛件（包括鐵砧）在碰撞過程中損失的動能 (ΔT) 來使鍛件產生塑性變形，因此 ΔT 是有用功。鍛造機的效率定義為

$$\eta = \frac{\Delta T}{T_0}$$

其中　$$\Delta T = \frac{m_1 m_2}{2(m_1 + m_2)}(1 - k^2)(v_1 - v_2)^2$$

$$T_0 = \frac{1}{2} m_1 v_1^2$$

考慮到 $v_2 = 0$，故鍛造機效率可寫為

$$\eta = \frac{\Delta T}{T_0} = \frac{m_2}{m_1 + m_2}(1 - k^2) = \frac{1}{1 + \dfrac{m_1}{m_2}}(1 - k^2)$$

可見增加 m_2（增加鐵砧質量可做到）和減少 k 值都可提高鍛造機的效率。

12-7-3 兩物體的對心斜碰撞

現在研究兩物體（視為光滑的兩個小圓球）的對心斜碰撞。這時兩物體接觸點的相對速度與其連心線不重合。設兩物體的相互碰撞力沿其公法線（因假定接觸面光滑，故不計瞬時摩擦力）。於是，碰撞力必過質心。不考慮物體的轉動，故接觸點的速度仍以質心速度代表。

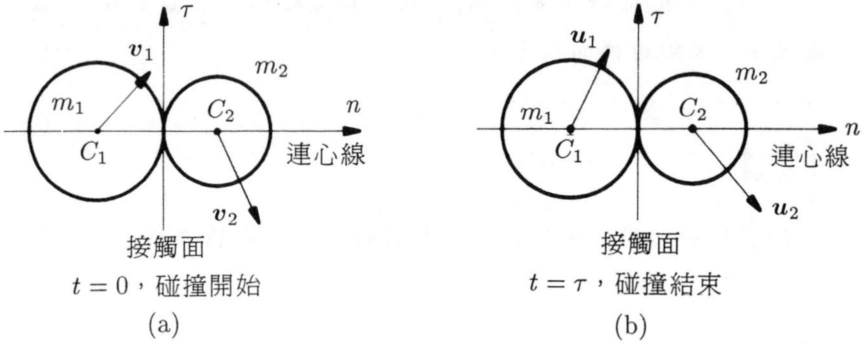

圖 12-7.6

設與兩球接觸點的公法線平行的軸為 n，與公切線平行的軸為 τ ，正方向如圖 12-7.6 所示。碰撞前的瞬間兩球質心的速度為 $\boldsymbol{v}_1$ 、$\boldsymbol{v}_2$（圖 12-7.6a），碰撞結束瞬間兩球質心的速度為 $\boldsymbol{u}_1$、 $\boldsymbol{u}_2$（圖 12-7.6b）。兩球的質量為 m_1、 m_2。考慮兩球的碰撞過程，並分別對兩球的碰撞過程應用線動量原理在 n 軸上的投影式，及線動量守恒在 τ 軸上的投影式，可得

$$\left.\begin{aligned} m_1 v_{1n} + m_2 v_{2n} &= m_1 u_{1n} + m_2 u_{2n} \\ m_1 v_{1\tau} + m_2 v_{2\tau} &= m_1 u_{1\tau} + m_2 u_{2\tau} \end{aligned}\right\} \tag{12-7.14}$$

同時，由於碰撞力在 τ 軸上投影為零，對第一個球有

$$v_{1\tau} = u_{1\tau} \tag{12-7.15}$$

類似對心正碰撞，定義**恢復係數為兩球碰撞後在法線方向的分離速度與碰撞前在法線方向的接近速度之比**，即

$$k = \frac{u_{2n} - u_{1n}}{v_{1n} - v_{2n}} \tag{12-7.16}$$

如果已知 k，以及碰撞前的 $v_{1\tau}$、$v_{2\tau}$、v_{1n}、v_{2n}，則聯立 (12-7.14)、(12-7.15) 和 (12-7.16) 式，即可求出碰撞結束時的速度 $u_{1\tau}$、$u_{2\tau}$、u_{1n}、u_{2n}。

例 12-7.5

小球以速度 $v_1 = 3$ m/s，方向與鉛垂線成 $30°$ 角和一光滑水平面相碰撞。已知小球與平面的恢復係數為 0.56，試求小球碰到平面後，運動到最高點處的位置（圖 12-7.7）。

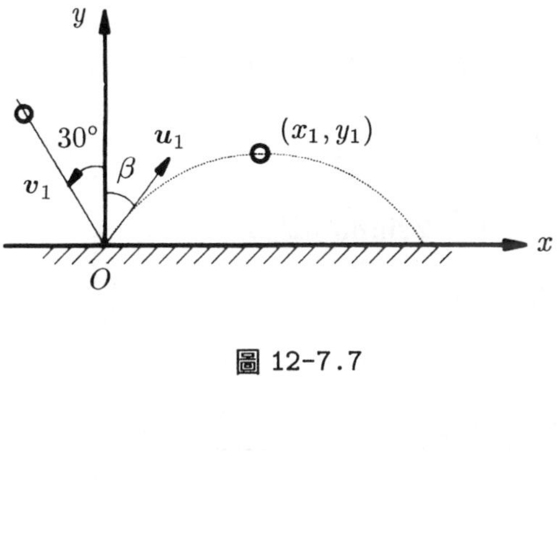

圖 12-7.7

解：

由題意只需求出碰撞後小球的速度大小和方向，即可應用斜拋物體運動的公式計算小球的最高點。故解題步驟為：

(1) 研究小球與地面的碰撞過程，求小球碰撞後的速度。

建立如圖座標系，設小球的質量為 m_1，反跳速度為 $\boldsymbol{u}_1$，與 Oy 軸夾角為 β。小球在水平方向線動量守恒，有

$$m_1 v_1 \sin 30^\circ = m_1 u_1 \sin\beta$$

即 $$\frac{1}{2} v_1 = u_1 \sin\beta \tag{a}$$

考慮到平面固定，$m_2 \longrightarrow \infty$，$v_2 = u_2 = 0$，故由恢復係數定義有

$$k = \frac{0 - (u_1 \cos\beta)}{v_1 \cos 30^\circ - 0}$$

即 $$k v_1 \frac{\sqrt{3}}{2} = u_1 \cos\beta \tag{b}$$

聯立 (a) 和 (b) 式，即可得

$$\tan\beta = \frac{1}{k\sqrt{3}} = \frac{1}{0.56 \times \sqrt{3}} = 1.031$$

所以 $\beta = \tan^{-1}(1.031) = 45^\circ 52'$

代入 (a) 式得

$$u_1 = \frac{v_1}{2\sin\beta} = \frac{3}{2\sin 45^\circ 52'}$$

$$= 2.09 \text{ m/s}$$

(2) 由斜拋物體的公式知，小球運動軌跡的最高點座標為

$$x_1 = \frac{u_1^2 \sin 2(90^\circ - \beta)}{2g} = \frac{2.09^2 \sin 2(90^\circ - 45^\circ 52')}{2 \times 9.81}$$

$$= 0.22 \text{ m}$$

$$y_1 = \frac{u_1^2 \sin^2(90^\circ - \beta)}{2g} = \frac{2.09^2 \sin^2(90^\circ - 45^\circ 52')}{2 \times 9.81}$$

$$= 0.11 \text{ m}$$

例 12-7.6

兩個在光滑水平面上滑動的圓盤，在圖 12-7.8 所示位置發生碰撞。已知圓盤 A 質量 $m_1 = 0.8$ kg，圓盤 B 質量 $m_2 = 0.2$ kg，恢復係數 $k = 0.8$，圓盤 B 碰撞前瞬間質心速度 $\boldsymbol{v}_2$ 和圓盤 A 碰撞結束瞬間質心速度 $\boldsymbol{u}_1$ 是未知的。試求這些未知量。

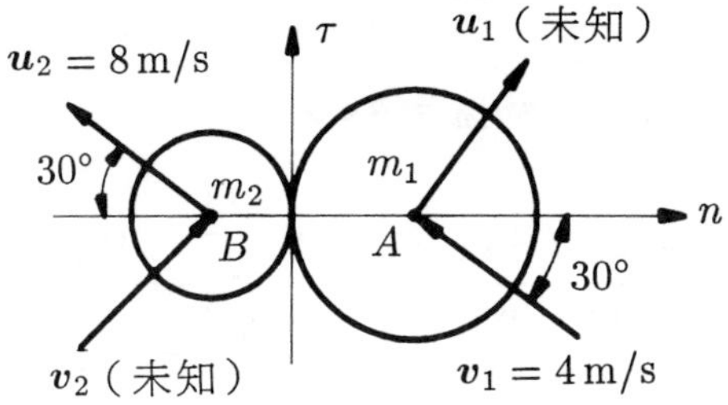

圖 12-7.8

解：

兩圓盤的碰撞可視為兩質點的對心斜碰撞。由題意知，要求的未知量可表為 $v_{2\tau}$、v_{2n}、$u_{1\tau}$ 和 u_{1n}。

(1) 考慮圓盤 B，由於碰撞力在 τ 軸上投影為零，故線動量在該軸方向守恒，即有

$$v_{2\tau} = u_{2\tau} = u_2 \sin 30^\circ = 8 \times \frac{1}{2} = 4 \text{ m/s}$$

(2) 同理，對於圓盤 A，有

$$u_{1\tau} = v_{1\tau} = v_1 \sin 30^\circ = 4 \times \frac{1}{2} = 2 \text{ m/s}$$

(3) 由斜碰撞公式，我們有

$$m_1v_{1n} + m_2v_{2n}=m_1u_{1n} + m_2u_{2n}$$

和

$$k=\frac{u_{2n} - u_{1n}}{v_{1n} - v_{2n}}$$

即 $-m_1v_1\cos 30° + m_2v_{2n} = m_1u_{1n} - m_2u_2\cos 30°$

$$-0.8 \times 4\frac{\sqrt{3}}{2} + 0.2v_{2n} = 0.8u_{1n} - 0.2 \times 8\frac{\sqrt{3}}{2}$$

$$v_{2n} - 4u_{1n} = 4\sqrt{3} \qquad \text{(a)}$$

$$0.8 = \frac{-u_2\cos 30° - u_{1n}}{-v_1\cos 30° - v_{2n}} = \frac{-8 \times \frac{\sqrt{3}}{2} - u_{1n}}{-4 \times \frac{\sqrt{3}}{2} - v_{2n}}$$

$$u_{1n} - 0.8v_{2n} = -2.4\sqrt{3} \qquad \text{(b)}$$

聯立解 (a) 和 (b) 式，得

$u_{1n} = -0.63$ m/s，$v_{2n} = 4.41$ m/s

習　　題

一、質點的運動微分方程式

12-1 質點瞬時速度方向與質點在該瞬時所受的合力有無關係？

12-2 “質點在常力作用下，只能作等加速直線運動”的說法正確嗎？

12-3 質量為 m 的質點自高度為 h 的地方無初速地自由下落，其空氣阻力的大小與其速度的一次方成正比，比例係數為 c，阻力的方向與速度方向相反。試按題圖 (a)、(b) 所示兩種不同座標 Ox 和 O_1x_1，寫出質點的運動微分方程式和運動初始條件。

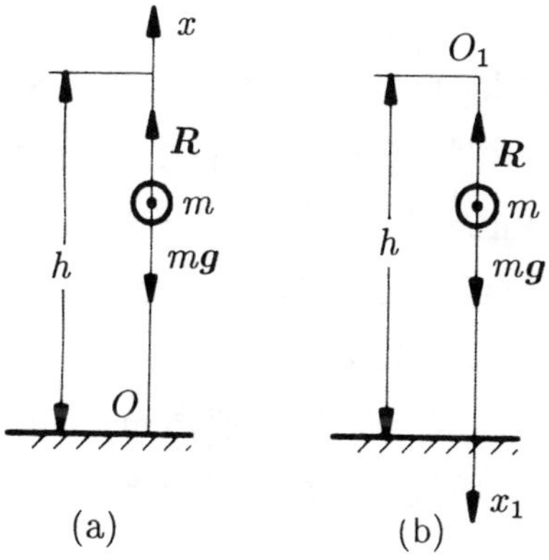

題 12-3 圖

12-4 如題圖 (a) 所示，起重機起重的重物 A 的質量 $m = 500$ kg，已知重物上昇的速度變化曲線如圖 (b) 所示。求重物上昇過程中，繩索的拉力。

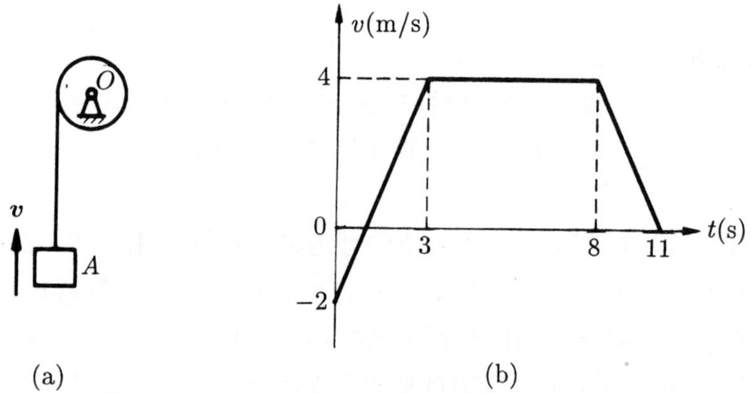

題 12-4 圖

12-5 質量為 3000 kg的混凝土構件，用吊車將它起吊。試求在下述幾種情況下鋼絲繩所受的拉力：(a) 構件在空中保持靜止；(b) 構件由靜止開始等加速上昇，在 0.5 s 內速度增加到 15 cm/s；(c) 構件以 2 m/s 等速上昇；(d) 構件等減速上昇，在 1 s 內速度由 15 cm/s 減為 10 cm/s。

12-6 三物體 A、B、C，質量分別為 m_1、m_2、m_3，用繩繫住在光滑水平面上如圖示。當物體 A 受一向右的力 $\boldsymbol{F}$ 作用時，求各段繩中的拉力。已知 $m_1 = 3$ kg，$m_2 = 4$ kg，$m_3 = 8$ kg，$F = 40$ N。

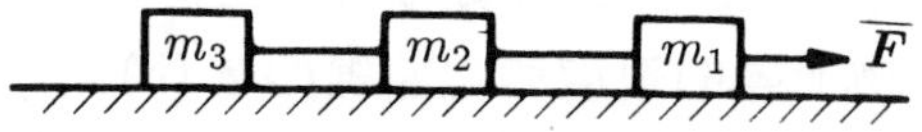

題 12-6 圖

12-7 圖示套筒 A 的質量為 m，因受繩子牽引沿光滑鉛直桿向上滑動。繩子的另一端繞過離桿距離為 l 的滑車 B 纏在鼓輪上。當鼓輪轉動時，其邊緣上各點的速度大小為 v_0（常數）。求繩

子拉力與距離 x 之間的關係。滑車 B 尺寸不計。

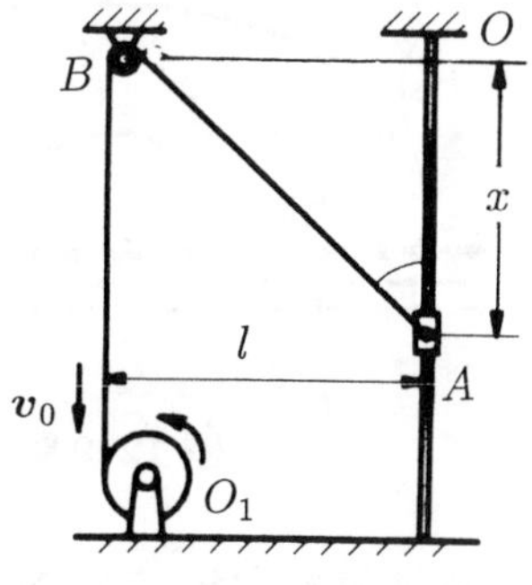

題 12-7 圖

12-8 質量為 3 kg 的滑塊 A，以 3 m/s 的速度沿位於鉛垂面內的固定桿向下滑動時，在滑塊上沿水平方向加一力 $\boldsymbol{P}$，$\boldsymbol{P}$ 力作用後滑塊繼續向下滑動 1 m 後停止。(a) 不計滑塊與桿之間的摩擦，求 $\boldsymbol{P}$ 力的大小；(b) 若滑塊與桿之間的摩擦係數為 0.2，求 $\boldsymbol{P}$ 力的大小。

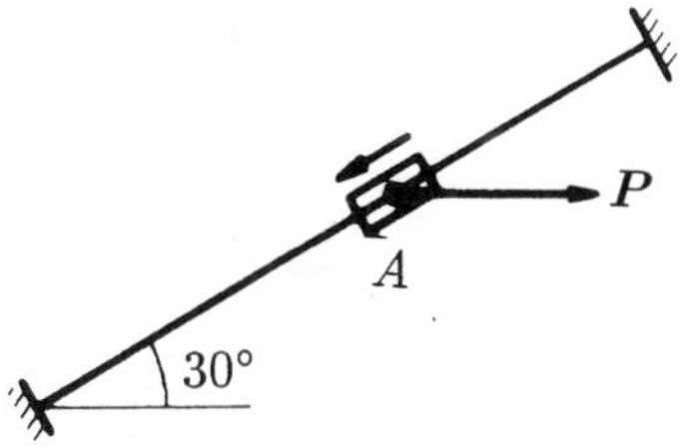

題 12-8 圖

12-9 汽車質量為 1500 kg，以等速 $v = 10$ m/s 駛過拱橋。設橋中點的曲率半徑 $\rho = 50$ m，求汽車經過橋中點時對橋的壓力。

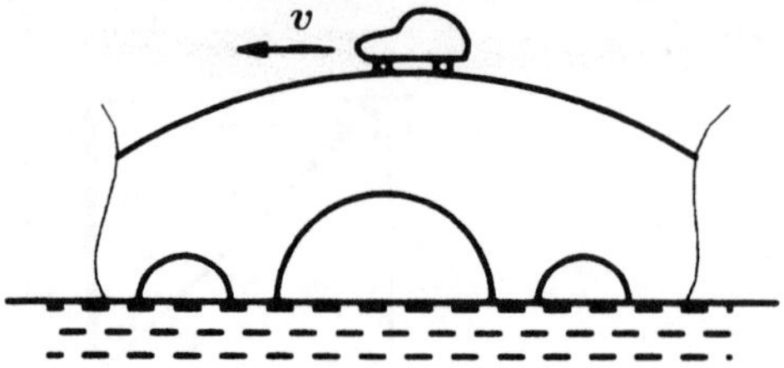

題 12-9 圖

12-10 質量為 m 的物體 A，放在等速旋轉的水平轉台上，與轉軸的距離為 r。如物體與轉台表面間摩擦係數為 f，欲物體不致因轉台旋轉而滑出，物體的最大速度為多少？

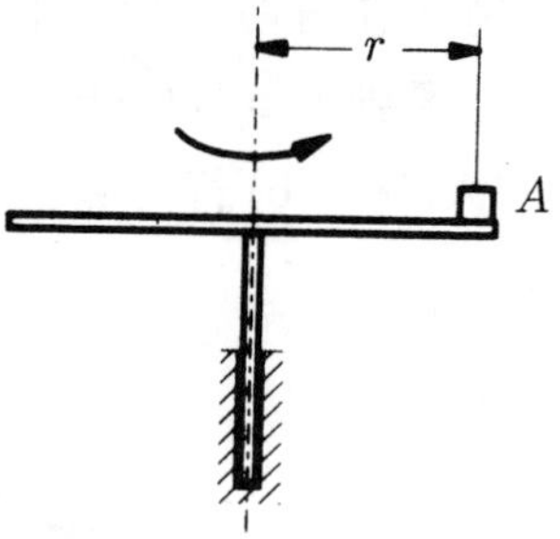

題 12-10 圖

12-11 質量為 m 的小球 C，由兩根桿支持如圖示。球和桿一起繞鉛垂軸 AB 旋轉。已知 $AC = 5a$，$BC = 3a$，$AB = 4a$。A、B、C 三點均為光滑鉸接。不計桿重，試求：(a)當球 C 以等速 v 運動時，AC、BC 兩桿所受的力；(b) v 等於多大時兩桿所受力相等。

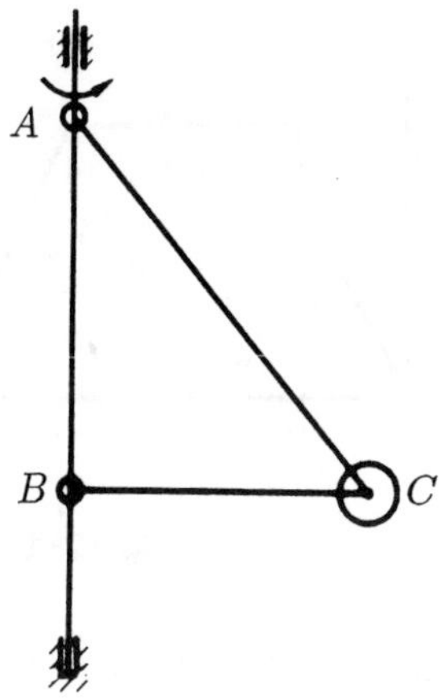

題 12-11 圖

12-12 如圖所示，在三棱柱 ABC 的粗糙斜面上放一質量為 m 的物體 D。三棱柱以等加速度 $\boldsymbol{a}$ 沿水平方向運動。設物體 D 和三棱柱之間的滑動摩擦係數為 f，且 $\tan\theta < f$（θ 為斜面傾角）。開始時物體 D 相對於斜面靜止，求三棱柱的加速度應取何值才能使物體 D 相對於三棱柱保持不動。

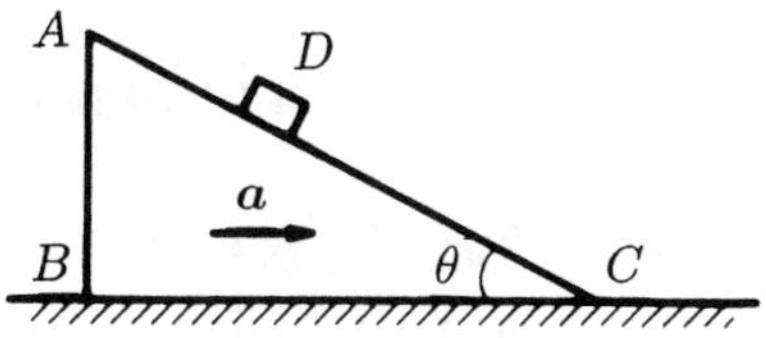

題 12-12 圖

12-13 質量為 1 kg 質點，在力 $\boldsymbol{F}$ 的作用下沿直線運動。此力的大小如圖所示，力的方向始終沿質點的運動方向。又 $t = 0$ 時，質點的速度為零。問當 $t = 1$ min 時，質點的速度、加速度及所走過的路程各為多少？

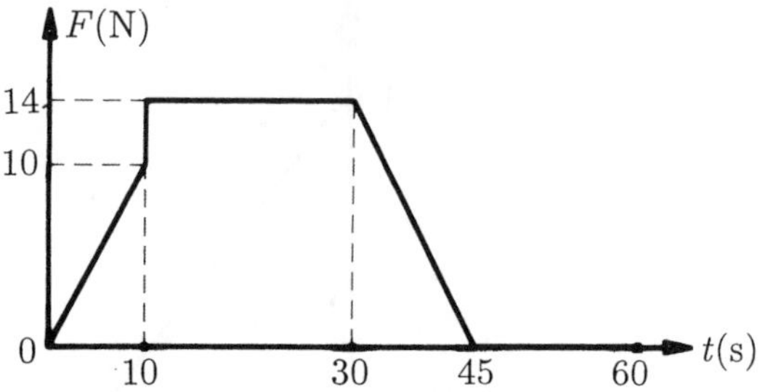

題 12-13 圖

12-14 一物體沿傾角為 α 的斜面向下運動，設物體的初速度為零，物體與斜面間的動摩擦係數為 f。試求物體經過路程 l 時所需的時間。

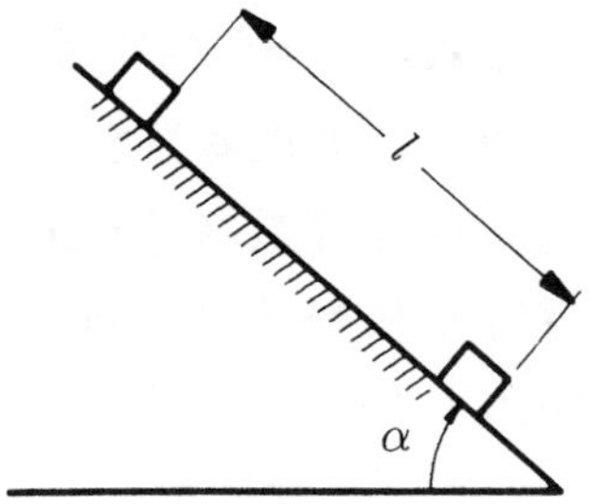

題 12-14 圖

12-15 車廂以 36 km/h 的速度在水平軌道上行駛。設發動機停機後，車廂所受到的總阻力為車廂重的 0.3 倍。問車廂在 5 s 內所滑行的距離為多少？

12-16 跳傘員連裝備質量為 $m = 75$ kg，在從氣球上跳出後立即張傘。可以粗略地認為張傘時初速為零，且此後空氣阻力與速度平方成正比，即 $R = kv^2$。設速度為 1 m/s 時，阻力 $R = 30$ N，試求跳傘員張傘後的極限速度。

12-17 一質點的質量為 m，被固定中心排斥，斥力的大小 $F = \mu mr$

，式中 μ 為已知常數，r 為質點到此中心的距離。開始時，$r_0 = a$，$v_0 = 0$，求質點經過路程 $s = a$ 時，所達到的速度。

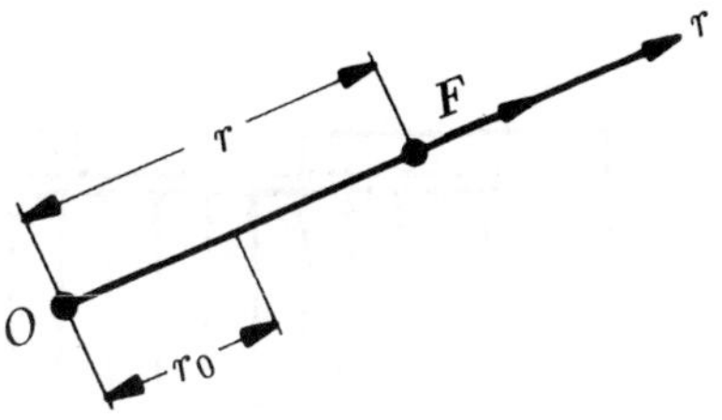

題 12-17 圖

12-18 一物體從地面以速度 v_0 鉛垂上拋。設重力加速度 g 為常數，空氣阻力的大小與物體的速度平方成正比，即阻力 $|\boldsymbol{R}| = kmv^2$，其中 m 為物體的質量，k 為比例常數。試求物體返回地面時的速度。

12-19 質量為 m 的質點帶有電荷 e，被放在一均勻電場中，電場強度 $E = A\sin kt$，其中 A 和 k 為常數。如已知質點在電場中所受的力為 $\boldsymbol{F} = e\boldsymbol{E}$，其方向與 $\boldsymbol{E}$ 相同。又質點的初速為零，且取座標原點為質點的起始位置，重力影響不計。求質點的運動方程式。

12-20 物體的質量為 $m = 10$ kg，在變力 $F = 100(1-t)$ 作用下沿光滑水平面作直線運動，其中 t 以 s 計，F 以 N 計。設物體初速為 $v_0 = 0.2$ m/s，初始時，力的方向與速度方向相同，問經過多少時間物體停止運動？停止前走了多少路程？

12-21 在地面上鉛垂向上射出一物體，欲使它一去不復返，問應給物體多大初速度？設只考慮地球引力，此力與物體到地心的距離的平方成反比。已知地球半徑等於 6370 km，在地面上的重力加速度為 9.8 m/s^2。

12-22 質量為 m 的質點帶有電荷 e，以速度 $\boldsymbol{v}_0$ 進入強度按 $E = A\cos kt$（其中 A 和 k 為已知常數）變化的均勻電場中，初速度方向與電場強度垂直，如圖所示。質點在電場中受力 $\boldsymbol{F} = -e\boldsymbol{E}$ 作用。設電場強度不受電荷的影響，且不計質點的重力，試求質點的運動方程式和軌跡。

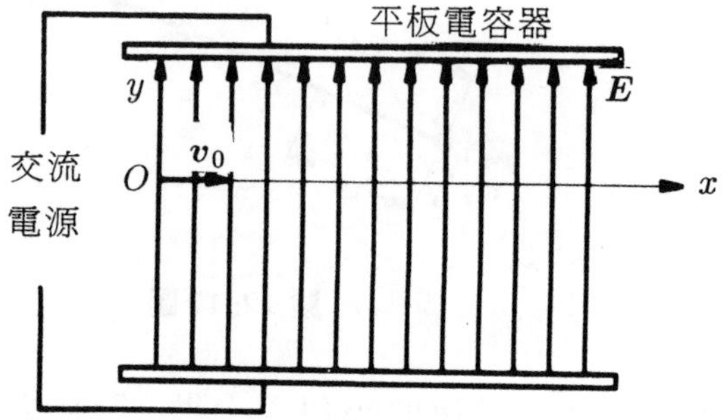

題 12-22 圖

12-23 質量為 m 的質點沿圓上的弦運動，如圖所示。此質點受一指向圓心 O 的吸力作用，吸力大小與質點到 O 點的距離成反比，比例常數為 k。開始時，質點處於 M_0 位置，初速為零。若圓的半徑為 R，O 點到弦的垂直距離為 r。求質點經過弦中點 O_1 時的速度。

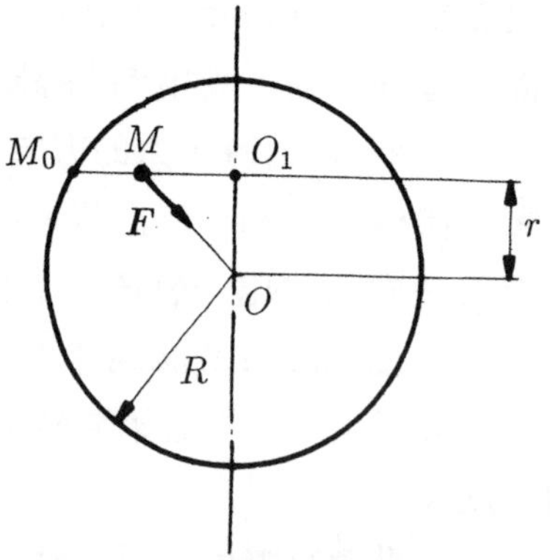

題 12-23 圖

二、功能原理

12-24 彈簧原長為 l_0，彈簧係數 $k = 1960$ N/m，一端固定，另一端與質點 M 相連，試分別計算下列過程中彈簧力的功：(a)質點由 M_1 運動至 M_2；(b)質點由 M_2 運動至 M_3；(c)質點由 M_3 運動至 M_1。

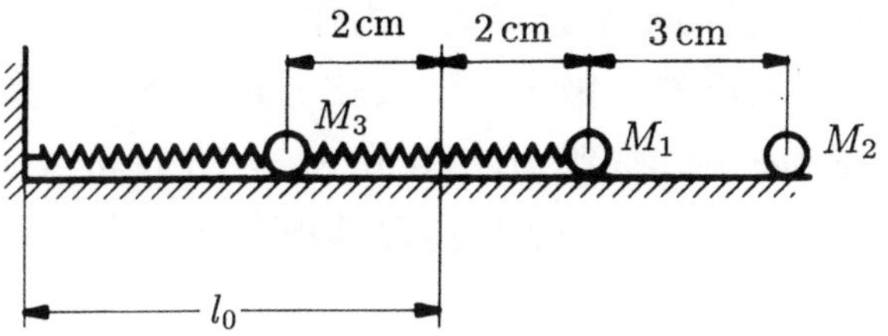

題 12-24 圖

12-25 斜面傾角為 30°。今欲將質量為 2000 kg 的物體沿斜面等速上推 10 m，如動摩擦係數為 0.5，問推力 $\boldsymbol{Q}$ 所耗的功為多少？

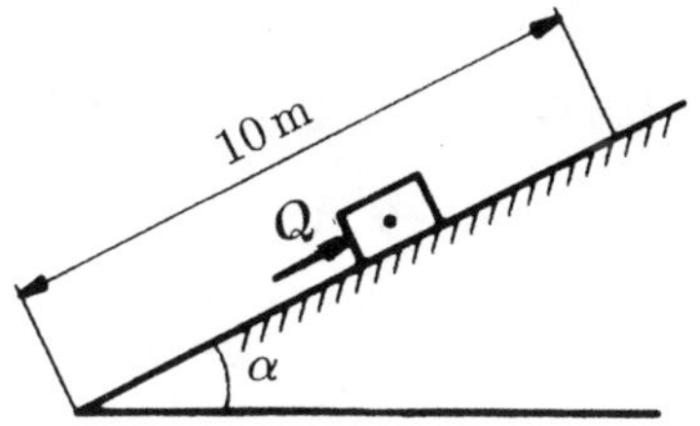

題 12-25 圖

12-26 彈簧原長 $l_0 = 10$ cm，剛度係數 $k = 50$ N/cm，一端固定在 O 點，此點在半徑為 10 cm的圓周上。如彈簧的另一端由圖示的 B 點拉到 A 點，求彈簧力所作的功。AC 與 BC 垂直，OA 為圓的直徑。

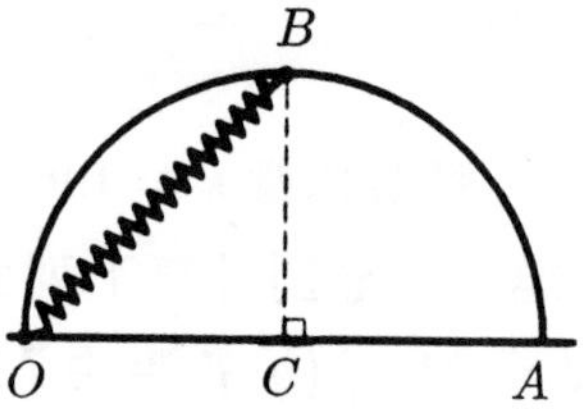

題 12-26 圖

12-27 質點 M 受固定中心 O 的引力作用，引力的大小為 $F=\dfrac{\tau}{x^2}$，式中 τ 為已知常數，x 以 m 計，F 以 N 計。如 M 沿 Ox 軸向右運動，由 M_0 到 M_1，且知 $\tau = 80\ \text{N·m}^2$，$OM_0 = 2$ m，$OM_1 = 4$ m，求引力在這段路程中所作的功。

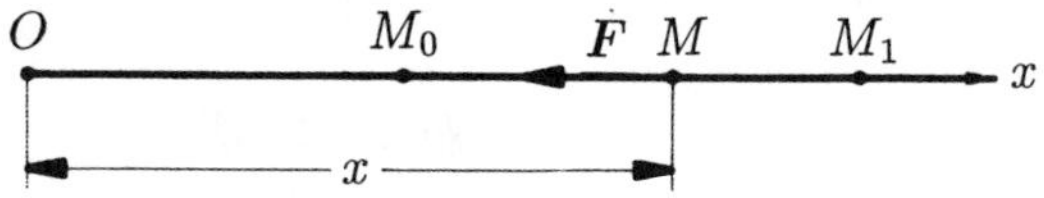

題 12-27 圖

12-28 質量 $m = 2$ kg 的均質細桿 AB，可繞水平軸 A 轉動。彈簧原長 $l_0 = 0.5$ m，剛度係數 $k = 20$ N/m，試計算 AB 從 $\theta = 0°$ 轉到 $\theta = 90°$ 的過程中，重力和彈簧力所作功的和。

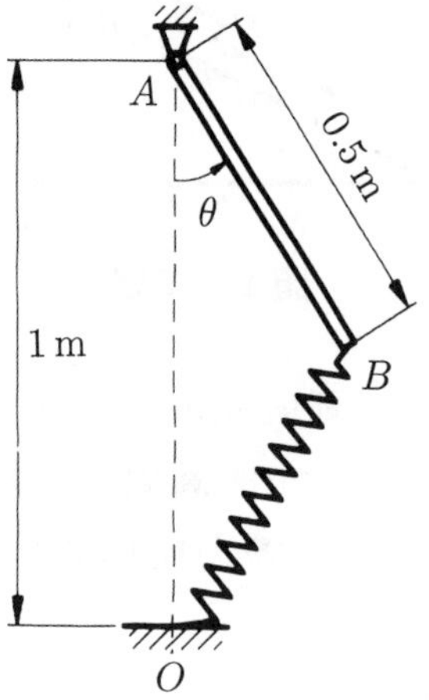

題 12-28 圖

12-29 連接兩個滑塊 A 和 B 的彈簧原長 $l_0 = 4$ cm，剛度係數 $k = 49$ N/cm。試求當兩滑塊分別從位置 A_1 和 B_1 運動到位置 A_2 和 B_2 的過程中彈簧力的功。各點位置的座標是 $A_1(4,0)$，$B_1(0,3)$，$A_2(6,0)$，$B_2(0,6)$。其中座標單位為 cm。

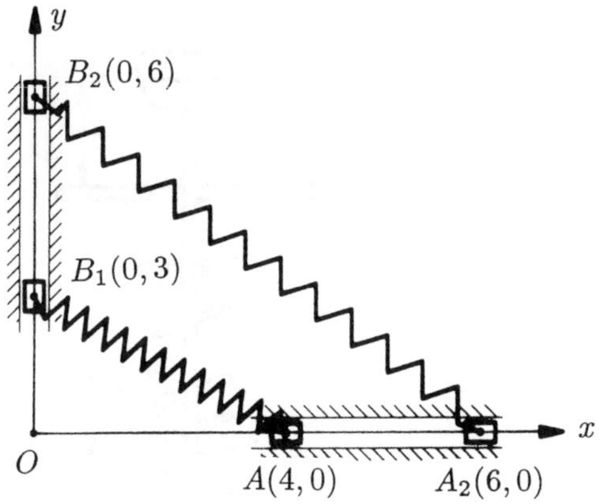

題 12-29 圖

12-30 質量為 2 kg 的套筒放在被壓縮了 15 cm 的彈簧上，然後無初速釋放。已知彈簧剛度係數 $k = 18$ N/cm，求彈簧恢復到原長時套筒的速度。摩擦忽略不計。

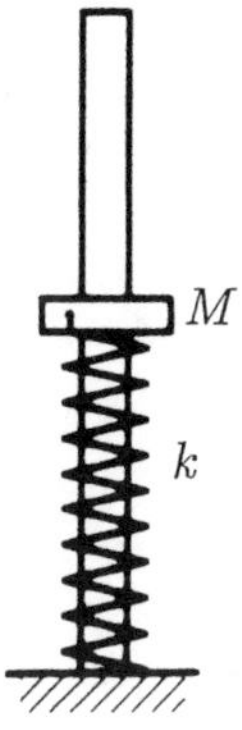

題 12-30 圖

12-31 如圖所示，安裝在汽閥上的彈簧原長 $l_0 = 6$ cm。當汽閥完全打開時，閥昇高 $s = 0.6$ cm，這時彈簧長度 $l = 4$ cm，此後閥門在彈簧力推動下關閉。已知閥體重 $G = 4$ N，彈簧剛度係數 $k = 1$ N/cm，摩擦阻力不計，求閥門到達全閉位置時的速度。

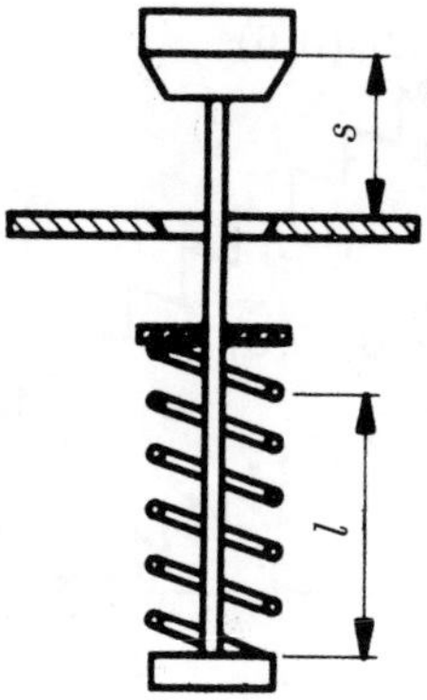

題 12-31 圖

12-32 圖示一物體 A 由靜止沿傾角為 α 的斜面下滑，滑過的距離為 s_1，接著在水平面上滑動，經距離 s_2 至 B 處而停止。如果物體 A 與斜面和水平面間的摩擦係數都相同，求動摩擦係數 f'。

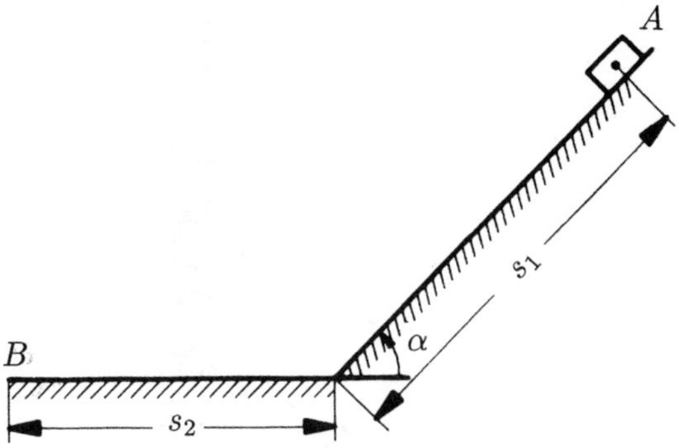

題 12-32 圖

12-33 兩個彈簧用布條連在一起，彈簧的拉力最初為 600 N，剛度係數均為 $k = 20$ N/cm。質量為 40 kg 的物體 A 從高 h 處自由落下，重物落到布條上以後下沉的最大距離為 1 m。不計彈簧與布條質量，求高度 h。

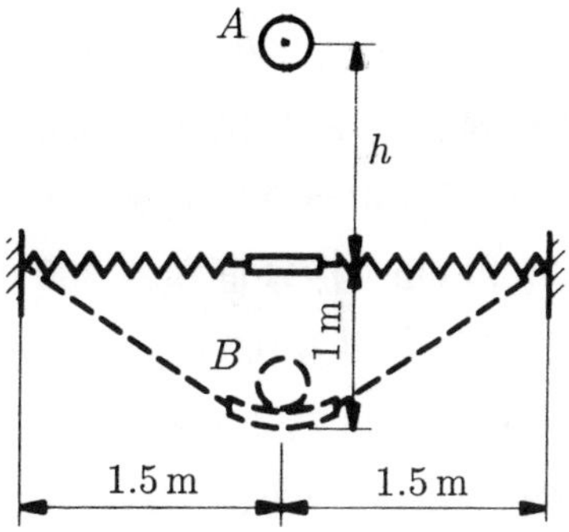

題 12-33 圖

12-34 質量為 10 kg 的滑塊可沿鉛垂導桿 CD 滑動，最初處於 A 處，現用繩拉動如圖示。已知繩的拉力 $T = 400$ N。各處摩擦可略去不計。求滑塊到達 B 處時的速度。

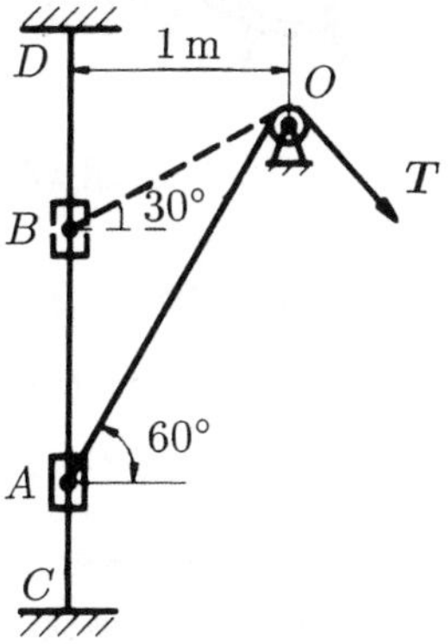

題 12-34 圖

12-35 龍門刨床的工作行程為 $s = 2$ m，工作行程時間為 $t = 10$ s，刨削力為 $F = 12$ kN，工作效率為 $\eta = 0.8$，設刨削速度為等速。試求刨床刨削時所消耗的功率。

12-36 一深水泵，揚程為 50 m，每小時可抽水 50×10^3 kg，水泵效率為 0.8。問需多大功率的電動機才能帶動。

12-37 一機器每分鐘將質量為 200 kg 的大錘舉起 84 次，每次昇高 0.75 cm。設機器的效率為 0.7，問其功率為多少仟瓦？

12-38 一蒸汽機，在全衝程中蒸汽對活塞的平均壓力等於 5×10^5 N/m^2，活塞衝程為 40 cm，活塞面積為 300 cm^2，每分鐘工作衝程為 120 次，且工作效率為 0.9。試求蒸汽機的功率。

12-39 斗式提昇機，提昇高度為 2 m。皮帶以等速 $v = 30$ cm/s 運動，皮帶上每隔 0.4 m 裝一小斗，每斗載重 147 N。若其機械效率為 0.8 ，試求所需電動機的功率及 8 小時所消耗的總功。

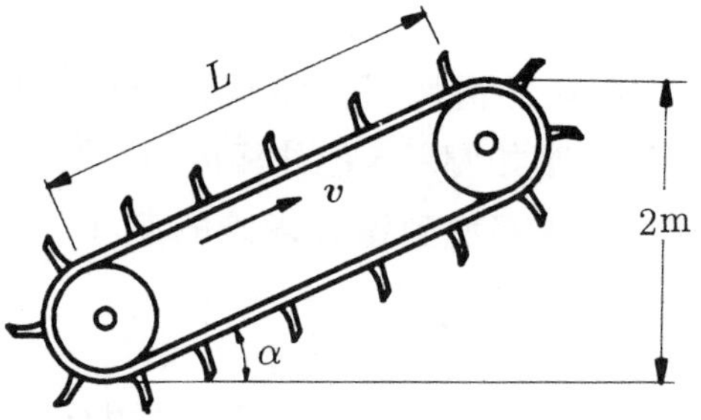

題 12-39 圖

12-40 一載重汽車總重 100 kN，在水平路面上行駛時，空氣阻力 $R = 0.001\ v^2$（v 以 m/s，R 以 kN 計），其它阻力相當於車重的 0.016 倍。設機械總效率為 0.85，此車以 54 km/h 的速度行駛，求發動機的功率。

12-41 平板閘門重 $G = 60$ kN，最大水壓力 $Q = 460$ kN，門槽摩擦係數 $f = 0.2$。設閘門提昇速度 $v = 0.2$ m/s，捲揚機的機械總效率為 0.8 ，求捲揚機馬達應有的功率。

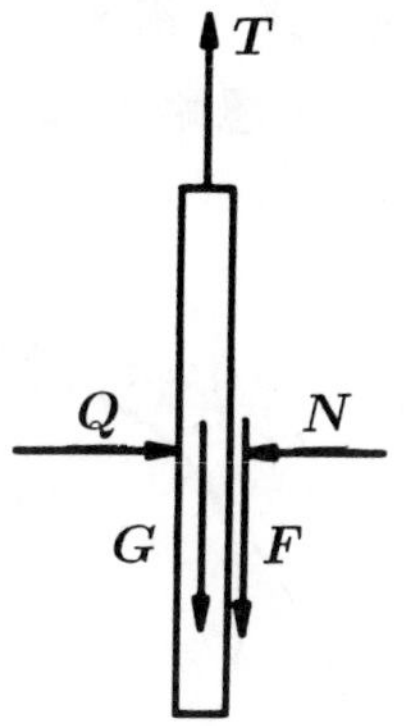

題 12-41 圖

三、機械能守恒

12-42 重 G 的重物 A 從高度為 h 處無初速地落下，撞到輕質平板 B 上後，與平板一起運動。平板 B 支持在剛度係數為 k 的彈簧上如圖示。求由於衝擊而引起的彈簧的最大彈力。設平板 B 與彈簧的質量不計。

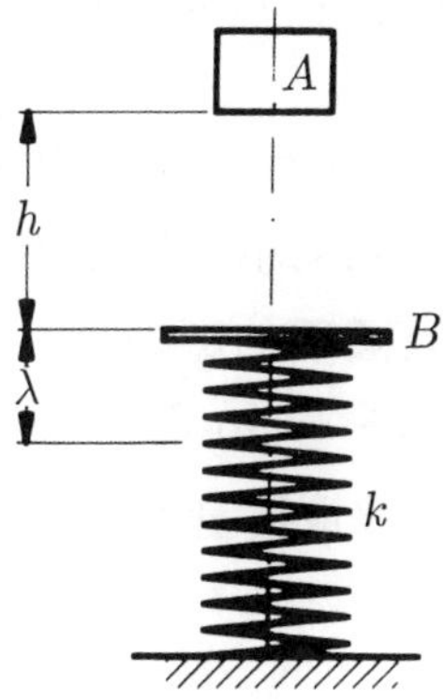

題 12-42 圖

12-43 用機械能守恒定律解習題 12-33。

12-44 圖示一小物塊重 G，開始時靜止在光滑圓柱的頂點 A，圓柱的半徑為 r。由於干擾，物塊沿圓弧 AB 滑下，在點 B 離開圓柱體而落到地面上。忽略摩擦，求物塊離開圓柱體時 BO 與鉛垂線的夾角 φ。

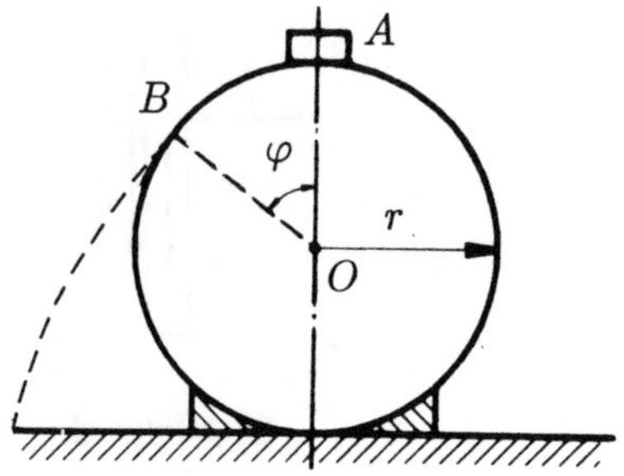

題 12-44 圖

12-45 物體以初速 $v_0 = 1$ km/s 自地面鉛垂向上發射，求物體上昇的高度 H。地球引力與物體至地心的距離平方成反比，空氣阻力不計。地球半徑 $R = 6370$ km。

12-46 在地面上鉛垂向上發射一物體，使其昇到與地球半徑相等的高度。如僅考慮地球的引力，問應給予物體多大的發射初速度。

12-47 小環 M 套在位於鉛垂面內的大圓環上，並與固定於點 A 的彈簧連接，如圖所示。小環不受摩擦地沿大圓環滑下，欲使小環在最低點對大圓環的壓力等於零，彈簧的剛度係數應多大？大圓環的半徑 $r = 20$ cm，並為彈簧的原長；小環重為 50 N，初速為零；彈簧質量不計。

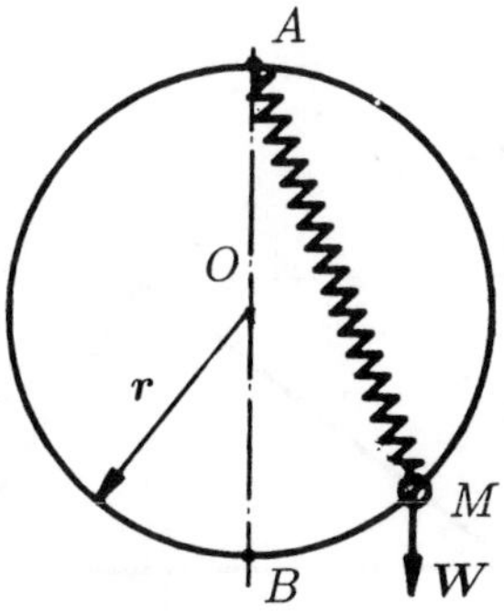

題 12-47 圖

四、線動量與角動量原理

12-48 已知水平面內有一光滑半圓軌道如圖示（圖中鉛垂座標軸 Oz 垂直於圖面未畫出）。現有一小球，質量為 m，可視為質點，以初速 $\boldsymbol{v}_1$ 進入軌道。求小球在軌道內的運動過程中受到軌道的平均反力。

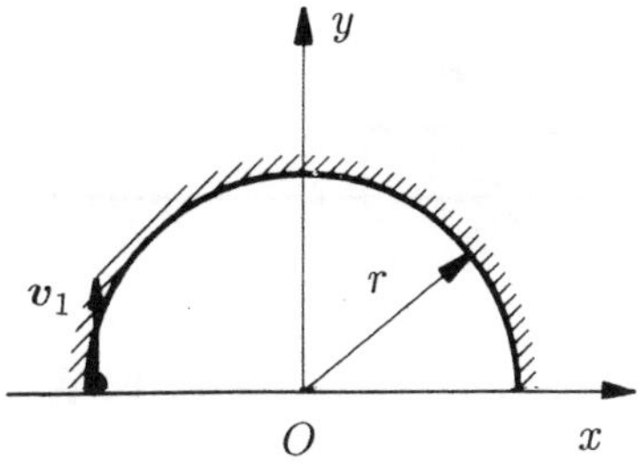

題 12-48 圖

12-49 汽車以 36 km/h的速度在水平直道上行駛。設車輪在制動後立即停止轉動。問車輪與地面的動滑動摩擦係數 f' 應為多大方能使汽車在制動 6 s後停止？

12-50 質量 $m = 980$ kg的小車，靜止於水平軌道上，受到一始終沿其軌道方向的力的作用，其大小如圖中曲線所示。如不計摩擦力，求 $t = 150$ s時小車的速度等於多少？

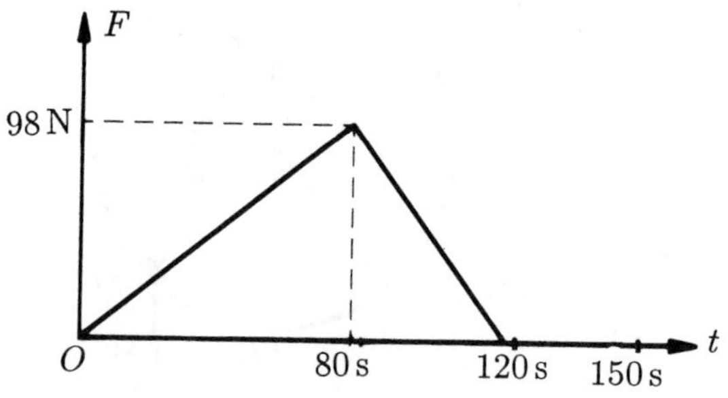

題 12-50 圖

12-51 在水平面上有兩物體 A 和 B，其質量分別為 $m_A = 10$ kg，$m_B = 5$ kg。今 A 以某速度衝擊原來靜止的 B，且在很短的時間 $\tau = 0.01$ s 以後，A 與 B 以同一速度向前運動，歷時 4 s 而停止。已知 A、B 與平面的滑動摩擦係數 $f = 0.25$，求衝擊前 A 的速度以及撞擊過程中，A、B 相互的平均作用力。

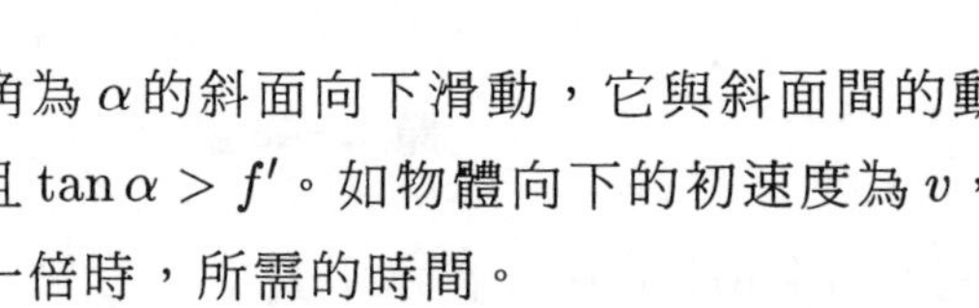

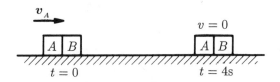

題 12-51 圖

12-52 物體沿傾角為 α 的斜面向下滑動，它與斜面間的動摩擦係數為 f'，並且 $\tan\alpha > f'$。如物體向下的初速度為 v，求物體的速度增加一倍時，所需的時間。

12-53 棒球質量 $m = 0.14$ kg，以速度 $v_0 = 50$ m/s 向右沿水平方向運動時被球棒打擊，擊中後其速度方向發生改變，與 $\boldsymbol{v}_0$ 成 $\alpha = 135°$（向左朝上），速度大小降至 $v = 40$ m/s。試計算球棒作用於球的衝量。若棒與球的作用時間為 0.02 s，求棒給球的平均作用力的大小。不計重力。

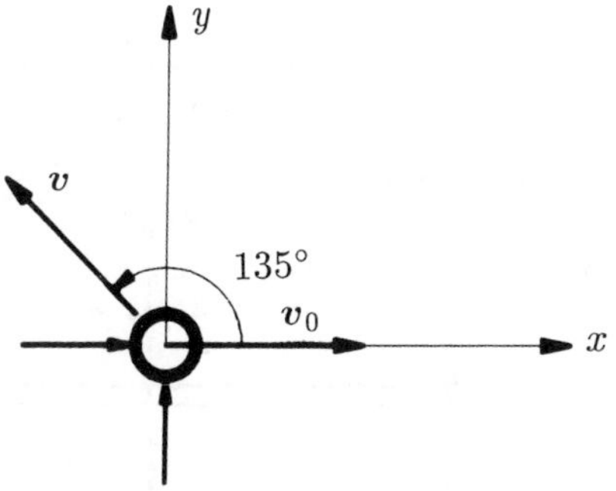

題 12-53 圖

12-54 已知質點質量為 m，在 Oxy 平面內的運動方程為

$x = a\cos\omega t$，$y = b\sin\omega t$

其中 a、b、ω 為常數，求質點對座標原點 O 的角動量。

12-55 繩子一端固定在水平桌上 O 點，另一端繫小球 M。今使小球（視為質點）獲得 v_0 的速度在桌上作圓周運動，若桌子與小球間的摩擦係數為 f'。求 t 秒後小球的速度。

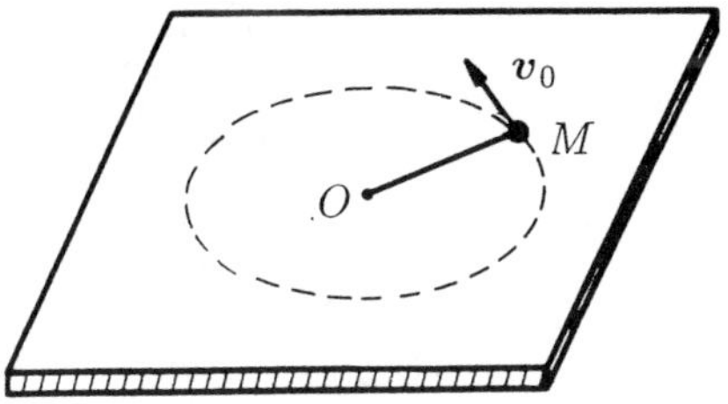

題 12-55 圖

12-56 小球 M 質量為 m，繫在細線的一端，線的另一端穿過光滑水平面上的小孔 O。令小球在水平面上沿半徑為 r 的圓周作等速度運動，其速度為 v_0。如將細線下拉，使圓周的半徑縮小為 $\frac{r}{2}$，問此時小球的速度和細線的拉力各為多少？

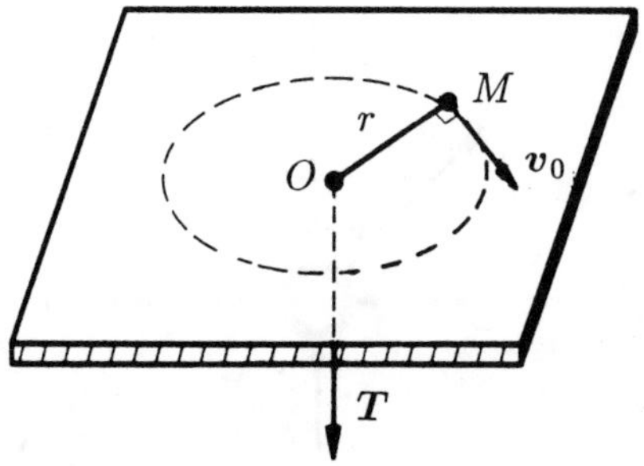

題 12-56 圖

12-57 小球 M 繫於線 MOA 的一端，繞鉛垂線作水平圓周運動，每分鐘轉 120 圈，如圖所示。如將 AO 慢慢向下拉，直到小球轉動半徑減小到原來轉動半徑的一半，求此時小球每分鐘轉多少圈。

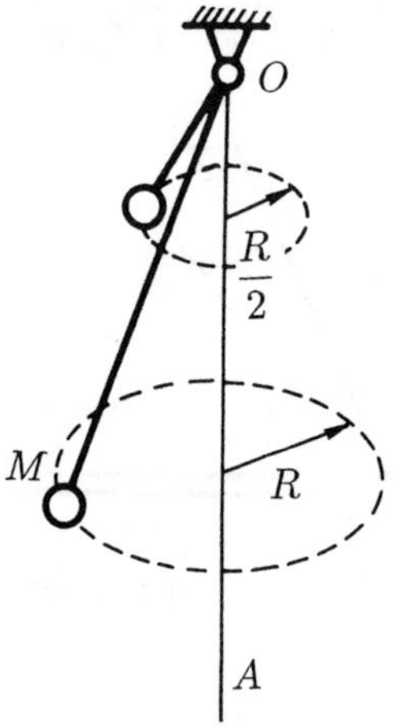

題 12-57 圖

五、碰撞

12-58 兩球重量相等，用等長細繩懸掛如圖。球 I 由 $\theta_1 = 45°$ 的位置自由擺下，撞在球 II 上，使球 II 升高到 $\theta_2 = 30°$ 的位置。求恢復係數。

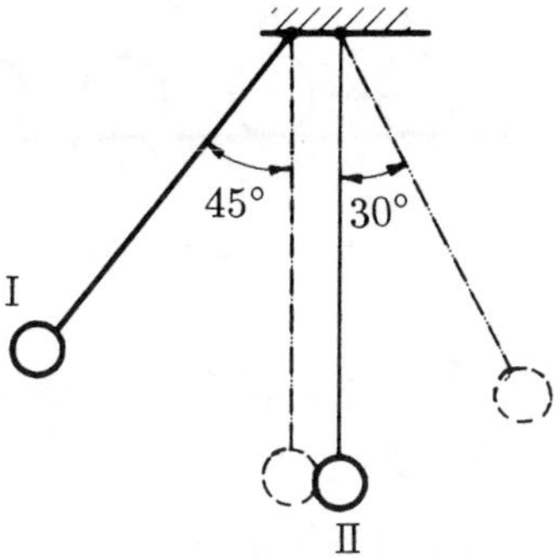

題 12-58 圖

12-59 彈性小球自高 $h = 81$ cm 處自由下落，掉在地板上跳起後，第二次又落到地板後又跳起。已知這第二次跳起高度為 $h_2 = 16$ cm，求恢復係數。

12-60 試分別計算下列兩種情況下兩球的質量比。已知恢復係數為 k。

(a) 兩球 A、B 以大小相等、方向相反的速度進行正碰撞，碰撞後 B 靜止；

(b) 兩球 A、B 正碰撞，碰撞前 A 靜止，碰撞後 B 靜止。

12-61 槍彈的質量為 m_1，木塊的質量為 m_2。槍彈以速度 v_1 打入木塊，此木塊與彈簧相連，彈簧剛度係數為 k，不計木塊與水平面摩擦。求彈簧的最大變形。

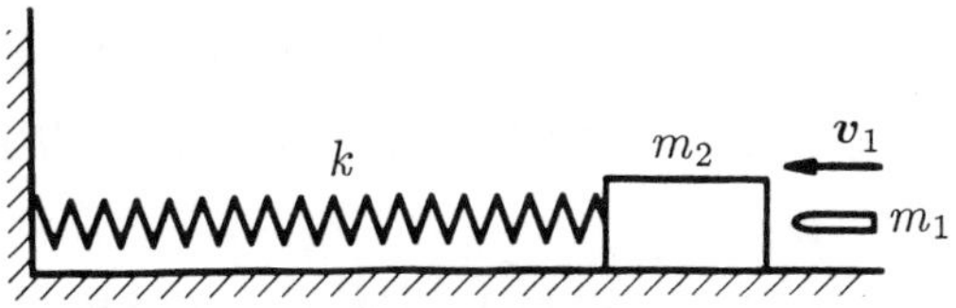

題 12-61 圖

12-62 有四個質量相同的鋼球 A、B、C、D，放在光滑的水平桌面如圖示。球 A 以速度 $\boldsymbol{v}_A$ 與 B 相撞，此後 B 與 C，C 與 D 依次相撞，碰撞恢復係數都是 k。試用 v_A 及 k 表示球 D 的速度。

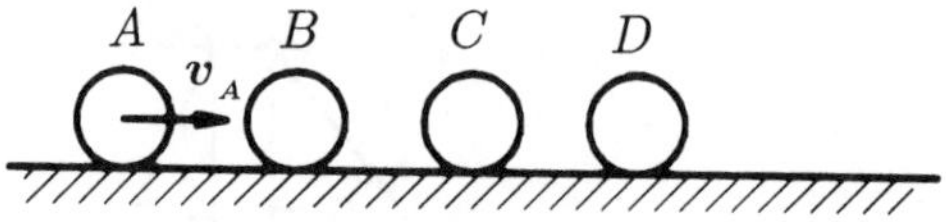

題 12-62 圖

12-63 質量 $m = 1$ kg 的物塊 A 沿圓弧槽從 $\theta = 90°$ 處下滑，撞上質量也為 1 kg 的球 B。已知恢復係數 $k = 0.7$，求 (a) 碰撞後球 B 的速度；(b) 繩的最大張力；(c) 球 B 上昇的最大高度。物塊和小球的大小都忽略不計，摩擦不計。

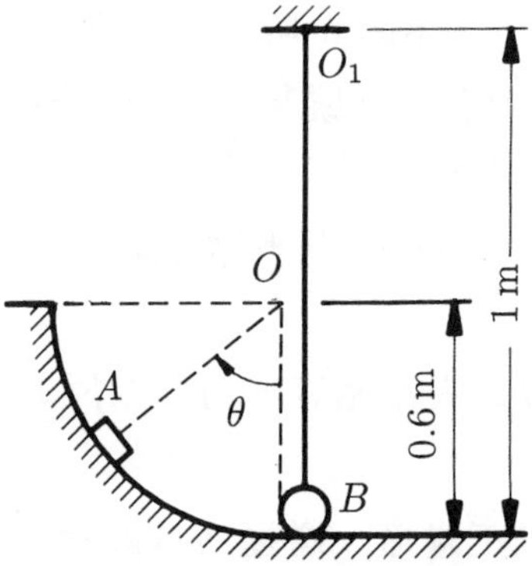

題 12-63 圖

12-64 用打樁機打入質量為 50 kg 的柱樁，錘的質量為 450 kg，由高度 2 m 處自由落下。如恢復係數 $k = 0$，經過一次錘擊後柱樁下沉 1 cm，求柱樁打入土地時受到的平均力 $\boldsymbol{R}^*$ 以及打樁機的效率。

12-65 小球被扔進水平面上的墻角，初速度是 $\boldsymbol{v}_1$，設恢復係數都是

k，且摩擦不計。試證明小球經兩次彈跳後，小球的速度大小變成 $v_2 = kv_1$，且方向與初速度 $\boldsymbol{v}_1$ 相反。不計重力影響。

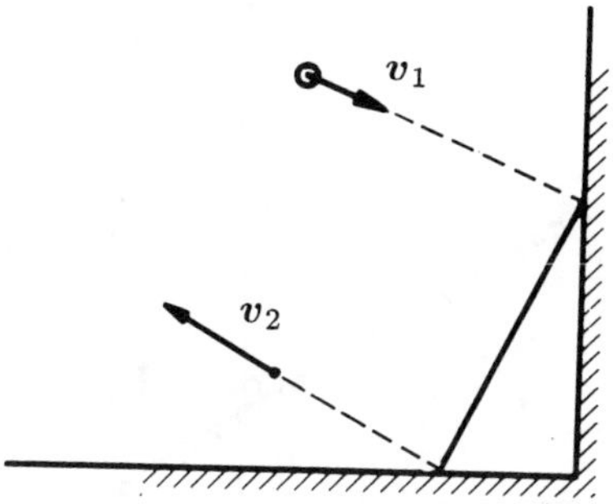

題 12-65 圖

12-66 小球與水平球台邊緣 AB 上的 D 處碰撞前的速度為 $v_1 = 2$ m/s，方向如圖示，$BD = 0.6$ m，碰撞的恢復係數都為 0.6，設摩擦不計。求第二次碰撞後的速度 $\boldsymbol{v}_2$ 及其碰撞的位置 E。

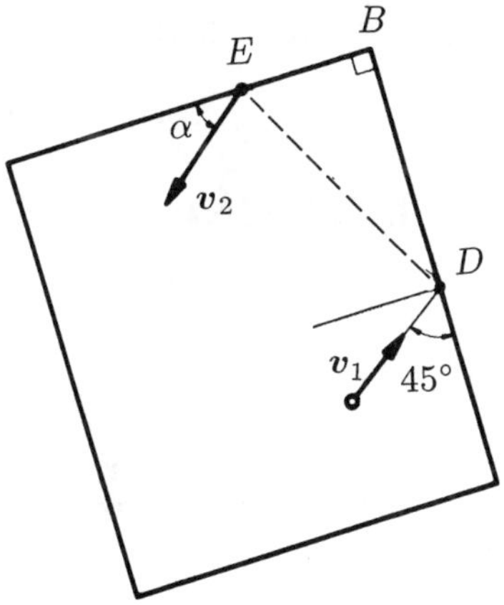

題 12-66 圖

12-67 一鋼球從高 2 m處落到光滑的鋼板上。鋼板的傾角為 30°，碰撞的恢復係數為 0.7，求鋼球回跳的最大高度 $h_{\max}$。

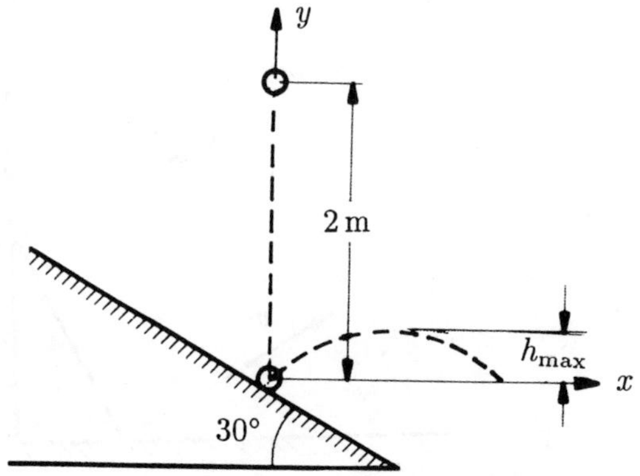

題 12-67 圖

12-68 質量為 m 的小球置於光滑的水平桌面上。某瞬時在球上作用一水平衝量 $\boldsymbol{S}$，使球落在地板上。設桌面高度為 h，球與光滑地板的恢復係數為 k，試求球在地板上最初兩個落點之間的距離 AB。不計空氣阻力和球的大小。

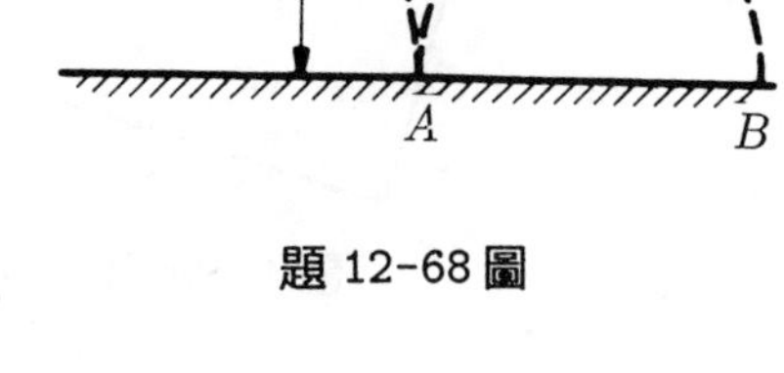

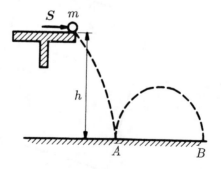

題 12-68 圖

12-69 具有水平初速的小球由高度 h_0 處落在光滑水平面上，連續幾次跳起的高度為 h_1，h_2，$\cdots$，h_n，又水平距離是 d_1，d_2，$\cdots$，d_n，對應所經歷的時間間隔是 t_1，t_2，$\cdots$，t_n；試證恢復係

數 k 可表示為

$$k = \sqrt{\frac{h_n}{h_{n-1}}} = \frac{d_n}{d_{n-1}} = \frac{t_n}{t_{n-1}}$$

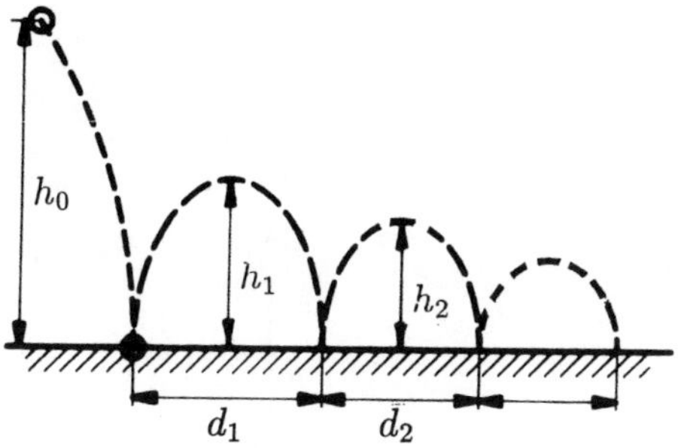

題 12-69 圖

13 剛體平面運動學

13-1 概　論

剛體運動時，如果其上任一質點皆維持在同一個平面上，則剛體的這種運動稱為剛體的**平面運動**(planar motion)。在直線軌道上車輪的運動（圖 13-1.1），曲柄連桿機構運轉時曲柄 OA、連桿 AB 及滑塊 B 的運動（圖 13-1.2），擺動式送料機料槽 AB 及曲柄 O_1A、O_2B 的運動（圖 13-1.3）等，都是這種運動的實例。

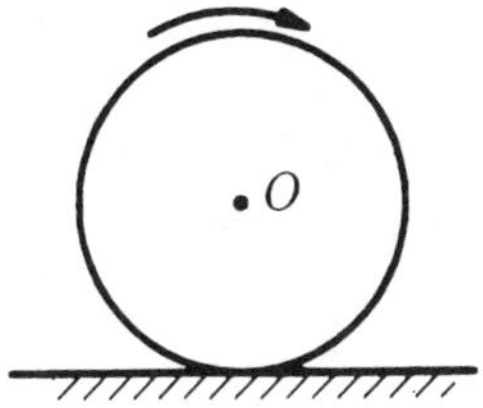

圖 13-1.1

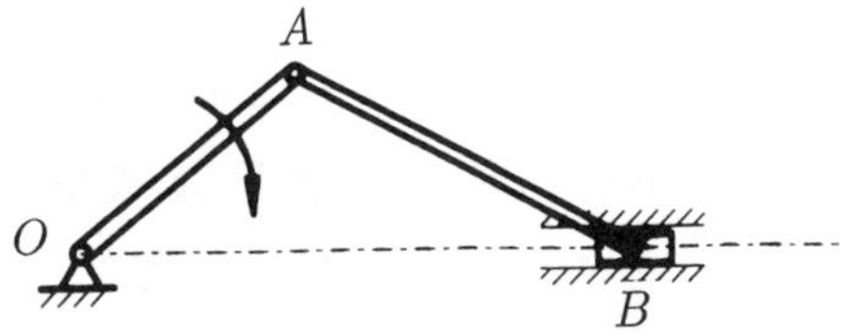

圖 13-1.2

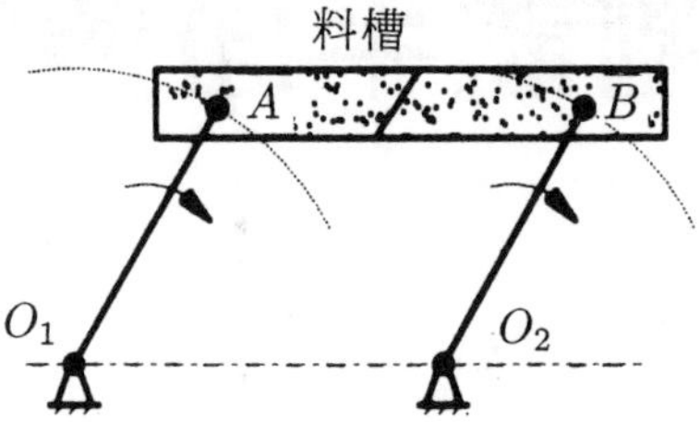

圖 13-1.3

在一般情況下，剛體的平面運動可以視為一個任意平面在其自身平面內的運動。下面討論怎樣確定平面 S 在其自身所在平面內的位置。在平面 S 上任作一直線 AB（圖形 13-1.4），只要確定了直線 AB 在圖形自身平面 Oxy 內位置，則平面 S 的位置也就完全確定了。這是因為剛體平面上任何其它點至 A、B 兩點的距離都不變，當 AB 位置確定後，其餘各點在平面內的位置也就完全確定。因此，可以認為任一直線 AB 即代表了作平面運動的平面 S。為了確定 AB 直線在 Oxy 平面內的位置，只需確定 A 點的位置即 A 點的兩個座標 x_A、y_A 和 AB 與固定方向線 Ox 軸的夾角 φ，φ 稱為**方位角**。所以，確定平面圖形的位置需要三個獨立的參數。這三個參數可唯一確定平面運動剛體在自身平面內的位置。在特殊情況下，當 $\varphi=$ 常數，即平面運動剛體的方位不變時，剛體的這種運動稱為**平面平行移動**，簡稱**平移**或**平動**。圖 13-1.2 中的滑塊 B，圖 13-1.3 中料槽 AB 的運動即為剛體的平移運動。另一種情況：當 x_A 與 y_A 都為常數，即 A 點不動時，剛體的運動為**繞定軸 A 的旋轉運動**或**定軸轉動**。圖 13-1.2 中曲柄 OA，圖 13-1.3 中曲柄 O_1A、O_2B 即為定軸旋轉運動。既非平移又非旋轉的平面運動則稱為一般平面運動。圖 13-1.1 的車輪，圖 13-1.2 中連桿 AB 即為一般平面運動。平移和繞固定軸旋轉是剛體的基本運動；後面將證明一般平面運動是平移和轉動的合成運動。下面，我們將首先研究剛體的平移和繞固定軸旋轉運動，然後研究剛體的一般平面運動。

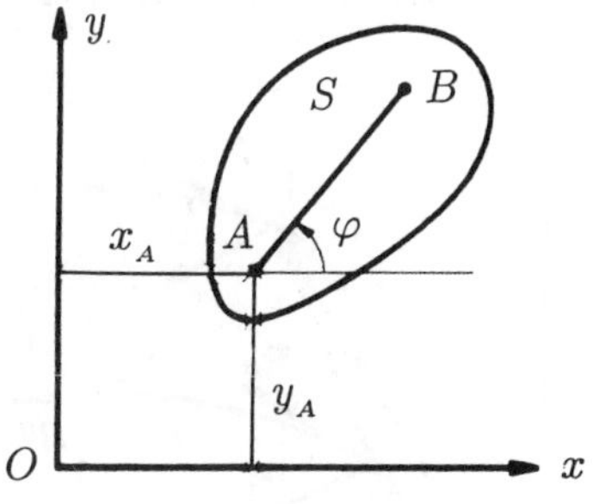

圖 13-1.4

13-2 剛體的平移

前節已指出，剛體平面運動時，若其上任一直線的方位始終保持不變，剛體的這種運動稱為平移或平動。當剛體平移時，剛體上的點可以作直線運動，如圖 13-2.1 所示的車廂；也可以作曲線運動，如圖 12-2.2 所示的料槽 AB。前者稱為**直線平移**(rectilinear translation)，後者稱為**曲線平移**(curuilinear translation)。

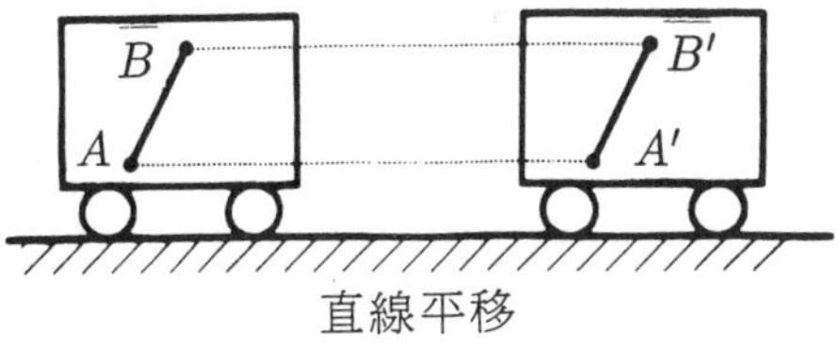

圖 13-2.1

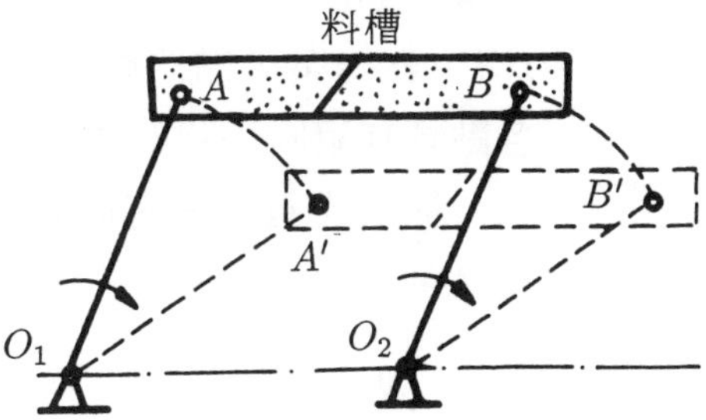

圖 13-2.2

可以證明，剛體平移時有以下運動性質：**平移剛體上各點具有相同形狀的軌跡，在同一瞬間，各質點具有相同的速度和加速度。**現證明如下。

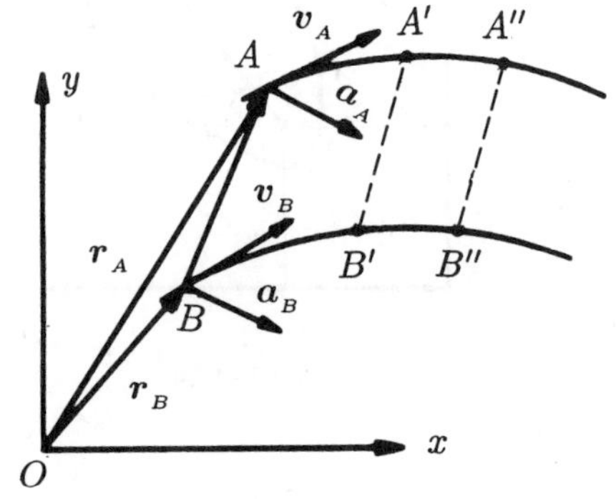

圖 13-2.3

如圖 13-2.3所示，以 $\boldsymbol{r}_A$、$\boldsymbol{r}_B$ 分別表示平移剛體上任取的兩點 A和 B的位置向量。當剛體運動時，它們都是時間的單值連續函數。它們的向量端曲線分別是 A、B 點的軌跡。由圖可知

$$\boldsymbol{r}_A = \boldsymbol{r}_B + \overrightarrow{BA}$$

式中 $\overrightarrow{BA}$是由 B點到 A點所作的向量。根據剛體不變形的性質和剛體平移的定義，在運動過程中向徑 $\overrightarrow{BA}$是長度和方向都不改變的常向量。所以，只要把 B點的軌跡沿著 $\overrightarrow{BA}$ 方向平行搬移一段距離 BA，就能與 A點的軌跡完全重合。這就證明了剛體平移時，其上各點具有相同形狀的軌跡。

把上式兩端對時間 t取導數，因 $\overrightarrow{BA}$是常向量，其導數為零，於是可得

$$\boldsymbol{v}_A = \boldsymbol{v}_B$$

式中 $\boldsymbol{v}_A$、$\boldsymbol{v}_B$ 分別為 A、B 兩質點的速度。

把上式對時間 t 求導數，可得

$$\boldsymbol{a}_A = \boldsymbol{a}_B$$

式中 $\boldsymbol{a}_A$、$\boldsymbol{a}_B$ 分別為 A、B 兩質點的加速度。這就證明了剛體平移時，其上各點在同一瞬時具有相同的速度和加速度。

由上述性質可知，剛體平移時，其上任一點的運動都可代表其它所有點的運動。因此，求解剛體平移的運動可以歸納為求剛體內一個點的運動，也就是歸納為第十一章已研究過的質點的運動學問題。

例 13-2.1

一橫木用兩條等長的鋼索平行吊起，如圖 13-2.4 所示。鋼索長為 l，長度單位為 cm。當橫木擺動時，鋼索的擺動規律為 $\varphi = \varphi_0 \sin \frac{\pi}{4}t$，其中 t 為時間，單位為 s；轉角 φ 的單位為 rad。試求當 $t = 0$ 和 $t = 2$ s 時，橫木的中點 M 的速度和加速度。

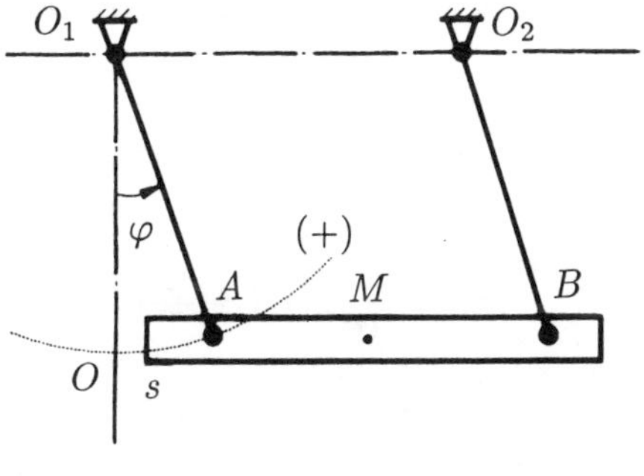

圖 13-2.4

解：

由於兩條鋼索 O_1A 和 O_2B 的長度相等，並且相互平行，橫木 AB 在運動中始終平行於直線 O_1O_2，故橫木作平移。

(1) 為求中點 M 的速度和加速度，只需求出點 A（或點 B）的速度和加速度即可。點 A 在圓弧上運動，圓弧的半徑為 l。如以最低

點 O 為弧座標原點，規定弧座標 s 向右為正（圖 13-2.4），則 A 點的運動方程式為

$$s = l\varphi_0 \sin\frac{\pi}{4}t \tag{a}$$

將 (a) 式對時間 t 求導數，得點 A 的速度

$$v = \frac{ds}{dt} = \frac{\pi}{4}l\varphi_0 \cos\frac{\pi}{4}t \tag{b}$$

對 (b) 式求導數，得切線加速度

$$a_\tau = \frac{dv}{dt} = -\frac{\pi^2}{16}l\varphi_0 \sin\frac{\pi}{4}t \tag{c}$$

點 A 的法線加速度為

$$a_n = \frac{v^2}{l} = \frac{\pi^2}{16}l\varphi_0^2 \cos^2\frac{\pi}{4}t \tag{d}$$

(2) 將 $t = 0$ 和 $t = 2$ 代入 (b)、(c) 及 (d) 式，就可求得這兩個瞬時點 A 的速度和加速度，亦即點 M 在這兩瞬時的速度和加速度。計算結果如下。

$$t = 0(\varphi = 0)\text{，}v = \frac{\pi}{4}\varphi_0 l\text{（水平向右）}\text{，}a_\tau = 0$$

$$a_n = \frac{\pi^2}{16}\varphi_0^2 l\text{（鉛垂向上）。}$$

$$t = 2(\varphi = \varphi_0)\text{，}v = 0\text{，}a_\tau = -\frac{\pi^2}{16}\varphi_0 l$$

$$a_n = 0$$

13-3 剛體繞定軸的旋轉

剛體平面運動時，若平面圖形內（或其延伸部）始終存在著固定不動的點 O，則剛體繞 O 點的運動稱為**繞固定軸 O 的旋轉** (Rotation about a fixed axis)，簡稱**轉動**。固定不動的點 O 稱為**轉軸**，簡

稱**軸**（圖 13-3.1）。繞定軸的旋轉是工程中最常見的一種運動，如電動機的轉子，機床中的膠帶輪、齒輪以及飛輪等的運動，都是定軸旋轉的實例。

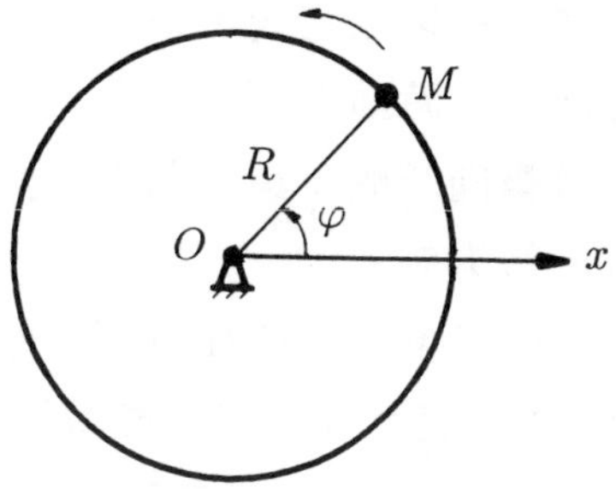

圖 13-3.1

1. 轉動方程式

剛體繞定軸 O 的旋轉運動，其位置可用方位角 φ 確定，角 φ 是平面圖形上任一徑向線段 OM 與固定方向軸線 Ox 的夾角（圖 13-3.1）。φ 稱為**轉角**，其單位為弳度 (rad)。φ 是代數量，其正負號的規定為：若從圖形的外向（或垂直圖形的轉軸 Oz 的正向）看，逆時針轉向為正，反之為負。當剛體轉動時，轉角 φ 是時間 t 的單值連續函數，以 $\varphi(t)$ 表示這一函數，則有

$$\varphi = \varphi(t) \tag{13-3.1}$$

(13-3.1) 式稱為剛體的**轉動方程式**(equations of rotation)，由它可唯一地確定剛體任一瞬時在空間的位置。

2. 角速度

為了量度剛體定軸旋轉的快慢和方向，需要建立**角速度**(angular

velocity) 的概念。我們定義：轉角對時間 t 的一階導數稱為剛體的 **瞬時角速度**，並用符號 ω 表示

$$\omega = \frac{d\varphi}{dt} = \dot{\varphi} \tag{13-3.2}$$

角速度仍是代數量。按以上定義，則 $\omega > 0$ 表示 $d\varphi > 0$，即該瞬時剛體朝 φ 的正轉向（逆時鐘方向）轉動；$\omega < 0$ 表示 $d\varphi < 0$，即該瞬時剛體朝 φ 的負轉向（順時鐘方向）轉動。可見，ω 的正負號表示了剛體的瞬時旋轉方向。

角速度 ω 的單位是弳度／秒 (rad/s)，常簡寫為 1/ 秒 (1/s) 。

工程中常採用每分鐘剛體轉過的圈數即轉速 (rpm) 或 (r/min) 來表示剛體轉動的快慢。若以 n 表示轉速 (rpm)，則轉速與角速度間有如下關係

$$\omega = \frac{2\pi n}{60} = \frac{\pi n}{30} \tag{13-3.3}$$

3. 角加速度

為了量度剛體角速度隨時間的變化快慢，引入**角加速度**(angular acceleration) 的概念。我們定義，角速度對時間 t 的一階導數，或轉角對時間 t 的二階導數稱為剛體的**角加速度**，並用符號 α 來表示。

$$\alpha = \frac{d\omega}{dt} = \frac{d^2\varphi}{dt^2} = \ddot{\varphi} \tag{13-3.4}$$

角加速度 α 也是代數量。

它的正、負號代表的意義應與 ω 的正、負號聯係起來看。即當 α 與 ω 同符號時剛體角速度的絕對值增大，剛體作加速轉動。反之，剛體作減速轉動。

角加速度的單位是弳度／秒 ^{2}(rad/s^2)，常簡寫為 1/ 秒 ^{2}(1/s^2)。

4. 等速和等加速轉動情況

當 $\omega = \dfrac{d\varphi}{dt}$ = 常數時，剛體的旋轉稱為**等速轉動**，這時轉角隨

時間變化的關係為

$$\varphi = \varphi_0 + \omega t \tag{13-3.5}$$

式中 φ_0 是 $t = 0$ 時的 φ 角值。

當 $\alpha = \dfrac{d\omega}{dt}$ = 常數時，剛體的旋轉稱為**等加速轉動**。與推導質點作等加速曲線運動公式的方法相仿，可得這時的運動公式如下：

$$\left.\begin{aligned} \omega &= \omega_0 + \alpha t \\ \varphi &= \varphi_0 + \varphi_0 t + \frac{1}{2}\alpha t^2 \\ \omega^2 - \omega_0^2 &= 2\alpha(\varphi - \varphi_0) \end{aligned}\right\} \tag{13-3.6}$$

式中 φ_0、ω_0 分別為 $t = 0$ 時的轉角與角速度。

例 13-3.1

已知馬達轉軸的轉動方程式為 $\varphi = 2t^2$（φ 的單位為 rad，t 的單位為 s）；求當 $t = 2$ s 時，轉軸的角速度和角加速度。

解：

(1) 因為轉動方程式已知為

$$\varphi = 2t^2$$

所以，根據公式即可求得任意瞬時轉軸的角速度和角加速度分別為

$$\omega = \frac{d\varphi}{dt} = 4t$$

$$\alpha = \frac{d\omega}{dt} = \frac{d^2\varphi}{dt^2} = 4$$

(2) 將 $t = 2$ s 代入得

$$\omega = 4t = 8 \text{ rad/s}$$

$$\alpha = 4 \text{ rad/s}^2 = \text{常數}$$

(3) 由於 ω 與 α 同號且為正，並且 $\alpha=$ 常數，故知轉軸按逆時針方向作等角加速轉動。

例 13-3.2

車床車細螺紋時，如果主軸的轉速 $n_0=300$ rpm，要求主軸在兩轉後立即停車，以便很快反轉，設停車過程是等角加速轉動，求主軸的角加速度。

解：

(1) 由題意已知 $\omega_0=\dfrac{\pi n_0}{30}=\dfrac{\pi\times 300}{30}=10\pi$ rad/s，$\omega=0$

(2) 主軸是等角加速轉動，可由等角加速轉動公式求未知量 α，有

$$\omega^2=\omega_0^2+2\alpha\varphi \text{（設 } \varphi_0=0\text{）}$$

將 ω_0、ω、φ 代入上式，得

$$0=(10\pi)^2+2\alpha\times 4\pi$$

故 $$\alpha=-\frac{100\pi^2}{8\pi}=-39.25 \text{ rad/s}^2$$

(3) 由所得結果 α 為負號，表示 α 的轉向與主軸轉動的方向相反，故為減角速度運動。

13-4 轉動剛體上各點的速度和加速度

剛體定軸旋轉時，除了轉軸外，剛體上各點都在自身平面內作圓周運動。圓心都在轉軸上，半徑等於各點到轉軸的距離。此半徑稱為 **轉動半徑**(radius of rotation)。由於各點的軌跡均為已知，故可利用弧座標法研究各點的運動。

如圖 13-4.1，在剛體上任取一點 M，設它的軌跡圓的半徑為 R，取剛體轉角 φ 為零時 M 點所在位置 M_0 為弧座標原點。並選定弧座標的正向與轉角 φ 的正向一致，則 M 點的運動方程式為

$$s = R\varphi$$

由此可得 M 點的切線速度

$$v = \frac{ds}{dt} = \frac{d}{dt}(R\varphi) = R\frac{d\varphi}{dt}$$

即　$v = R\omega$　(13-4.1)

上式表明，**轉動剛體上任一點的切線速度等於該點的轉動半徑與角速度的乘積**。由於 v 與 ω 具有相同的正負號，因此，速度 $\boldsymbol{v}$ 的方向沿著軌跡圓周的切線指向剛體轉動的一方。

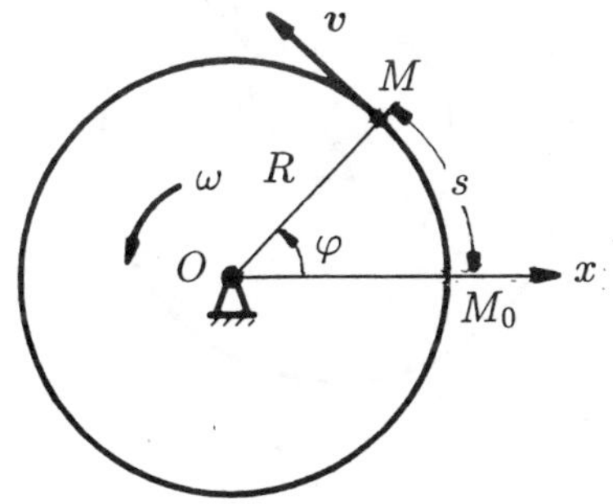

圖 13-4.1

由於轉動剛體上各點都作圓周運動，由質點的平面曲線運動可

知，點的加速度包括切線加速度和法線加速度兩部分，它們分別為

$$\left.\begin{aligned} a_\tau &= \frac{dv}{dt} = R\frac{d\omega}{dt} \\ &= R\alpha \\ a_n &= \frac{v^2}{\rho} = \frac{(R\omega)^2}{R} \\ &= R\omega^2 \end{aligned}\right\} \qquad (13\text{-}4.2)$$

即**轉動剛體上任意質點的切線加速度等於該點的轉動半徑和剛體角加速度的乘積，方向垂直於轉動半徑，指向與 α 的轉向一致；法線加速度等於該點轉動半徑與剛體角速度平方的乘積，方向指向圓心** O。如圖 13-4.2 所示。

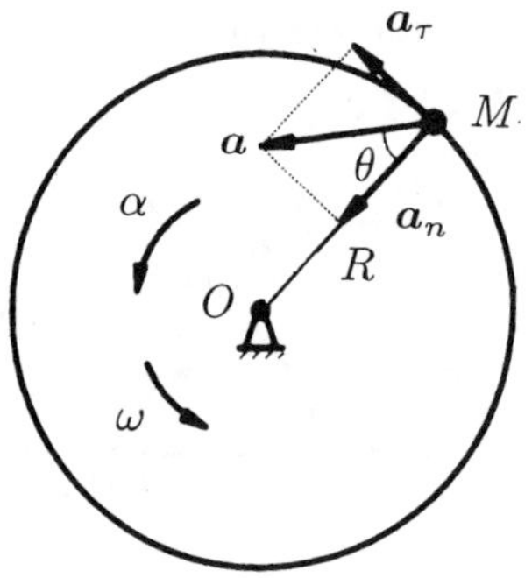

圖 13-4.2

於是，M 點的全加速度 $\boldsymbol{a}$ 的大小和方向為

$$\left.\begin{aligned} a &= \sqrt{a_\tau^2 + a_n^2} \\ &= R\sqrt{\alpha^2 + \omega^4} \\ \tan\theta &= \frac{|a_\tau|}{a_n} = \frac{|\alpha|}{\omega^2} \end{aligned}\right\} \qquad (13\text{-}4.3)$$

式中，θ 為全加速度與該點半徑之間的夾角。

綜上所述，可得轉動剛體上各點的速度與加速度分佈規律如下：

(1) 在任一瞬時，轉動剛體上各點的速度和加速度的大小都正比於其轉動半徑。

(2) 各點速度向量與其轉動半徑垂直。

(3) 各點的加速度向量與各自轉動半徑的夾角相等。

在圖 13-4.3 中，畫出了任一轉動半徑上各點的速度與加速度分佈圖形。

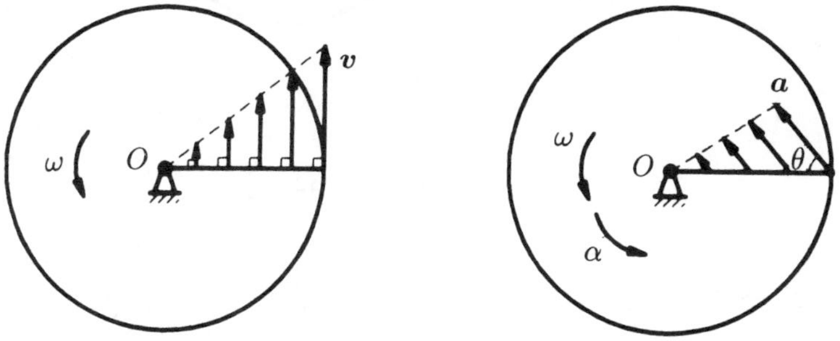

速度分佈
(a)

加速度分佈
(b)

圖 13-4.3

例 13-4.1

半徑 $R = 0.2$ m 的輪子，由繞於其上的繩索帶動可繞軸 O 轉動。輪子開始靜止。若繩子運動的加速度為 $2t$ m/s^2，其中 t 的單位為 s。試求輪子的角速度、角加速度和輪緣上一點的全加速度。

解：

(1) 輪子作定軸旋轉，輪緣上 M 點的軌跡為轉動半徑 $R = 0.2$ m 的圓周，故此 M 點同時具有切線和法線加速度，其切線加速度為繩子運動的加速度，即為

$$a_\tau = 2t \text{ m/s}^2$$

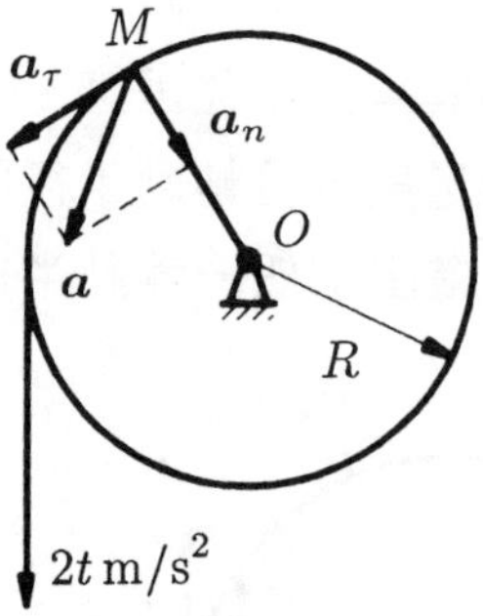

圖 13-4.4

(2) 輪子的角加速度，因為

$$a_\tau = R\alpha$$

$$\therefore \quad \alpha = \frac{a_\tau}{R} = \frac{2t}{0.2} = 10t \text{ rad/s}^2$$

(3) 輪子的角速度，由於

$$\frac{d\omega}{dt} = \alpha = 10t$$

$$\int_0^\omega d\omega = \int_0^t 10t dt$$

得 $\omega = 5t^2$ rad/s

(4) M 點的全加速度為

$$a = R\sqrt{\alpha^2 + \omega^4}$$

$$= 0.2\sqrt{100t^2 + 25t^4}$$

$$= t\sqrt{4 + t^2} \text{ m/s}^2$$

例 13-4.2

長為 l 的細桿 OA，繞 O 轉動，O 軸的正向垂直圖面向外（圖 13-4.5a）。已知其轉動方程式為 $\varphi = \varphi_0 \sin kt$。其中 φ_0 為 φ 的初始值，k 為常數，單位為 rad/s。試求在 $t_1 = \dfrac{\pi}{2k}$(s) 及 $t_2 = \dfrac{\pi}{k}$(s) 時，桿的端點 A 的速度和加速度。

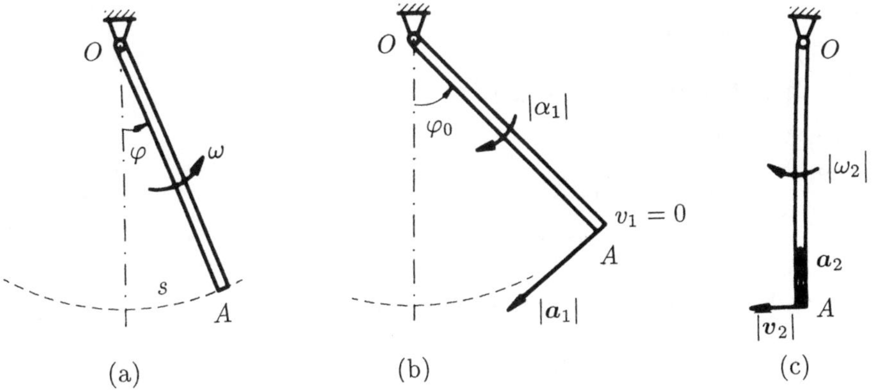

圖 13-4.5

解：

因已知桿的轉動方程式，故可由定義先求得桿的角速度和角加速度，再由轉動剛體上點的速度和加速度公式求 A 點的速度和加速度。

(1) 求 ω 和 α

$$\omega = \frac{d\varphi}{dt} = \varphi_o k \cos kt$$

$$\alpha = \frac{d\omega}{dt} = -\varphi_o k^2 \sin kt$$

代入 t_1、t_2 值於上面二式及轉動方程式中，則得對應於此二瞬時的 φ、ω、α 值分別為

$\varphi_1 = \varphi_0$ （圖 13-4.5b 所示桿位於右面極端位置）

$\varphi_2 = 0$ （圖 13-4.5c 所示桿位於鉛垂位置）

$\omega_1 = 0$

$\omega_2 = -k\varphi_0$

負號表示 ω_2 為順時針方向。

$$\alpha_1 = -k^2\varphi_0$$

$$\alpha_2 = 0$$

負號表示 α_1 為順時針方向。

(2) 求 $\boldsymbol{v}$、$\boldsymbol{a}$

$$v_1 = l\omega_1 = 0$$

$$v_2 = l\omega_2 = -lk\varphi_0$$

負號表示 $\boldsymbol{v}_2$ 沿軌跡切線指向弧座標負向。

$$a_{1\tau} = \ell\alpha_1 = -lk^2\varphi_0$$

$$a_{1n} = l\omega_1^2 = 0$$

$\therefore \boldsymbol{a}_1 = \boldsymbol{a}_{1\tau}$，方向如圖 13-4.5b。

$$a_{2\tau} = l\alpha_2 = 0$$

$$a_{2n} = l\omega_2^2 = lk^2\varphi_0^2$$

$\therefore \boldsymbol{a}_2 = \boldsymbol{a}_{2n}$，方向如圖 13-4.5c。

例 13-4.3

在圖 13-4.6a 所示刨床急回機構中，曲柄 OA 以等角速度 ω_0 繞 O 軸轉動，其轉動方程式為 $\varphi = \omega_0 t$，通過套筒 A 帶動搖桿 O_1B 繞 O_1 軸轉動。設 $OA = r$，$OO_1 = h = 2r$，$O_1B = l$，求當 $\varphi = 90^\circ$ 時 B 點的速度和加速度。

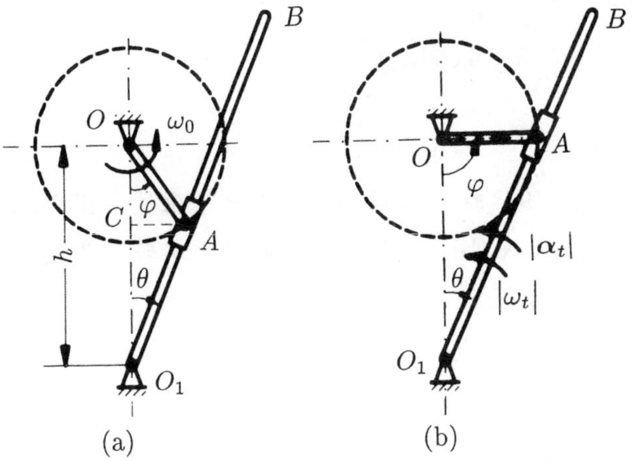

圖 13-4.6

解：

因搖桿 O_1B 繞固定軸轉動，故可先由幾何關係建立其轉動方程式，而後即可求得其角速度和角加速度以及 B 點的速度和加速度。

(1) 建立轉動方程式：搖桿 O_1B 在任意瞬時 t 的位置（圖 13-4.6a）可由其轉角 θ 確定。θ 由鉛垂固定直線 O_1O 計量，順時針方向為正（與角 φ 的正向相反）。由圖可見

$$O_1C = h - OC = 2r - r\cos\varphi$$

$$\tan\theta = \frac{AC}{O_1C} = \frac{r\sin\varphi}{2r - r\cos\varphi} = \frac{\sin\omega_0 t}{2 - \cos\omega_0 t}$$

由此即得搖桿的轉動方程式為

$$\theta = \tan^{-1}\left(\frac{\sin\omega_0 t}{2 - \cos\omega_0 t}\right) \tag{a}$$

(2) 求 ω、α：將 (a) 式對時間 t 求一階和二階導數，則得搖桿的角速度和角加速度分別為

$$\omega = \dot{\theta} = \frac{2\cos\omega_0 t - 1}{5 - 4\cos\omega_0 t}\omega_0 \tag{b}$$

$$\alpha = \dot{\omega} = \ddot{\theta} = -\frac{6\sin\omega_0 t}{(5 - 4\cos\omega_0 t)^2}\omega_0^2 \tag{c}$$

當 $\varphi = \omega_0 t = 90^\circ$ 時，曲柄 OA 位於水平位置（圖 13-4.6b）。把這時的 φ 值代入 (b)、(c) 兩式，則得比瞬時搖桿的角速度和角加速度分別為

$$\omega_t = -\frac{1}{5}\omega_0$$

$$\alpha_t = -\frac{6}{25}\omega_0^2$$

負號表示 ω_t 與 α_t 的轉向均與 θ 角轉向相同，即為逆時針方向。因此，這瞬時搖桿作加速轉動。

(3) 求 $\boldsymbol{v}$、$\boldsymbol{a}$

$$v = l\omega_t = -\frac{1}{5}l\omega_0$$

負號表示 $\boldsymbol{v}$ 沿軌跡圓周的切線指向 ω_t 轉向的一邊。

$$a_\tau = l\alpha_t = -\frac{6}{25}l\omega_0^2$$

負號表示 $\boldsymbol{a}_\tau$ 沿軌跡圓周的切線指向 α_t 轉向的一邊。

$$a_n = l\omega_t^2 = \frac{1}{25}l\omega_0^2$$

$\boldsymbol{a}_n$ 的方向沿 BO_1 直線指向 O_1 點。

故得 $\boldsymbol{a}$ 的大小和方向角 β 為

$$a = \sqrt{a_\tau^2 + a_n^2} = \frac{\sqrt{37}}{25}l\omega_0^2$$

$$\tan\beta = \frac{|a_\tau|}{a_n} = 6$$

$$\beta = 80.54^\circ$$

例 13-4.4

圖 13-4.7a、b 分別表示一對外嚙合和內嚙合的圓柱齒輪。已知齒輪 I 的角速度為 ω_1，試求齒輪 II 的角速度 ω_2。齒輪 I 和 II 的節圓半徑分別為 R_1 和 R_2，齒數分別為 Z_1 和 Z_2。

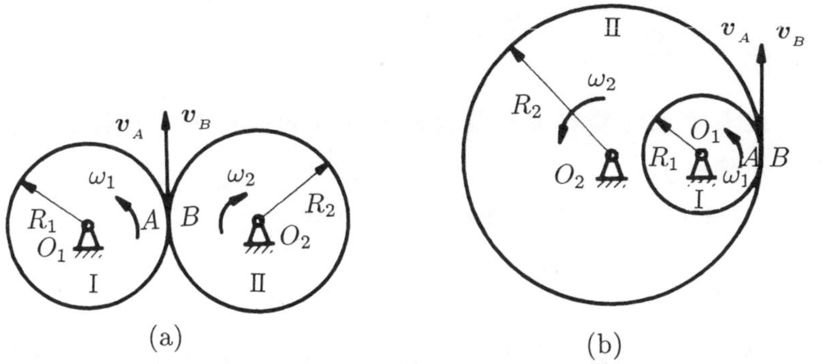

圖 13-4.7

解：

齒輪的嚙合可以看作兩節圓之間的嚙合。設 A、B 分別是齒輪 I、II 節圓上相嚙合的點。因為它們之間無相對滑動，所以，這兩點應有相同的速度。即

$$\boldsymbol{v}_A = \boldsymbol{v}_B$$

因此，兩點的速度大小相等，即

$$|\boldsymbol{v}_A| = |\boldsymbol{v}_B|$$

$$R_1|\omega_1| = R_2|\omega_2|$$

故得 $$\frac{|\omega_1|}{|\omega_2|} = \frac{R_2}{R_1}$$

由於齒數與節圓半徑成正比，上面結果又可寫成

$$\frac{|\omega_1|}{|\omega_2|}=\frac{R_2}{R_1}=\frac{Z_2}{Z_1} \tag{a}$$

這說明兩齒輪的角速度的大小與其節圓半徑或齒數成反比。這個比值，即主動輪與從動輪角速度之比 $\frac{|\omega_1|}{|\omega_2|}$ 稱為定軸輪系的傳動比，常用 i_{12} 表之。考慮到角速度的轉向，工程中將傳動比常表示為

$$i_{12}=\pm\frac{\omega_1}{\omega_2} \tag{b}$$

式中正號表示主動輪與從動輪轉向相同（內嚙合），負號表示轉向相反（外嚙合）。

把 (a) 式代入 (b) 式，傳動比的公式還可寫為

$$i_{12}=\pm\frac{\omega_1}{\omega_2}=\pm\frac{R_2}{R_1}=\pm\frac{Z_2}{Z_1} \tag{c}$$

(c) 式不僅適於用圓柱齒輪傳動，也可用於圓錐齒輪傳動、摩擦傳動、鏈輪傳動和皮帶輪傳動等。

例 13-4.5

減速箱由四個齒輪構成，如圖 13-4.8 所示。齒輪Ⅱ和Ⅲ安裝在同一軸上，與軸一起轉動。各齒輪的齒數分別為 $Z_1=36$，$Z_2=112$，$Z_3=32$ 和 $Z_4=128$。如主動軸的轉速 $n_1=1450$ rpm，試求從動輪Ⅳ的轉速 n_4。

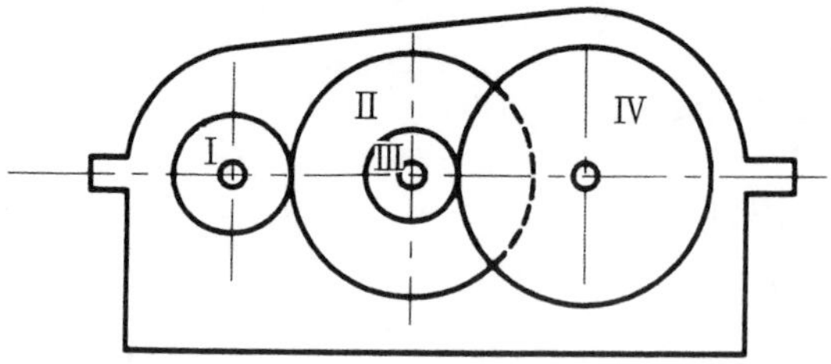

圖 13-4.8

解：

用 n_1、n_2、n_3 及 n_4 分別表示各齒輪的轉速，我們有

$$n_2 = n_3$$

應用外嚙合齒輪的傳動比公式，得

$$i_{12} = -\frac{n_1}{n_2} = -\frac{Z_2}{Z_1}$$

$$i_{34} = -\frac{n_3}{n_4} = -\frac{Z_4}{Z_3}$$

將兩式相乘，得

$$\frac{n_1 n_3}{n_2 n_4} = \frac{Z_2}{Z_1} \cdot \frac{Z_4}{Z_3}$$

代入數值後，得

$$i_{14} = \frac{112 \times 128}{36 \times 32} = 12.4$$

計算得到的傳動比是正值，說明從動輪Ⅳ和主動輪Ⅰ的轉向相同。

最後，求得從動輪Ⅳ的轉速為

$$n_4 = \frac{n_1}{i_{14}} = \frac{1450}{12.4} = 117 \text{ rpm}$$

13-5 以向量表示角速度和角加速度，以向量積表示點的速度和加速度

1. 角速度向量和角加速度向量

剛體繞定軸轉動的角速度可以用向量表示。角速度向量 $\boldsymbol{\omega}$ 的大小等於角速度的絕對值，即

$$|\boldsymbol{\omega}| = |\omega| = \left|\frac{d\varphi}{dt}\right| \tag{13-5.1}$$

其中 φ 代表剛體對定軸之轉角，為時間之函數。而角速度向量 $\boldsymbol{\omega}$ 沿軸線，它的指向表示剛體轉動的方向；如果從向量的末端向始端看，則看到剛體作逆時針方向的轉動，如圖 13-5.1a 所示；或由右手螺旋定則確定：即右手的四指代表轉動的方向，姆指代表角速度向量 $\boldsymbol{\omega}$ 的指向，如圖 13-5.1b 所示。至於角速度向量的起點，可在軸線上任意選取，也就是說，角速度向量是滑動向量。

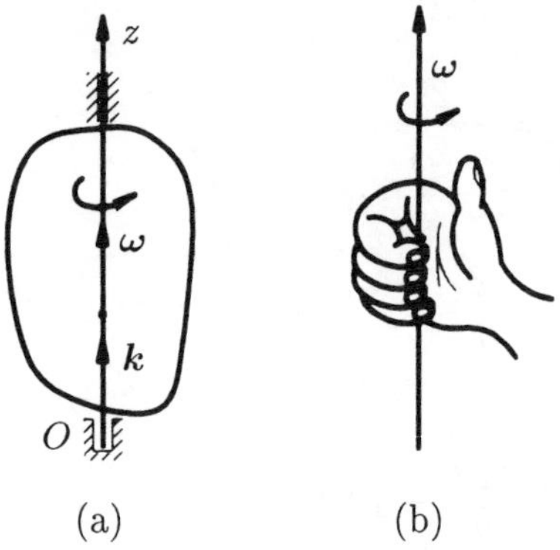

圖 13-5.1

如取轉軸為 z 軸，以 $\boldsymbol{k}$ 表示轉軸正向的單位向量（圖 13-5.1a），則 $\boldsymbol{\omega}$ 向量可表示為

$$\boldsymbol{\omega} = \omega \boldsymbol{k} \tag{13-5.2}$$

式中 ω 是角速度的代數量，它等於 $\dfrac{d\varphi}{dt}$ 。

同樣，剛體繞定軸轉動的角加速度也可用沿軸線的滑動向量表示為

$$\boldsymbol{\alpha} = \alpha \boldsymbol{k} \tag{13-5.3}$$

其中 α 是角加速度的代數值，它等於 $\dfrac{d\omega}{dt}$ 或 $\dfrac{d^2\varphi}{dt^2}$。於是

$$\boldsymbol{\alpha} = \frac{d\omega}{dt}\boldsymbol{k} = \frac{d}{dt}(\omega \boldsymbol{k})$$

或　　$$\boldsymbol{\alpha} = \frac{d\boldsymbol{\omega}}{dt} \qquad (13\text{-}5.4)$$

即**角加速度向量等於角速度向量對時間的一階導數**。

2. 以向量積表示點的速度和加速度

如圖 13-5.2 所示，以 $\boldsymbol{r}$ 表示轉動剛體上任一點 M 對轉軸上某定點 O 的向徑，以 $\boldsymbol{\omega}$ 表示此瞬時剛體的角速度向量，則此時 M 點的速度 $\boldsymbol{v}$ 可表示為

$$\boldsymbol{v} = \boldsymbol{\omega} \times \boldsymbol{r} \qquad (13\text{-}5.5)$$

理由是：向量積 $\boldsymbol{\omega} \times \boldsymbol{r}$ 的大小與 M 點的速度 $\boldsymbol{v}$ 的大小相等，即

$$|\boldsymbol{\omega} \times \boldsymbol{r}| = |\boldsymbol{\omega}| \cdot |\boldsymbol{r}| \sin\theta = |\boldsymbol{\omega}| \cdot R = |\boldsymbol{v}|$$

而向量積 $\boldsymbol{\omega} \times \boldsymbol{r}$ 方向由右手螺旋規則決定，恰與 $\boldsymbol{v}$ 的方向相同。於是得到結論：**定軸旋轉剛體上任一點的速度等於剛體的角速度向量與該點向徑的向量積**。

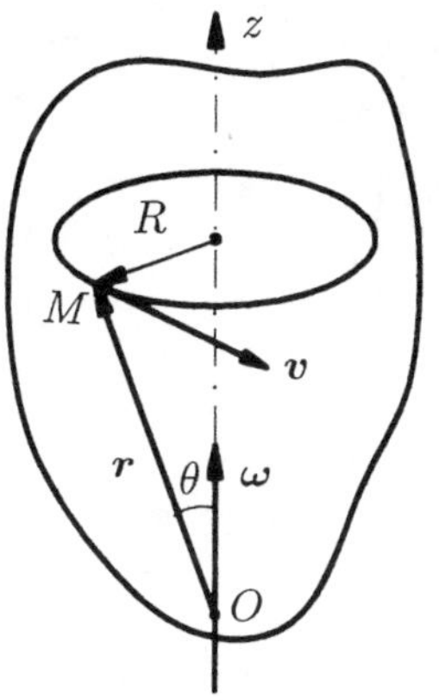

圖 13-5.2

把 (13-5.5) 式對時間求導數，則得 M 點的加速度

$$\boldsymbol{a} = \frac{d\boldsymbol{v}}{dt} = \frac{d}{dt}(\boldsymbol{\omega} \times \boldsymbol{r})$$

$$= \frac{d\boldsymbol{\omega}}{dt} \times \boldsymbol{r} + \boldsymbol{\omega} \times \frac{d\boldsymbol{r}}{dt}$$

但 $\frac{d\boldsymbol{\omega}}{dt} = \boldsymbol{\alpha}$，$\frac{d\boldsymbol{r}}{dt} = \boldsymbol{v}$

故得 $\boldsymbol{a} = \boldsymbol{\alpha} \times \boldsymbol{r} + \boldsymbol{\omega} \times \boldsymbol{v}$ (13-5.6)

(13-5.6) 式右端第一項，表示點的切線加速度 $\boldsymbol{a}_\tau$

$$\boldsymbol{a}_\tau = \boldsymbol{\alpha} \times \boldsymbol{r} \tag{13-5.7}$$

因為由圖 13-5.3a 可以看出 $\boldsymbol{\alpha} \times \boldsymbol{r}$ 的大小與 $\boldsymbol{a}_\tau$ 的大小相等，即

$$|\boldsymbol{\alpha} \times \boldsymbol{r}| = |\alpha| \cdot |\boldsymbol{r}| \sin\theta = |\alpha| \cdot R = |\boldsymbol{a}_\tau|$$

而 $\boldsymbol{\alpha} \times \boldsymbol{r}$ 的方向與 $\boldsymbol{a}_\tau$ 的方向相同。

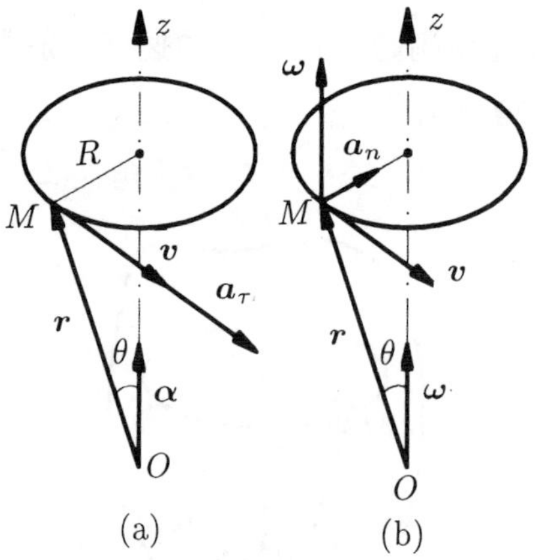

圖 13-5.3

(13-5.6) 式右端第二項表示點的法向加速度 $\boldsymbol{a}_n$

$$\boldsymbol{a}_n = \boldsymbol{\omega} \times \boldsymbol{v} \tag{13-5.8}$$

因為由圖 13-5.3b 可以看出 $\boldsymbol{\omega} \times \boldsymbol{v}$ 的大小與 $\boldsymbol{a}_n$ 的大小相等，即

$$|\boldsymbol{\omega} \times \boldsymbol{v}| = |\boldsymbol{\omega}| \cdot |\boldsymbol{v}| \sin 90^\circ$$

$$= |\boldsymbol{\omega}| \cdot R|\boldsymbol{\omega}| = R\omega^2$$

而 $\boldsymbol{\omega} \times \boldsymbol{v}$ 的方向與 $\boldsymbol{a}_n$ 的方向相同。

於是得到結論：**定軸轉動剛體上點的切線加速度等於剛體的角加速度向量與該點向徑的向量積；點的法線加速度等於剛體的角速度向量與該點的速度的向量積。**

13-6 剛體的一般平面運動

1. 平面運動的角位移

剛體平面運動時，平面內任意直線 AB 的方位隨之而改變。如圖 13-6.1 所示，設 t 瞬時平面 S 位於位置 I，AB 直線的方位角為 φ；在 $t+\Delta t$ 瞬時，平面 S 運動至位置 II，AB 直線隨之運動到 $A'B'$ 位置，其方位角變為 φ'。過 A' 點作直線 $A'B_1$ 平行於 AB，則 $A'B_1$ 與固定方向線的夾角等於 φ。於是可得方位角在 Δt 時間間隔內的增量 $\Delta\varphi$ 為

$$\Delta\varphi = \varphi' - \varphi$$

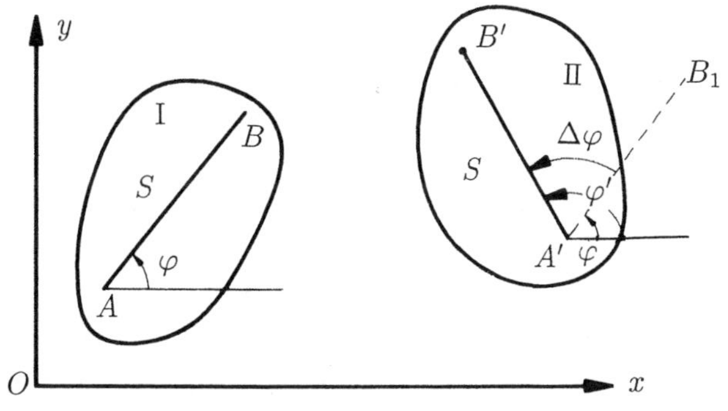

圖 13-6.1

$\Delta\varphi$稱為 AB 直線或平面運動剛體在 Δt 時間內的**角位移**(angular displacement)。

下面再討論剛體平面運動時平面圖形上任意兩直線角位移之間的關係。

為了便於作圖比較且不失一般性，將平面圖形畫成矩形 $ABCD$，其上任意的的二直線線段為 AB 和 CD（圖 13-6.2）。設在 t 瞬時，圖形位於位置 I ，經過 Δt 時間間隔至 $t+\Delta t$ 瞬時，圖形運動至位置 II， AB 和 CD 直線隨之運動至位置 $A'B'$ 和 $C'D'$。分別延長 AB、 $A'B'$，設交於 E 點，延長 CD、$C'D'$ ，設交於 F 點。顯然 $\Delta\varphi_1$、$\Delta\varphi_2$ 分別為 AB 和 CD 直線在 Δt 時間內的角位移。容易證明， $\Delta\varphi_1=\Delta\varphi_2$。因為在 ΔEOG 與 $\Delta FO'G$ 中， $\angle EGO=\angle FGO'$ ， $\angle EOG=\angle FO'G$，故 $\Delta\varphi_1=\Delta\varphi_2$ 。即**平面圖形上任意直線的角位移均相等**。因此，**圖形上任一直線的角位移稱為剛體平面運動的角位移**。

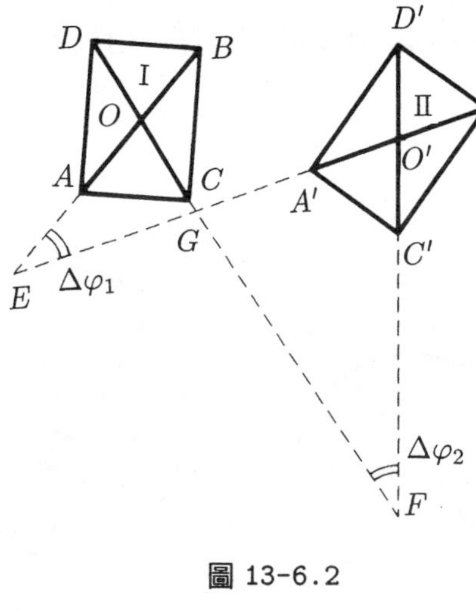

圖 13-6.2

2. 平面運動的角速度和角加速度

平面圖形上任意直線在圖形運動過程中其方位角 φ 對時間 t 的變化率稱為**平面運動剛體的角速度**，以 ω 表之，則

$$\omega = \lim_{\Delta t \to 0} \frac{\Delta\varphi}{\Delta t} = \frac{d\varphi}{dt} = \dot{\varphi} \tag{13-6.1}$$

平面運動剛體的角速度 ω 對時間 t 的變化率稱為**平面運動剛體的角加速度**，以 α 表之，則

$$\alpha = \frac{d\omega}{dt} = \frac{d^2\varphi}{dt^2} \tag{13-6.2}$$

角速度 ω 和角加速度 α 是表示剛體方位變化狀態的物理量，其單位分別是 rad/s 和 $\mathrm{rad/s^2}$。

3. 剛體平面運動的位移定理

定理：剛體在任意有限的 Δt 時間內的位移，可分解為一直線平移及繞平面內某一固定軸旋轉來達成。

證明：(1)當剛體在 Δt 時間內 $\Delta\varphi = 0$ 時，由於剛體上任一直線的方位角沒有改變，故剛體上任意點的位移向量必相等，故該位移以平移來實現。

(2)當剛體在 Δt 時間內 $\Delta\varphi \neq 0$ 時，設平面上的任一確定直線 AB 由原來位置運動至 $A'B'$ 位置如圖 13-6.3 所示，分別作連線 AA' 和 BB' 的垂直平分線，並交於 C 點。不難證明：ΔABC 與 $\Delta A'B'C$ 全等，這是因為 $AB = A'B'$，$CA = CA'$，$CB = CB'$。於是，只需將 ΔABC 繞 C 點旋轉一個角 $\angle ACA'$，則與 $\Delta A'B'C$ 完全重合。把 ΔABC 視為與平面圖形 S 連結成一體，並根據平面圖形上任意直線的角位移相等的性質，不難得到結論：平面圖形只需隨同 ΔABC 繞平面上 C 點轉過角 $\angle ACA' = \Delta\varphi$（亦即圖形的角位移），即實現了圖形在 Δt 時間的位移。

由 (1) 和 (2)，原定理得證。

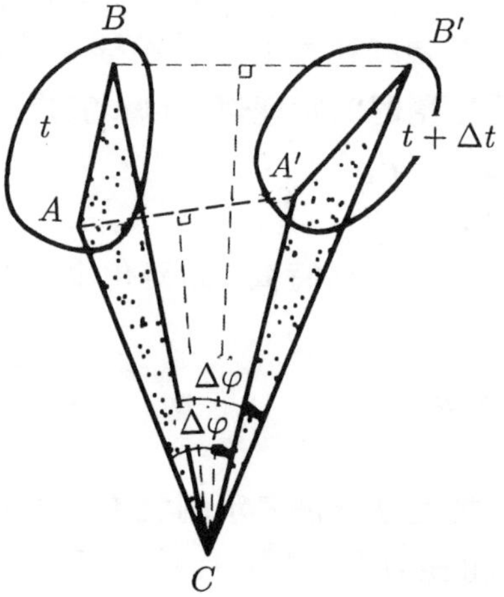

圖 13-6.3

13-7 平面運動剛體上點的速度分佈與速度瞬心

位移定理所述平面圖形由一個位置到另一位置的運動過程，顯然不是實際的真實運動過程。但是，當 $\Delta t \longrightarrow 0$ 時，則上述運動真實地描述了剛體在 t 瞬時的真實運動。因此，

(1) 當 $\Delta t \longrightarrow 0$ 時，如 $\omega = \dfrac{d\varphi}{dt} = \lim\limits_{\Delta t \to 0} \dfrac{\Delta\varphi}{\Delta t} = 0$，則剛體的瞬時位移為一微小平移位移，其上任意兩點的位移必相等，如圖 13-7.1 所示，有

$$d\boldsymbol{r}_A = d\boldsymbol{r}_B$$

兩端同除以 dt，即得

$$\boldsymbol{v}_A = \boldsymbol{v}_B \tag{13-7.1}$$

剛體在此瞬時的運動稱為**瞬時平移運動**，或簡稱**瞬時平移**，亦稱**瞬時平動**。

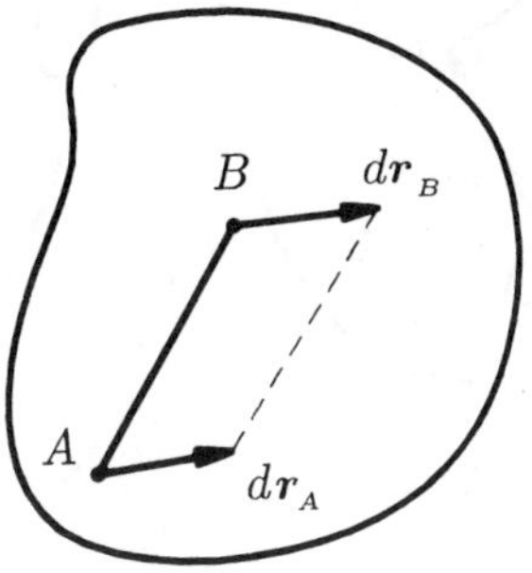

圖 13-7.1

(2) 當 $\Delta t \longrightarrow 0$ 時，如 $\omega = \dfrac{d\varphi}{dt} = \lim\limits_{\Delta t \to 0} \dfrac{\Delta\varphi}{\Delta t} \neq 0$ ，則剛體的瞬時位移，可視為繞平面上某一確定的點 P 轉過一微小轉角 $d\varphi$，如圖 13-7.2a 所示。如定義微小轉角為向量（與定義角速度向量類似）$\boldsymbol{d\varphi}$ ，顯然由圖可得，圖形上任一點 M 的微小位移可表為

$$d\boldsymbol{r}_M = \boldsymbol{d\varphi} \times \overrightarrow{PM}$$

兩端除以 dt，即得 M 點的速度

$$\boldsymbol{v}_M = \frac{\boldsymbol{d\varphi}}{dt} \times \overrightarrow{PM} = \boldsymbol{\omega} \times \overrightarrow{PM} \tag{13-7.2}$$

其中 $\dfrac{\boldsymbol{d\varphi}}{dt} = \boldsymbol{\omega}$ 即為平面圖形在該瞬時的角速度向量。

圖 13-7.2b 表出了剛體繞 P 作瞬時轉動時，任意兩條過轉軸 P 的直線上各點之速度分佈情況。顯然，瞬時轉動時，圖形上 P 點的位移為零，亦即速度為零。平面圖形上速度為零的點稱為**瞬時速度中心**(instantaneous center of velocity)，簡稱**速度瞬心**。

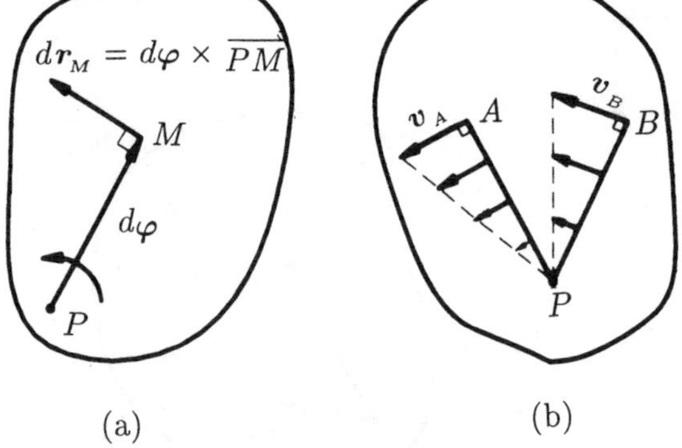

圖 13-7.2

綜上所述，平面運動剛體的瞬時運動，必為瞬時平移，或是以角速度 ω 繞其瞬時速度中心 P 的瞬時轉動。後者，圖形上各點的速度為以角速度 ω 繞瞬時速度中心作轉動時所具有的速度，即由 (13-7.2) 式所決定。先判斷剛體是瞬時平移，還是瞬時轉動，如是瞬時轉動，就找出其瞬時速度中心的位置，最後即可分析圖形上各點的速度分佈情況。用這種分析圖形上各點速度的方法稱為 **瞬心法** (Method of instantaneaus center of velocity)。

(1) 如果已知圖形上兩點的速度，如圖 13-7.3 和圖 13-7.4 所示，則圖形只可能瞬時平移，此時必有：

$$\omega = 0$$

此時也可視為瞬時速度中心位於無窮遠處。

(2) 如果已知圖形上兩點的速度方向如圖 13-7.2b 所示，則過兩點垂直於速度方向的二直線之交點即為圖形的瞬時速度中心，即圖形為瞬時轉動。

(3) 如果已知圖形上兩點的速度之大小和方向如圖 13-7.5 和 13-7.6 所示，則圖形的瞬時運動為瞬時轉動，其速度瞬心為連結兩速度的向量末端的直線與兩點連線的交點，如圖所示。

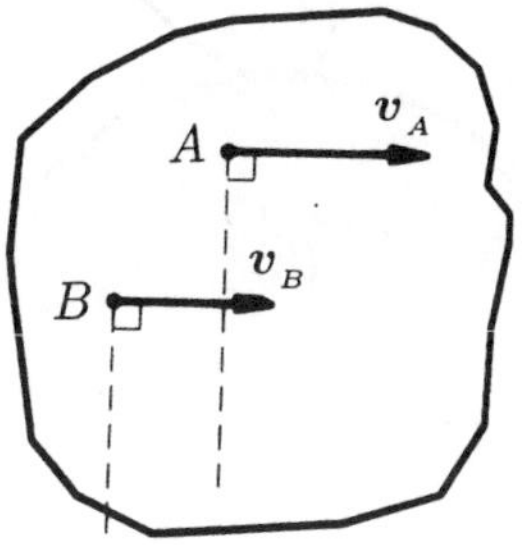

圖 13-7.3　瞬時平移

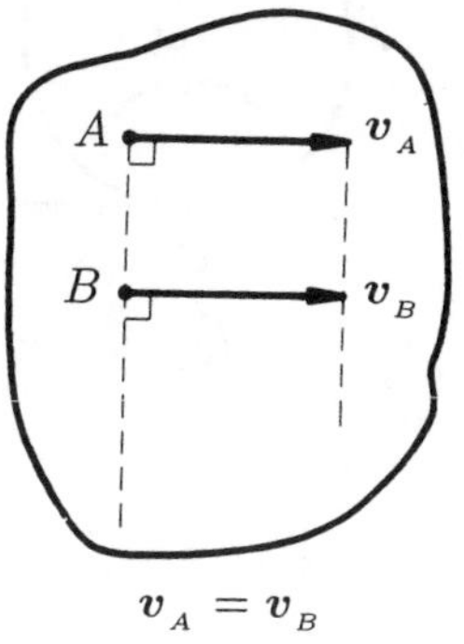

圖 13-7.4　瞬時平移

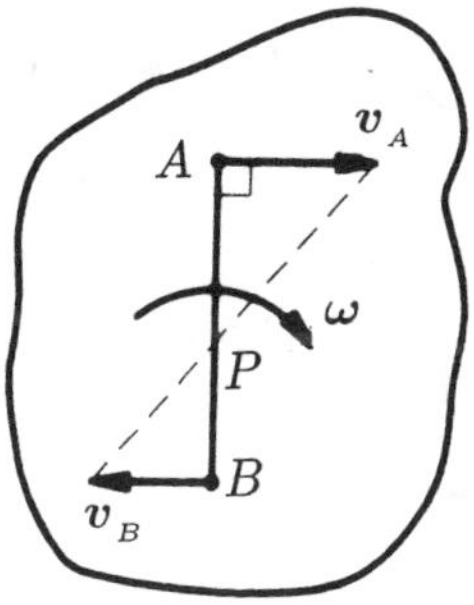

圖 13-7.5　瞬時轉動

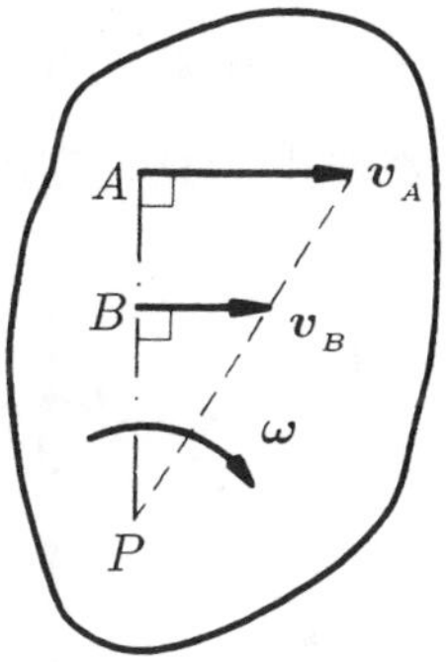

圖 13-7.6　瞬時轉動

(4) 當圖形在固定面上作無滑滾動（或稱純滾動）時，由於圖形與固定面的接觸點之間無相對滑動，故速度相同，且等於零，所以圖形上的這個接觸點即為瞬時速度中心，如圖 13-7.7 所示。

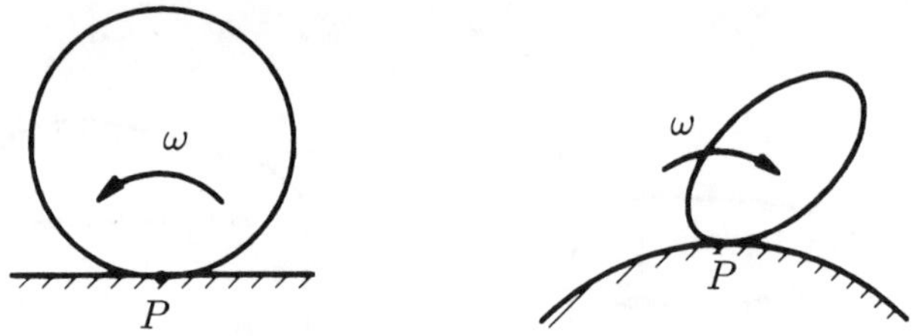

(a) (b)

圖 13-7.7

下面舉例說明，瞬心法的具體應用。

例 13-7.1

長為 l 的細桿 AB 兩端分別沿鉛垂和水平軌道滑動（圖 13-7.8）。在圖示位置瞬時已知 A 點的速度為 $\boldsymbol{v}_A$，AB 與水平線交角為 α。求此時 B 點和 AB 桿中點 M 的速度。

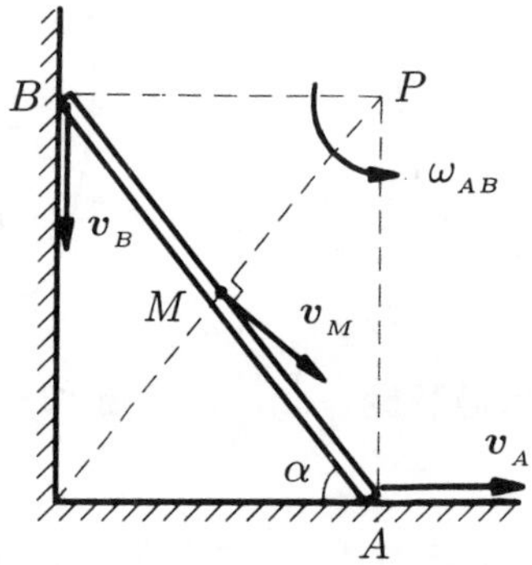

圖 13-7.8

解：

AB 桿作一般平面運動，因已知 A、B 兩點速度的方位，故過 A、B 點分別作兩點速度方位的垂線，其交點 P 即為此瞬時 AB 的速度瞬心，AB 桿上各點的速度應等於它們繞速度瞬心轉動的速度，於是可得

$$v_A = AP \cdot \omega_{AB}$$

其中 ω_{AB} 為 AB 桿在此瞬時的角速度。由上式可得

$$\omega_{AB} = \frac{v_A}{AP} = \frac{v_A}{l\sin\alpha}$$

其轉向由 $\boldsymbol{v}_A$ 的方向決定（如圖，為逆時針方向）。

$$v_B = BP \cdot \omega_{AB} = l\cos\alpha \frac{v_A}{l\sin\alpha} = v_A \cot\alpha$$

$\boldsymbol{v}_B \perp BP$，指向由 ω_{AB} 轉向決定（如圖）。

$$v_M = MP \cdot \omega_{AB} = \frac{l}{2} \cdot \frac{v_A}{l\sin\alpha} = \frac{v_A}{2\sin\alpha}$$

$\boldsymbol{v}_M \perp MP$，指向由 ω_{AB} 轉向決定（如圖）。

例 13-7.2

在曲柄連桿機構中，曲柄 OA 長為 r，連桿 AB 長 $l = \sqrt{3}r$（圖 13-7.9a）。曲柄作等角速度轉動，角速度為 ω_0。求曲柄與水平線夾角 θ 為 $0°$、$60°$、$90°$ 各瞬時滑塊 B 的速度及 AB 桿的角速度。

解：

機構構件的運動分析：曲柄作定軸旋轉，連桿作一般平面運動，滑塊作平移。

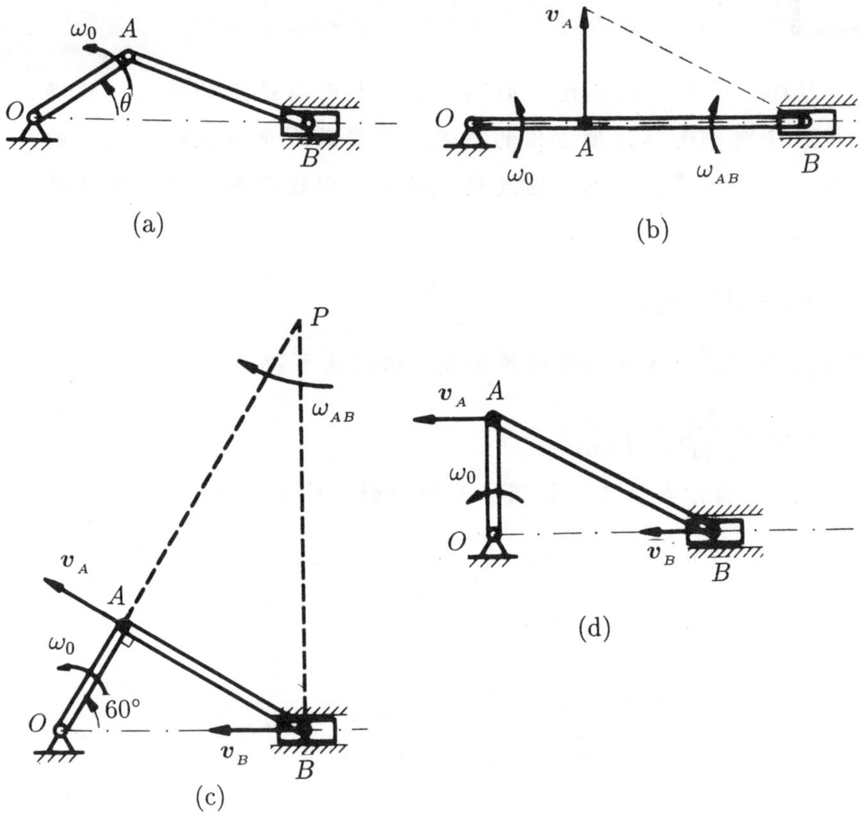

圖 13-7.9

構件上點的速度分析：OA桿與AB桿在A點具有共同速度，由OA桿可確定A點的速度大小為$v_A = r\omega_0$，方向垂直於OA指向ω_0轉動方向一邊。AB桿與滑塊B在B點具有共同速度，由滑塊的運動可確定B點速度$\boldsymbol{v}_B$的方向沿水平。因此，可通過A、B點分別作$\boldsymbol{v}_A$、$\boldsymbol{v}_B$的垂線確定AB桿在各瞬時速度瞬心的位置，從而可求得對應於各瞬時AB桿的角速度和滑塊B的速度。

(1) 當$\theta = 0°$時，機構處於圖 13-7.9b位置。B點就是此瞬時AB桿的速度瞬心，故得

$$v_B = 0$$

因 AB 桿上各點速度等於繞速度瞬心 B 點轉動的速度，故得 AB 桿此瞬時的角速度 ω_{AB} 為

$$\omega_{AB} = \frac{\boldsymbol{v}_A}{AB} = \frac{r\omega_0}{\sqrt{3}r} = \frac{\sqrt{3}}{3}\omega_0$$

轉向由 $\boldsymbol{v}_A$ 的指向確定如圖，為順鐘向。

(2) 當 $\theta = 60°$ 時，機構處於圖 13-7.9c 位置，速度瞬心在 P 點。AB 桿上各點速度等於繞 P 點轉動的速度。故得

$$v_A = AP \cdot \omega_{AB}$$

因而有

$$\omega_{AB} = \frac{v_A}{AP} = \frac{r\omega_0}{3r} = \frac{1}{3}\omega_0$$

ω_{AB} 的轉向由 $\boldsymbol{v}_A$ 的指向確定如圖，為順時鐘方向。

$$v_B = BP \cdot \omega_{AB} = 2\sqrt{3}r \cdot \frac{1}{3}\omega_0 = \frac{2\sqrt{3}}{3}r\omega_0$$

$\boldsymbol{v}_B \perp BP$，指向由 ω_{AB} 確定如圖。

(3) 當 $\theta = 90°$，機構於圖 13-7.9d 位置。這時桿 AB 的速度瞬心位於無窮遠處，AB 桿作瞬時平移，故得

$$\omega_{AB} = 0$$

$$v_B = v_A = r\omega_0$$

$\boldsymbol{v}_B$ 指向同 $\boldsymbol{v}_A$

可見機構在不同瞬時位置，AB 桿具有不同的速度瞬心和角速度。

例 13-7.3

如圖 13-7.10 所示，節圓半徑為 r 的行星齒輪由曲柄 OA 帶動，在節圓半徑為 R 的固定齒輪上作無滑動的滾動。已知曲柄 OA 以等

角速度 ω_0 繞固定軸 O 轉動。求在圖示位置時，行星輪的角速度和輪緣上 M_1、M_2 點的速度。圖中 $M_1A \perp M_2A$。

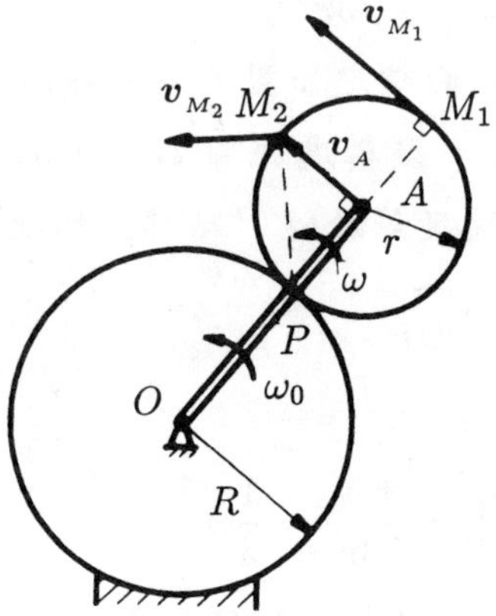

圖 13-7.10

解：

構件的運動分析：曲柄 OA 作定軸轉動，行星齒輪作一般平面運動。

構件的速度分析：行星齒輪與曲柄在 A 點有共同速度。由曲柄 OA 可求得 A 點的速度 $\boldsymbol{v}_A$

$$v_A = OA \cdot \omega_0 = (R+r)\omega_0$$

方向垂直於 OA 指向如圖示。

行星輪在固定輪上作純滾動，其接觸點 P 即此瞬時行星輪的速度瞬心。輪上各點的速度等於繞 P 點轉動的速度。故有

$$v_A = AP \cdot \omega$$

從而求得行星輪的角速度ω的大小為

$$\omega = \frac{v_A}{AP} = \frac{(R+r)}{r}\omega_0$$

ω的轉向由$\boldsymbol{v}_A$的指向決定如圖示。

於是可得M_1、M_2點的速度大小分別為

$$v_{M1} = M_1P \cdot \omega = 2r \cdot \frac{(R+r)\omega_0}{r} = 2(R+r)\omega_0$$

$$v_{M2} = M_2P \cdot \omega = \sqrt{2}r \cdot \frac{(R+r)\omega_0}{r} = \sqrt{2}(R+r)\omega_0$$

$\boldsymbol{v}_{M1} \perp M_1P$，$\boldsymbol{v}_{M2} \perp M_2P$，指向如圖示。

例 13-7.4

在圖 13-7.11 所示機構中，曲柄OA以角速度ω_0作順時鐘方向轉動。設$OA = AB = r$，在圖示瞬時，O、B、D，在同一鉛垂線上，試求此瞬時B、D點的速度。

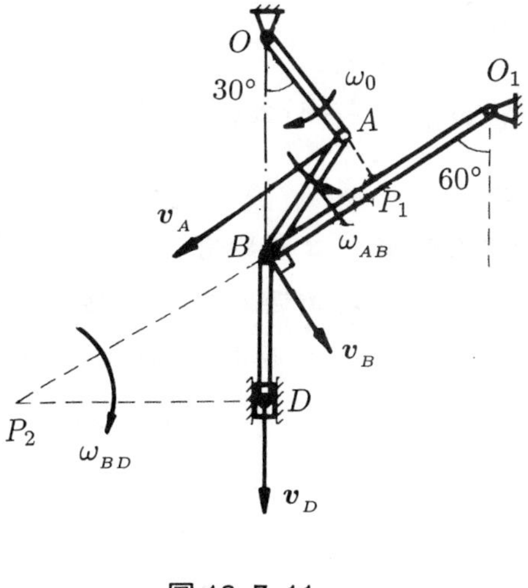

圖 13-7.11

解：

運動分析：OA、O_1B桿作定軸轉動，AB、BD作一般平面運動，滑塊D作平移。

速度分析：OA桿和AB桿在A點具有共同速度，由OA桿可求得A點的速度$v_A = r\omega_0$，方向如圖。AB、BD、BO_1三桿在B點具有共同速度，由BO_1桿可確定$\boldsymbol{v}_B$的方向應垂直於BO_1。於是由A和B分別作$\boldsymbol{v}_A$、$\boldsymbol{v}_B$的垂線，其交點P_1就是AB桿的速度瞬心。由圖可得距離

$$AP_1 = AB\sin 30° = \frac{1}{2}r$$

$$BP_1 = AB\cos 30° = \frac{\sqrt{3}}{2}r$$

AB桿的角速度ω_{AB}的大小為

$$\omega_{AB} = \frac{v_A}{AP_1} = \frac{r\omega_0}{\frac{1}{2}r} = 2\omega_0$$

ω_{AB}的轉向如圖示。

$\boldsymbol{v}_B$的大小為

$$v_B = BP_1 \cdot \omega_{AB} = \frac{\sqrt{3}}{2}r \cdot 2\omega_0 = \sqrt{3}r\omega_0$$

$\boldsymbol{v}_B$的方向如圖示。

BD桿和滑塊在鉸鏈中心D點有共同速度，由滑塊平移可確定D的速度方位沿鉛垂線。於是過B點和D點分別作$\boldsymbol{v}_B$、$\boldsymbol{v}_D$的垂線，其交點P_2便是BD桿的速度瞬心。BD桿上B、D點的速度應等於繞P_2點轉動的速度。以ω_{BD}表示BD桿此時的角速度，則有

$$v_B = BP_2 \cdot \omega_{BD}$$

$$v_D = DP_2 \cdot \omega_{BD}$$

兩式相除，得

$$\frac{v_B}{v_D}=\frac{BP_2}{DP_2}$$

所以有

$$v_D=v_B\frac{DP_2}{BP_2}=\sqrt{3}r\omega_0\cos 30^\circ=\frac{3}{2}r\omega_0$$

$\boldsymbol{v}_D$ 方向如圖所示。

可見，機構內各個作一般平面運動的剛體在同一瞬時各有自己的速度瞬心。

例 13-7.5

在圖 13-7.12 所示輪系機構中，齒輪 I 為內齒輪，齒輪 II 和 III 為外齒輪。當齒輪 I 和 II 繞共同的固定軸 O_1 按圖示方向分別以角速度 ω_1、 ω_2 轉動時，帶動其間的齒輪 III 作一般平面運動。已知各輪節圓半徑分別為 r_1、r_2、r_3，各輪在接觸點處無相對滑動，求輪 III 的角速度 ω_3 及其輪心 O 點的速度 $\boldsymbol{v}_0$。

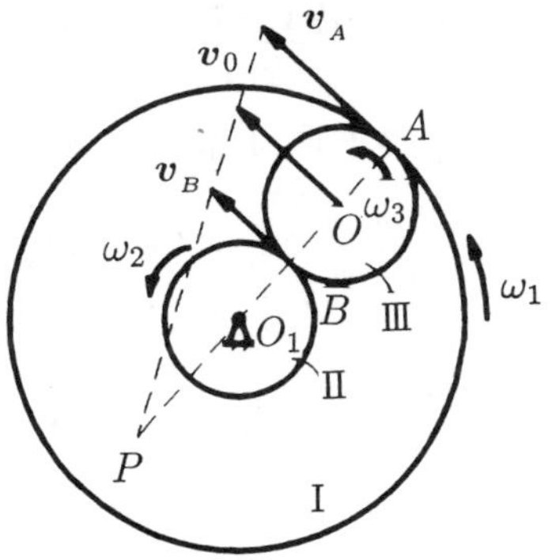

圖 13-7.12

解：

運動分析：輪Ⅰ、輪Ⅱ定軸轉動。輪Ⅲ一般平面運動。

速度分析：因各輪在接觸點 A、B 處無相對滑動，有共同的速度。故可分別由Ⅰ、Ⅱ輪定軸轉動求得輪Ⅲ上 A、B 點的速度 $\boldsymbol{v}_A$、$\boldsymbol{v}_B$ 的大小，方向如圖所示。設 $v_A > v_B$，連接 $\boldsymbol{v}_A$、$\boldsymbol{v}_B$ 向量末端的直線與 A、B 兩點連線的交點 P 即是輪Ⅲ的速度瞬心。於是輪Ⅲ的運動可視為繞 P 點的瞬時轉動，因而可求得其角速度 ω_3 和輪心的速度 $\boldsymbol{v}_0$。具體步驟如下。

$$v_A = r_1\omega_1$$

$$v_B = r_2\omega_2$$

取輪Ⅲ為研究對象。

(1) 求 ω_3：因為

$$v_A = AP \cdot \omega_3$$

$$v_B = BP \cdot \omega_3$$

$$v_A - v_B = (AP - BP)\omega_3 = 2r_3\omega_3$$

故得 $$\omega_3 = \frac{v_A - v_B}{2r_3} = \frac{r_1\omega_1 - r_2\omega_2}{2r_3}$$

ω_3 的轉向由 $\boldsymbol{v}_A$、$\boldsymbol{v}_B$ 的方向可確定如圖示。

(2) 求 $\boldsymbol{v}_o$：因為

$$v_0 = OP \cdot \omega_3$$

$$v_A - v_0 = (AP - OP)\omega_3 = r_3\omega_3$$

故得 $$v_0 = v_A - r_3\omega_3 = r_1\omega_1 - r_3\frac{r_1\omega_1 - r_2\omega_2}{2r_3}$$

$$= \frac{1}{2}(r_1\omega_1 + r_2\omega_2)$$

$\boldsymbol{v}_0$ 方向垂直於 OP，指向由 ω_3 決定如圖示。

(3) 討論在幾種特殊情況下輪Ⅲ速度瞬心的位置：

當 $\omega_2 = 0$，即輪 II 固定不動時，輪 III 的速度瞬心在 B 點。
當 $\omega_1 = 0$，即輪 I 固定不動時，輪 III 的速度瞬心在 A 點。
當 $v_A = v_B$，即 $r_1\omega_1 = r_2\omega_2$ 時，$\omega_3 = 0$。輪 III 的速度瞬心在無窮遠處，輪 III 作瞬時平移。
當輪 I 和輪 II 反向轉動時，輪 III 的速度瞬心在 A、B 連線之內。

13-8 平面一般運動剛體上兩點速度的關係

剛體在一般平面運動時，根據平面圖形上各點的速度等於平面圖形繞速度瞬心轉動的速度之原則，很容易建立平面運動剛體上任意兩點的速度關係。如圖 13-8.1a 所示，設平面圖形在圖示位置瞬時的角速度向量為 $\boldsymbol{\omega}$，速度瞬心位於 P，圖形上任意兩點 A 和 B 相對於速度瞬心 P 的位置向量分別為 $\overrightarrow{PA}$ 和 $\overrightarrow{PB}$，則由 (13-7.2) 式可得 A、B 兩點的速度

$$\boldsymbol{v}_A = \boldsymbol{\omega} \times \overrightarrow{PA}$$

$$\boldsymbol{v}_B = \boldsymbol{\omega} \times \overrightarrow{PB}$$

兩式相減，得

$$\boldsymbol{v}_B - \boldsymbol{v}_A = \boldsymbol{\omega} \times (\overrightarrow{PB} - \overrightarrow{PB})$$

由圖可見

$$\overrightarrow{PB} - \overrightarrow{PA} = \overrightarrow{AB}$$

故有

$$\boldsymbol{v}_B = \boldsymbol{v}_A + \boldsymbol{\omega} \times \overrightarrow{AB} \tag{13-8.1}$$

上式右端第二項應理解為圖形繞 A 點以角速度 ω 轉動時 B 點所具有的速度，習慣上把它叫做 B 點繞 A 點轉動的速度，並以 $\boldsymbol{v}_{BA}$ 或

$\boldsymbol{v}_{B/A}$ 表之。則有

$$\boldsymbol{v}_{BA} = \boldsymbol{\omega} \times \overrightarrow{AB} \tag{13-8.2}$$

顯然，$\boldsymbol{v}_{BA}$ 的大小等於

$$v_{BA} = AB \cdot \omega$$

$\boldsymbol{v}_{BA}$ 方向垂直於 A、B 兩點連線，指向圖形角速度 ω 轉向的一邊（圖 13-8.1b）。

於是 (13-8.1) 式又可寫成

$$\boldsymbol{v}_B = \boldsymbol{v}_A + \boldsymbol{v}_{BA} \tag{13-8.3}$$

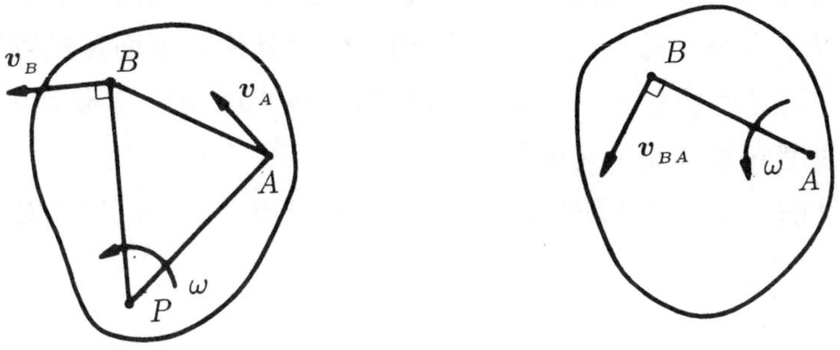

繞速度瞬心轉動
(a)

$\boldsymbol{v}_{BA}$ 方向
(b)

圖 13-8.1

(13-8.3) 式稱為**平面一般運動時剛體上兩點速度的關係式**。它表明**平面圖形上 B 點的速度等於隨 A 點平移的速度與 B 點繞 A 點轉動的速度的向量和**。在圖 13-8.2 中畫出了剛體平面運動時，B 點的速度等於隨 A 點平移的速度 $\boldsymbol{v}_A$，加上 B 點繞 A 轉動速度 $\boldsymbol{v}_{BA}$ 的合成關係。A 點通常稱為**基點**(base point)。所以上述結論又可以敘述為，**剛體平面運動時，某點的速度等於隨基點平移的速度與該點繞**

基點轉動的速度的向量和。用公式 (13-8.3) 分析圖形上各點的速度的方法常稱為**合成法**或**基點法**(Method of base point)。

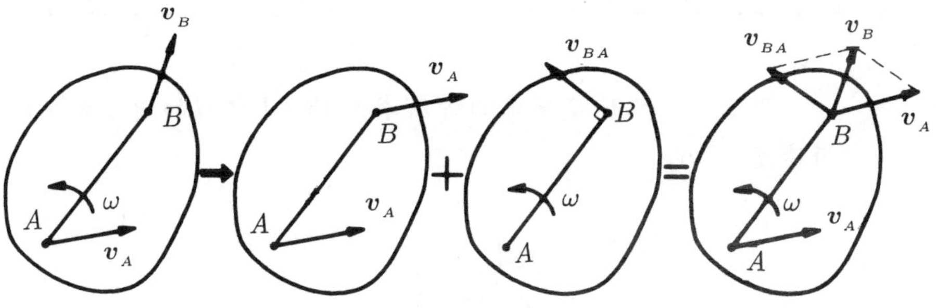

平面運動　　隨 A 點平移　　繞 A 點轉動　　$v_B = v_A + v_{BA}$
(a)　　(b)　　(c)　　(d)

圖 13-8.2

可以看出，平面圖形繞速度瞬心轉動的速度公式 (13-7.1) 是 (13-8.3) 式的特殊情形。因為若以速度瞬心 P 為基點，則平面圖形上任一點 M 的速度 $\boldsymbol{v}_M$ 為

$$\boldsymbol{v}_M = \boldsymbol{v}_P + \boldsymbol{v}_{MP}$$

但 $\boldsymbol{v}_P = 0$，故有

$$\boldsymbol{v}_M = \boldsymbol{v}_{MP} = \boldsymbol{\omega} \times \overrightarrow{PM}$$

最後，我們指出，(13-8.3) 式不僅剛體作一般平面運動時成立，而且可以證明當剛體作其它形式的運動時也成立。例如在剛體作平移時，因剛體的角速度為零，故由 (13-8.3) 式可得 $\boldsymbol{v}_B = \boldsymbol{v}_A$，即剛體上任意兩點的速度相等。這與我們已知的結論相符合。所以 (13-8.3) 式是表明剛體上任意兩點速度關係的一般表示式。

應用 (13-8.3) 式可以分析求解剛體平面運動的速度問題，步驟是：(1) 選定基點（通常選取已知速度的點為基點）；(2) 寫出兩點速度關係式，分析各項速度的方向和大小，如果未知因素不超過兩個，則問題有定解；(3)作速度平行四邊形，由已知量求未知量。

例 13-8.1

用建立兩點速度關係的方法求例 13-7.1 中 B 的速度和 AB 桿的角速度。

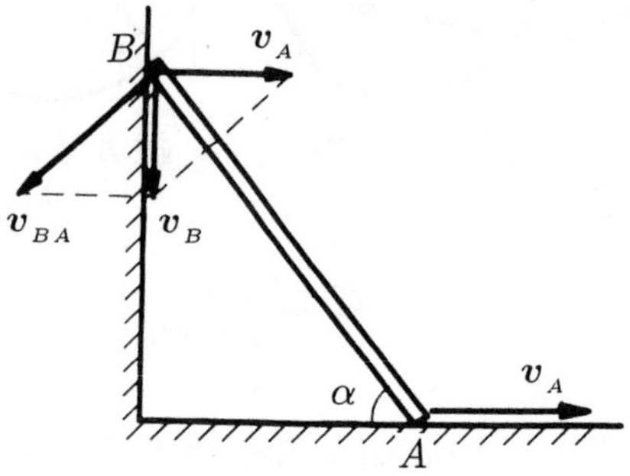

圖 13-8.3

解：

因已知 A 點的速度，故取 A 點為基點，建立 B 點與 A 點的速度關係

$$\boldsymbol{v}_B = \boldsymbol{v}_A + \boldsymbol{v}_{BA}$$

式中 $\boldsymbol{v}_B$ 方位沿鉛垂線，而大小為未知。$\boldsymbol{v}_{BA}$ 的方位垂直於 A、B 連線，大小也為未知。未知因素共兩個，故可求得解答。作速度平行四邊形如圖 13-8.3 所示。顯然，$\boldsymbol{v}_B$ 應沿以 $\boldsymbol{v}_A$ 和 $\boldsymbol{v}_{BA}$ 為邊的平行四邊形的對角線，而 $\boldsymbol{v}_B$ 與 $\boldsymbol{v}_{BA}$ 的指向由 $\boldsymbol{v}_B = \boldsymbol{v}_A + \boldsymbol{v}_{BA}$ 可確定如圖。

於是由幾何關係可得

$$v_B = v_A \cot\alpha$$

$$v_{BA} = \frac{v_A}{\sin\alpha}$$

從而可得 AB 桿的角速度

$$\omega_{AB} = \frac{v_{BA}}{AB} = \frac{v_A}{l\sin\alpha}$$

ω_{AB} 的轉向可由 $\boldsymbol{v}_{BA}$ 的指向決定如圖，為逆時針方向。

例 13-8.2

如圖 13-8.4 所示，半徑為 R 的車輪，沿直線軌道作無滑動的滾動。已知輪軸 O 以等速 $\boldsymbol{v}_0$ 前進，求輪緣上 A、B、C 和 D 各點的速度。

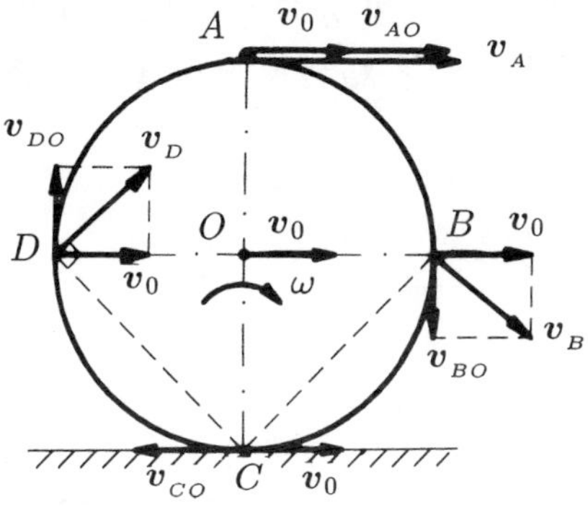

圖 13-8.4

解：

因輪中心 O 點速度已知，故選 O 點為基點。則輪緣上任一點 M 的速度可表示為

$$\boldsymbol{v}_M = \boldsymbol{v}_0 + \boldsymbol{v}_{MO}$$

式中 $\boldsymbol{v}_M$ 的方位及大小均未知，$\boldsymbol{v}_{MO}$ 的方向垂直於 M、O 連線，其大小也為未知。未知因素共有三個，暫不能求解。根據題意，這裡可以利用車輪無滑滾動的條件，它與地面的接觸點 C 的速度為零，於是有

$$\boldsymbol{v}_C = \boldsymbol{v}_0 + \boldsymbol{v}_{CO} = 0$$

因此 $\qquad \boldsymbol{v}_{CO} = -\boldsymbol{v}_0$

故 $\qquad \omega = \dfrac{v_0}{R}$

車輪轉動角速度 ω 的轉向由 $\boldsymbol{v}_{CO}$ 的指向決定如圖示，為順時針轉向。求得 ω 後，A、B、D 各點的速度由基點法很容易求得為

$$v_A = 2v_0$$

$$v_B = \sqrt{2}v_0$$

$$v_D = \sqrt{2}v_0$$

各點速度的方向如圖 13-8.4 所示。

例 13-8.3

用建立兩點速度關係的基點法求例 13-7.2 中 θ 為 $0°$ 、$60°$ 和 $90°$ 各瞬時滑塊 B 的速度及 AB 桿的角速度。

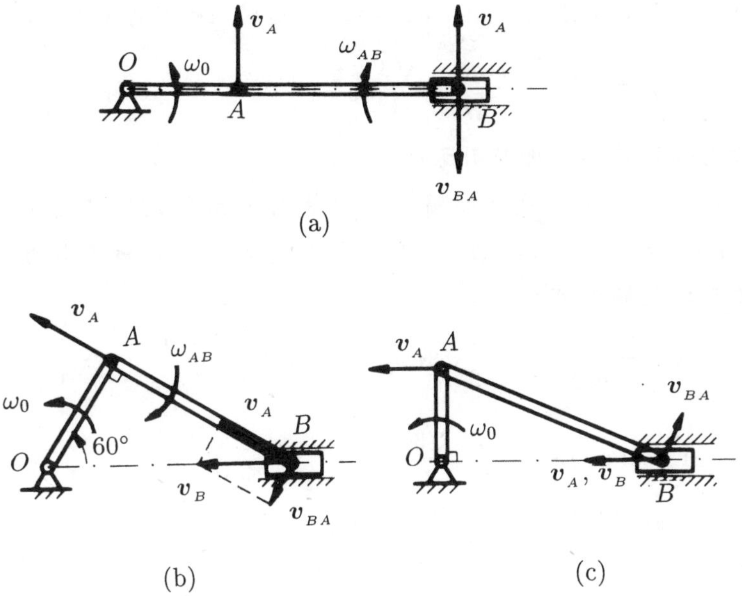

圖 13-8.5

解：

機構構件的運動分析和構件上點的速度分析已如前述。連桿 AB 作一般平面運動，A 點的速度大小為 $v_A = r\omega_0$，方向垂直於 OA 指向 ω_0 轉動方向的一邊。故以 A 為基點，由 (18-3.3) 式得 B 點的速度

$$\boldsymbol{v}_B = \boldsymbol{v}_A + \boldsymbol{v}_{BA} \tag{a}$$

式中 $\boldsymbol{v}_B$ 的方位沿水平直線，大小為未知。$\boldsymbol{v}_{BA}$ 的方位垂直於 A、B 連線，大小也未知。未知因素共兩個，故可求得解答。

(1) 當 $\theta = 0°$ 時，如圖 13-8.5a 所示。因此時 $\boldsymbol{v}_A$ 與 $\boldsymbol{v}_{BA}$ 平行，且與 $\boldsymbol{v}_B$ 垂直，故若 (a) 式成立，必須 $v_B = 0$。因此可得 $\boldsymbol{v}_{BA} = -\boldsymbol{v}_A$，這說明 $\boldsymbol{v}_{BA}$ 與 $\boldsymbol{v}_A$ 等值反向，因此可決定 $\boldsymbol{v}_{BA}$ 的指向如

圖。$\boldsymbol{v}_{BA}$ 的大小為 $v_{BA} = v_A = r\omega_0$，這時 AB 桿的角速度 ω_{AB} 為

$$\omega_{AB} = \frac{v_{BA}}{l} = \frac{r\omega_0}{\sqrt{3}r} = \frac{\sqrt{3}}{3}\omega_0$$

方向如圖示，為順時針方向。

(2) 當 $\theta = 60°$ 時，機構如圖 13-8.5b 所示。由幾何關係可知這時 $\angle ABO = 30°$，$\angle OAB = 90°$。作速度平行四邊形如圖，由圖示幾何關係可得

$$v_B = \frac{v_A}{\cos 30°} = \frac{2}{3}\sqrt{3}r\omega_0$$

$$v_{BA} = v_A \tan 30° = \frac{\sqrt{3}}{3}r\omega_0$$

所以這時 AB 桿的角速度 ω_{AB} 的大小為

$$\omega_{AB} = \frac{v_{BA}}{l} = \frac{\frac{\sqrt{3}}{3}r\omega_0}{\sqrt{3}r} = \frac{1}{3}\omega_0$$

方向如圖示，為順時鐘方向。

(3) 當 $\theta = 90°$ 時，機構如圖 13-8.5c 所示。這時 $\boldsymbol{v}_A$ 與 $\boldsymbol{v}_B$ 平行，而 $\boldsymbol{v}_{BA}$ 與 AB 成垂直，故欲 (a) 式成立，只有 $\boldsymbol{v}_{BA}$ 為零。即 $v_{BA} = 0$，$\omega_{AB} = 0$。由此可得

$$\boldsymbol{v}_B = \boldsymbol{v}_A$$

故知 $\boldsymbol{v}_B$ 與 $\boldsymbol{v}_A$ 大小相等，方向相同。桿 AB 的運動為瞬時平移。

13-9 速度投影定理

將 (13-8.3) 式兩端投影於 A、B 兩點的連線上，可得

$$(\boldsymbol{v}_B)_{AB} = (\boldsymbol{v}_A)_{AB} + (\boldsymbol{v}_{BA})_{AB}$$

即 $\boldsymbol{v}_B$ 在 A、B 連線上的投影 $(\boldsymbol{v}_B)_{AB}$ 等於 $\boldsymbol{v}_A$ 和 $\boldsymbol{v}_{BA}$ 在 A、B 連線上投影 $(\boldsymbol{v}_A)_{AB}$ 與 $(\boldsymbol{v}_{BA})_{AB}$ 的代數和。

但 $\boldsymbol{v}_{BA}$ 垂直於 A、B 連線（圖 13-9.1），所以 $(\boldsymbol{v}_{BA})_{AB}=0$，故得

$$(\boldsymbol{v}_B)_{AB}=(\boldsymbol{v}_A)_{AB} \tag{13-9.1}$$

即**平面圖形上任意兩點的速度在其連線上的投影相等**，這一關係稱為**速度投影定理**。

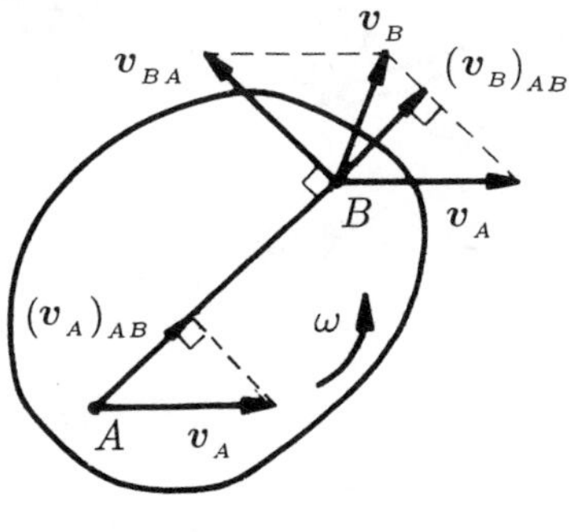

圖 13-9.1

速度投影定理的物理意義是明顯的，因為假如平面圖形上兩點速度在其連線上投影不相等，則表明兩點間的距離將發生改變，而這對於剛體來說是不可能的。

利用速度投影定理來分析平面圖形上點的速度問題是很方便的。特別是當已知平面圖形上某點速度的方向和大小，又知另一點速度的方向而需求其大小時尤為簡便。

例 13-9.1

在圖 13-9.2 所示機構中，曲柄 O_1A 長 r，以等角速度 ω_0 轉動，通過連桿 AB 和 BC 帶動 O_2B 繞 O_2 軸轉動，滑塊 C 沿水平軌道滑

動。已知 O_2B 與 BC 桿等長，求在圖示位置時滑塊 C 的速度，φ 和 θ 角為已知。

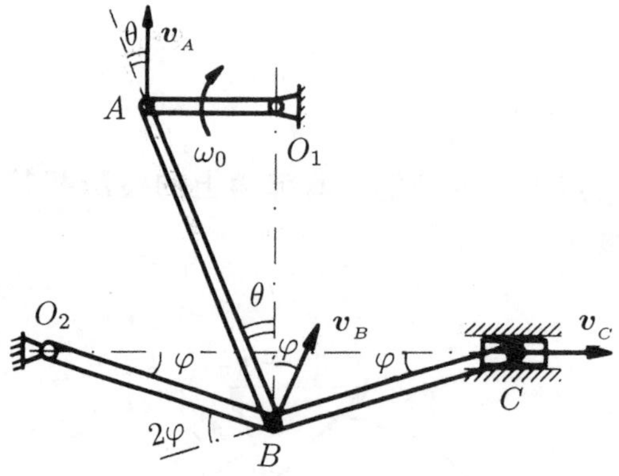

圖 13-9.2

解：

運動分析：O_1A 和 O_2B 桿作定軸轉動，AB 和 BC 桿作一般平面運動，滑塊 C 作平移。

速度分析：O_1A 桿與 AB 桿在 A 點有共同速度，由 O_1A 桿可求得 A 點速度 $\boldsymbol{v}_A$。AB、BC、O_2B 三桿在 B 點有共同速度，可由 O_2B 桿確定 $\boldsymbol{v}_B$ 的方向應垂直於 O_2B。BC 桿與滑塊在鉸鏈中心 C 點有共同速度，由滑塊的運動可確定 C 點的速度方向沿水平。因此，對於 AB 桿和 BC 桿而言，均可由速度投影定理建立其上兩點速度之關係，因而可得解。具體解法如下：

(1) 取 O_1A 桿為研究對象

$$v_A = r\omega_0$$

$\boldsymbol{v}_A$ 方向如圖示。

(2) 取 AB 桿為研究對象，由速度投影定理可得

$$v_A \cos\theta = v_B \cos(\theta + \varphi)$$

解得
$$v_B = \frac{r\omega_0 \cos\theta}{\cos(\theta + \varphi)}$$

$\boldsymbol{v}_B$ 方向如圖示。

(3) 取 BC 桿為研究對象，由速度投影定理可得

$$v_B \cos(90^\circ - 2\varphi) = v_C \cos\varphi$$

故
$$v_C = \frac{v_B \sin 2\varphi}{\cos\varphi} = \frac{2\sin\varphi\cos\theta}{\cos(\theta + \varphi)} r\omega_0$$

$\boldsymbol{v}_C$ 方向如圖示。

13-10　平面一般運動剛體上兩點加速度的關係

1. 平面圖形上兩點加速度的關係

前面我們已經建立了剛體在一般平面運動時，平面圖形上任意兩點 A 、 B 的速度關係如下

$$\boldsymbol{v}_B = \boldsymbol{v}_A + \boldsymbol{v}_{BA} \tag{a}$$

其中　$\boldsymbol{v}_{BA} = \boldsymbol{\omega} \times \overrightarrow{AB}$

為了建立平面圖形上 A、 B 兩點加速度之間的關係，將 (a) 式兩端對時間 t 求導數，得

$$\frac{d\boldsymbol{v}_B}{dt} = \frac{d\boldsymbol{v}_A}{dt} + \frac{d\boldsymbol{\omega}}{dt} \times \overrightarrow{AB} + \boldsymbol{\omega} \times \frac{d\overrightarrow{AB}}{dt} \tag{b}$$

現分析 (b) 式中各項的意義。 (b) 式左端和右端第一項分別表示 B 點和 A 點的加速度 $\boldsymbol{a}_B$ 與 $\boldsymbol{a}_A$，即

$$\frac{d\boldsymbol{v}_B}{dt} = \boldsymbol{a}_B$$

$$\frac{d\boldsymbol{v}_A}{dt} = \boldsymbol{a}_A$$

(b) 式右端第二項中 $\dfrac{d\boldsymbol{\omega}}{dt} = \boldsymbol{\alpha}$ 為平面圖形的角加速度向量，因此， $\dfrac{d\boldsymbol{\omega}}{dt} \times \overrightarrow{AB} = \boldsymbol{\alpha} \times \overrightarrow{AB}$ 相當於圖形以角加速度 $\boldsymbol{\alpha}$ 繞 A 點轉動時 B 點所具有的**切線加速度**，以 $\boldsymbol{a}^{\tau}_{BA}$ 表示之，即

$$\boldsymbol{a}^{\tau}_{BA} = \frac{d\boldsymbol{\omega}}{dt} \times \overrightarrow{AB} = \boldsymbol{\alpha} \times \overrightarrow{AB} \tag{c}$$

設 B、 A 兩點相對於定點 O 的位置向量分別為 $\boldsymbol{r}_B$ 和 $\boldsymbol{r}_A$，則 (b) 式右端第三項中

$$\frac{d}{dt}(\overrightarrow{AB}) = \frac{d}{dt}(\boldsymbol{r}_B - \boldsymbol{r}_A) = \frac{d\boldsymbol{r}_B}{dt} - \frac{d\boldsymbol{r}_A}{dt}$$

$$= \boldsymbol{v}_B - \boldsymbol{v}_A = \boldsymbol{v}_{BA} = \boldsymbol{\omega} \times \overrightarrow{AB}$$

於是 (b) 式中右端第三項可表示為

$$\boldsymbol{\omega} \times \frac{d\overrightarrow{AB}}{dt} = \boldsymbol{\omega} \times (\boldsymbol{\omega} \times \overrightarrow{AB}) = \boldsymbol{\omega} \times \boldsymbol{v}_{BA}$$

可見，$\boldsymbol{\omega} \times \dfrac{d}{dt}(\overrightarrow{AB})$ 相當於圖形以角速度 ω 繞 A 點轉動時，B 點所具有的 **法線加速度**，以 $\boldsymbol{a}^{n}_{BA}$ 表之，則

$$\boldsymbol{a}^{n}_{BA} = \boldsymbol{\omega} \times (\boldsymbol{\omega} \times \overrightarrow{AB}) = \boldsymbol{\omega} \times \boldsymbol{v}_{BA} \tag{d}$$

總之，若以 $\boldsymbol{a}_{BA}$ 表示圖形以角速度 ω 和角加速度 α 繞 A 點轉動時， B 點所具有的全加速度，則

$$\boldsymbol{a}_{BA} = \boldsymbol{a}^{\tau}_{BA} + \boldsymbol{a}^{n}_{BA} \tag{13-10.1}$$

最後， (b) 式可寫為

$$\boldsymbol{a}_B = \boldsymbol{a}_A + \boldsymbol{a}_{BA} \tag{13-10.2}$$

或

$$\boldsymbol{a}_B = \boldsymbol{a}_A + \boldsymbol{a}^{\tau}_{BA} + \boldsymbol{a}^{n}_{BA} \tag{13-10.3}$$

(13-10.2) 和 (13-10.3) 式稱為**平面運動剛體兩點加速度的關係式**。它表明**平面圖形上某點的加速度等於隨基點平移的加速度與該點繞基**

點轉動的法線加速度及切線加速度的向量和。圖 13-10.1 畫出了剛體平面運動時，B 點的加速度等於隨 A 點平移的加速度 $\boldsymbol{a}_A$，加 B 點繞 A 點轉動的法向加速度 $\boldsymbol{a}_{BA}^{n}$ 及切向加速度 $\boldsymbol{a}_{BA}^{\tau}$ 的向量合成關係。其中 $\boldsymbol{a}_{BA}^{\tau}$ 、 $\boldsymbol{a}_{BA}^{n}$ 的方向與大小由式 (c)、(d) 決定。

$$\left.\begin{aligned} a_{BA}^{\tau} &= AB\cdot\alpha \\ a_{BA}^{n} &= AB\cdot\omega^2 \end{aligned}\right\} \tag{13-10.4}$$

$\boldsymbol{a}_{BA}^{\tau}$ 方向垂直於 A、B 連線且指向 α 轉向一邊；$\boldsymbol{a}_{BA}$ 的大小和方向可由下式決定

$$\left.\begin{aligned} a_{BA} &= \sqrt{(a_{BA}^{\tau})^2+(a_{BA}^{n})^2} = AB\cdot\sqrt{\alpha^2+\omega^4} \\ \tan\theta &= \frac{|\boldsymbol{a}_{BA}^{\tau}|}{a_{BA}^{n}} = \frac{|\alpha|}{\omega^2} \end{aligned}\right\} \tag{13-10.5}$$

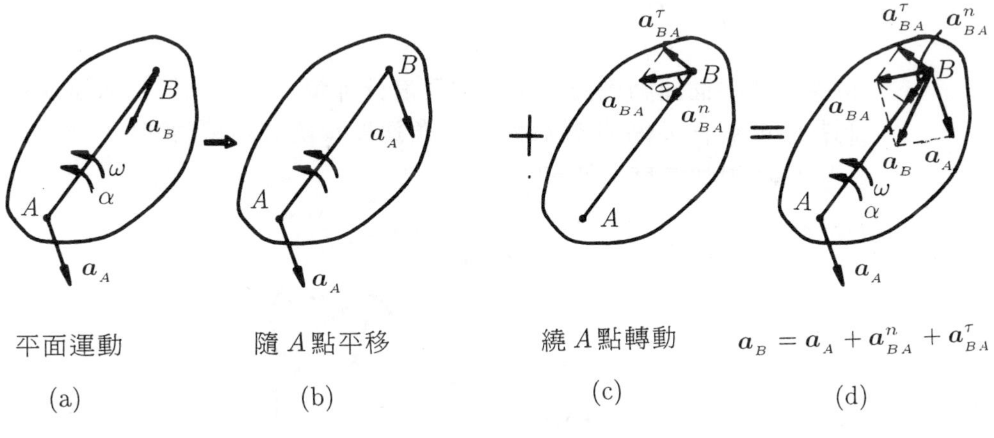

圖 13-10.1

2. 加速度瞬心的概念

容易想到，如果取平面圖形上加速度為零的點作為基點，則 (13-10.1) 式將得到簡化。可以證明，剛體一般平面運動時，在任一

瞬時平面圖形上都唯一地存在著加速度為零的點 P^*，稱為**加速度瞬心** (instantaneous center of acceleration)。取 P^* 點為基點，則由(13-10.1)式可得平面圖形上任一點 M 的加速度為

$$\boldsymbol{a}_M = \boldsymbol{a}_{P*} + \boldsymbol{a}^n_{MP*} + \boldsymbol{a}^\tau_{MP*}$$

因 $\boldsymbol{a}_{P*} = 0$，故得

$$\boldsymbol{a}_M = \boldsymbol{a}^n_{MP*} + \boldsymbol{a}^\tau_{MP*} \tag{13-10.6}$$

或

$$\boldsymbol{a}_M = \boldsymbol{a}_{MP*} \tag{13-10.7}$$

這就是說，**平面圖形某一點的加速度等於該點繞加速度瞬心轉動的法線與切線加速度的向量和**。在圖 13-10.2 中畫出了加速度的這種合成關係。顯然 $\boldsymbol{a}_M$ 的大小與方向可由下式決定：

$$a_M = MP^*\sqrt{\alpha^2 + \omega^4}$$

$$\tan\theta = \frac{|\alpha|}{\omega^2}$$

可見這時平面運動剛體各點的加速度分佈情況如同圖形繞加速度瞬心作定軸旋轉一樣。

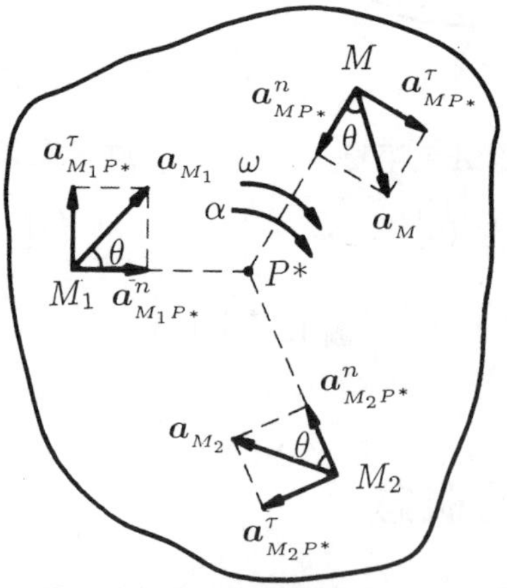

圖 13-10.2

應該指出，在一般情況下加速度瞬心與速度瞬心不重合。再者，由於平面圖形上各點的加速度與該點和 P^* 點連線的夾角不為直角，所以確定加速度瞬心的位置就不像確定速度瞬心的位置那樣容易。因此，在解算問題時，只是在加速度瞬心位置易於確定的情況下才用 (13-10.6) 式求解，而在一般情況下都應把 (13-10.1) 式作為分析加速度問題的依據。

應用兩點加速度關係式求解加速度問題的一般步驟是：

(1) 選取平面運動剛體上已知加速度的點為基點。

(2) 寫出剛體上待求加速度點與基點加速度間的關係式。

(3) 分析各項加速度的方向和大小，如未知因素總數不超過兩個則問題有定解。

(4) 用解析法求解。因為兩點加速度關係包含的向量個數較多，所以，只是在某些簡單情況下可以用作圖方法求解。一般情況下都是把兩點加速度的向量關係式投影於向量所在平面內的兩根正交或非正交座標軸上，得到與之等價的兩個獨立代數方程式，因而可求解兩個未知因素，這就是所謂的解析法。

例 13-10.1

長為 l 的細桿 AB 兩端分別沿鉛垂和水平軌道滑動（圖 13-10.3）。在圖示位置瞬時，AB 與水平線夾角為 α，A 點的速度為 $\boldsymbol{v}_A$，加速度為 $\boldsymbol{a}_A$，求此瞬時 B 點的加速度和 AB 桿的角加速度 α_{AB}。

解：

在求解加速度問題時，通常都要先進行速度分析，以求得某些需要用到的速度、角速度參數。在例 13-8.1 中已求得 B 點的速度 $v_B = v_A \cot\alpha$，AB 桿的角速度 $\omega_{AB} = v_A/(l\sin\alpha)$，它們可作為本題的已知條件，不需重求。

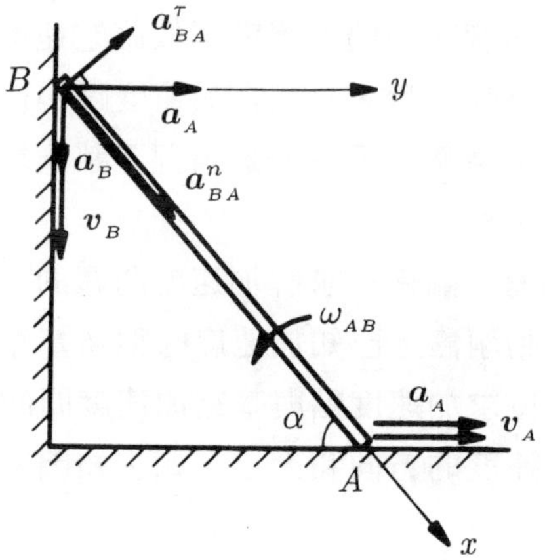

圖 13-10.3

現在進行加速度分析。因已知 A 點的加速度，故選取 A 點為基點。建立 A、B 兩點的加速度關係式為

$$\boldsymbol{a}_B = \boldsymbol{a}_A + \boldsymbol{a}^n_{BA} + \boldsymbol{a}^{\tau}_{BA}$$

上式中各項加速度的方向和大小分析如下表：

	$\boldsymbol{a}_B$	$\boldsymbol{a}_A$	$\boldsymbol{a}^n_{BA}$	$\boldsymbol{a}^{\tau}_{BA}$
方向	沿鉛垂，指向假設如圖	已知如圖	沿 AB 由 B 指向 A	垂直於 AB 連線，指向設如圖
大小	未知	已知為 a_A	$l\omega^2_{AB}$ 為已知	$l\alpha_{AB}$ 為未知

由上分析可見未知因素總數不超過兩個，故有定解。為避免解聯立方程式的麻煩，先將上式兩端投影於與 $\boldsymbol{a}^{\tau}_{BA}$ 相垂直的 x 軸上，這樣得到的投影式將只包含未知量 a_B，故可很快地求得 a_B 值。於是有

$$a_B \sin\alpha = a_A \cos\alpha + a^n_{BA} + 0$$

解得　$a_B = a_A \cot\alpha + \dfrac{a_{BA}^n}{\sin\alpha}$

代入 $a_{BA}^n = l\omega_{AB}^2 = l\left(\dfrac{v_A}{l\sin\alpha}\right)^2 = \dfrac{v_A^2}{l\sin^2\alpha}$ 可得

$$a_B = a_A \cot\alpha + \frac{v_A^2}{l\sin^3\alpha}$$

因 α 為銳角，故 a_B 為正值。這說明所設 $\boldsymbol{a}_B$ 指向與實際情況相同。

同理，將上面兩點加速度關係式兩端投影於與 $\boldsymbol{a}_B$ 相垂直的 y 軸上，則所得投影式中只含未知量 $\boldsymbol{a}_{BA}^\tau$ ，故可求得 a_{BA}^τ。於是有

$$0 = a_A + a_{BA}^n \cos\alpha + a_{BA}^\tau \sin\alpha$$

$$a_{BA}^\tau = -\frac{(a_A + a_{BA}^n \cos\alpha)}{\sin\alpha}$$

代入 a_{BA}^n 值後，可得

$$a_{BA}^\tau = -\left(\frac{a_A}{\sin\alpha} + \frac{v_A^2\cos\alpha}{l\sin^3\alpha}\right)$$

所以　$\alpha_{AB} = \dfrac{a_{BA}^\tau}{l} = -\left(\dfrac{a_A}{l\sin\alpha} + \dfrac{v_A^2\cos\alpha}{l^2\sin^3\alpha}\right)$

a_{BA}^τ 和 α_{AB} 為負值，說明它們的指向與轉向均與假設的方向相反。

本題亦可由 $a_B = \dfrac{dv_B}{dt}$、$\alpha_{AB} = \dfrac{d\omega_{AB}}{dt}$ 直接求解，讀者可自行驗證，並說明為什麼可以這樣求。

例 13-10.2

如圖 13-10.4a 所示，半徑為 R 的車輪，沿直線軌道作無滑動的滾動。已知輪軸 O 在某瞬時的速度為 $\boldsymbol{v}_0$，加速度為 $\boldsymbol{a}_0$ 。試求輪緣上 A、B、C 和 D 各點的加速度。

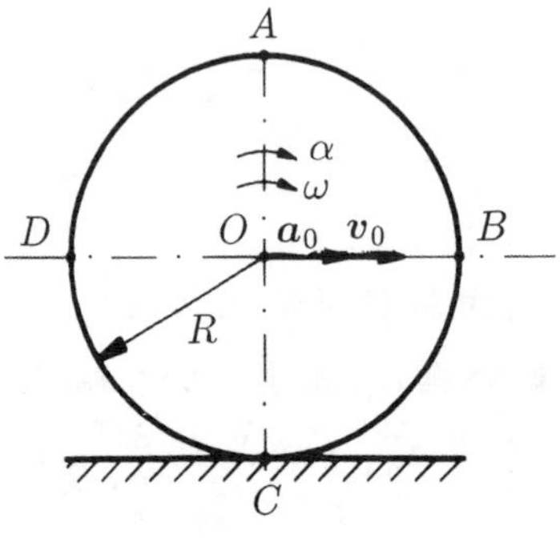

(a)

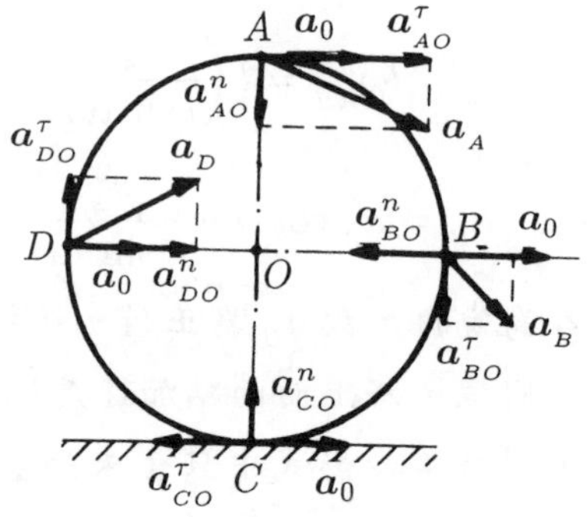

(b)

圖 13-10.4

解：

因為圖示瞬時 O 點的加速度為已知，故選 O 點為基點，則圓輪輪緣上任一點 M 的加速度為

$$\boldsymbol{a}_M = \boldsymbol{a}_0 + \boldsymbol{a}^n_{MO} + \boldsymbol{a}^{\tau}_{MO}$$

上式中 $\boldsymbol{a}_M$ 的大小與方向均為未知。根據例 13-8.2 速度分析的結果，已知車輪角速度 $\omega = \dfrac{v_0}{R}$，因此，輪緣上各點繞基點 O 的法線加速度的大小和方向均可求得。現在的問題是如何求 $\boldsymbol{a}^{\tau}_{MO}$ 的大小與方向？注意到車輪作無滑動的滾動時，車輪角速度在任何瞬時均滿足 $\omega = \dfrac{v_0}{R}$，如把 ω 和 v_0 看作是時間 t 的函數，此式仍然成立。因此，可對此式求導數，從而求得車輪的角加速度

$$\alpha = \frac{d\omega}{dt} = \frac{1}{R}\frac{dv_0}{dt} = \frac{a_0}{R}$$

α 為順時針轉向。求得車輪的角加速度後，輪緣上各點繞基點 O 的切線加速度 $\boldsymbol{a}^{\tau}_{MO}$ 即可求得為

$$a^{\tau}_{MO} = R\alpha$$

方向沿輪緣切線指向 α 轉向的一方。於是按向量加法即可求得 A、B、C 和 D 各點的加速度如下：

$$a_A = \sqrt{(a_0 + a^{\tau}_{AO})^2 + (a^n_{AO})^2} = \sqrt{4a_0^2 + \frac{v_0^4}{R^2}}$$

$$a_B = \sqrt{(a^n_{BO} - a_0)^2 + (a^{\tau}_{BO})^2} = \sqrt{2a_0\left(a_0 - \frac{v_0^2}{R}\right) + \frac{v_0^4}{R^2}}$$

$$a_C = \frac{v_0^2}{R}$$

$$a_D = \sqrt{(a_0 + a^n_{DO})^2 + (a^{\tau}_{DO})^2} = \sqrt{2a_0\left(a_0 + \frac{v_0^2}{R}\right) + \frac{v_0^4}{R^2}}$$

各點的加速度如圖 13-10.4b 所示。值得注意，C 點為圓輪的瞬時速度中心，但其加速度並不為零。這是剛體平面運動繞瞬心作瞬時轉動與剛體繞定軸轉動的根本區別。因為車輪只在此瞬時繞速度瞬心 C 轉動，下一瞬時車輪又繞另一速度瞬心轉動，瞬心本身在運動，故它的加速度不為零。

例 13-10.3

四連桿機構如圖 13-10.5a 所示，已知曲柄 OA 長 r，連桿 AB 長 $2r$，搖桿 O_1B 長 $2\sqrt{3}r$。在給定瞬時機構運動到圖 13-10.5a 所示位置，點 O、B 和 O_1 位於同一水平線上，而曲柄 OA 與水平線垂直。若曲柄的角速度為 ω_0，角加速度 $\alpha_0 = \sqrt{3}\omega_0^2$，求點 B 的速度和加速度。

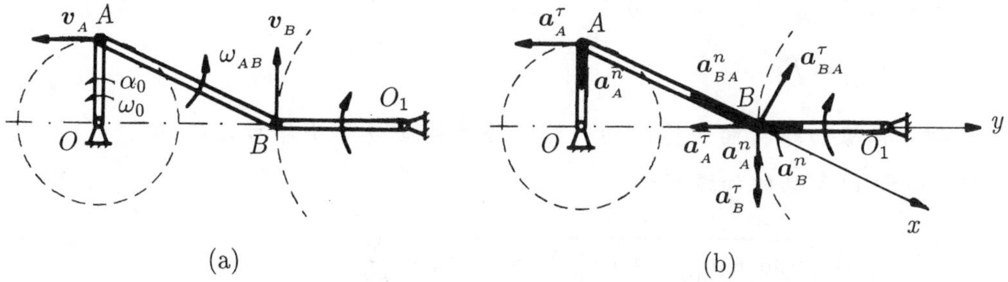

圖 13-10.5

解：

運動分析：曲柄 OA 和搖桿 O_1B 分別為繞點 O 和 O_1 的定軸轉動，連桿 AB 作平面一般運動。另外，由於 AB 桿分別與 OA 和 O_1B 在 A、B 兩點具有共同速度和加速度，且 A、B 兩點均作圓周運動。解題時，先從主動件 OA 開始，求得 A 點的運動，再研究連桿 AB 的運動即可求得點 B 的運動，然後再研究搖桿 O_1B 的運動。

(1) 求點 B 的速度

由已知條件，求得點 A 的速度大小為

$$v_A = r\omega_0$$

其方向垂直 OA，點 B 速度 $\boldsymbol{v}_B$ 的方位垂直 O_1B。以 AB 為研究對象，利用瞬心法可求得 ω_{AB} 及 $\boldsymbol{v}_B$。先找得連桿 AB 在該瞬時的速度瞬心位置為點 O，故連桿 AB 的瞬時角速度為

$$\omega_{AB} = \frac{v_A}{r} = \omega_0$$

轉向為逆時針方向。從而求得點 B 的速度為

$$v_B = OB \times \omega_{AB} = \sqrt{3}r\omega_0$$

其方向與 ω_{AB} 轉向一致，即垂直 O_1B 向上（圖 13-10.5a）。

(2) 求點 B 的加速度

由已知條件求得點 A 的加速度，即

$$\boldsymbol{a}_A = \boldsymbol{a}_A^\tau + \boldsymbol{a}_A^n$$

式中，$a_A^n = r\omega_0^2$，$a_A^\tau = r\alpha_0 = \sqrt{3}r\omega_0^2$，其方向如圖 13-10.5b 所示。

以點 A 為基點，建立連桿 AB 上 A、B 兩點的加速度關係式。因 B 點作圓周運動，故其加速度有 $\boldsymbol{a}_B^\tau$ 與 $\boldsymbol{a}_B^n$ 兩項，於是有

$$\boldsymbol{a}_B^\tau + \boldsymbol{a}_B^n = \boldsymbol{a}_A^\tau + \boldsymbol{a}_A^n + \boldsymbol{a}_{BA}^\tau + \boldsymbol{a}_{BA}^n \tag{a}$$

式中各項加速度的方向與大小分析如下表

	$\boldsymbol{a}_B^\tau$	$\boldsymbol{a}_B^n$	$\boldsymbol{a}_A^\tau$	$\boldsymbol{a}_A^n$	$\boldsymbol{a}_{BA}^\tau$	$\boldsymbol{a}_{BA}^n$
方向	垂直於 O_1B 指向設如圖	由 B 指向 O_1	方向如圖（水平向左）	方向如圖（由 A 指向 O）	垂直於 AB 指向設如圖	沿 BA 指向點 A
大小	未知	$\dfrac{v_B^2}{O_1B}$	$r\alpha_0$	$r\omega_0^2$	未知	$AB \times \omega_{AB}^2$

其中 $a_B^n = v_B^2/O_1B = \dfrac{\sqrt{3}}{2}r\omega_0^2$；$a_{BA}^n = AB \cdot \omega_{AB}^2 = 2r\omega_0^2$。可見 (a) 式中只有二個未知因素，故可求解。

根據題中只需求出 $\boldsymbol{a}_B^\tau$ 的要求，將向量式 (a) 兩端向垂直於未知量 $\boldsymbol{a}_{BA}^\tau$ 的 x 軸投影，有

$$a_B^\tau \sin 30^\circ + a_B^n \cos 30^\circ$$
$$= -a_A^\tau \cos 30^\circ + a_A^n \sin 30^\circ - a_{BA}^n$$

由此解得

$$a_B^\tau = -\frac{15}{2}r\omega_0^2$$

負號表示切線加速度 $\boldsymbol{a}_B^\tau$ 的實際指向與假設相反。

已知 $\boldsymbol{a}_B^\tau$ 和 $\boldsymbol{a}_B^n$，從而求得點 B 的全加速度的大小為

$$a_B = \sqrt{(a_B^n)^2 + (a_B^\tau)^2} = \sqrt{57} r\omega_0^2$$

$\boldsymbol{a}_B$ 的方向為

$$\tan(\boldsymbol{a}_B , \boldsymbol{a}_B^n) = \frac{|\boldsymbol{a}_B^\tau|}{\boldsymbol{a}_B^n} = 8.66$$

在本題中，如果還要求連桿 AB 的角加速度，需將 (a) 式向 y 軸投影，有

$$a_B^n = -a_A^\tau - a_{BA}^n \cos 30^\circ + a_{BA}^\tau \cos 60^\circ$$

解得

$$\boldsymbol{a}_{BA}^\tau = 5\sqrt{3} r\omega_0^2$$

其方向如圖 13-10.5b 所設。

於是連桿 AB 的角加速度為

$$\alpha_{AB} = \frac{a_{BA}^\tau}{AB} = 4.33\omega_0^2$$

其轉向為逆時針方向。

例 13-10.4

在圖 13-10.6a 所示行星輪機構中，繫桿 OA 在圖示位置的角速度為 ω_0，角加速度為 α_0。試求此瞬時行星輪的速度瞬心 P 點的加速度。

解：

運動分析：行星輪與繫桿在 A 具有共同的速度和加速度，故可由繫桿的定軸轉動求得行星輪上 A 點的速度和加速度，從而求得行星輪的角速度 ω 和角加速度 α，並通過建立行星輪上 A、P 兩點的加速度關係求得 P 點的加速度 $\boldsymbol{a}_P$。具體解法如下。

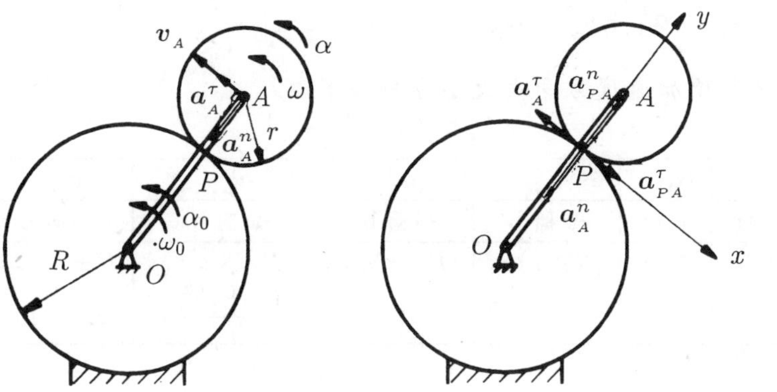

(a)　　(b)

圖 13-10.6

速度分析：在例 13-7.3 中已求得行星輪的角速度 $\omega=\dfrac{(R+r)}{r}\omega_0$，轉向為逆時針方向，此式實際上是 ω 隨時間 t 變化的函數關係式，在任何瞬時均成立。故把它對 t 求一次導數可得行星輪的角加速度 α 為

$$\alpha=\frac{d\omega}{dt}=\frac{d}{dt}\frac{(R+r)}{r}\omega_0=\frac{(R+r)}{r}\frac{d\omega_0}{dt}$$

但　$\dfrac{d\omega_0}{dt}=\alpha_0$

故得　$\alpha=\dfrac{(R+r)}{r}\alpha_0$

轉向與 α_0 相同（圖 13-10.6a）

加速度分析：由 OA 桿運動的已知條件，有

$a^n_A=OA\times\omega_0^2=(R+r)\omega_0^2$，方向如圖示。

$a^\tau_A=OA\times\alpha_0=(R+r)\alpha_0$，方向如圖示。

取行星輪為研究對象，以 A 點為基點，則點 P 的加速度 $\boldsymbol{a}_P$ 可

表為

$$\boldsymbol{a}_P = \boldsymbol{a}_A^\tau + \boldsymbol{a}_A^n + \boldsymbol{a}_{PA}^n + \boldsymbol{a}_{PA}^\tau \tag{a}$$

上式中各項加速度方向與大小分析如下表

	$\boldsymbol{a}_P$	$\boldsymbol{a}_A^\tau$	$\boldsymbol{a}_A^n$	$\boldsymbol{a}_{PA}^n$	$\boldsymbol{a}_{PA}^\tau$
方向	未知	如圖 b	如圖 b	如圖 b	如圖 b
大小	未知	$(R+r)\alpha_0$	$(R+r)\omega_0^2$	$PA\times\omega^2 = \dfrac{(R+r)^2}{r}\omega_0^2$	$PA\times\alpha = (R+r)\alpha_0$

未知因素不超過兩個，故可得解。

將 (a) 式投影於圖示 x、y 軸，分別可得

$$a_{Px} = -a_A^\tau + a_{PA}^\tau$$

$$a_{Py} = -a_A^n + a_{PA}^n$$

代入各項值後解得

$$a_{Px} = 0$$

$$a_{Py} = \frac{R}{r}(R+r)\omega_0^2$$

故求得

$$a_P = a_{Py} = \frac{R}{r}(R+r)\omega_0^2$$

方向沿 y 軸正向。可見又證得速度瞬心的加速度不為零。

習　題

13-1 揉茶機的揉桶由三個曲柄支持，曲柄的支座 A、B、C 與支軸 a、b、c 恰成等邊三角形，如圖所示。三個曲柄長度相等，均為 $r = 15$ cm，並以相同的轉速 $n = 45$ rpm 分別繞其支座轉動。求揉桶中心點 O 的速度和加速度。

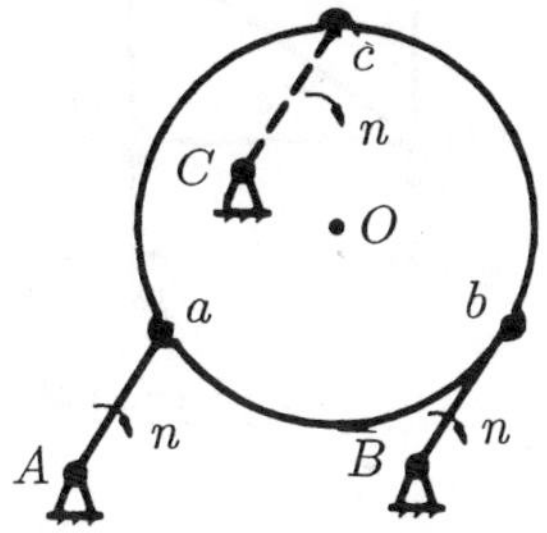

題 13-1 圖

13-2 攪拌機構如圖所示，已知曲柄 $O_1A = O_2B = R$，$O_1O_2 = AB$，曲柄 O_1A 以等轉速 n(rpm) 轉動，試求構件 BAM 上 M 點的軌跡、速度和加速度。

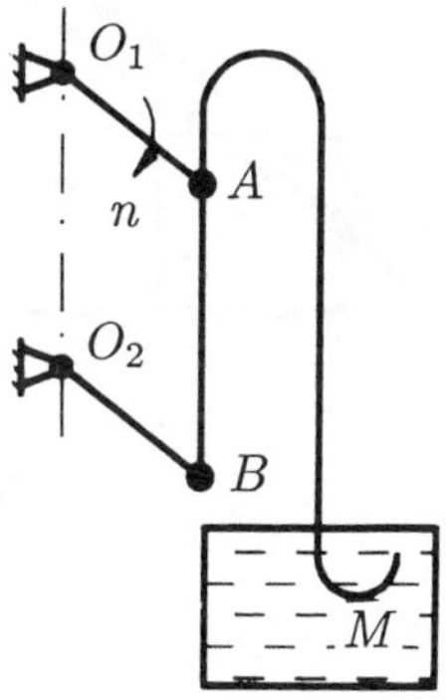

題 13-2 圖

13-3 機構如圖所示，試求當 $\varphi = \dfrac{\pi}{4}$ 時，搖桿 OC 的角速度和角加速度。假定桿 AB 以等速度 $\boldsymbol{u}$ 運動，開始時 $\varphi = 0$。

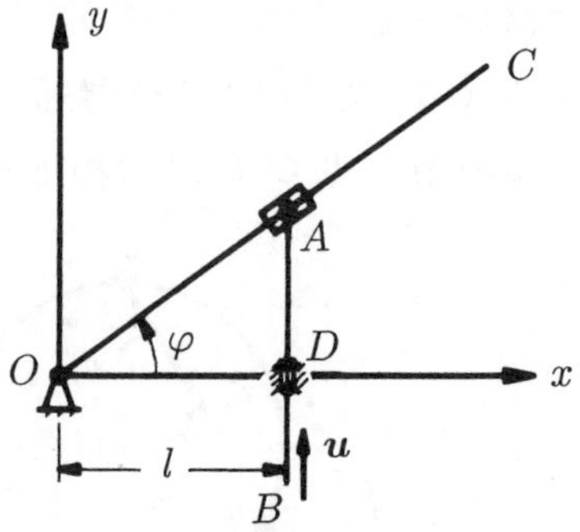

題 13-3 圖

13-4 槽桿 OA 可繞軸 O 轉動，槽內嵌有連接於方塊 C 的銷釘 B，方塊 C 以等速 $\boldsymbol{v}_C$ 沿水平方向運動。設 $t = 0$ 時，OA 桿在鉛垂位置。求槽桿 OA 的角速度與角加速度隨時間 t 的變化規律。

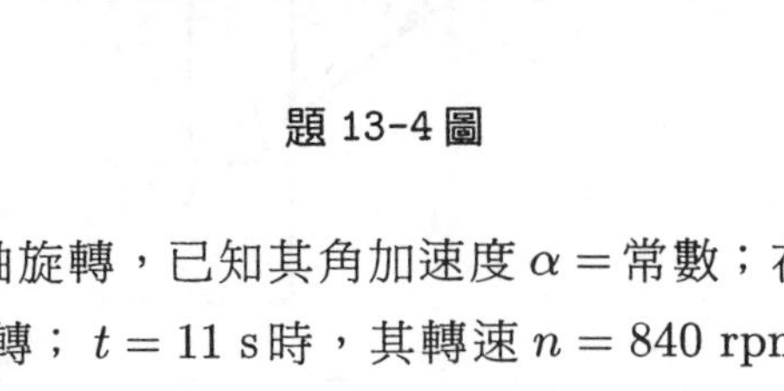

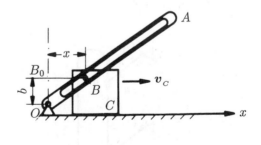

題 13-4 圖

13-5 一剛體作定軸旋轉，已知其角加速度 $\alpha =$ 常數；在最初的 4 秒鐘內轉過 20 轉；$t = 11$ s 時，其轉速 $n = 840$ rpm。試求初角速度及角加速度。

13-6 刨床上的曲柄搖桿機構如圖所示，曲柄長 $OA = r$，以等角速度 ω_0 繞 O 軸轉動，其 A 端用鉸銷與滑塊相連，滑塊可沿搖桿

O_1B 的槽子滑動。已知 $OO_1 = a$，求搖桿的轉動方程式及角速度方程式。

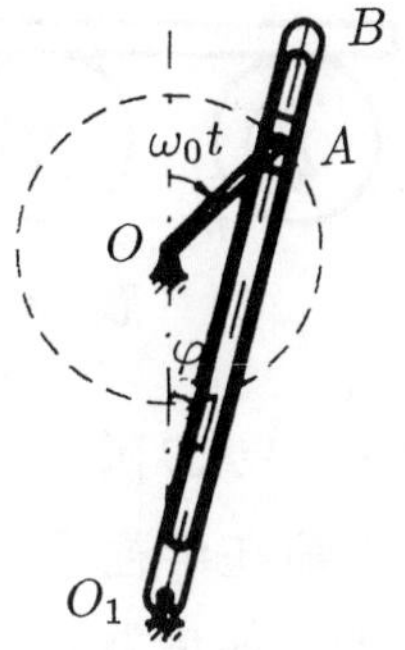

題 13-6 圖

13-7 如圖所示，昇降機裝置由半徑為 $R = 50$ cm 的鼓輪帶動。被昇降物體的運動方程式為 $x = 5t^2$（t 以 s 計，x 以 m 計）。求鼓輪的角速度和角加速度，並求在任意瞬時，鼓輪輪緣上一點的加速度的大小。

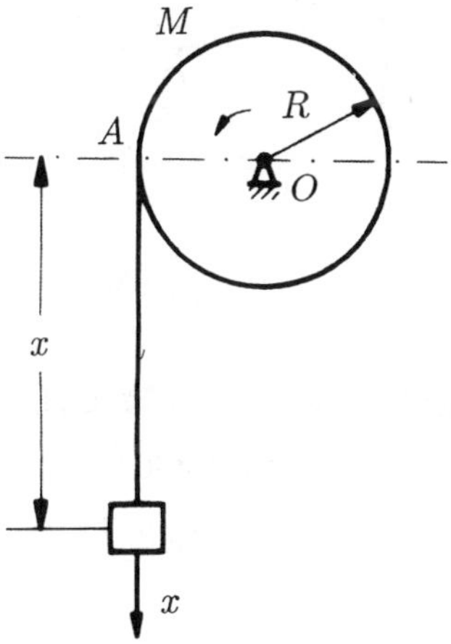

題 13-7 圖

13-8 圖示滾子傳送帶，已知滾子的直徑 $d = 20$ cm，作等速轉動，

轉速為 $n = 50$ rpm。求鋼板 A 運動的速度和加速度，並求在滾子上與鋼板的接觸點 M 的加速度。

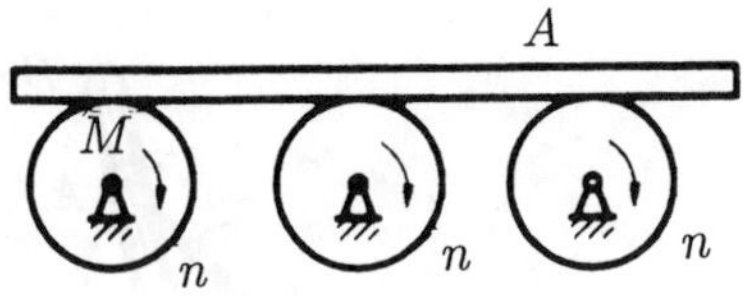

題 13-8 圖

13-9 輪 I 與輪 II 鉸連於桿 AB 兩端，半徑分別為 $r_1 = 150$ mm，$r_2 = 200$ mm。兩輪在半徑 $R = 450$ mm 的曲面上運動，在圖示瞬時，A 點的加速度為 $\boldsymbol{a}_A = 1200$ mm/s^2，$\boldsymbol{a}_A$ 與 OA 成 60° 角。試求桿 AB 的角速度與角加速度，及 B 點的加速度大小。

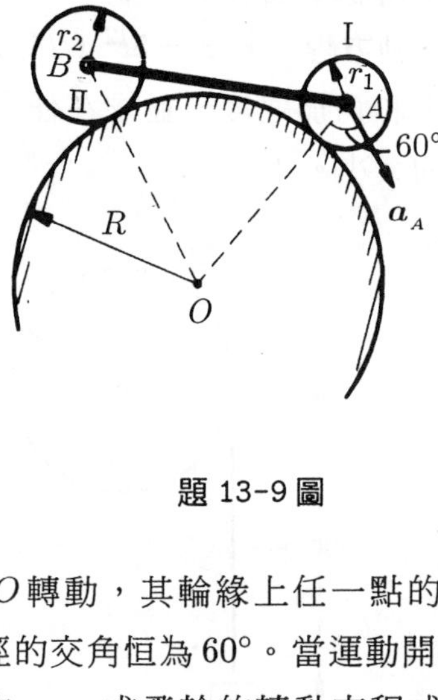

題 13-9 圖

13-10 飛輪繞固定軸 O 轉動，其輪緣上任一點的加速度在某段運動過程中與輪半徑的交角恒為 60°。當運動開始時，其轉角 φ_0 等於零，角速度為 ω_0，求飛輪的轉動方程式及角速度與轉角的關係。

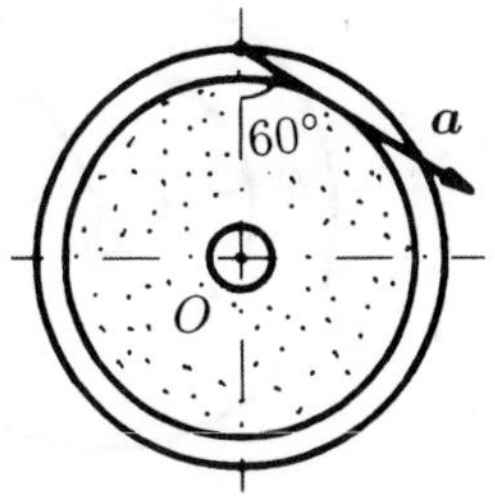

題 13-10 圖

13-11 如圖所示，半徑 $r_1 = 10$ cm 的錐齒輪 O_1 由半徑 $r_2 = 15$ cm 的錐齒輪 O_2 帶動。齒輪 O_2 以等角加速度 2 rad/s^2 轉動。問經過多少時間，錐齒輪 O_1 能從靜止達到相當於 $n_1 = 4320$ rpm 的角速度。

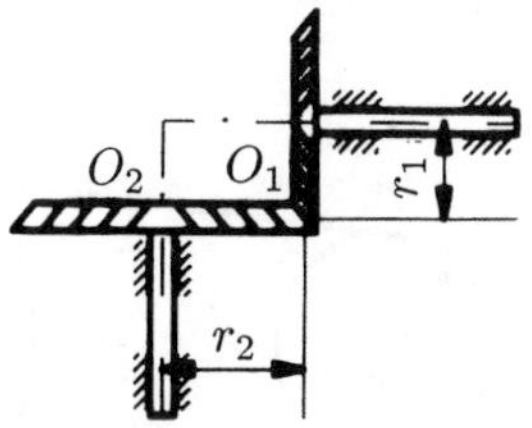

題 13-11 圖

13-12 汽輪機葉輪由靜止開始作等加速轉動。輪上 M 點離軸心為 0.4 cm，在某瞬時其加速度的大小為 40 m/s^2，方向與 M 點和軸心連線成 $\theta = 30°$ 角。求葉輪的轉動方程式，以及當 $t = 5$ s 時 M 點的速度和法線加速度。

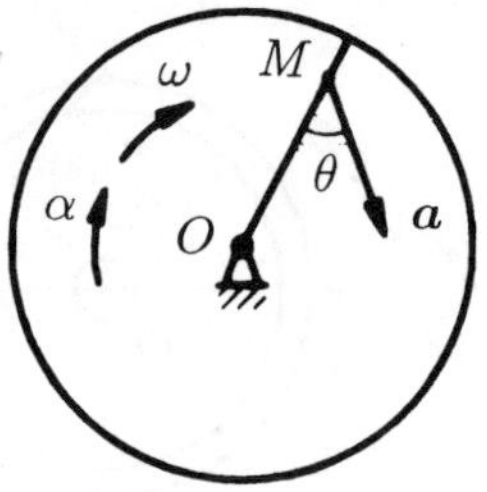

題 13-12 圖

13-13 電動鉸車由膠帶輪 I 和輪 II 以及鼓輪 III 組成。鼓輪 III 和膠帶輪 II 剛性地固定在同一軸上。各輪的半徑分別為 $r_1 = 30$ cm，$r_2 = 75$ cm ，$r_3 = 40$ cm。輪 I 的轉速為 $n_1 = 100$ rpm，設膠帶輪與膠帶之間無滑動，求重物 Q 上昇的速度和膠帶各段上點的加速度的大小。

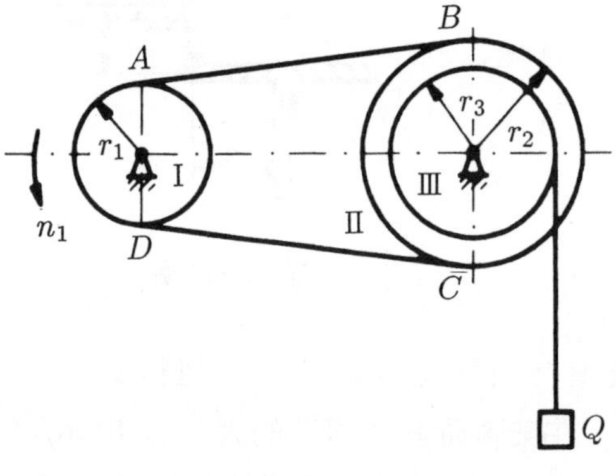

題 13-13 圖

13-14 如圖所示，摩擦傳動機構的主動軸 I 的轉速為 $n = 600$ rpm。軸 I 的輪盤與軸 II 的輪盤接觸，接觸點按箭頭 A 所示的方向移動。距離 $d = 10 - 0.5t$，其中 d 以 cm 計，t 以 s 計。已知 $r = 5$ cm ，$R = 15$ cm。求：(1) 以距離 d 表示軸 II 的角加速度，(2) 當 $d = r$ 時，輪 B 邊緣上一點的加速度。

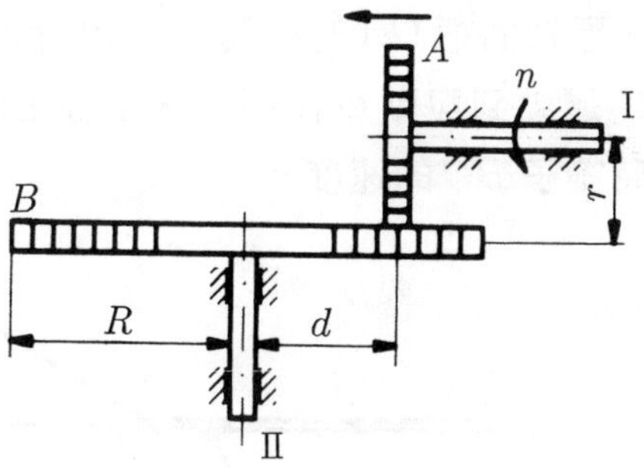

題 13-14 圖

13-15 紙盤由厚度為 a 的紙條卷成，令紙盤的中心不動，而以等速 $\boldsymbol{v}$ 拉紙條。求紙盤的角加速度（以半徑 r 的函數表示）。

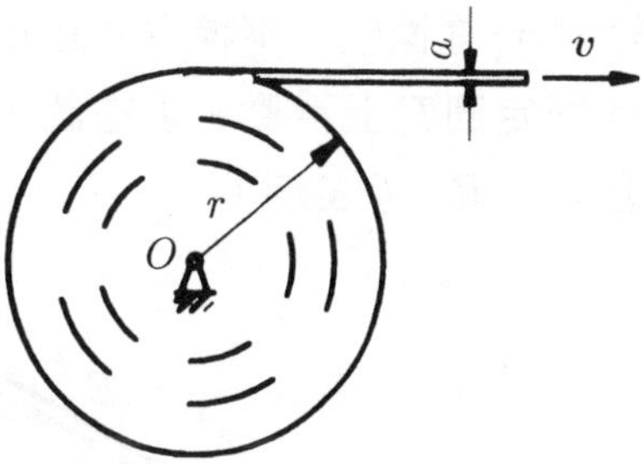

題 13-15 圖

13-16 圖示曲柄連桿機構中，曲柄 $OA = 40\ \mathrm{cm}$，連桿 $AB = 100\ \mathrm{cm}$。曲柄 OA 繞 O 軸作等速轉動，其轉速 $n = 180\ \mathrm{rpm}$。求當曲柄與水平線間成 45° 角時連桿的角速度和中點 M 的速度。

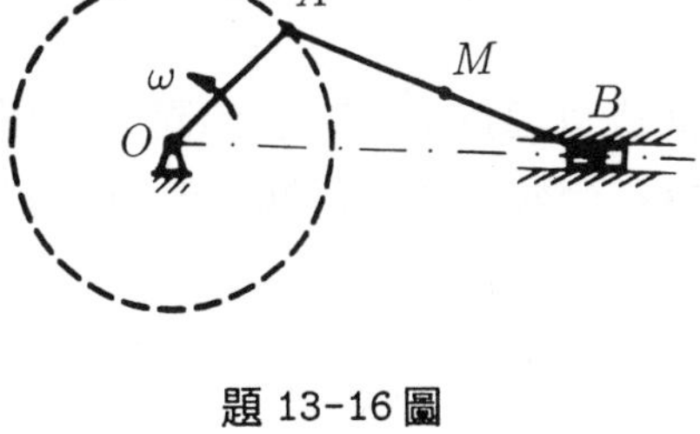

題 13-16 圖

13-17 在篩動機構中，篩子的水平擺動由曲柄連桿機構帶動，如圖所示。已知曲柄 OA 的轉速 $n = 40$ rpm，$OA = 30$ cm。當篩子 BC 運動到與點 O 在同一水平線上時，$\angle BAO = 90°$。求此瞬時篩子 BC 的速度。

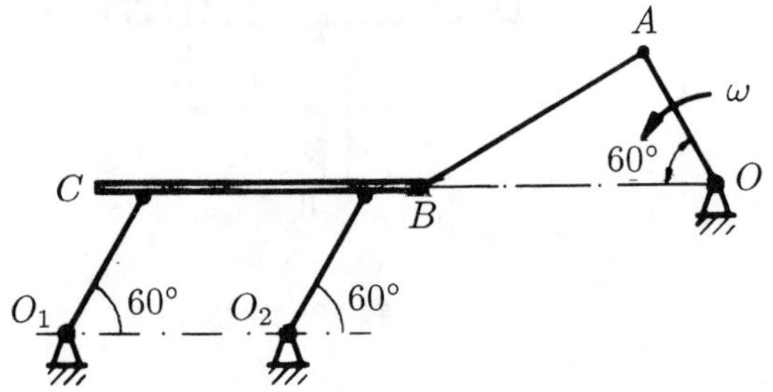

題 13-17 圖

13-18 滑塊 A 以等速 $\boldsymbol{v}_A$ 在固定水平桿 BC 上滑動，從而帶動桿 AD 沿半徑為 R 的固定圓盤上滑動。求在圖示位置時桿 AD 的角速度 ω_{AB}（用 v_A、R、θ 表示）。

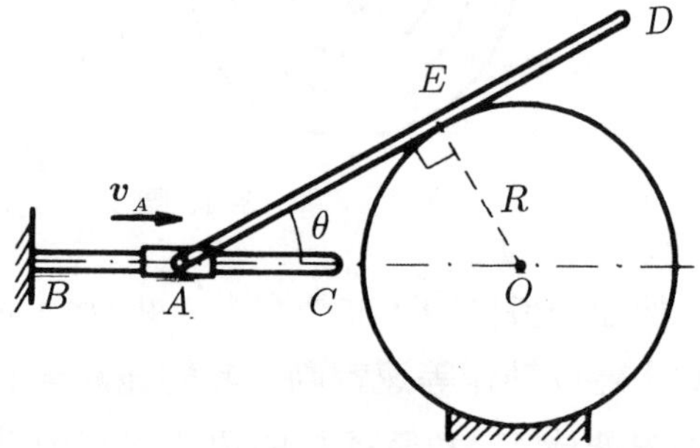

題 13-18 圖

13-19 圖示兩齒條以速度 $\boldsymbol{v}_1$ 和 $\boldsymbol{v}_2$ 作同方向運動，且 $v_1 > v_2$。在兩齒條間夾一齒輪，其半徑為 r，求齒輪的角速度及其中心的速度。

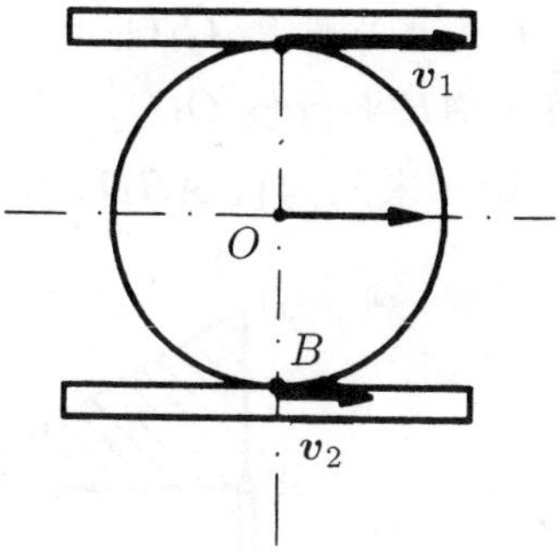

題 13-19 圖

13-20 當鼓輪 A 轉動時，通過繩索使管 ED 上昇。已知鼓輪的轉速 $n = 10$ rpm，$R = 150$ mm，$r = 50$ mm。求圖 (a)、(b) 兩種情況下管子中心 O 的速度。

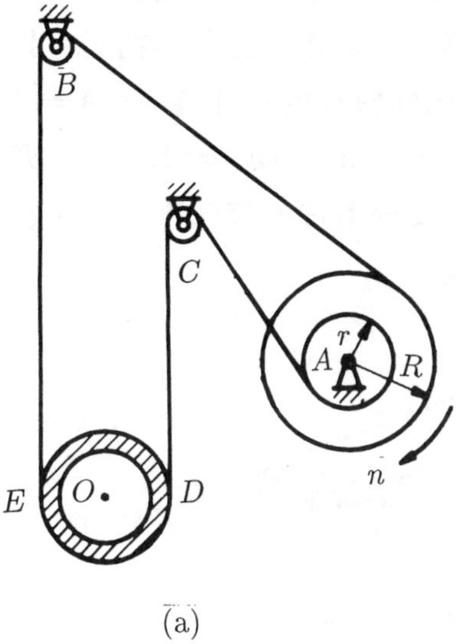

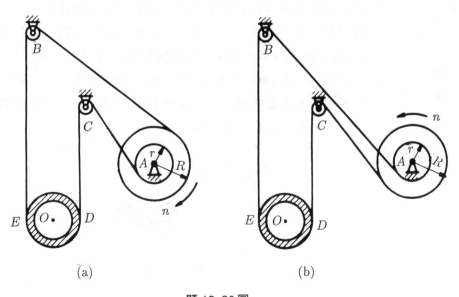

題 13-20 圖

13-21 曲柄連桿機構中，連桿 AB 上固連一塊三角板 ABD，如圖所示。機構由曲柄 O_1A 帶動。已知曲柄的角速度 $\omega_{O_1A} = 2$ rad/s；$O_1A = 10$ cm，水平距離 $O_1O_2 = 5$ cm，$AD = 5$ cm；當 O_1A 鉛直時，AB 平行於 O_1O_2，且 AD 與 AO_1 在同一直線上；角 $\varphi = 30°$。求三角板 ABD 的角速度和 D 點的速度。

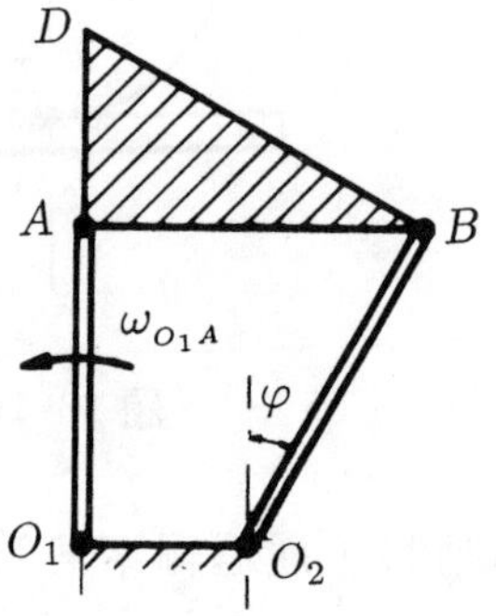

題 13-21 圖

13-22 圖示雙曲柄連桿機構的滑塊 B 和 E 用桿 BE 連接， 主動曲柄 OA 和從動曲柄 OD 都繞 O 軸轉動。主動曲柄 OA 以等角速度 $\omega_0 = 12$ rad/s 轉動。已知機構的尺寸為：$OA = 10$ cm，$OD = 12$ cm，$AB = 26$ cm，$BE = 12$ cm，$DE = 12\sqrt{3}$ cm。求當曲柄 OA 垂直於滑塊的導軌方向時，從動曲柄 OD 和連桿 DE 的角速度。

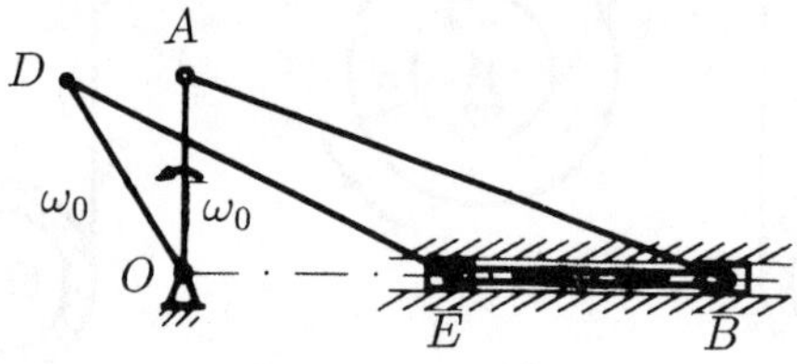

題 13-22 圖

13-23 圖示機構中，已知：$OA = 10$ cm，$BD = 10$ cm，$DE = 10$ cm， $EF = 10\sqrt{3}$ cm；$\omega_{OA} = 4$ rad/s。在圖示位置時，

曲柄 OA 與水平線 OB 垂直，且 B、D 和 F 在同一鉛直線上，又 DE 垂直於 EF。求此時桿 EF 的角速度和點 F 的速度。

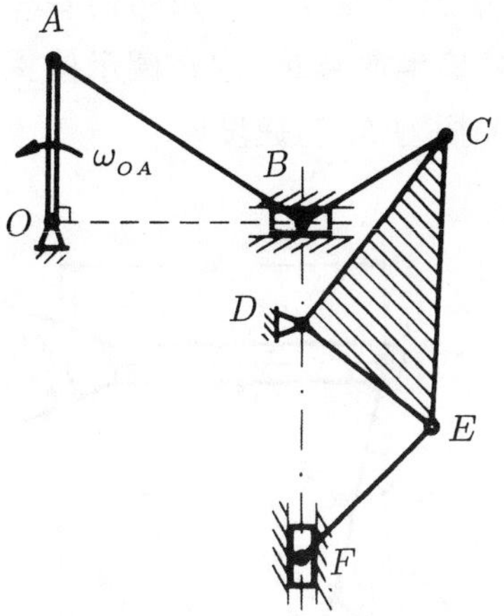

題 13-23 圖

13-24 使砂輪高速轉動的裝置如圖所示。桿 O_1O_2 繞 O_1 軸轉動，轉速為 n_4，O_2 處用鉸鏈連接一半徑為 r_2 的活動齒輪 II，桿 O_1O_2 轉動時，輪 II 在半徑為 r_3 為的固定內齒輪 III 上滾動，並使半徑為 r_1 的輪 I 繞 O_1 軸轉動。輪 I 上裝有砂輪，隨同輪 I 高速轉動。已知 $\frac{r_3}{r_1} = 11$，$n_4 = 900$ rpm，求砂輪的轉速。

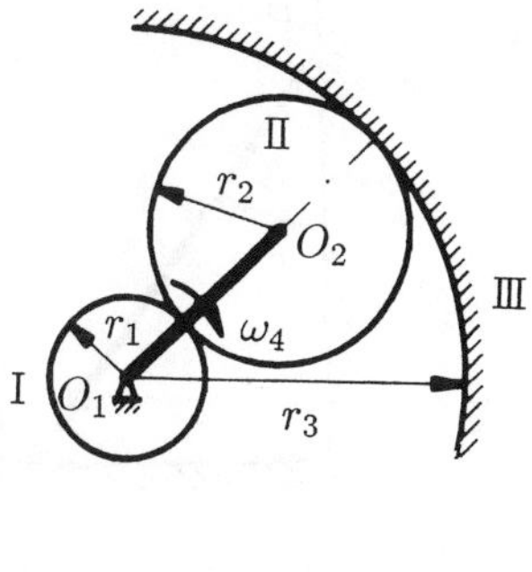

題 13-24 圖

13-25 插齒機傳動機構的簡圖如圖所示。曲柄 OA 通過連桿 AB 帶動擺桿 O_1B 繞 O_1 軸擺動，與擺桿連成一體的扇齒輪帶動齒條使插刀 M 上下運動。已知曲柄 $OA = r$，它的轉動角速度為 ω，扇齒輪半徑為 b。求在圖示位置時（連線 OB 垂直於水平線 BO_1）插刀 M 的速度。

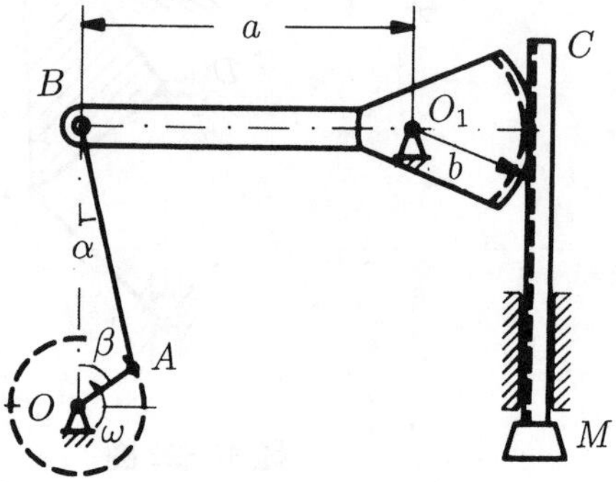

題 13-25 圖

13-26 靠在直角墻壁上的細桿 AB 長為 l，由鉛直位置在鉛垂面內滑下 已知 A 端沿水平線作等速運動，速度為 $\boldsymbol{v}_A$ 。求當 $\theta = 45°$ 時，B 點的速度和加速度，AB 桿的角速度和角加速度。

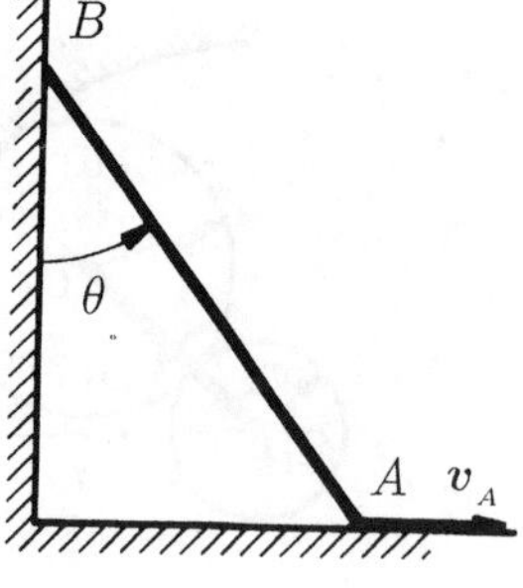

題 13-26 圖

13-27 圖示車輪在鉛垂平面內沿傾斜直線軌道滾動而不滑動。輪的半徑 $R = 0.5\ \text{cm}$，輪中心在某瞬時的速度 $v_0 = 1\ \text{m/s}$，加速度為 $a_0 = 3\ \text{m/s}^2$。求輪上 1、2、3、4 點在該瞬時的加速度。

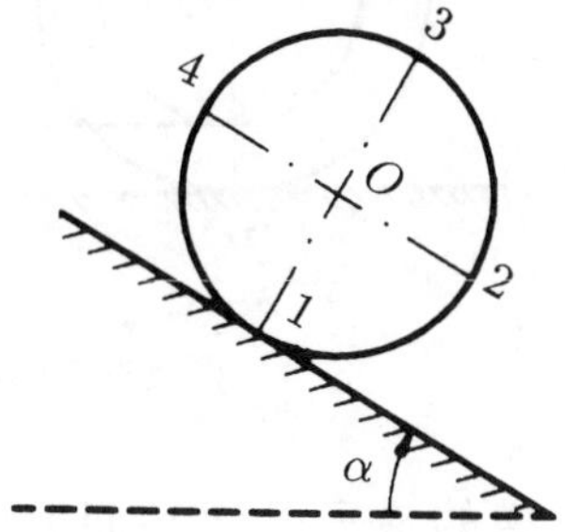

題 13-27 圖

13-28 曲柄 OO_1 繞軸 O 以等角速度 ω_0 轉動，並帶動行星齒輪 I 在齒輪 II 內滾動。輪 I 與輪 II 半徑分別為 r 和 $R = 2r$ 。求該瞬時輪 I 的瞬時速度中心 P 的加速度。

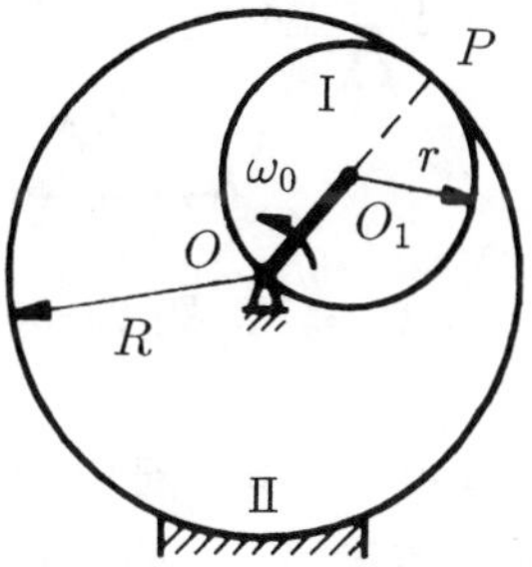

題 13-28 圖

13-29 半徑為 R 的輪子沿水平面滾動而不滑動，如圖所示。在輪上有圓柱部分，其半徑為 r。將線繞在圓柱上，線的 B 端以速度 $\boldsymbol{u}$ 和加速度 $\boldsymbol{a}$ 沿水平方向運動。求輪的軸心 O 的速度和加速度。

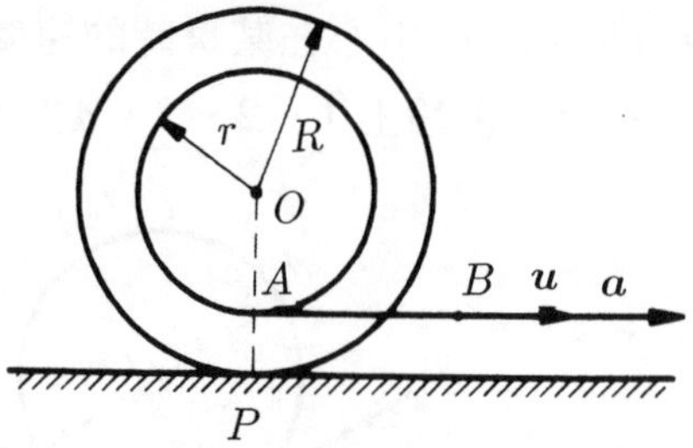

題 13-29 圖

13-30 圖示滾壓機構的滾子沿水平面滾動而不滑動，曲柄 $OA = 0.1$ m，以等速 $n = 30$ rpm 繞 O 軸轉動。如滾子半徑 $R = 0.1$ m，連桿 $AB = 0.173$ m，求當曲柄與水平面交角為 60° 時，滾子的角速度和角加速度。

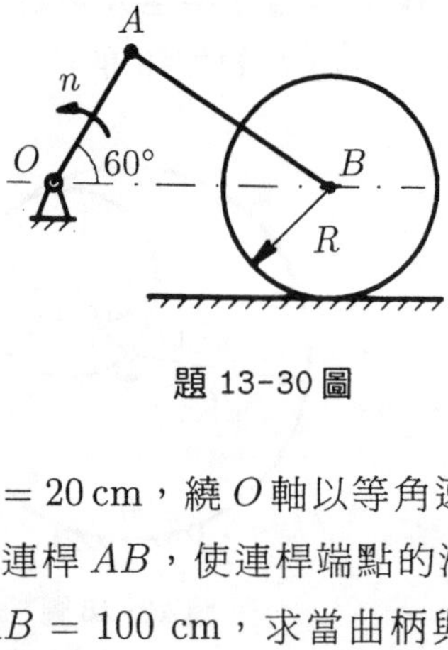

題 13-30 圖

13-31 圖示曲柄長 $OA = 20$ cm，繞 O 軸以等角速度 $\omega_0 = 10$ rad/s 轉動。此曲柄帶動連桿 AB，使連桿端點的滑塊 B 沿鉛垂方向運動。如連桿長 $AB = 100$ cm，求當曲柄與連桿相互垂直並與水平線間夾角各成 $\theta = 45°$ 和 $\beta = 45°$ 時，連桿 AB 的角速度、角加速度和滑塊 B 的加速度。

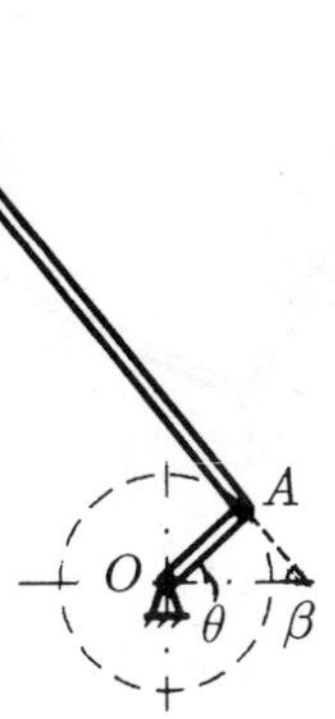

題 13-31 圖

13-32 平面四連桿機構 $ABCD$ 的尺寸和位置如圖 (a)、(b) 所示。圖示瞬時若桿 AB 繞 A 軸轉動的角速度 $\omega = 1$ rad/s，角加速度等於零，求桿 CD 的角速度和角加速度。

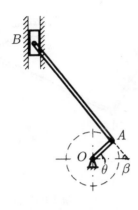

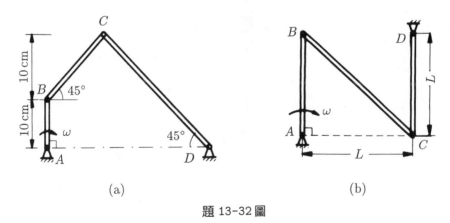

題 13-32 圖

13-33 在圖示曲柄連桿機構中，曲柄 OA 繞 O 軸轉動，其角速度為 ω_0，角加速度為 α_0。在某瞬時曲柄與水平線間成 60° 角，而連桿 AB 與曲柄 OA 垂直。滑塊 B 在圓形槽內滑動。此時半徑 O_1B 與連桿 AB 間成 30° 角，如 $OA = r$，$AB = 2\sqrt{3}r$，$O_1B = 2r$，求該瞬時，滑塊 B 的切線和法線加速度。

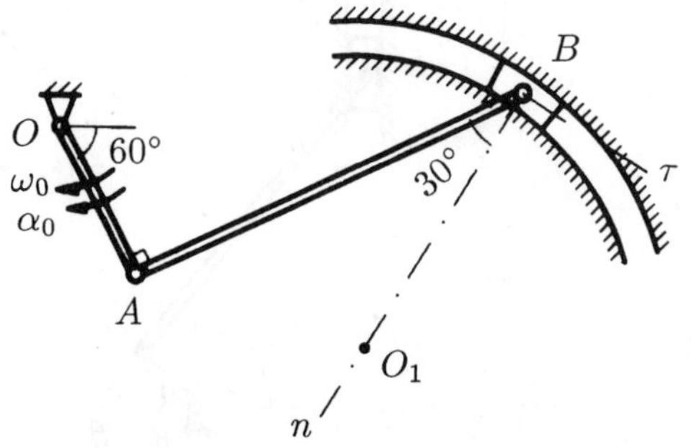

題 13-33 圖

13-34 在圖示配汽機構中，曲柄 $OA=r$，繞 O 軸以等角速度 ω_0 轉動，$AB=6r$，$BC=3\sqrt{3}r$，求機構在圖示位置時，滑塊 C 的速度和加速度。

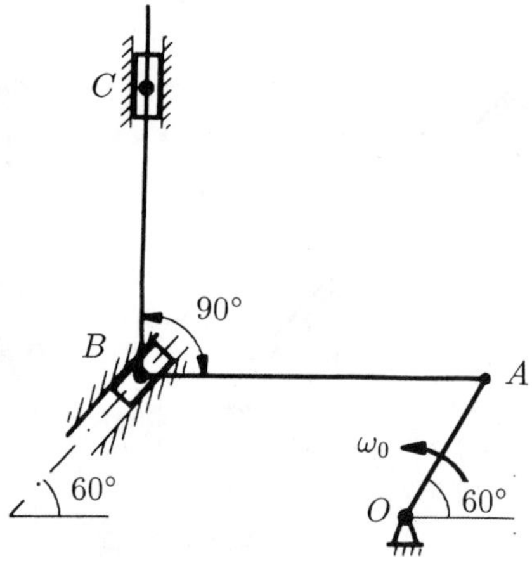

題 13-34 圖

13-35 半徑均為 R 的兩輪用長為 l 的桿 AB 相連如圖。當前輪 O 沿水平軌道純滾動時，通過 AB 桿帶動後輪 B 沿同一軌道純滾動。設已知前輪作等速滾動，輪心 O 的速度為 $\boldsymbol{v}$ ，求機構在圖示位置的瞬時，後輪 B 的角速度 ω_B 及角加速度 α_B 。

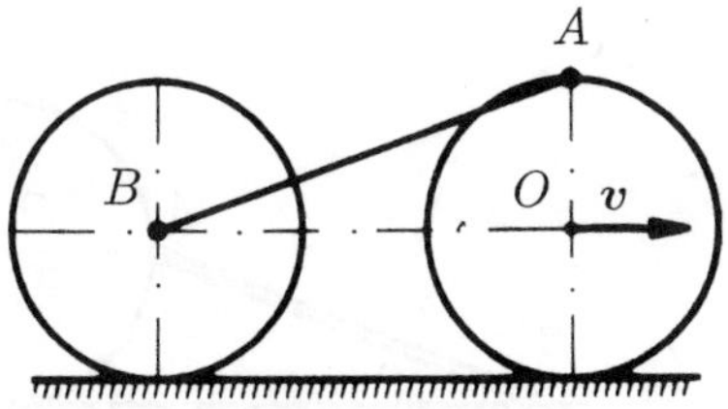

題 13-35 圖

13-36 半徑為 10 cm 的輪 B 由曲柄 OA 與連桿 AB 帶動在半徑為 40 cm 的固定輪上作純滾動如圖示。設 OA 長 10 cm，AB 長 40 cm，OA 等速轉動，角速度 $\omega_0 = 10$ rad/s。求在圖示位置時，輪 B 的角速度和角加速度。

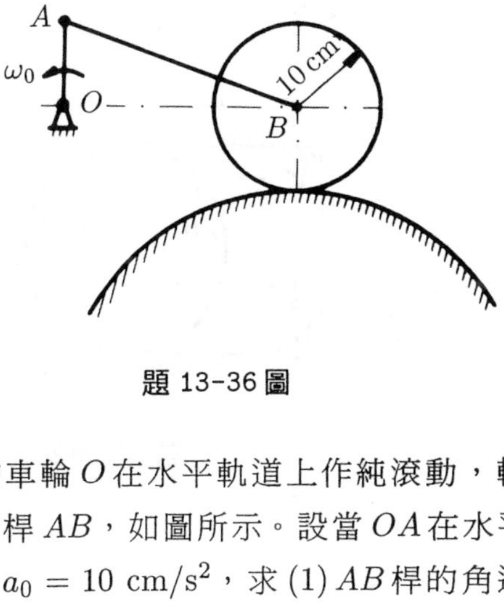

題 13-36 圖

13-37 半徑為 30 cm 的車輪 O 在水平軌道上作純滾動，輪邊緣上鉸接一長 70 cm 的桿 AB，如圖所示。設當 OA 在水平位置時，$v_0 = 20$ cm/s，$a_0 = 10$ cm/s^2，求 (1) AB 桿的角速度和角加速度；(2) B 點的速度與加速度。

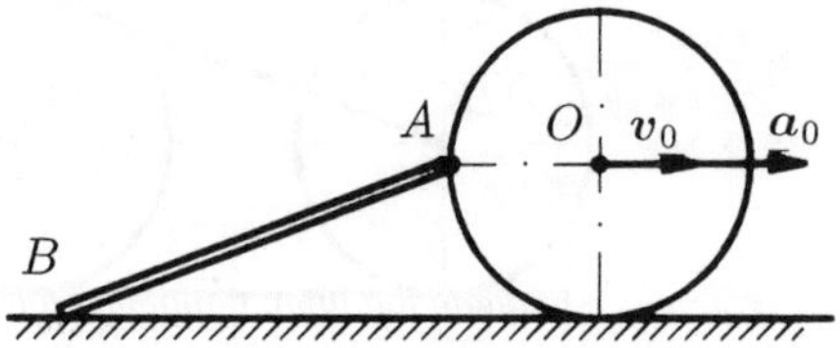

題 13-37 圖

13-38 已知機構在圖示位置的瞬時物塊 D 的速度為 $\boldsymbol{v}$，加速度為 $\boldsymbol{a}$，方向如圖所示。設輪 O 在水平軌道上只滾動不滑動，求此瞬時滑塊 C 的速度和加速度。輪 O 的半徑已知為 R，桿 BC 長為 l。

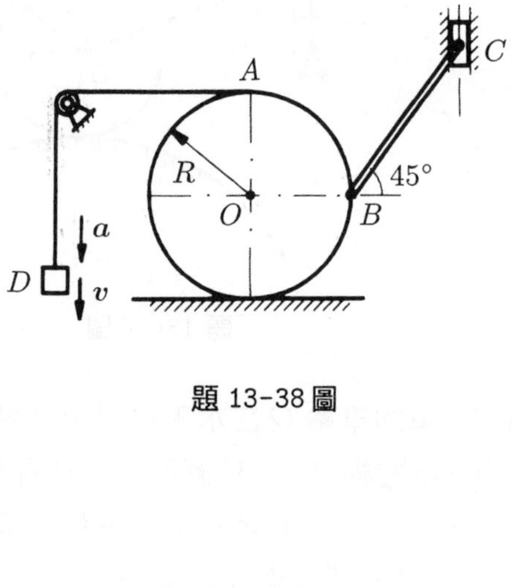

題 13-38 圖

14 質點的相對運動學

在質點運動學一章中曾指出，對任何物體運動的描述都是相對的，從不同的參考系來觀察同一物體的運動，得到的結果不同。本章之前我們討論物體的運動只涉及一個參考系（通常指地球）。但在實際問題中常需從兩個有相對運動的參考系來考察同一個質點或剛體的運動，並研究它們之間的關係。這就是質點相對運動學中最基本的問題。它既是工程中存在的實際問題，也是研究物體複雜運動和非慣性系統運動力學的基礎。同時要指出，在前幾章討論各種機構運動時構件（剛體）之間的運動傳遞問題中，總是利用兩個相連構件在連接點處沒有相對運動，因而具有共同的速度和加速度這一特點來建立二構件運動之間的關係。但在許多情況下，兩相連構件在連接處有滑動運動，這時就需要應用本章所闡述的理論來建立二構件運動之間的關係。

14-1 質點的絕對運動、相對運動和牽連運動

先通過實例來說明從兩個相對運動著的參考系來考察同一質點運動的情況及其相互關係。如圖 14-1.1所示，當直昇飛機沿鉛垂直

線以等速上昇時，分別從飛機和地面來觀察負載螺旋槳邊緣的一點 M 的運動。這裏有兩個相對運動著的參考系：飛機和地面。為了方便，從相對意義上把其中之一視為固定不動，稱為**固定參考系**(fixed reference system)，簡稱**定系**。通常習慣把地面當作定系，與之相固連的座標系以 O_1XYZ 表之。而把另一個參考系（飛機）視為相對於定系（地面）作某種運動的**動參考系**(moving reference system)，簡稱**動系**。與動系相固連的座標系以 $Oxyz$ 表之。當然，可採取相反的約定，把飛機視為定系而把地面視為動系。

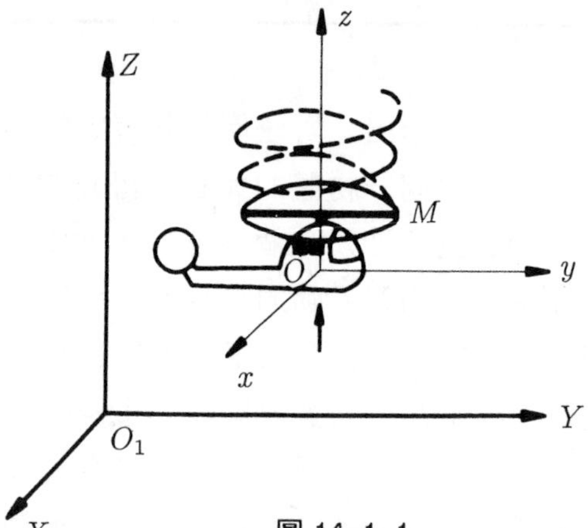

圖 14-1.1

顯然，質點 M 相對於定系和動系的運動是不相同的。M 點相對於定系（地面）的運動是空間螺旋線運動，而相對於動系（飛機）的運動是圓周運動。為了區別起見，今後我們把質點 M（或稱動點）相對於定系的運動稱為**絕對運動**(absolute motion)，而把動點 M 相對於動系的運動稱為**相對運動**(relative motion)。

容易看出，點 M 這兩種運動的差別完全是由於動系對定系有相對運動所致。假如動系沒有對定系的相對運動，即假如飛機作定駐飛行而懸吊於空中不動，則 M 點的相等運動和絕對運動沒有差別。可見動系的運動是建立動點的相對運動和絕對運動之間關係的關鍵。我們把 **動系相對於定系的運動稱為牽連運動**(carrier motion)。

由於動系實際上是一個剛體，所以牽連運動指的是剛體的運動，它可以是平移運動、定軸轉動、平面一般運動或其它形式的剛體運動。在本例中，牽連運動是飛機相對於地面的平移運動。

現在通過牽連運動來說明 M 點的相對運動和絕對運動間的關係。容易看出，由於牽連運動的存在，點 M 相對地面的螺旋線運動實際上是它相對於飛機的圓周運動和隨飛機的平動的合成運動。或者說 M 點的螺旋線運動可分解為相對於機身的圓周運動和隨同機身的牽連運動。由此可得結論為：質點的相對運動與該點隨同動系的牽連運動合成而為質點的絕對運動，也就是說質點的絕對運動可分解為質點的相對運動和該點隨同動系的牽連運動。質點的絕對運動可視為合成運動。

應該指出，上述運動的合成與分解是在兩個有相對運動的參考系中進行的。因此，必須明確動點、動系和定系，區別相對運動、絕對運動和牽連運動。這與普通物理學中在一個參考系中進行運動的合成與分解不同，讀者應予以注意。

14-2 變向量的絕對導數與相對導數

在後面的討論中，需從兩個相對運動著的參考系中來考察同一個變向量的變化率。這就是所謂變向量的絕對導數和相對導數問題。為了得到變向量的絕對導數和相對導數間的普遍關係，我們討論動系作一般平面運動的情況，而把動系作平移和定軸旋轉的情況視為前者的特殊情形來處理。

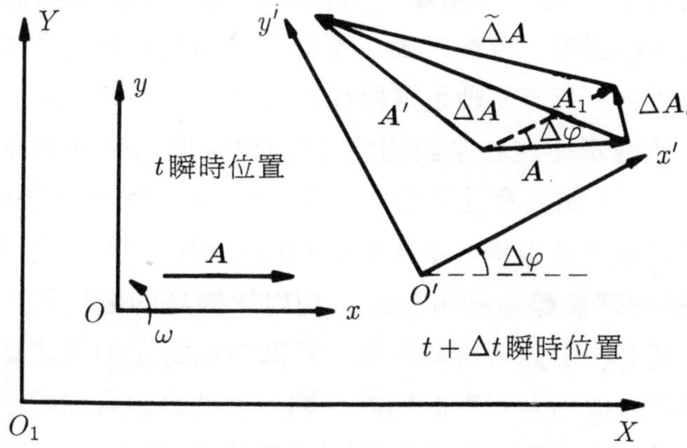

圖 14-2.1

如圖 14-2.1所示，設動座標系 Oxy 相對於定座標系 O_1XY 作平面一般運動，在 t 瞬時位於圖示位置，角速度為 ω，變向量為 $\boldsymbol{A}$。不失一般性，設此瞬時，向量 $\boldsymbol{A}$ 平行於 O_1X 和 Ox 軸（圖 14-2.1）。經過 Δt 時間間隔後，動系位於 $O'x'y'$ 位置，其角位移為 $\Delta\varphi$，變向量 $\boldsymbol{A}$ 變為 $\boldsymbol{A}'$。現在分別從定系和動系來考察 $\boldsymbol{A}$ 在 Δt 時間內的增量。從定系上來看 $\boldsymbol{A}$ 的增量是 $\Delta\boldsymbol{A}$；從動系上來看 $\boldsymbol{A}$ 的增量是 $\tilde{\Delta}\boldsymbol{A}$（如圖所示）。我們約定，變向量 $\boldsymbol{A}$ 對定系的增量 $\Delta\boldsymbol{A}$ 稱為絕對增量，相應地

$$\frac{d\boldsymbol{A}}{dt} = \lim_{\Delta t \to 0} \frac{\Delta\boldsymbol{A}}{\Delta t}$$

稱為**絕對導數**。變向量 $\boldsymbol{A}$ 對動系的增量 $\tilde{\Delta}\boldsymbol{A}$ 稱為**相對增量**，相應地

$$\frac{\tilde{d}\boldsymbol{A}}{dt} = \lim_{\Delta t \to 0} \frac{\tilde{\Delta}\boldsymbol{A}}{\Delta t}$$

稱為**相對導數**。

下面導出絕對導數與相對導數之間的關係。由圖所示，$\Delta\boldsymbol{A}$ 與 $\tilde{\Delta}\boldsymbol{A}$ 有以下關係

$$\Delta\boldsymbol{A} = \tilde{\Delta}\boldsymbol{A} + \Delta\boldsymbol{A}_e$$

其中 $\Delta \boldsymbol{A}_e$ 是由於動系轉動使 $\boldsymbol{A}$ 的方向改變而產生的位移。因為動系的角位移 $\Delta\varphi$ 是微量，故可用向量 $\Delta\boldsymbol{\varphi}$ 來表示，$\Delta\boldsymbol{\varphi}$ 的方向垂直於運動平面，指向由右手定則確定。因而有

$$\Delta \boldsymbol{A}_e = \Delta\boldsymbol{\varphi} \times \boldsymbol{A}$$

代入上式得

$$\Delta \boldsymbol{A} = \tilde{\Delta} \boldsymbol{A} + \Delta\boldsymbol{\varphi} \times \boldsymbol{A}$$

兩端同除以 Δt 並取極限，得

$$\lim_{\Delta t \to 0} \frac{\Delta \boldsymbol{A}}{\Delta t} = \lim_{\Delta t \to 0} \frac{\tilde{\Delta} \boldsymbol{A}}{\Delta t} + \left(\lim_{\Delta t \to 0} \frac{\Delta \boldsymbol{\varphi}}{\Delta t} \right) \times \boldsymbol{A}$$

注意到 $\lim_{\Delta t \to 0} \frac{\Delta \boldsymbol{\varphi}}{\Delta t} = \boldsymbol{\omega}$

$\boldsymbol{\omega}$ 為動系在 t 瞬時的角速度向量。故得

$$\frac{d\boldsymbol{A}}{dt} = \frac{\tilde{d}\boldsymbol{A}}{dt} + \boldsymbol{\omega} \times \boldsymbol{A} \tag{14-2.1}$$

上式表示**變向量的絕對導數等於相對導數和動系的角速度與該向量的向量積的向量和**。

在特殊情況下，當動系作定軸旋轉時，變向量 $\boldsymbol{A}$ 的絕對導數與相對導數間仍然有 (14-2.1) 式之關係。當動系作平移時，因為動系的角速度 $\boldsymbol{\omega}$ 為零，故由 (14-2.1) 式可知

$$\frac{d\boldsymbol{A}}{dt} = \frac{\tilde{d}\boldsymbol{A}}{dt} \tag{14-2.2}$$

14-3 速度合成定理

1. 質點在相對運動、絕對運動和牽連運動中的速度

考慮兩個參考座標系，一個固定座標系 O_1XY，一個相對定系作平面運動的座標系 Oxy，兩個座標系皆位於圖 14-3.1 所示同一平

面。設質點 M 亦在 O_1XY 平面內運動，該點相對這兩個座標系的位置向量分別為 $\boldsymbol{r}_M$ 和 $\boldsymbol{r}'_M$。

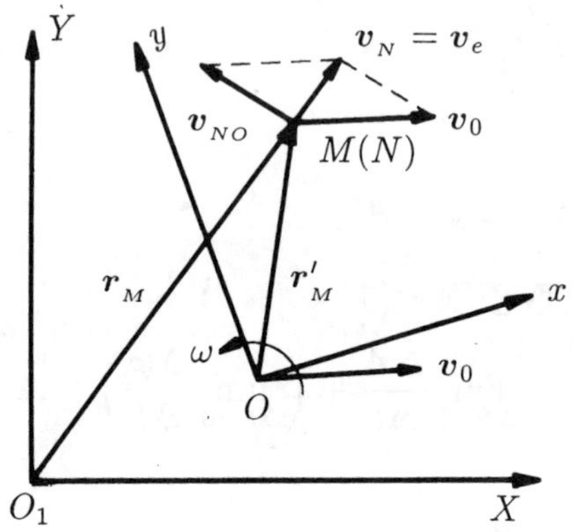

圖 14-3.1

質點 M 在絕對運動中的速度，或者說點 M 的位置向徑 $\boldsymbol{r}_M$ 對時間 t 的絕對導數稱為質點的**絕對速度**(absolute velocity)，記為 $\boldsymbol{v}_a$。

$$\boldsymbol{v}_a = \frac{d\boldsymbol{r}_M}{dt} \tag{14-3.1}$$

質點 M 在相對運動中的速度，或者說點 M 的相對位置向徑 $\boldsymbol{r}'_M$ 對時間 t 的相對導數，稱為質點的**相對速度** (relative velocity)，記為 $\boldsymbol{v}_r$，

$$\boldsymbol{v}_r = \frac{\tilde{d}\boldsymbol{r}'_M}{dt} \tag{14-3.2}$$

絕對速度與相對速度之所以不同，是由於有牽連運動存在。**某瞬時動系上與質點 M 相重合的 N 點相對定系的速度 $\boldsymbol{v}_N$ 稱為質點在該瞬時的牽連速度**(carrier velocity， transport velocity)，記為 $\boldsymbol{v}_e$，即

$$\boldsymbol{v}_e = \boldsymbol{v}_N \tag{14-3.3}$$

由於在不同的瞬時動系上與點 M 相重合的點不同，因此，在不同的瞬時牽連速度為動系上不同的點的速度。

重合點 N 對定系的速度 $\boldsymbol{v}_N$ 也隨牽連運動形式的不同而不同。例如當動系 Oxy 在定系 O_1XY 平面內作平面運動時（圖 14-3.1），以 $\boldsymbol{v}_0$ 表示動座標系原點 O 在某瞬時對定系的速度，以 $\boldsymbol{\omega}$ 表示此瞬時動系平面運動的角速度，則該瞬時動系上與質點 M 相重合的動系上的 N 點對定系的速度 $\boldsymbol{v}_N$，由平面運動剛體上兩點的速度關係可知為

$$\boldsymbol{v}_N = \boldsymbol{v}_0 + \boldsymbol{\omega} \times \boldsymbol{r}'_M$$

式中 $\boldsymbol{\omega} \times \boldsymbol{r}'_M = \boldsymbol{v}_{NO}$ 為 N 點繞 O 點轉動的速度。於是這時質點的牽連速度可表為

$$\boldsymbol{v}_e = \boldsymbol{v}_N = \boldsymbol{v}_0 + \boldsymbol{\omega} \times \boldsymbol{r}'_M \tag{14-3.4}$$

當動系在 O_1XY 平面內平移時，$\boldsymbol{\omega} = 0$，動系上各點具有相同的速度 $\boldsymbol{v}_N = \boldsymbol{v}_0$，故有

$$\boldsymbol{v}_e = \boldsymbol{v}_N = \boldsymbol{v}_0 \tag{14-3.5}$$

當動系為繞垂直於 O_1XY 平面的定軸 O 旋轉時，$\boldsymbol{v}_0 = 0$，$\boldsymbol{v}_N = \boldsymbol{\omega} \times \boldsymbol{r}'_M$，故有

$$\boldsymbol{v}_e = \boldsymbol{v}_N = \boldsymbol{\omega} \times \boldsymbol{r}'_M \tag{14-3.6}$$

2. 速度合成定理

由上所述可知，質點 M 的相對速度與絕對速度之不同是由於牽連速度的存在。因此，可以通過牽連速度來直接建立它們之間的關係。設動系 Oxy 在定系 O_1XY 平面內作平面運動（圖 14-3.2），質點 M 在 Oxy 平面內作相對運動，相對軌跡曲線 $\overset{\frown}{AB}$。由圖 14-3.2 可見

$$\boldsymbol{r}_M = \boldsymbol{r}_0 + \boldsymbol{r}'_M$$

上式兩端對時間 t 求導數得

$$\frac{d\boldsymbol{r}_M}{dt}=\frac{d\boldsymbol{r}_0}{dt}+\frac{d\boldsymbol{r}'_M}{dt}$$

考慮到

$$\frac{d\boldsymbol{r}_M}{dt}=\boldsymbol{v}_a\ ,\ \ \frac{d\boldsymbol{r}_0}{dt}=\boldsymbol{v}_0$$

及由 (14-2.1) 式有

$$\frac{d\boldsymbol{r}'_M}{dt}=\frac{\tilde{d}\boldsymbol{r}'_M}{dt}+\boldsymbol{\omega}\times\boldsymbol{r}'_M$$

因 $\frac{\tilde{d}\boldsymbol{r}'_M}{dt}=\boldsymbol{v}_r$ ，故得

$$\boldsymbol{v}_a=\boldsymbol{v}_r+\boldsymbol{v}_0+\boldsymbol{\omega}\times\boldsymbol{r}'_M$$

考慮到 (14-3.4) 式最後有

$$\boldsymbol{v}_a=\boldsymbol{v}_e+\boldsymbol{v}_r \tag{14-3.7}$$

這就是質點的**速度合成定理**：它表明**質點在任意瞬時的絕對速度等於它在該瞬時牽連速度與相對速度的向量和**。

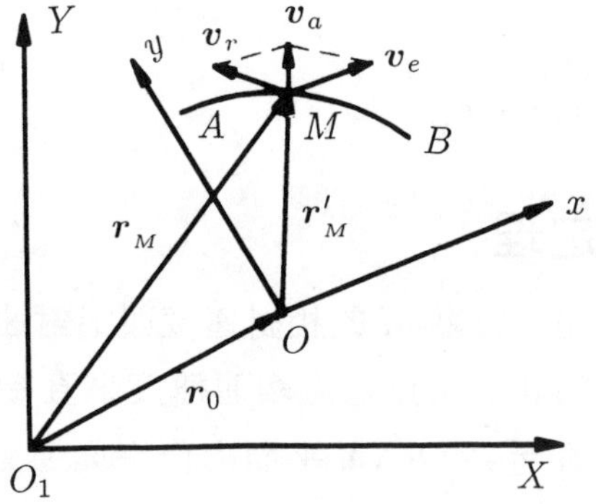

圖 14-3.2

在應用點的速度合成定理分析解決問題時，一般步驟是：

(1) 選取所要研究的質點（動點）及動系和定系，使動點的絕對運動能分解為相對運動和牽連運動。注意決不能選取動系上的點為動點，否則不會有相對運動。

(2) 分析三種運動。

(3) 分析三種速度：$\boldsymbol{v}_a$、$\boldsymbol{v}_r$、$\boldsymbol{v}_e$ 每項的大小與方向，哪些是已知的，些是未知的。因為 $\boldsymbol{v}_a = \boldsymbol{v}_e + \boldsymbol{v}_r$ 為一平面向量方程式可解兩個未知數，所以當三個速度向量中所包含的未知因素總數不超過兩個時，問題可有定解。

(4) 根據 $\boldsymbol{v}_a = \boldsymbol{v}_e + \boldsymbol{v}_r$ 作速度平行四邊形。作圖時務使絕對速度向量沿平行四邊形的對角線。

(5) 利用速度平行四邊形的幾何關係求解未知數。

例 14-3.1

飛機 A、B 在同一鉛垂面內分別沿水平線和與水平成 30° 夾角的直線飛行（圖 14-3.3），在飛行過程中，飛機 A 恒在飛機 B 的正下方。若飛機 A 的速度為 $\boldsymbol{v}_A$，試求飛機 B 的速度 $\boldsymbol{v}_B$ 及飛機 A 相對於飛機 B 的速度。

解：

因飛機 A、B 均作平移，故可視為質點。以飛機 A 作為研究的質點，動系 Bxy 與飛機 B 相固連，定系與地面相固連。

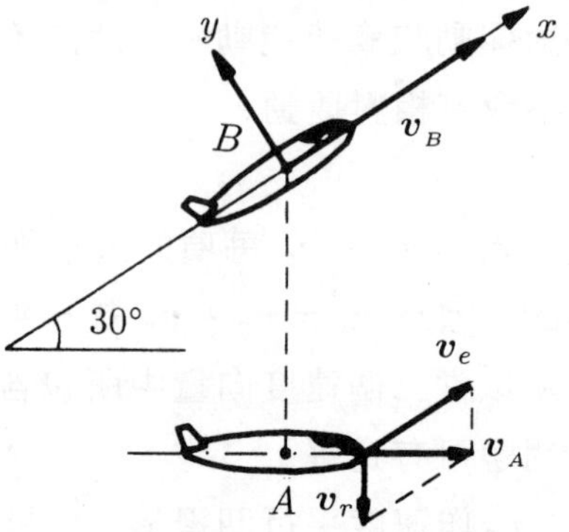

圖 14-3.3

運動分析

絕對運動——水平直線運動。

相對運動——鉛垂直線運動（因在飛機 B 上觀看飛機 A 恒在其正下方）。

牽連運動——動系 Bxy 沿與水平成 30° 角的直線平動。

速度分析　如下表

	v_a	v_e	v_r
方向	沿水平線向右	沿與水平線成 30° 的交角的直線	鉛垂向下
大小	v_A	未知 (v_B)	未知

未知因素不超過兩個，故可得解。

根據速度合成定理 $\boldsymbol{v}_a = \boldsymbol{v}_e + \boldsymbol{v}_r$ 作速度平行四邊形如圖，由幾何關係可得

$$v_B = v_e = \frac{v_A}{\cos 30^\circ} = \frac{2}{3}\sqrt{3}v_A$$

$$v_r = v_A \tan 30^\circ = \frac{\sqrt{3}}{3}v_A$$

$\boldsymbol{v}_A$ 和 $\boldsymbol{v}_r$ 方向如圖所示。

例 14-3.2

凸輪機構如圖 14-3.4 所示。當半徑為 R 的半圓形平板凸輪沿水平直線軌道平移時，可推動桿 AB 沿鉛垂直線軌道滑動。在圖示瞬時位置已知凸輪的速度為 $\boldsymbol{v}$，方向向右，A 點和凸輪中心 O 點的連線與水平線間的夾角為 φ。求此瞬時 AB 桿的速度。

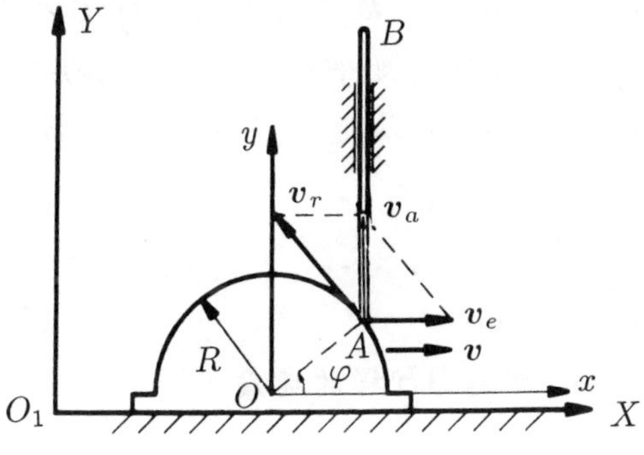

圖 14-3.4

解：

AB 桿作平移，若求得其上任一點的速度即為 AB 桿的速度。因凸輪的運動是通過 AB 桿的 A 點而傳遞給 AB 桿的，故只需求得 AB 桿端點 A 的速度即可。

取 AB 桿端點 A 為研究的質點，動座標系固連於凸輪上，定座標系固連於地面。A 點的運動與速度分析如下。

運動分析

絕對運動 —— 鉛垂直線運動。

相對運動 —— 沿凸輪表面的圓弧曲線運動。

牽連運動 —— 動座標系 Oxy 的水平直線平動。

速度分析　如下表

	$\boldsymbol{v}_a$	$\boldsymbol{v}_e$	$\boldsymbol{v}_r$
方向	鉛垂向上	水平向右	沿凸輪在 A 點的切線
大小	未知	v	未知

未知因素不超過兩個，故可由速度合成定理求解。

根據 $\boldsymbol{v}_a=\boldsymbol{v}_e+\boldsymbol{v}_r$ 作速度平行四邊形，可決定 $\boldsymbol{v}_a$、$\boldsymbol{v}_r$ 的指向如圖。由幾何關係可得

$$v_a=v_e\cot\varphi=v\cot\varphi$$

$$v_r=\frac{v_e}{\sin\varphi}=\frac{v}{\sin\varphi}$$

A 點的速度 $\boldsymbol{v}_a$ 即為 AB 桿的速度。

例 14-3.3

刨床急回機構如圖 14-3.5 所示。曲柄 OA 的一端 A 與滑塊用鉸鏈連接。當曲柄 OA 以等角速度 ω_0 繞固定軸 O 轉動時，滑塊在搖桿 O_1B 上滑動，並帶動搖桿 O_1B 繞固定軸 O_1 擺動。OA 長為 r，$OO_1=2r$。求當曲柄的轉角 $\varphi=\pi/2$ 時，搖桿 O_1B 的角速度。

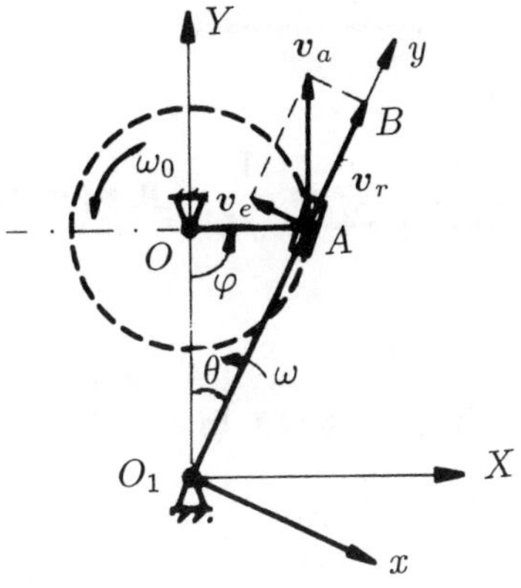

圖 14-3.5

解：

因為曲柄 OA 的端點 A 相對於搖桿 O_1B 有相對滑動，故選取它為研究的質點，動座標系 O_1xy 固連於搖桿 O_1B 上，定座標系 OXY 固連於地面。

質點 A 的運動與速度分析如下。

運動分析

絕對運動 —— 以 O 為圓心，r 為半徑的圓周運動。

相對運動 —— 沿搖桿 O_1B 的直線運動。

牽連運動 ——O_1B 桿繞 O_1 軸的定軸轉動。

速度分析　如下表。

	$\boldsymbol{v}_a$	$\boldsymbol{v}_e$	$\boldsymbol{v}_r$
方向	垂直於 OA 指向 ω_0 轉動方向	垂直於 O_1B	沿 O_1B
大小	$r\omega_0$	未知	未知

未知因素不超過兩個，故可由速度合成定理求解。

根據 $\boldsymbol{v}_a=\boldsymbol{v}_e+\boldsymbol{v}_r$ 作速度平行四邊形決定 $\boldsymbol{v}_e$、$\boldsymbol{v}_r$ 方向如圖。由幾何關係可得

$$v_e=v_a\sin\theta$$

因 $\sin\theta=\dfrac{r}{\sqrt{(2r)^2+r^2}}=\dfrac{1}{\sqrt{5}}$，且 $v_a=r\omega_0$，所以

$$v_e=\frac{r\omega_0}{\sqrt{5}}$$

設搖桿在此瞬時的角速度為 ω，則

$$v_e=O_1A\times\omega=\frac{1}{\sqrt{5}}r\omega_0$$

其中 $O_1A=\sqrt{5}r$。故得此瞬時搖桿的角速度

$$\omega=\frac{1}{5}\omega_0$$

ω 的轉向由 $\boldsymbol{v}_e$ 的指向決定如圖，為逆時針方向。

若需求 $\boldsymbol{v}_r$，則由速度平行四邊形得

$$v_r=v_a\cos\theta$$

將 $v_a=r\omega_0$，

$$\cos\theta=\frac{OO_1}{O_1A}=\frac{2r}{\sqrt{5}r}=\frac{2}{\sqrt{5}}$$

代入上式得

$$v_r=\frac{2\sqrt{5}}{5}r\omega_0$$

方向如圖所示。

例 14-3.4

在圖 14-3.6 所示機構中，AB 桿作平面一般運動，通過套於其上的套筒 C 帶動 CD 桿沿水平滑道滑動。在圖示位置時，銷釘 C 位

於 AB 桿的中點，A 點速度為 $\boldsymbol{v}_A$，已知 AB 長為 l。求此時 CD 桿的速度。

解：

CD 桿作平移，若求得其上 C 點的速度，即是 CD 桿的速度。但 C 點相對於 AB 桿有相對運動，故取它為研究的質點，動座標系與 AB 桿相固連，定座標系與地面固連，用速度合成定理求解。

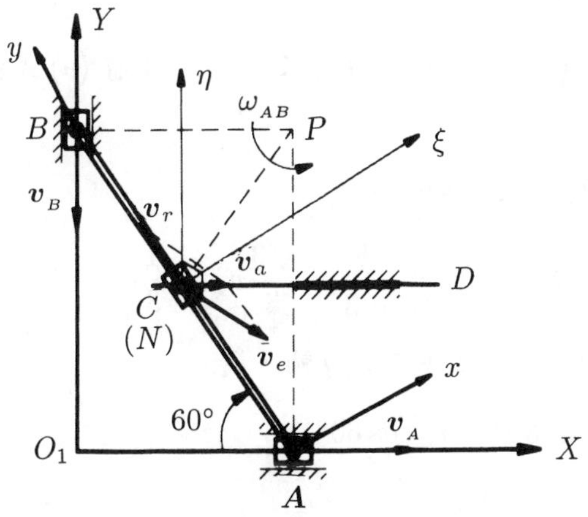

圖 14-3.6

運動分析

絕對運動 —— 沿水平軌道的直線運動。

相對運動 —— 沿 AB 桿的直線運動。

牽連運動 ——AB 桿對定系作一般平面運動。

速度分析　見下表。其中 P 點為 AB 桿的速度瞬心，N 點為 AB 桿上與 C 點相重合之點，ω_{AB} 為 AB 桿的角速度。

	$\boldsymbol{v}_a$	$\boldsymbol{v}_r$	$\boldsymbol{v}_e=\boldsymbol{v}_N$
方向	沿 CD 桿	沿 AB 桿	垂直於 NP
大小	未知	未知	$NP\cdot\omega_{AB}=\frac{l}{2}\frac{v_A}{AP}=\frac{l}{2}\cdot\frac{v_A}{l\sin 60°}=\frac{\sqrt{3}}{3}v_A$

根據

$$\boldsymbol{v}_a=\boldsymbol{v}_e+\boldsymbol{v}_r \tag{a}$$

作速度平行四邊形如圖，用解析法求解。即將 (a) 式投影於與 $\boldsymbol{v}_r$ 相垂直的 ξ 軸，得

$$v_a\cos 30°=v_e\cos 60°$$

解得 $$v_a=\frac{1}{\sqrt{3}}v_e=\frac{1}{\sqrt{3}}\times\frac{\sqrt{3}}{3}v_A=\frac{1}{3}v_A$$

將 (a) 式投影於與 $\boldsymbol{v}_a$ 相垂直的 η 軸，得

$$0=v_r\cos 30°-v_e\cos 60°$$

解得 $$v_r=\frac{1}{\sqrt{3}}v_e=\frac{1}{3}v_A$$

$\boldsymbol{v}_a$ 即為 CD 桿的速度。

14-4 加速度合成定理

1. 質點在相對運動、絕對運動和牽連運動中的加速度

質點在絕對運動中的加速度，或者說質點的絕對速度 $\boldsymbol{v}_a$ 對時間 t 的絕對導數，稱為該點的**絕對加速度**(absolute acceleration)，

記為 $\boldsymbol{a}_a$

$$\boldsymbol{a}_a = \frac{d\boldsymbol{v}_a}{dt} \tag{14-4.1}$$

質點在相對運動中的加速度，或者說質點的相對速度 $\boldsymbol{v}_r$ 對時間 t 的相對導數，稱為該點的**相對加速度**(relative acceleration)，記為 $\boldsymbol{a}_r$

$$\boldsymbol{a}_r = \frac{\tilde{d}\boldsymbol{v}_r}{dt} \tag{14-4.2}$$

與牽連速度的定義相似，某瞬時動系上與質點 M 相重合的 N 點對定系的加速度 $\boldsymbol{a}_N$，稱為點 M 在該瞬時的**牽連加速度**(carrier acceleration,transport acceleration)，記為 $\boldsymbol{a}_e$

$$\boldsymbol{a}_e = \boldsymbol{a}_N \tag{14-4.3}$$

由於在不同的瞬時，動系上與質點 M 相重合的點不同，因而在不同的瞬時質點的牽連加速度也不同。

重合點 N 對定系的加速度 $\boldsymbol{a}_N$ 也隨牽連運動形式的不同而具有不同的表示式。例如當動系 Oxy 在定系 O_1XY 平面內作平面運動時（圖 14-4.1）以 $\boldsymbol{a}_0$ 表示在圖示瞬時動系原點 O 對定系的加速度，以 $\boldsymbol{\omega}$、$\boldsymbol{\alpha}$ 表示此瞬時動系對定系的角速度向量和角加速度向量，以 $\boldsymbol{r}'_M$ 表示質點 M 相對於動系的位置向量，則該瞬時動系上與點 M 相重合的 N 點對定系的加速度 $\boldsymbol{a}_N$，由平面運動剛體上兩點的加速度關係可表為

$$\boldsymbol{a}_N = \boldsymbol{a}_0 + \boldsymbol{a}^{\tau}_{NO} + \boldsymbol{a}^{n}_{NO}$$

其中　$\boldsymbol{a}^{\tau}_{NO} = \boldsymbol{\alpha} \times \boldsymbol{r}'_M$

表示動系上 N 點繞 O 點轉動的切線加速度。又

$$\boldsymbol{a}^{n}_{NO} = \boldsymbol{\omega} \times \boldsymbol{v}_{NO}$$

表示動系上 N 點轉動的法線加速度，$\boldsymbol{v}_{NO}=\boldsymbol{\omega}\times\boldsymbol{r}'_{M}$ 為點 N 繞 O 點轉動的速度。所以上式又可寫成

$$\boldsymbol{a}_e=\boldsymbol{a}_N=\boldsymbol{a}_0+\boldsymbol{\alpha}\times\boldsymbol{r}'_M+\boldsymbol{\omega}\times\boldsymbol{v}_{NO} \tag{14-4.4}$$

當動系在 O_1XY 平面內平移時，$\boldsymbol{\omega}=0$，$\boldsymbol{\alpha}=0$ ，故有

$$\boldsymbol{a}_e=\boldsymbol{a}_N=\boldsymbol{a}_0 \tag{14-4.5}$$

即動系上各點此時具有相同的加速度。

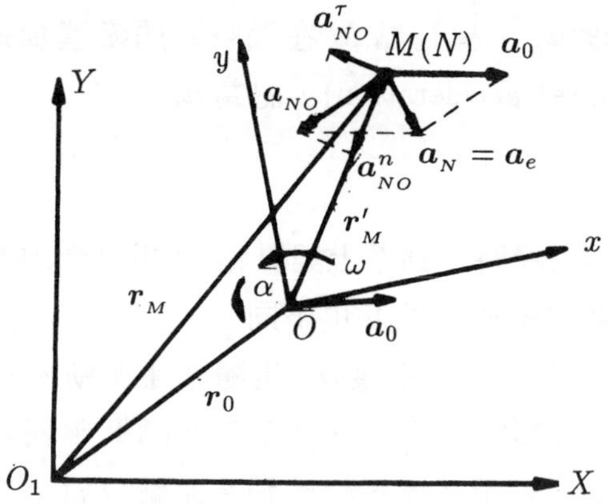

圖 14-4.1

當動系繞 O 點作定軸旋轉時，$\boldsymbol{a}_0=0$，這時 (14-4.4) 式變為

$$\boldsymbol{a}_e=\boldsymbol{a}_N=\boldsymbol{\alpha}\times\boldsymbol{r}'_M+\boldsymbol{\omega}\times\boldsymbol{v}_N \tag{14-4.6}$$

式中 $\boldsymbol{v}_N$ 為 N 點對定系的速度。

2. 加速度合成定理

現在我們透過牽連運動建立質點的絕對加速度與相對加速度之間的關係。這一關係稱之為**加速度合成定理**。我們仍首先給出牽連

運動為平面一般運動時的加速度合成定理；而把牽連運動為平移和定軸旋轉時的加速度合成定理作為它的特殊情況導出。

定理

當動系平面運動時，質點的絕對加速度等於其相對加速度、牽連加速度與科氏加速度的向量和。以式表之為

$$\boldsymbol{a}_a = \boldsymbol{a}_e + \boldsymbol{a}_r + \boldsymbol{a}_c \tag{14-4.7}$$

其中 $\boldsymbol{a}_c$ 稱為**科氏加速度**(Coriolis acceleration)，又稱為附加加速度。它是法國工程師 G. G. Coriolis (1792-1843) 於 1832 年在研究機械理論，主要是水輪機時首先發現的，故以其命名。科氏加速度等於動系的角速度 $\boldsymbol{\omega}$ 與質點的相對速度 $\boldsymbol{v}_r$ 的向量乘積的兩倍，即

$$\boldsymbol{a}_c = 2\boldsymbol{\omega} \times \boldsymbol{v}_r \tag{14-4.8}$$

〔證明〕

設動系 Oxy 在定系 O_1XY 平面內作平面運動（圖 14-4.2），質點 M 在 Oxy 平面內作相對運動，相對軌跡為曲線 $\overset{\frown}{AB}$。現由速度合成定理推證加速度合成定理。因為質點的絕對加速度 $\boldsymbol{a}_a$ 等於其絕對速度 $\boldsymbol{v}_a$ 對時間 t 的絕對導數，故將 $\boldsymbol{v}_a = \boldsymbol{v}_e + \boldsymbol{v}_r$ 對時間 t 求絕對導數得

$$\boldsymbol{a}_a = \frac{d\boldsymbol{v}_a}{dt} = \frac{d\boldsymbol{v}_e}{dt} + \frac{d\boldsymbol{v}_r}{dt} \tag{a}$$

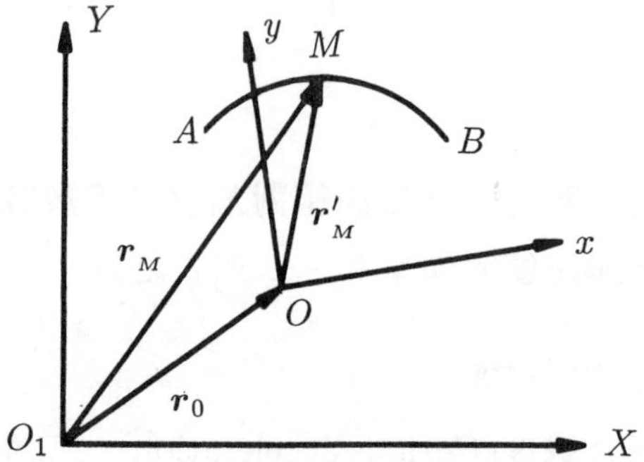

圖 14-4.2

先來分析 $\frac{d\boldsymbol{v}_r}{dt}$，它是表示相對速度 $\boldsymbol{v}_r$ 對時間 t 的絕對導數。因此，根據 (14-2.1) 式可得

$$\frac{d\boldsymbol{v}_r}{dt}=\frac{\tilde{d}\boldsymbol{v}_r}{dt}+\boldsymbol{\omega}\times\boldsymbol{v}_r \tag{b}$$

根據相對加速度的定義 (14-4.2) 式，(b) 式右端第一項 $\frac{\tilde{d}\boldsymbol{v}_r}{dt}$ 是相對加速度 $\boldsymbol{a}_r$，第二項 $\boldsymbol{\omega}\times\boldsymbol{v}_r$ 當 $\boldsymbol{\omega}=0$ 時將不存在，所以它是由於動系的轉動使相對速度 $\boldsymbol{v}_r$ 的方向發生變化而產生的附加加速度，這正是科氏加速度 $\boldsymbol{a}_c$ 的一部分。

再來分析 $\frac{d\boldsymbol{v}_e}{dt}$，將 (14-3.4) 式代入可得

$$\frac{d\boldsymbol{v}_e}{dt}=\frac{d\boldsymbol{v}_0}{dt}+\frac{d\boldsymbol{\omega}}{dt}\times\boldsymbol{r}'_M+\boldsymbol{\omega}\times\frac{d\boldsymbol{r}'_M}{dt}$$

上式中

$$\frac{d\boldsymbol{v}_0}{dt}=\boldsymbol{a}_0$$

$$\frac{d\boldsymbol{\omega}}{dt}=\boldsymbol{\alpha}\text{（動系角加速度）}$$

$$\frac{d\boldsymbol{r}'_M}{dt}=\frac{\tilde{d}\boldsymbol{r}'_M}{dt}+\boldsymbol{\omega}\times\boldsymbol{r}'_M \text{（根據式 14-4.1）}$$

$$=\boldsymbol{v}_r+\boldsymbol{\omega}\times\boldsymbol{r}'_M \text{（根據式 14-3.2）}$$

故有 $$\frac{d\boldsymbol{v}_e}{dt}=(\boldsymbol{a}_0+\overline{\alpha}\times\boldsymbol{r}'_M+\boldsymbol{\omega}\times\boldsymbol{v}_{NO})+\boldsymbol{\omega}\times\boldsymbol{v}_r \quad \text{(c)}$$

根據牽連加速度的定義 (14-4.4) 式可知 (c) 式中等號右端前三項之和即是質點 M 的牽連加速度 $\boldsymbol{a}_e$，而最後一項 $\boldsymbol{\omega}\times\boldsymbol{v}_r$ 是由於相對速度的存在使動系上的重合點位置發生變化而產生的附加加速度，這是科氏加速度的另一部分。

將 (b) 及 (c) 式代入 (a) 式，可得

$$\boldsymbol{a}_a=\boldsymbol{a}_e+\boldsymbol{a}_r+\boldsymbol{a}_c$$

於是定理得證。

科氏加速度 $\boldsymbol{a}_c$ 的方向與大小可由 (14-4.8) 式即 $\boldsymbol{a}_c=2\boldsymbol{\omega}\times\boldsymbol{v}_r$ 來確定。如以 θ 表示 $\boldsymbol{\omega}$ 與 $\boldsymbol{v}_r$ 正向間小於 180° 的夾角，則根據向量乘積的定義可得 $\boldsymbol{a}_c$ 的大小為

$$a_c=2\omega v_r\sin\theta$$

$\boldsymbol{a}_c$ 的方向與 $\boldsymbol{\omega}$ 和 $\boldsymbol{v}_r$ 所組成的平面垂直，其指向由右手定則決定，即由 $\boldsymbol{a}_c$ 的末端向始端看去，$\boldsymbol{\omega}$ 應按逆時針方向轉過 θ 角後就與 $\boldsymbol{v}_r$ 重合（圖 14-4.3）。

在特殊情況下，當 $\boldsymbol{\omega}$ 與 $\boldsymbol{v}_r$ 垂直，即 $\theta=90°$ 時（這種情況在實際問題中遇到的較多），$\boldsymbol{a}_c$ 的大小為 $a_c=2\omega v_r$，而其方向可按下面簡便方法確定：將 $\boldsymbol{v}_r$ 按 $\boldsymbol{\omega}$ 的旋轉方向轉 90° 即是 $\boldsymbol{a}_c$ 的方向（圖 14-4.4）。

當 $\boldsymbol{\omega}$ 與 $\boldsymbol{v}_r$ 平行即 $\theta=0°$ 或 180° 時，$\boldsymbol{a}_c=0$。

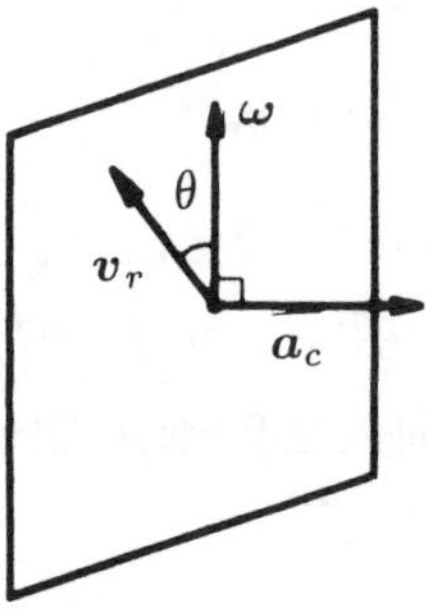

圖 14-4.3

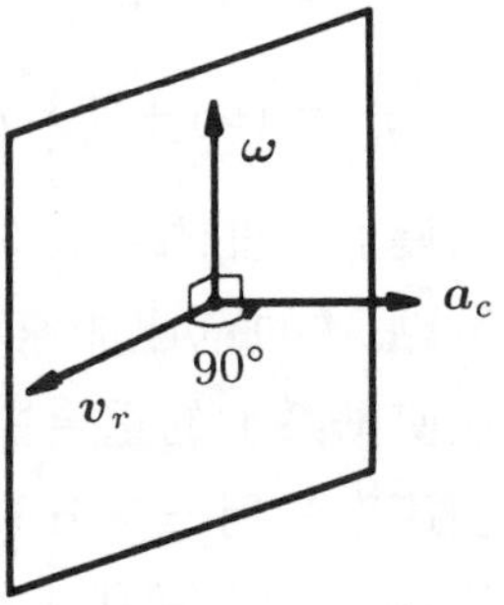

圖 14-4.4

最後，我們給出加速度合成定理在動系作定軸轉動和平移時的形式。當動系作定軸轉動時，加速度合成定理具有與 (14-4.7) 式相同的形式。而當動系作平移時，因動系的角速度 $\boldsymbol{\omega} = 0$， $\boldsymbol{a}_c = 0$，所以根據 (14-4.7) 式可得這時的加速度合成定理具有下面的形式

$$\boldsymbol{a}_a = \boldsymbol{a}_e + \boldsymbol{a}_r \tag{14-4.9}$$

上式表明，**當動系平移時，質點的絕對加速度等於牽連加速度與相對加速度的向量和**。

例 14-4.1

在例 14-3.2 中，若已知凸輪在圖示位置瞬時的加速度為 $\boldsymbol{a}$（方向如圖 14-4.5 所示），試求此瞬時桿 AB 的加速度。

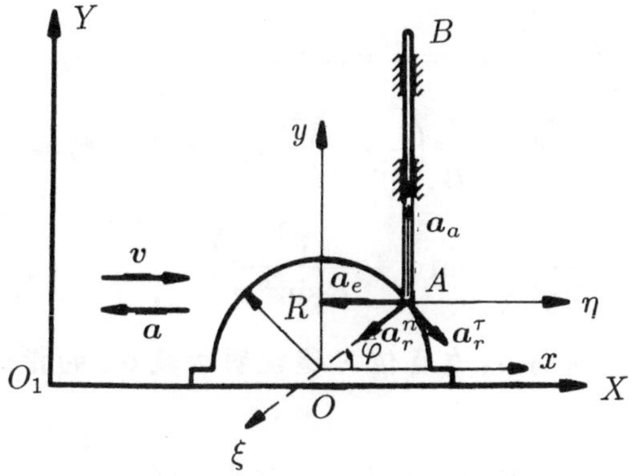

圖 14-4.5

解：

選取研究的質點（動點）、動系、定系和運動分析同例 14-3.2。因動系為平動，故可用牽連運動為平動時的加速度合成定理求解。由於相對運動為圓周運動，相對加速度可分解為相對法線與相對切線加速度 $\boldsymbol{a}_r^n$ 和 $\boldsymbol{a}_r^\tau$，所以這時加速度合成定理可寫成如下形式

$$\boldsymbol{a}_a = \boldsymbol{a}_e + \boldsymbol{a}_r^n + \boldsymbol{a}_r^\tau \tag{a}$$

加速度分析如下表。

	$\boldsymbol{a}_a$	$\boldsymbol{a}_e$	$\boldsymbol{a}_r^\tau$	$\boldsymbol{a}_r^n$
方向	沿鉛垂線設指向上方	水平向左	沿凸輪在 A 點切線指向設如圖	沿 AO
大小	未知	$a_e = a$	未知	$a_r^n = \dfrac{v_r^2}{R}$ 為已知

因 $\boldsymbol{v}_r$ 之值已由例 14-3.2 求得，故 $a_r^n = \dfrac{v_r^2}{R}$ 是已知的。所以 (a) 式中未知因素不超過兩個，可得定解。

將 (a) 式兩端同時投影於與未知量 $\boldsymbol{a}_r^\tau$ 相垂直的 $A\xi$ 軸，得

$$-a_a\cos(90^\circ-\varphi)=a_e\cos\varphi+a_r^n$$

將 $a_e=a$，$a_r^n=\dfrac{v_r^2}{R}=\dfrac{1}{R}\left(\dfrac{v}{\sin\varphi}\right)^2$ 代入上式，解得

$$a_a=-\frac{1}{\sin\varphi}\left(a\sin\varphi+\frac{v^2}{R\sin^2\varphi}\right)$$

因 $\varphi<90^\circ$，故所得 a_a 為負值，這說明所設 $\boldsymbol{a}_a$ 的指向與真實指向相反。

如欲求 $\boldsymbol{a}_r^\tau$，則將 (a) 式投影於與未知量 $\boldsymbol{a}_a$ 相垂直的 $A\eta$ 軸，得到

$$0=-a_e-a_r^n\cos\varphi+a_r^\tau\cos(90^\circ-\varphi)$$

將 a_e、a_r^n 之值代入，解得

$$a_r^\tau=\frac{1}{\sin\varphi}\left(a+\frac{v^2\cos\varphi}{R\sin^2\varphi}\right)$$

所得結果為正值，說明所設 $\boldsymbol{a}_r^\tau$ 的指向與真實情況相同。

讀者試由例 14-3.2 的結果直接對 t 求導數來驗證上面所得的 $\boldsymbol{a}_a$ 的大小與方向。

例 14-4.2

當考慮地球自轉時，常採用地心參考系。它是由從地心 O 引出的三根方向不變的軸線組成的空間構架，這三根軸線分別指向三個恒星（圖 14-4.6）。地軸是地心參考系中的一根固定不動的直線，地球繞地軸自轉。設地球的平均半徑為 R，自轉角速度為 $\boldsymbol{\omega}$，試分析在北半球沿經線由南向北以等速 $\boldsymbol{v}_r$ 流動的河流中在緯度為 φ 處的水質點 M 在地心參考系中的加速度。

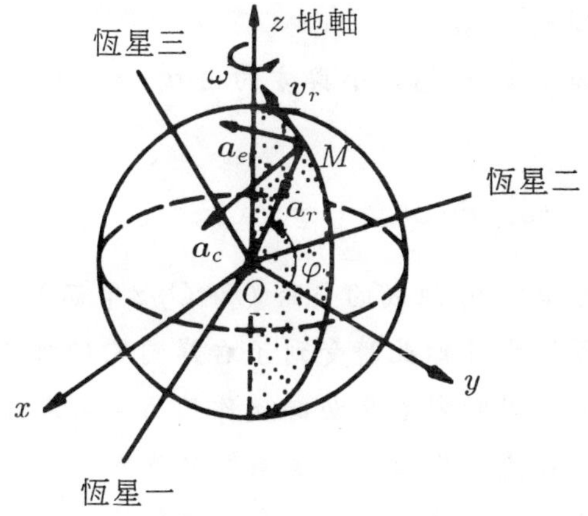

圖 14-4.6

解：

取水質點 M 為研究對象，地心參考系為定系，動參考座標系 $Oxyz$ 與地球固連，使 Oz 軸與地軸相重合，Oxy 平面與經線和地軸組成的平面相重合。質點 M 的相對運動為沿經線的等速圓弧運動，牽連運動為地球繞地軸的轉動。由於動系作定軸轉動，質點 M 的絕對加速度由 (14-4.7) 式決定

$$\boldsymbol{a}_a = \boldsymbol{a}_e + \boldsymbol{a}_r + \boldsymbol{a}_c$$

現在來分析 $\boldsymbol{a}_a$ 的各分向量的大小與方向。

因地球為等角速轉動，故牽連加速度只有法線分量，其大小為

$$a_e = R\cos\varphi\omega^2$$

其方向與地軸垂直。

因相對運動為等速圓弧運動，故其相對加速度亦只有法線分量，其大小為

$$a_r = v_r^2/R$$

方向沿 MO。

科氏加速度 $\boldsymbol{a}_c$ 的大小與方向由 $\boldsymbol{a}_c = 2\boldsymbol{\omega} \times \boldsymbol{v}_r$ 確定。$\boldsymbol{a}_c$ 的大小為

$$a_c = 2\omega v_r \sin\varphi$$

方向垂直於 $\boldsymbol{\omega}$ 與 $\boldsymbol{v}_r$ 組成的平面（即 Oyz 平面），指向左岸。由牛頓第二定律可知水質點此時受到了右岸對它的作用力。根據作用和反作用定律，水質點對右岸必有反作用力。由於這個力成年累月地作用於右岸，致使右岸出現了被衝刷的痕跡，而南半球則有相反的情況。這就從事實上說明了當動系為轉動時科氏加速度的存在。

例 14-4.3

試求例 14-3.3 中搖桿 O_1B 在圖示位置時的角加速度 α（圖 14-4.7）。

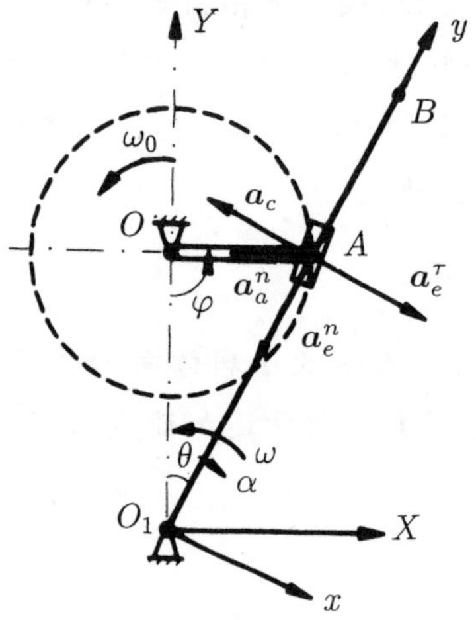

圖 14-4.7

解：

研究的質點、動系、定系的選取及運動分析同例 14-3.3。

加速度分析：因動系作定軸轉動，故應根據 (14-4.7) 式來分析加速度。因研究的質點的絕對運動為圓周運動，$\boldsymbol{a}_a$ 可用其法線與切線分量表示，即 $\boldsymbol{a}_a = \boldsymbol{a}_a^n + \boldsymbol{a}_a^\tau$，但因其為等速圓周運動，故切線分量 $a_a^\tau = 0$；又牽連運動為定軸轉動，$\boldsymbol{a}_e$ 可用其法線與切線分量表示，即 $\boldsymbol{a}_e = \boldsymbol{a}_e^n + \boldsymbol{a}_e^\tau$。故加速度合成定理 (14-4.7) 式可寫成如下形式

$$\boldsymbol{a}_a = \boldsymbol{a}_e^n + \boldsymbol{a}_e^\tau + \boldsymbol{a}_r + \boldsymbol{a}_c \tag{a}$$

上式中各項的方向與大小分析如下表：

	$\boldsymbol{a}_a$	$\boldsymbol{a}_e^n$	$\boldsymbol{a}_e^\tau$	$\boldsymbol{a}_r$	$\boldsymbol{a}_c$
方向	沿 AO	沿 AO_1	垂直 O_1B 指向設如圖	沿 O_1B 指向設如圖	垂直於 O_1B 指向如圖
大小	$a_a = a_a^n = r\omega_0^2$	$O_1A \times \omega^2$	未知	未知	$2\omega v_r \sin 90°$

因在例 14-3.3 中已求得 $v_r = \dfrac{2}{3}\sqrt{5}r\omega_0$，$\omega = \dfrac{1}{5}\omega_0$，而 $O_1A = \sqrt{5}r$，故表中 $\boldsymbol{a}_e^n$、$\boldsymbol{a}_c$ 的大小均為已知量。

$$a_e^n = O_1A \cdot \omega^2 = \frac{\sqrt{5}}{25}r\omega_0^2$$

$$a_c = 2\omega v_r \sin 90° = 2 \times \frac{\omega_0}{5} \times \frac{2\sqrt{5}}{5}r\omega_0$$

$$= \frac{4\sqrt{5}}{25}r\omega_0^2$$

因此，上表中未知因素只有 $\boldsymbol{a}_e^\tau$ 和 $\boldsymbol{a}_r$ 兩個，故可用解析法求解。為求 $\boldsymbol{a}_e^\tau$ 可將加速度公式兩端同時投影於與 $\boldsymbol{a}_r$ 相垂直的 x 軸，得到

$$-a_a^n \cos\theta = a_r^\tau - a_c$$

將 a_a^n 與 a_c 代入後解得

$$\begin{aligned} a_e^\tau &= a_c - a_a^n \cos\theta \\ &= \frac{4\sqrt{5}}{25} r\omega_0^2 - r\omega_0^2 \cdot \frac{2}{\sqrt{5}} \\ &= -\frac{6\sqrt{5}}{25} r\omega_0^2 \end{aligned}$$

於是得搖桿的角加速度 α 為

$$\alpha = \frac{a_e^\tau}{O_1A} = -\frac{6\sqrt{5}}{25} \cdot \frac{r\omega_0^2}{\sqrt{5}r} = -\frac{6}{25}\omega_0^2$$

a_e^τ、α 均為負值說明圖設方向與真實情況相反。

例 14-4.4

凸輪機構如圖 14-4.8a 所示。當半徑為 R、偏心距為 e 的凸輪以等角速度 ω 繞 O_1 軸轉動時，推動挺桿 AB 在鉛直軌道中滑動。O_1 點與 AB 桿在同一鉛垂線上。求機構在圖示位置時挺桿 AB 的速度和加速度。

解：

AB 桿的端點 A 對凸輪表面有相對運動。若取它為研究的質點，把動座標系固連於凸輪上，定座標系固連於地面，則質點 A 的絕對運動可由相對運動與牽連運動所合成。

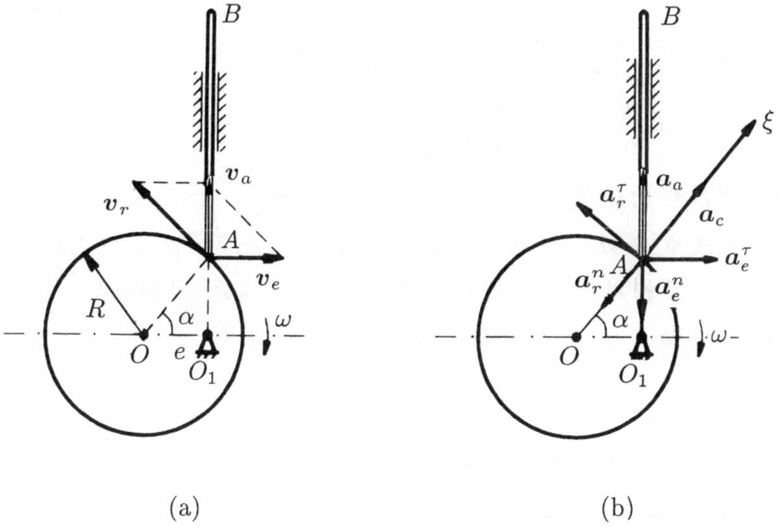

圖 14-4.8

運動分析

絕對運動 —— 鉛垂直線運動。

相對運動 —— 沿凸輪輪廓的曲線運動（圓周運動）。

牽連運動 —— 凸輪繞 O_1 軸定軸轉動。

速度分析見下表。

	$\boldsymbol{v}_a$	$\boldsymbol{v}_e$	$\boldsymbol{v}_r$
方向	鉛垂	垂直於 O_1A 指向右	垂直於 OA
大小	未知	$O_1A \times \omega$	未知

未知因素不超過兩個，故可由速度合成定理求解。

求速度：由 $\boldsymbol{v}_a = \boldsymbol{v}_e + \boldsymbol{v}_r$ 作速度平行四邊形如圖 14-4.8a，由幾

何關係可得

$$v_a = v_e \cot\alpha = (O_1A \cdot \omega)\frac{e}{O_1A} = e\omega$$

$$v_r = \frac{v_e}{\sin\alpha} = \frac{O_1A \cdot \omega}{O_1A/R} = R\omega$$

$\boldsymbol{v}_a$ 即 AB 桿的速度。

加速度分析：因動系作定軸轉動，故應用 (14-4.7) 式進行加速度分析。因相對運動為圓周運動，$\boldsymbol{a}_r$ 可分解為 $\boldsymbol{a}_r^n$ 與 $\boldsymbol{a}_r^\tau$；牽連運動為定軸轉動，$\boldsymbol{a}_e$ 亦可分解為 $\boldsymbol{a}_e^n$ 與 $\boldsymbol{a}_e^\tau$。於是有

$$\boldsymbol{a}_a = \boldsymbol{a}_e^n + \boldsymbol{a}_e^\tau + \boldsymbol{a}_r^n + \boldsymbol{a}_r^\tau + \boldsymbol{a}_c \tag{a}$$

各項加速度分析如下表。

	$\boldsymbol{a}_a$	$\boldsymbol{a}_e^n$	$\boldsymbol{a}_e^\tau$	$\boldsymbol{a}_r^n$	$\boldsymbol{a}_r^\tau$	$\boldsymbol{a}_c$
方向	沿鉛垂指向設如圖	沿 AO_1	垂直於 O_1A	沿 OA	垂直於 OA 指向設如圖	沿 OA
大小	未知	$O_1A \times \omega^2$	$O_1A \times \alpha = 0$	v_r^2/R	未知	$2\omega v_r \sin 90°$

可見未知因素不超過兩個，故可由 (a) 式求解。將 (a) 式兩端投影於與 $\boldsymbol{a}_r^\tau$ 相垂直的 $A\xi$ 軸，得

$$a_a \cos(90° - \alpha) = a_e^n \cos(90° - \alpha) - a_r^n + a_c$$

將 a_e^n、a_r^n、a_c 值代入後可解得

$$a_a = \frac{e\sqrt{R^2 - e^2}}{R^2 - e^2}\omega^2$$

因 $R > e$，故所得 a_a 為正值，這說明圖所設 $\boldsymbol{a}_a$ 的指向與實際情況相同。

例 14-4.5

在例 14-3.4 中，設已知 A 點的加速度 $\boldsymbol{a}_A$，如圖 14-4.9a 所示。求此瞬時 AB 桿的角加速度及 CD 桿的加速度。

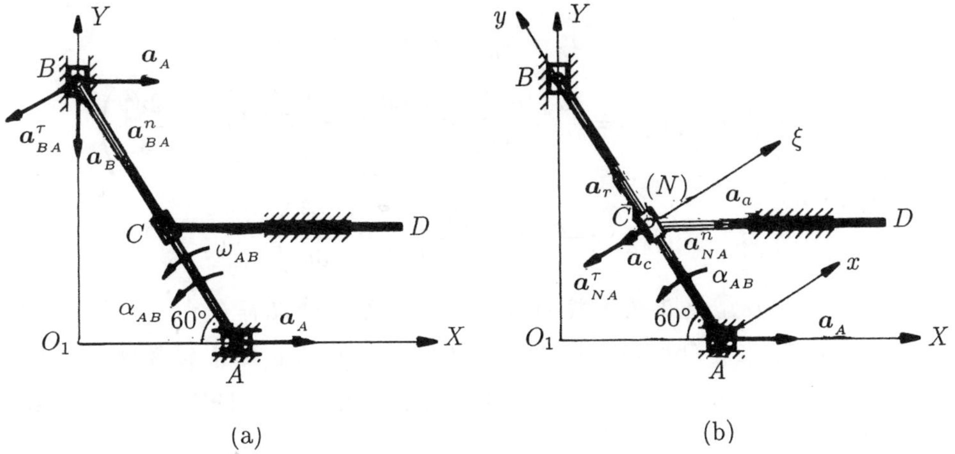

圖 14-4.9

解：

(1) 求 AB 桿角加速度 α_{AB}：AB 桿作平面一般運動，已知 A 點的加速度，故以 A 為基點建立 A、B 兩點的加速度關係（圖 14-4.9a）。

$$\boldsymbol{a}_B = \boldsymbol{a}_A + \boldsymbol{a}^n_{BA} + \boldsymbol{a}^\tau_{BA} \tag{a}$$

各項加速度的方向與大小分析如下表。其中 ω_{AB} 已在例 14-3.4 中求得為

$$\omega_{AB} = \frac{v_A}{l\sin 60^\circ} = \frac{2\sqrt{3}v_A}{3l}$$

	$\boldsymbol{a}_B$	$\boldsymbol{a}_A$	$\boldsymbol{a}^n_{BA}$	$\boldsymbol{a}^\tau_{BA}$
方向	沿鉛垂線	已知如圖	沿 BA	垂直於 AB、指向設如圖
大小	未知	已知 a_A	$l\omega^2_{AB}=\dfrac{4v^2_A}{3l}$	未知

將 (a) 式投影於 O_1X 軸可得

$$0=a_A+a^n_{BA}\cos 60^\circ-a^\tau_{BA}\sin 60^\circ$$

解得 $$a^\tau_{BA}=\frac{(a_A+a^n_{BA}\cos 60^\circ)}{\sin 60^\circ}=\frac{2\sqrt{3}}{3}\left(a_A+\frac{2v^2_A}{3l}\right)$$

故 $$\alpha_{AB}=\frac{a^\tau_{BA}}{l}=\frac{2\sqrt{3}}{3l}\left(a_A+\frac{2v^2_A}{3l}\right)$$

α_{AB} 為正值，說明所設方向與實際情況符合。

(2) 求 CD 桿加速度：研究的質點、動系和定系的選取及運動分析與例 14-3.4 相同。現在進行加速度分析。根據 (14-4.7) 式有

$$\boldsymbol{a}_a=\boldsymbol{a}_r+\boldsymbol{a}_e+\boldsymbol{a}_c$$

又由 (14-4.4) 式知

$$\boldsymbol{a}_e=\boldsymbol{a}_N=\boldsymbol{a}_A+\boldsymbol{a}^n_{NA}+\boldsymbol{a}^\tau_{NA}$$

故有 $$\boldsymbol{a}_a=\boldsymbol{a}_r+\boldsymbol{a}_A+\boldsymbol{a}^n_{NA}+\boldsymbol{a}^\tau_{NA}+\boldsymbol{a}_c \tag{b}$$

上式中各項加速度的方向與大小分析如下表。

	$\boldsymbol{a}_a$	$\boldsymbol{a}_r$	$\boldsymbol{a}_A$	$\boldsymbol{a}^n_{NA}$	$\boldsymbol{a}^\tau_{NA}$	$\boldsymbol{a}_c$
方向	水平	沿 AB	水平	沿 NA	垂直於 AB	垂直於 AB 向下
大小	未知	未知	已知 a_A	$\frac{l}{2}\omega^2_{AB}$	$\frac{l}{2}\alpha_{AB}$	$2\omega_{AB}\times v_r$

其中 $\boldsymbol{v}_r$ 在例 14-3.4 中已求得 $v_r=\dfrac{1}{3}v_A$，方向沿 AB。各項加速度畫於圖 14-4.9b 中。將 (b) 式投影於 ξ 軸得

$$a_a\cos 30^\circ=a_A\cos 30^\circ-a^\tau_{NA}-a_c$$

代入各項之值解得

$$a_a = \frac{1}{\cos 30^\circ}(a_A \cos 30^\circ - a_{NA}^{\tau} - a_c)$$

$$= -\frac{1}{3}\left(a_A + \frac{16}{3}\frac{v_A^2}{l}\right)$$

負值表明所設 $\boldsymbol{a}_a$ 的指向與實際情況相反。

習　題

14-1 在圖 (a) 和 (b) 所示的兩種機構中，已知 $O_1O_2 = a = 20$ cm，$\omega_1 = 3$ rad/s。求圖示位置時，桿 O_2A 的角速度。

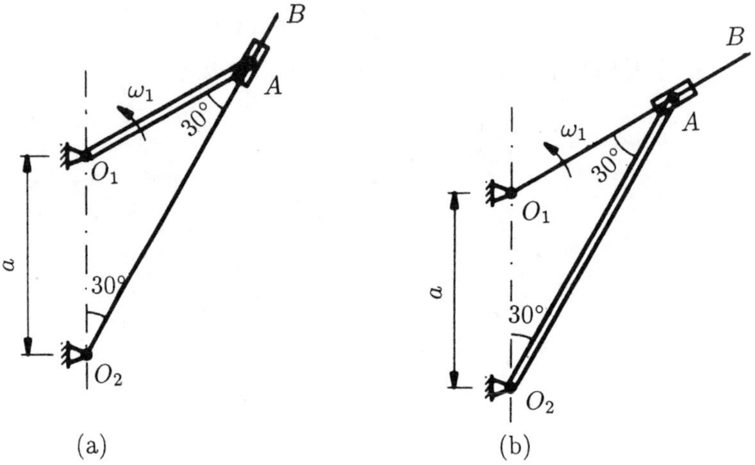

題 14-1 圖

14-2 如圖所示，內圓磨床砂輪直徑 $d = 60$ cm，轉速 $n_1 = 1000$ rpm，工件孔徑 $D = 80$ mm，轉速 $n_2 = 500$ rpm，轉向與 n_1 相反。求磨削時砂輪與工件接觸點之間的相對速度。

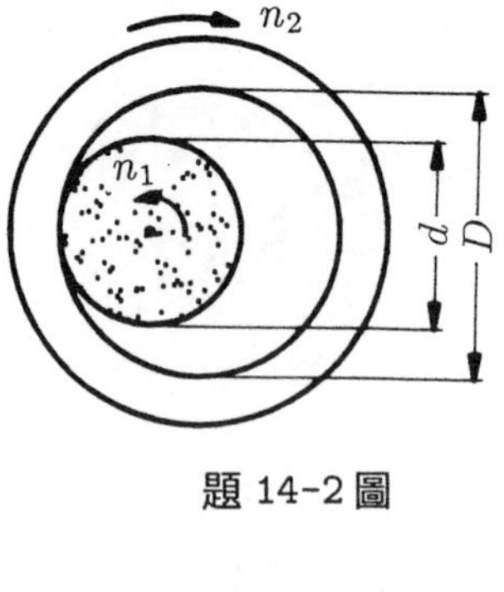

題 14-2 圖

14-3 圖示曲柄滑道機構中，曲柄長 $OA = r$，並以等角速度 ω 繞 O 軸轉動。安裝在水平桿 BC 上的滑道 DE 與水平線成 60°

角。求當曲柄與水平線的交角為 $\varphi = 0°$、 $30°$ 、 $60°$ 時，桿 BC 的速度。

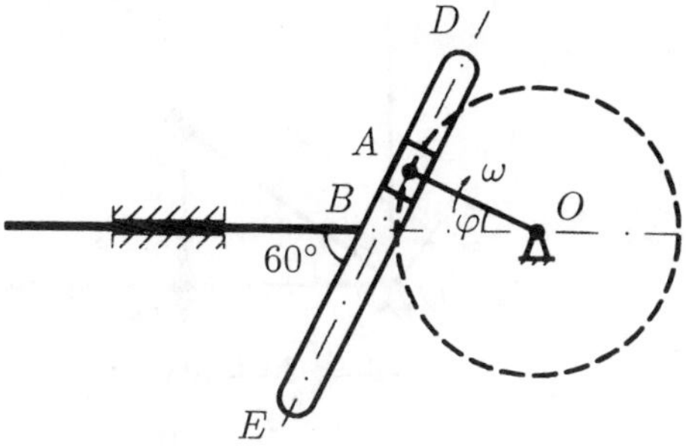

題 14-3 圖

14-4 圖示曲柄滑道機構中，桿 BC 水平，而桿 DE 保持鉛直。曲柄長 $OA = 10$ cm，並以等角速度 $\omega = 20$ rad/s 繞 O 軸轉動，通過滑塊 A 使桿 BC 作往復運動。求當曲柄與水平間的交角分別為 $\varphi = 0°$、 $30°$、 $90°$ 時桿 BC 的速度。

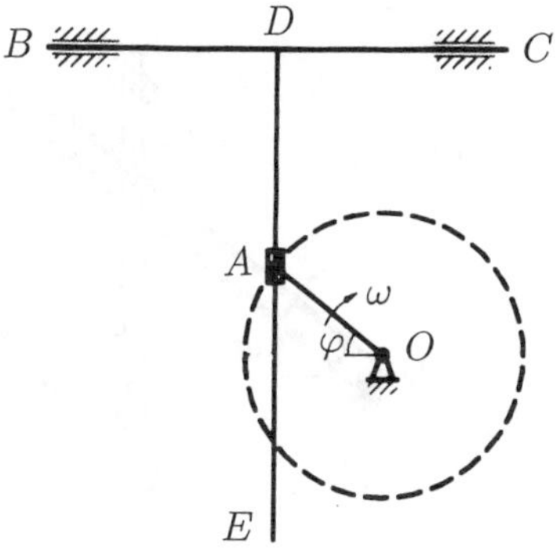

題 14-4 圖

14-5 如圖所示，擺桿機構的滑桿 AB 以等速 $\boldsymbol{u}$ 向上運動，初瞬時擺桿 OC 水平。$OC = a$，$OD = l$。求當 $\varphi = \dfrac{\pi}{4}$ 時，點 C 的速度大小。

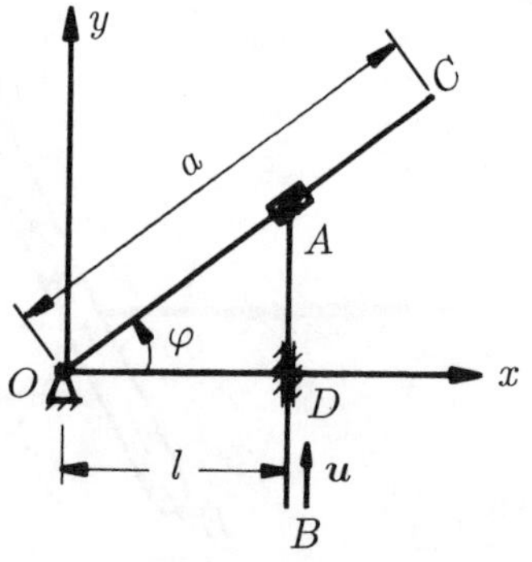

題 14-5 圖

14-6 如圖所示，搖桿 OC 繞 O 軸轉動，經過固定在齒條 AB 上的銷子 K 帶動齒條平動，而齒條又帶動半徑為 10 cm 的齒輪 D 繞固定軸轉動。如 $l = 40$ cm，搖桿的角速度 $\omega = 0.5$ rad/s，求當 $\varphi = 30°$ 時，齒輪的角速度。

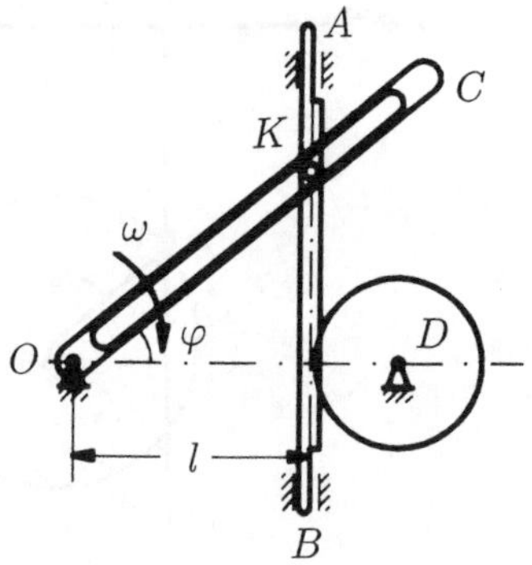

題 14-6 圖

14-7 桿 OA 長 l，由直角推桿 BCD 推動而繞 O 軸轉動，如圖所示。假定推桿以速度 $\boldsymbol{u}$ 水平向左運動，其彎頭長為 a。試求桿端 A 的速度大小（表示為由推桿至點 O 的距離 x 的函數）。

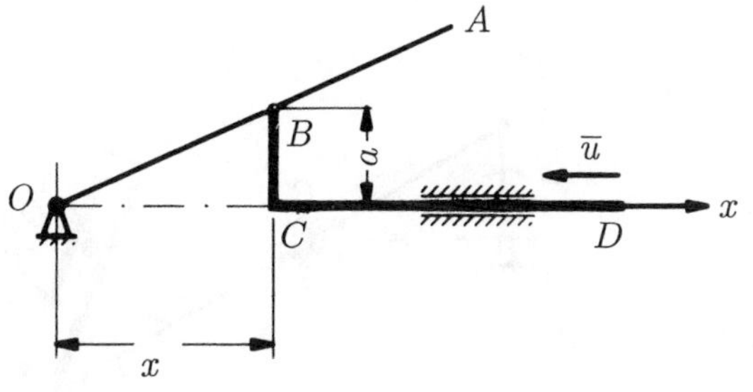

題 14-7 圖

14-8 圖示機構中已知滑塊 A 的速度 $v_A = 20$ cm/s，$AB = 40$ cm，求當 $AC = CB$，$\alpha = 30°$ 時桿 CD 的速度。

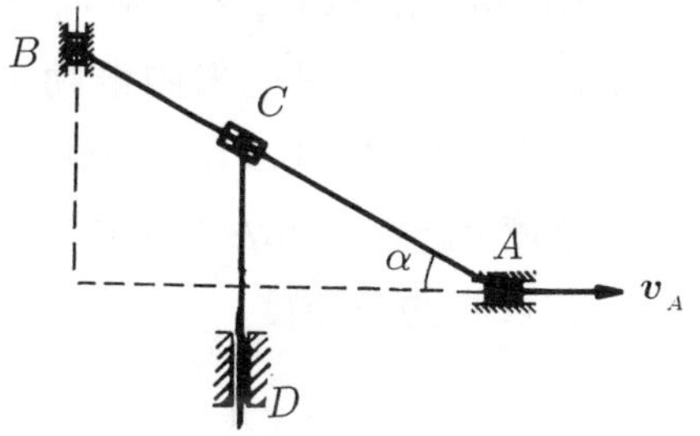

題 14-8 圖

14-9 圖示曲柄連桿機構帶動槽桿 O_1C 繞 O_1 軸擺動。在連桿 AB 上裝有兩個滑塊，滑塊 B 在水平槽內滑動，而滑塊 D 則在槽桿 O_1C 的槽內滑動。已知 $OA = 5$ cm，角速度 $\omega = 10$ rad/s；在圖示位置時，曲柄與水平線間成 $90°$ 角，槽桿與水平線間成 $60°$ 角；距離 $O_1D = 7$ cm。求槽桿的角速度。

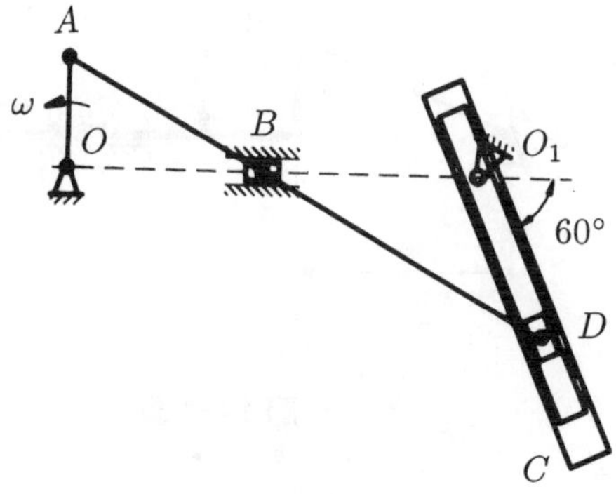

題 14-9 圖

14-10 如圖所示，輪 O 在水平軌道上滾動而不滑動。輪緣上固連銷釘 B，此銷釘在搖桿 O_1A 的槽內滑動，並帶動搖桿繞 O_1 軸轉動。已知：輪半徑 $R = 0.5$ m；在圖示位置時，AO_1 是輪的切線；輪心速度 $v_0 = 20$ cm/s；搖桿與水平線間的交角為 60°。求搖桿在該瞬時的角速度。

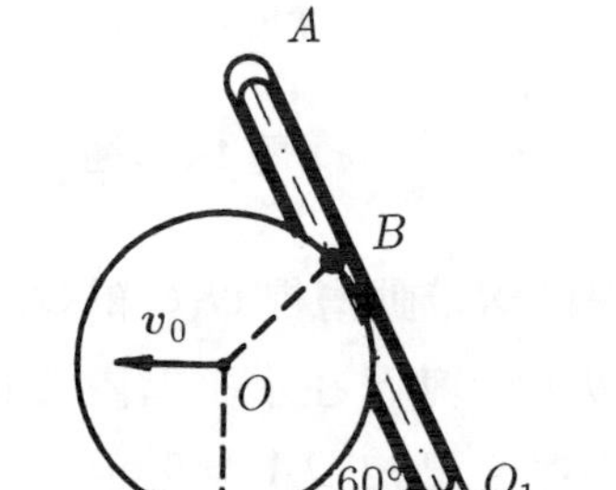

題 14-10 圖

14-11 平面機構的曲柄 OA 長為 $2a$，以角速度 ω_0 繞 O 軸轉動。在圖示位置時，$AB = BO$，並且 $\angle OAD = 90°$，求此時套筒 D 相對於桿 BC 的速度。

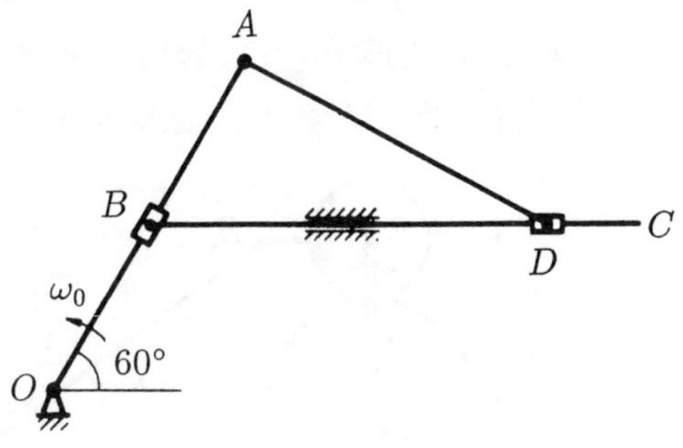

題 14-11 圖

14-12 在圖示機構中，ABD 為邊長等於 a 的正三角形平板。O_1B 的桿長也為 a。機構在圖示位置時，OE 桿與水平線成 60°，且 $OA = a$，若 O_1B 桿的角速度為 ω_{O1}，求此時 OE 桿的角速度。

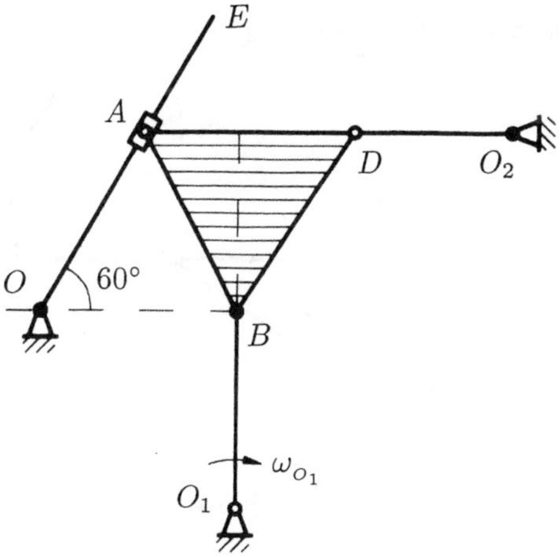

題 14-12 圖

14-13 圖示行星輪傳動機構中，曲柄 OA 以角速度 ω_0 繞 O 軸轉動，使與齒輪 A 固連在一起的桿 BD 運動。桿 BE 與 BD 在 B 點鉸接，並且桿 BE 在運動時始終通過固定鉸支的套筒 C。如定齒輪半徑為 $2r$，動齒輪 A 半徑為 r，且 $AB = \sqrt{5}r$ 。求桿 BE 上的點 C 的速度 $\boldsymbol{v}_C$。該瞬時，曲柄 OA 在鉛直位置，BD 在水平位置，桿 BE 與水平線間成 φ 角。

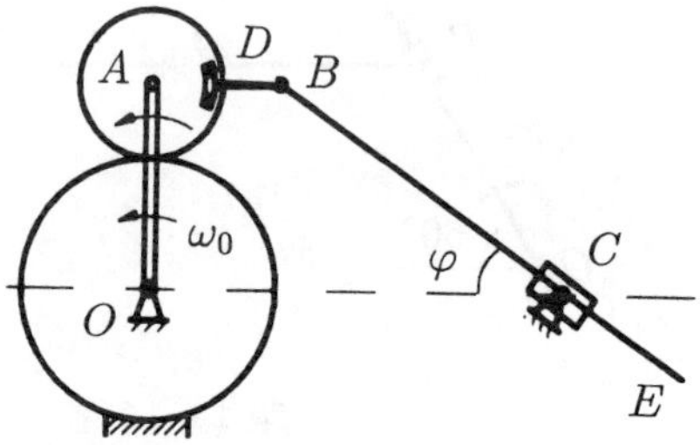

題 14-13 圖

14-14 直線 AB 以大小為 $\boldsymbol{v}_1$ 的速度沿垂直於 AB 的方向向上平動，而與 AB 位於同一平面內的直線 CD 以大小為 $\boldsymbol{v}_2$ 的速度沿垂直於 CD 的方向向左上方平動，如圖所示。如兩直線交角為 θ，求兩直線交點 M 的速度。

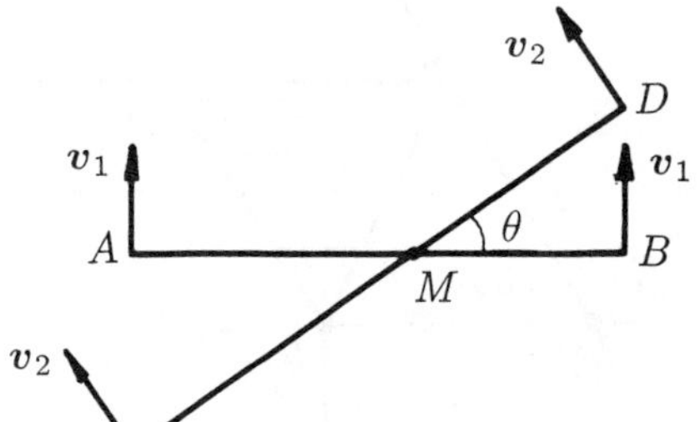

題 14-14 圖

14-15 小車沿水平方向向右作加速運動，其加速度 $a = 49.2\ \text{cm/s}^2$ 。在小車上有一輪繞 O 軸轉動，轉動規律為 $\varphi = t^2$（t 以 s 計，φ 以 rad 計）。當 $t = 1$ s 時，輪緣上 A 點的位置如圖所示。如輪的半徑 $r = 20$ cm，求此時點 A 的絕對加速度。

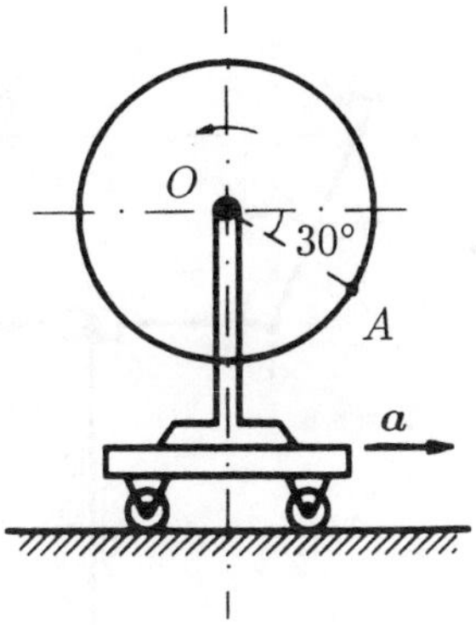

題 14-15 圖

14-16 圖示曲柄滑道機構中，曲柄長 $OA = 10$ cm，並繞 O 軸轉動。在某瞬時，其角速度 $\omega = 1$ rad/s，角加速度 $\alpha = 1$ rad/s^2 ，$\angle AOB = 30°$，求導桿上點 C 的加速度和滑塊 A 在滑道上的相對加速度。

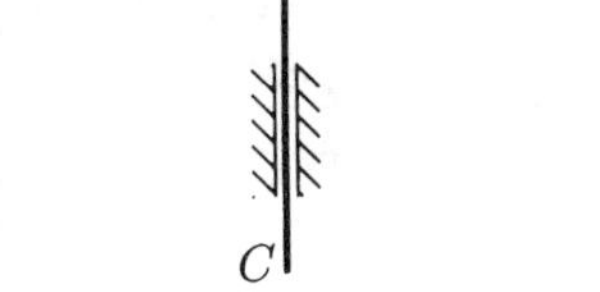

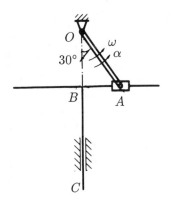

題 14-16 圖

14-17 圖示鉸接四邊形機構中，$O_1A = O_2B = 10$ cm，又 $O_1O_2 = AB$ ，並且桿 O_1A 以等角速度 $\omega = 2$ rad/s 繞 O_1 軸轉動。桿 AB 上有一套筒 C，此筒與桿 CD 相鉸接。機構的各構件都在

同一鉛垂面內。求當 $\varphi = 60°$ 時，桿 CD 的速度和加速度。

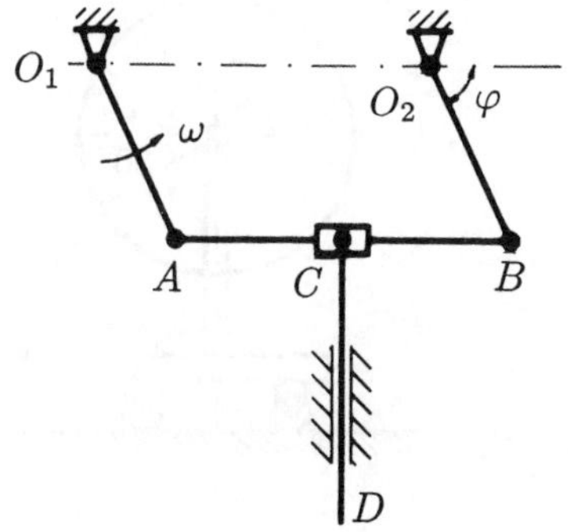

題 14-17 圖

14-18 如圖所示，曲柄 OA 長 40 cm，以等角速度 $\omega = 0.5$ rad/s 繞 O 軸逆時針轉動。由於曲柄的 A 端推動水平板 B，而使滑桿 C 沿鉛垂方向上昇。求當曲柄與水平線間的夾角 $\theta = 30°$ 時，滑桿 C 的速度和加速度。

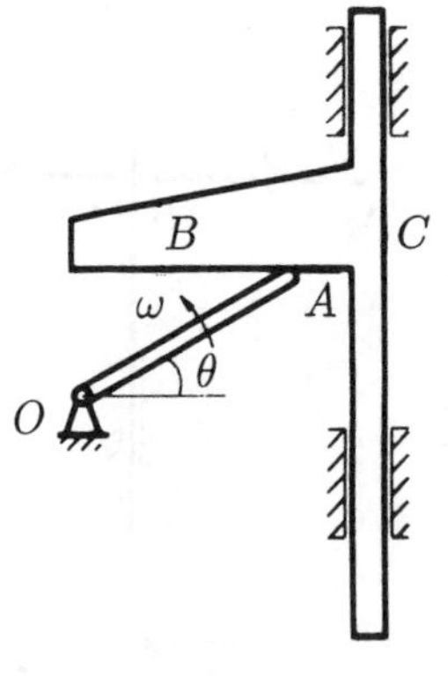

題 14-18 圖

14-19 圖示傾角 $\varphi = 30°$ 的斜面 A 以等速 $u = 20$ cm/s 沿水平面向右運動，使桿 OB 繞定軸 O 轉動；$OB = 20\sqrt{3}$ cm 。求當

$\theta = \varphi$時，桿 OB 的角速度和角加速度。

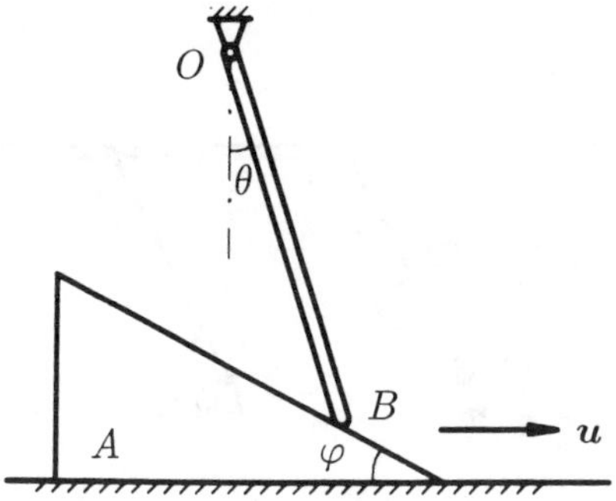

題 14-19 圖

14-20 半徑為 R 的半圓形凸輪 D 以等速 $\boldsymbol{u}_0$ 沿水平線向右運動，帶動從動桿 AB 沿鉛垂方向上昇，如圖所示。求 $\varphi = 30°$ 時桿 AB 相對於凸輪的速度和加速度。

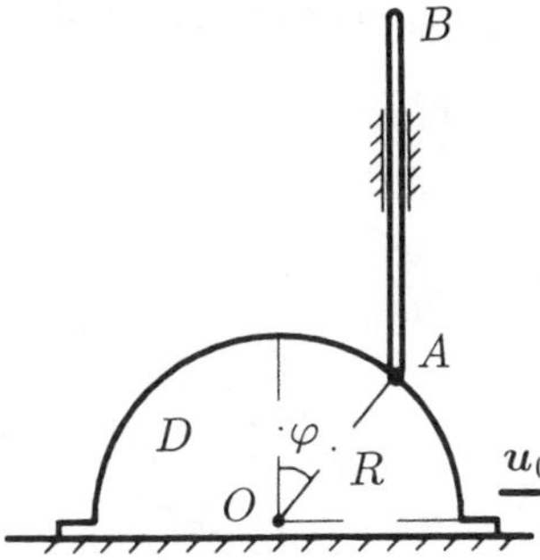

題 14-20 圖

14-21 在圖示機構中，已知 $O_1A = O_2B = r = 0.25$ m，且 $AB = O_1O_2$。曲柄 O_1A 以等角速度 $\omega_0 = 2$ rad/s 繞 O_1 軸轉動，當 $\theta = 60°$ 時，槽桿 OD 位置鉛垂。求此時 OD 的角速度及角加速度。

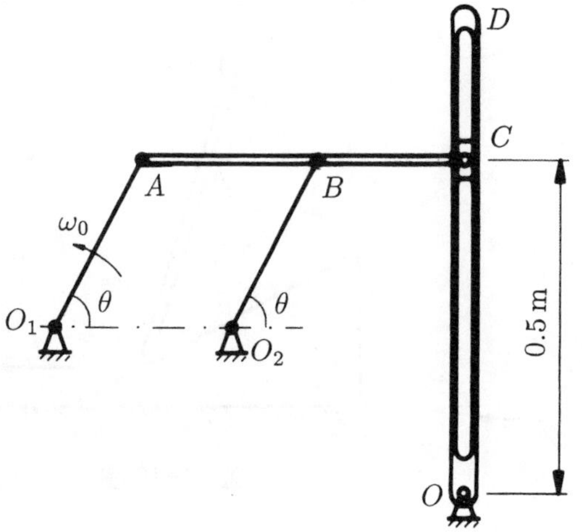

題 14-21 圖

14-22 點 M 在 OA 上按規律 $x = 2 + 3t^2$（x 以 cm 計，t 以 s 計）運動，同時桿 OA 繞 O 軸以等角速度 $\omega = 2$ rad/s 轉動，如圖所示。求當 $t = 1$s 時點 M 的絕對加速度。

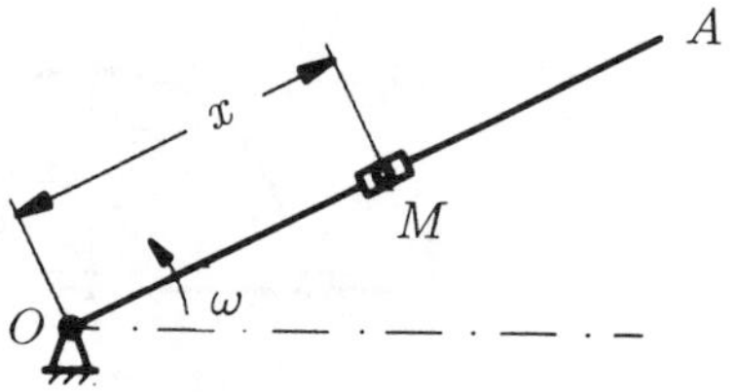

題 14-22 圖

14-23 如圖所示，在半徑為 r 的圓環內充滿液體，液體按箭頭方向以相對速度 $\boldsymbol{u}$ 在環內作等速運動。如圓環以等角速度 ω 繞 O 軸轉動，求在圓環內點 1 和 2 處液體的絕對加速度的大小。

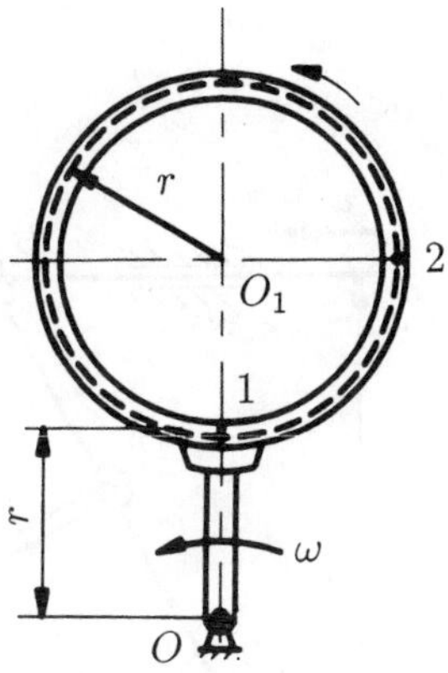

題 14-23 圖

14-24 圖示曲桿 OBC 繞 O 軸轉動，使套在其上的小環 M 沿固定直桿 OA 滑動。已知曲桿以等角速度 $\omega = 0.5$ rad/s 轉動，$OB = 10$ cm，$OB \perp BC$ 。求當 $\varphi = 60°$ 時，小環 M 的速度和加速度。

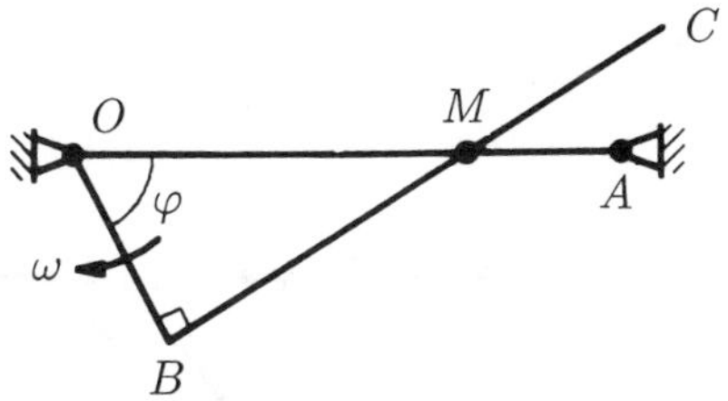

題 14-24 圖

14-25 圖示平面機構中，桿 AB 以等速 $\boldsymbol{u}$ 沿水平方向運動，套筒 B 與桿 AB 的端點鉸接，並套在繞 O 軸轉動的桿 OC 上，可沿該桿滑動。已知 AB 和 OE 兩平行線間的垂直距離為 b。求在圖示位置 ($\theta = 60°$、$\beta = 30°$ 、$OD = BD$) 時，桿 OC 的角速度和角加速度、滑塊 E 的速度和加速度。

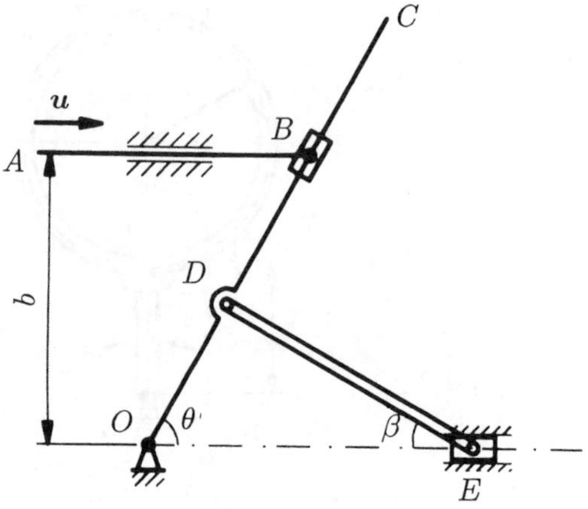

題 14-25 圖

14-26 在圖示機構中，桿1和桿2分別以 $\boldsymbol{v}_1$、 $\boldsymbol{v}_2$ 的速度作等速水平同向平動，且 $v_2 > v_1$。在圖示位置時，桿3與水平線間夾角為 θ，求此時桿3的角速度和角加速度。設桿1 、 2間的垂直距離為 h。

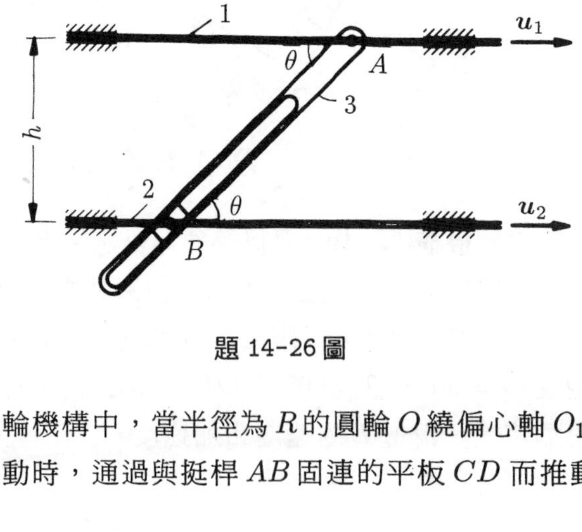

題 14-26 圖

14-27 在圖示凸輪機構中，當半徑為 R 的圓輪 O 繞偏心軸 O_1 以等角速度 ω 轉動時，通過與挺桿 AB 固連的平板 CD 而推動 AB 沿鉛垂軌道滑動。設偏心距 $\overline{OO_1} = e$，求在圖示位置時桿 AB 的速度和加速度。

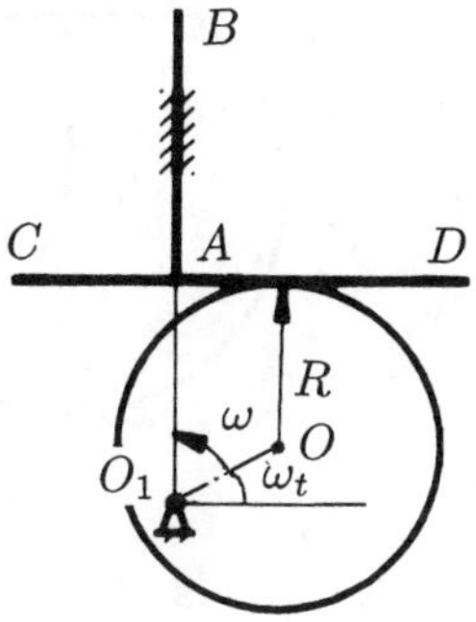

題 14-27 圖

14-28 如圖所示，當 O_1A 桿以等角速度 ω_1 繞 O_1 軸轉動時，推動 O 輪繞其邊緣上的 O_2 軸轉動。已知 O 輪半徑為 R，在圖示位置時，O、O_1 間鉛垂方向的距離為 l，求此時 O 輪的角速度 ω_2 和角加速度 α_2。

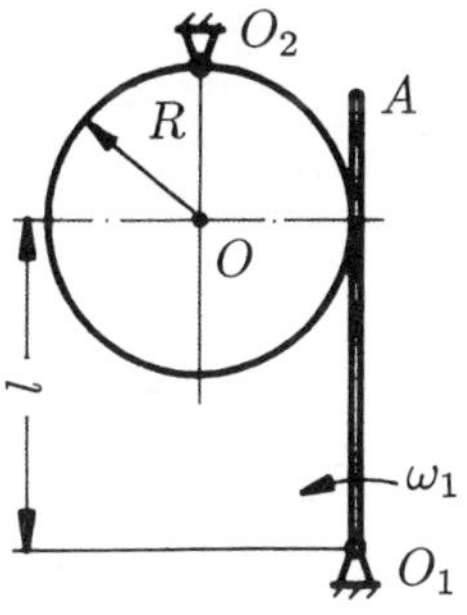

題 14-28 圖

14-29 水平直線 AB 在半徑為 r 的固定圓平面內以等速度 $\boldsymbol{u}$ 鉛垂地落下。求這直線與圓周的交點 M 的速度和加速度。

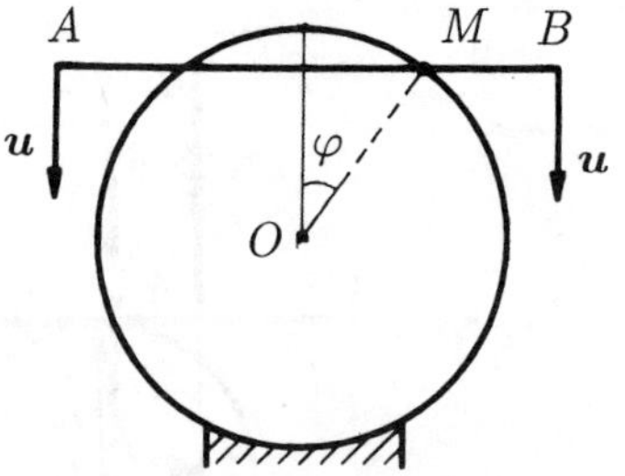

題 14-29 圖

15 質點系運動力學

15-1 概　論

在第十二章中，我們探討了解決單個質點的運動力學之有關理論。從理論上說，我們已經可以利用這些理論來分別解決質點系中每一個質點的動力學問題，從而也就解決了整個質點系的運動力學問題。但是，一方面由於質點系的質點數之繁多，這樣做將會遇到較大的困難；另一方面，對於一個非自由質點系的運動規律只需給出其有限個運動參數的變化規律，即知其所有質點的運動情況，無需逐一研究每一個質點的運動。例如研究剛體的運動規律，顯然只須研究剛體質心的運動和剛體繞質心的旋轉運動，即可反映出剛體上所有質點的運動情況。因此，我們將進一步把解決單個質點運動力學的有關理論進行延拓，從而建立起，描述質點系的獨立運動參數與其所受作用力之間的關係。這不僅完善了整個動力學的理論系統，而且為解決剛體動力學問題提供了一個重要依據。

15-2 質點系的動量原理

質點系的動量原理包括質點系的線動量定理和角動量定理。

15-2-1 線動量定理

設質點系由幾個質點組成，如圖 15-2.1 所示。在某一時刻 t，質點系內任一質點之質量為 m_i，速度 $\boldsymbol{v}_i$，其所受的力包括：(1) 質點系以外的物體的作用力，即**外力**，用 $\boldsymbol{F}_i$ 表示，(2) 質點系內其它質點的作用力，即**內力**，用 $\boldsymbol{f}_i$ 表示。

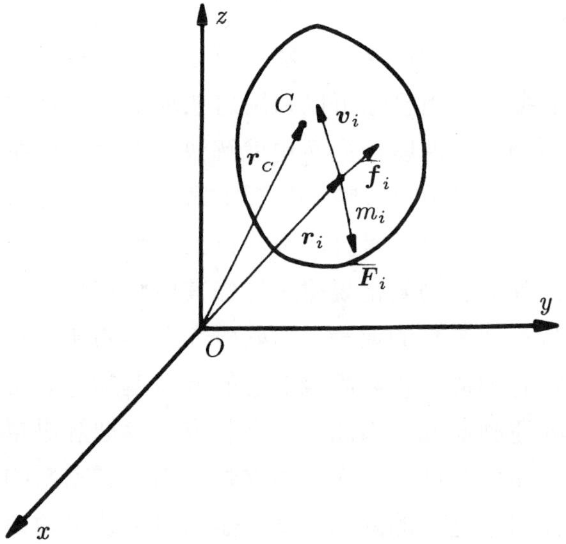

圖 15-2.1

根據質點的線動量原理，對於任一質點必有：

$$\frac{d(m_i\boldsymbol{v}_i)}{dt}=\boldsymbol{F}_i+\boldsymbol{f}_i \quad (i=1,\ 2\ \cdots n)$$

考慮到質點系內各質點之間的相互作用力必成對出現，故必有 $\Sigma \boldsymbol{f}_i = 0$ ，所以將上述 n 個方程式兩端分別相加，並交換求和與求導數的順序可得

$$\frac{d}{dt}(\Sigma m_i \boldsymbol{v}_i) = \Sigma \boldsymbol{F}_i$$

或寫成：

$$\frac{d\boldsymbol{K}}{dt} = \Sigma \boldsymbol{F}_i \tag{15-2.1}$$

其中 $\boldsymbol{K} = \Sigma m_i \boldsymbol{v}_i$ (15-2.2)

為質點系各質點的線動量的向量和，稱為**質點系的動量**，亦稱**線動量**。

(15-2.1) 式說明：質點系的線動量對時間的變化率等於質點系所受外力系之主向量。這一性質稱為**質點系的線動量定理**(theorem of linear momentum) 或簡稱**動量定理**。

考慮到質心 C 的位置向量公式，即

$$\boldsymbol{r}_C = \Sigma m_i \boldsymbol{r}_i / M$$

兩端同時對時間 t 求導數，不難得到物體線動量的計算公式：

$$\boldsymbol{K} = \Sigma m_i \boldsymbol{v}_i = M \boldsymbol{v}_C \tag{15-2.3}$$

其中 M 為物體總質量， $\boldsymbol{v}_C$ 為質心速度。

將 (15-2.1) 式分離變數後積分，有

$$\boldsymbol{K}_2 - \boldsymbol{K}_1 = \int_{t_1}^{t_2} \Sigma \boldsymbol{F}_i dt \tag{15-2.4}$$

此式表示**質點系之末動量** $(\boldsymbol{K}_2)$ **減去質點系之初動量** $(\boldsymbol{K}_1)$ **等於外力在此時間內** $(t_2 - t_1)$ **對質點系的衝量之向量和**。

15-2-2　角動量定理

研究圖 15-2.1 所示質點系，由質點的角動量（動量矩）原理，

有

$$\frac{d}{dt}(\boldsymbol{r}_i \times m_i \boldsymbol{v}_i) = \boldsymbol{M}_0(\boldsymbol{F}_i) + \boldsymbol{M}_0(\boldsymbol{f}_i)$$

$$(i = 1, 2, \cdots n)$$

將上述方程式兩端分別求和，並考慮到內力的性質 $\Sigma \boldsymbol{M}_0(\boldsymbol{f}_i) = 0$ ，即可得

$$\dot{\boldsymbol{L}}_0 = \Sigma \boldsymbol{M}_0(\boldsymbol{F}) \qquad (15\text{-}2.5)$$

其中 $\boldsymbol{L}_0 = \Sigma \boldsymbol{r}_i \times m_i \boldsymbol{v}_i$ 稱為質點系對 O 點的**動量矩** (moment of momentum) 或**角動量**(angular momentum)。此式表示**質點系對定點 O 的角動量隨時間的變化率等於外力系對 O 的力矩**。這一性質稱為**質點系的角動量定理**(theorem of moment of momentum)。

質點系的角動量不僅取決於各質點的動量，而且還取決於它們相對於角動量矩心 O 的位置。因此當角動量矩心在慣性空間運動，同樣會引起角動量的改變。角動量定理是描述角動量變化與外力矩之間的關係，所以角動量矩心運動規律將直接影響角動量定理的數學表示式。(15-2.5) 式所表達的關係是在角動量矩心 O 在慣性空間保持靜止不動的條件下得到的形式。下面我們來證明，當角動量矩心取為質心 C 時，其角動量定理同樣具有相同的簡單表示式。

設質點系由幾個質點組成，其中任一質點 i 相對於質心 C 和定點 O 的位置向量分別為 $\boldsymbol{r}'_i$ 和 $\boldsymbol{r}_i$ ，如圖 15-2.2 所示。顯然，它們有關係：

$$\boldsymbol{r}_i = \boldsymbol{r}_C + \boldsymbol{r}'_i$$

其中 $\boldsymbol{r}_C$ 為質心 C 相對於 O 的位置向量。

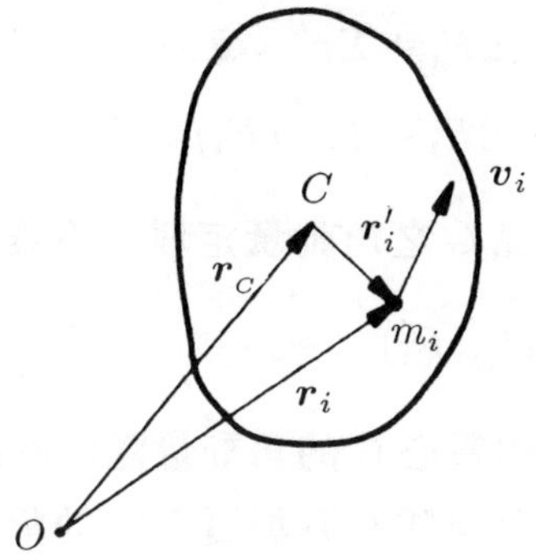

圖 15-2.2

於是 (1) 質點系對 O 點的角動量可寫成：

$$\boldsymbol{L}_0 = \Sigma \boldsymbol{r}_i \times m_i \boldsymbol{v}_i$$
$$= \Sigma \boldsymbol{r}_C \times m_i \boldsymbol{v}_i + \Sigma \boldsymbol{r}'_i \times m_i \boldsymbol{v}_i$$

考慮到其中 $\Sigma \boldsymbol{r}_C \times m_i \boldsymbol{v}_i = \boldsymbol{r}_C \times \Sigma m_i \boldsymbol{v}_i = \boldsymbol{r}_C \times \boldsymbol{K}$；而 $\Sigma \boldsymbol{r}'_i \times m_i \boldsymbol{v}_i = \boldsymbol{L}_C$ 則為質點系對質心 C 的角動量。所以

$$\boldsymbol{L}_0 = \boldsymbol{r}_C \times \boldsymbol{K} + \boldsymbol{L}_C$$

於是 $\boldsymbol{L}_0$ 的變化率應寫為

$$\frac{d\boldsymbol{L}_0}{dt} = \frac{d\boldsymbol{r}_C}{dt} \times \boldsymbol{K} + \boldsymbol{r}_C \times \frac{d\boldsymbol{K}}{dt} + \frac{d\boldsymbol{L}_C}{dt}$$

顯然，由於 C 為質心，所以 $\frac{d\boldsymbol{r}_C}{dt} = \boldsymbol{v}_C$ 與 $\boldsymbol{K}$ 同向，故 $\frac{d\boldsymbol{r}_C}{dt} \times \boldsymbol{K} = 0$，根據質點系線動量定理，其中 $\frac{d\boldsymbol{K}}{dt} = \Sigma \boldsymbol{F}_i$，從而最後得到 $\boldsymbol{L}_0$ 的變化率的表示式：

$$\frac{d\boldsymbol{L}_0}{dt} = \boldsymbol{r}_C \times \Sigma \boldsymbol{F}_i + \frac{d\boldsymbol{L}_C}{dt}$$

(2) 質點系的外力對 O 點之主力矩可寫為

$$\begin{aligned}\Sigma \boldsymbol{M}_0(\boldsymbol{F}) &= \Sigma(\boldsymbol{r}_C + \boldsymbol{r}'_i) \times \boldsymbol{F}_i \\ &= \boldsymbol{r}_C \times \Sigma \boldsymbol{F}_i + \Sigma \boldsymbol{r}'_i \times \boldsymbol{F}_i \\ &= \boldsymbol{r}_C \times \Sigma \boldsymbol{F}_i + \boldsymbol{M}_C(\boldsymbol{F}_i)\end{aligned}$$

因此由質點系對定點 O 之角動量定理，不難得到

$$\dot{\boldsymbol{L}}_C = \frac{d\boldsymbol{L}_C}{dt} = \Sigma \boldsymbol{M}_C(\boldsymbol{F}_i) \tag{15-2.6}$$

此式說明：**質點系對質心 C 的角動量隨時間的變化率等於外力系對質心 C 的力矩**。這就是**質點系對質心 C 的角動量定理**。

將 (15-2.4) 或 (15-2.5) 式分離變數後積分可得角動量定理的積分形式。

$$\boldsymbol{L}_{02} - \boldsymbol{L}_{01} = \int_{t1}^{t2} \Sigma \boldsymbol{M}_0(\boldsymbol{F}_i)dt \tag{15-2.7}$$

或

$$\boldsymbol{L}_{C_2} - \boldsymbol{L}_{C_1} = \int_{t1}^{t2} \Sigma \boldsymbol{M}_C(\boldsymbol{F}_i)dt \tag{15-2.8}$$

其中 $\boldsymbol{L}_{02}$、$\boldsymbol{L}_{C2}$ 分別為質點系在 t_2 時刻對 O 點和 C 點的角動量，$\boldsymbol{L}_{01}$、$\boldsymbol{L}_{C1}$ 分別為初瞬時 t_1 時刻質點系對 O 點和 C 點的角動量。

15-2-3 線動量和角動量守恒定律

由質點系的線動量定理 (15-2.1) 式知，當 $\Sigma \boldsymbol{F}_i = 0$，時，

$$\boldsymbol{K} = \text{常向量}$$

即質點系的動量守恒。

當 $\Sigma F_x \equiv 0$ 時，

$$K_x = \text{常數}$$

即質點系的線動量在 x 軸上的投影值守恒。

以上規律稱為**質點系的線動量守恒定律**。

由質點系的角動量定理 (15-2.5) 式或 (15-2.6) 式知；

當 $\Sigma \boldsymbol{M}_0 = (\boldsymbol{F}_i) \equiv 0$ 或 $\Sigma \boldsymbol{M}_C(\boldsymbol{F}_i) \equiv 0$ ，則

$$\boldsymbol{L}_0 = \text{常向量}$$

或 $$\boldsymbol{L}_C = \text{常向量}$$

即相應的動量矩守恒。

當 $\Sigma m_x(\boldsymbol{F}_i) \equiv 0$，則

$$L_x = \text{常數}$$

其中 x 為過定點的軸，或過質心，且指向不變的平移軸。

以上性質稱為**角動量守恒定律**。

例 15-2.1

以質點系的質心 C 為原點，建立平動座標系 $Cxyz$。試證明：質點系的絕對運動對質心的角動量等於它的相對運動對質心的角動量。

證：

根據速度合成定理，任一質點 i 的絕對速度 $\boldsymbol{v}_i$ 和相對速度 $\boldsymbol{v}'_i$ 有以下關係

$$\boldsymbol{v}_i = \boldsymbol{v}_C + \boldsymbol{v}'_i \tag{1}$$

其中 $\boldsymbol{v}_C$ 為質心 C 的速度。由質點系的角動量定義，得質點系的絕對運動對質心 C 的角動量等於：

$$\boldsymbol{L}_C = \Sigma \boldsymbol{r}'_i \times m_i \boldsymbol{v}_i$$

其中 $\boldsymbol{r}_i'$ 為質點 i 相對於質心 C 的位置向量。故考慮到 (1) 式，即得

$$\begin{aligned}\boldsymbol{L}_C &= \Sigma\boldsymbol{r}_i' \times (m_i\boldsymbol{v}_v + m_i\boldsymbol{v}_i') \\ &= (\Sigma m_i\boldsymbol{r}_i') \times \boldsymbol{v}_C + \Sigma\boldsymbol{r}_i' \times m_i\boldsymbol{v}_i'\end{aligned}$$

由質心的定義，其中 $\Sigma m_i\boldsymbol{r}_i' = m\boldsymbol{r}_C' = 0$，而等式右端的第二項，$\Sigma\, \boldsymbol{r}_i' \times m_i\boldsymbol{v}_i'$ 即為質點系的相對運動對質心 C 的角動量，如以 $\boldsymbol{L}_C'$ 表示，則得

$$\boldsymbol{L}_C = \boldsymbol{L}_C'$$

命題得證。

例 15-2.2

質量均為 m 的五個小球，以無重剛性桿連結成一正方形構架。已知正方形邊長為 l，整個組合體於光滑水平面上靜止如圖 15-2.3 所示。若突然作用一已知力 $\boldsymbol{F}$ 於 A 球上，求球 O 和球 A 所產生的加速度。

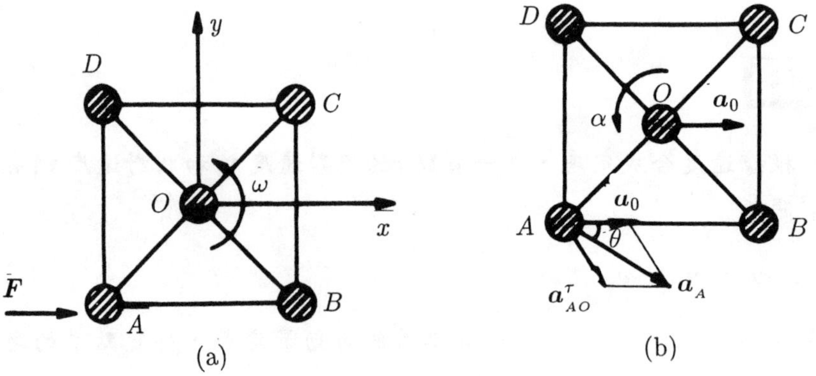

圖 15-2.3

解：

(1) 以組合體為研究對象，其質心為 O，設速度為 $\boldsymbol{v}_0$，則組合體的線動量為

$$\boldsymbol{K} = 5m\boldsymbol{v}_0$$

(2) 由線動量定理 (15-2.1) 式得

$$5m\boldsymbol{a}_0 = F\boldsymbol{i}$$

從而得：

$$\boldsymbol{a}_0 = \frac{F}{5m}\boldsymbol{i} = 0.2\frac{F}{m}\boldsymbol{i}$$

(3) 設組合體繞平動系 Oxy 轉動角速度為 ω，則組合體對質心 O 的角動量為

$$L_0 = 4 \times m\left(\frac{\sqrt{2}}{2}\omega l\right) \times \frac{\sqrt{2}}{2}l = 2ml^2\omega$$

從而由質點系對質心的角動量定理 (15-2.5) 式得：

$$2ml^2\alpha = F\frac{l}{2}$$

$$\alpha = \frac{F}{4ml}$$

(4) 由加速度合成定理

$$\boldsymbol{a}_A = \boldsymbol{a}_0 + \boldsymbol{a}^{\tau}_{AO} + \boldsymbol{a}^{n}_{AO}$$

由於初瞬時 $\omega = 0$，故 $a^{n}_{AO} = 0$，故

$$\boldsymbol{a}_A = \boldsymbol{a}_0 + \boldsymbol{a}^{\tau}_{AO}$$

根據平行四邊形得 a_A 的大小為

$$a_A = \sqrt{a_0^2 + (a^{\tau}_{AO})^2 + 2a_0a^{\tau}_{AO}\cos 45^{\circ}}$$

代入 $a_0 = 0.2\dfrac{F}{m}$，$a^{\tau}_{AO} = \alpha\dfrac{\sqrt{2}}{2}l = 0.18\dfrac{F}{m}$ 得

$$a_A = 0.33\frac{F}{m}$$

$\boldsymbol{a}_A$ 與 AB 的夾角

$$\theta = \sin^{-1}\frac{a^{\tau}_{AO}\sin 45^\circ}{a_A}$$

$$= \frac{0.18\dfrac{F}{m}\sin 45^\circ}{0.33\dfrac{F}{m}} = 22.7^\circ$$

例 15-2.3

質量均為m的小球以無重量的剛性桿A、B相連接，並可在鉛垂面內繞O點轉動。已知$AO = l$，$BO = 2l$。試求桿於水平靜止釋放時，所具有的角加速度，以及軸承O處的反力。

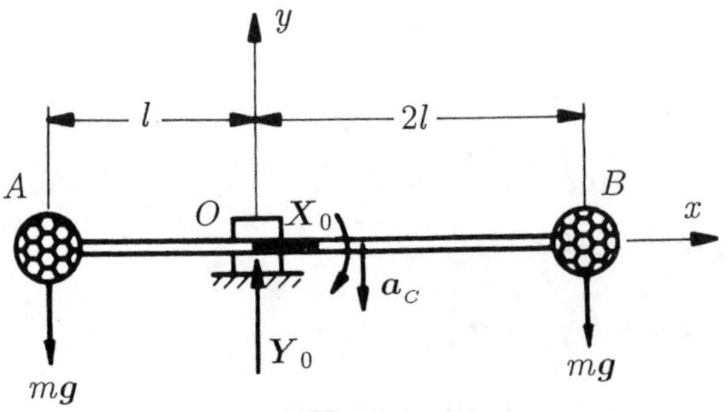

圖 15-2.4

解：

(1) 研究系統。

(2) 設桿繞 O 軸轉動之角速度為 ω，則其對 O 的角動量為：

$$L_0=m(2l)^2\omega + ml^2\omega = 5ml^2\omega$$
$$\dot{L}_0=5ml^2\dot{\omega} = 5ml^2\alpha$$

(3) 系統受力有重力和軸承反力，如圖示。

(4) 由角動量定理有

$$5ml^2\alpha = mg(2l - l)$$

$$\alpha = \frac{g}{5l}$$

(5) 因為初瞬時角速度 $\omega = 0$，所以質心加速度：

$$\boldsymbol{a}_C = \frac{d\boldsymbol{v}_C}{dt} = -\frac{l}{2}\alpha\boldsymbol{j} = -\frac{1}{10}g\boldsymbol{j}$$

(6) 由線動量定理得

$$2m\frac{d\boldsymbol{v}_C}{dt} = \Sigma\boldsymbol{F}_i$$

$$2m\left(-\frac{1}{10}g\boldsymbol{j}\right) = X_0\boldsymbol{i} + (Y_0 - 2mg)\boldsymbol{j}$$

即
$$\begin{cases} X_0=0 \\ Y_0=2mg - \dfrac{1}{5}mg \\ \quad =\dfrac{9}{5}mg \end{cases}$$

例 15-2.4

小車 A 重 $W = 1$ kN，在光滑水平直線軌道上等速運動，其速度 $v_A = 0.60$ m/s 。有一重 $Q = 0.5$ kN 的物體 B 以 $v_B = 0.40$ m/s 的速度鉛垂地落在小車上。設 B 落在小車上經過時間 $\tau = 0.01$ s 後，與小車以相同的速度運動。求此相同的速度以及 B 給小車的平均作用力。

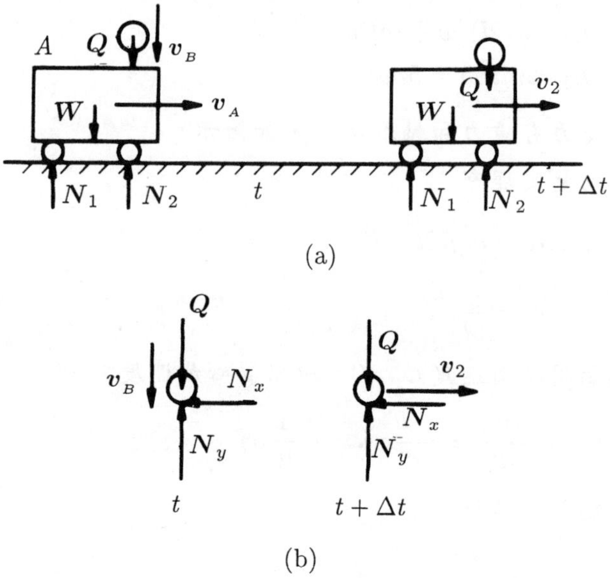

圖 15-2.5

解：

(1) A、B為研究對象。系統在B開始接觸小車A到與小車一起運動的過程中，外力有A、B的重力$\boldsymbol{W}$和$\boldsymbol{Q}$，以及軌道的反力$\boldsymbol{N}_1$和$\boldsymbol{N}_2$。因此外力系主向量在水平方向的投影為零，即系統在水平方向的線動量守恒。建立如圖座標系，則B與A接觸前瞬時

$$K_{1x}=\frac{W}{g}v_A$$

B與A具有相同速度v_2時

$$K_{2x}=\frac{1}{g}(W+Q)v_2$$

由 $K_{1x}=K_{2x}$，可得 A、B 的共同速度

$$v_2=\frac{W}{W+Q}v_A$$

$$=\frac{1}{1+0.05}\times 0.60=0.40\ (\mathrm{m/s})$$

(2) 以 B 為研究對象，所受外力為重 $\boldsymbol{Q}$，小車的作用力 $\boldsymbol{N}_x$、$\boldsymbol{N}_y$。

由 (15-2.3) 式得

$$\frac{Q}{g}v_2\boldsymbol{i}-\left(-\frac{Q}{g}v_B\right)\boldsymbol{j}=\left(\int_0^{\tau}N_x dt\right)\boldsymbol{i}+\left[\int_0^{\tau}(N_y-Q)dt\right]\boldsymbol{j}$$

所以有平均力

$$N_x^*=\frac{1}{\tau}\int_0^{\tau}N_x dt=\frac{Q}{g\tau}v_2$$

$$=\frac{0.5}{9.8\times 0.01}\times 0.40=2.0N\ (\mathrm{kN})$$

$$N_y^*=\frac{1}{\tau}\int_0^{\tau}N_y dt=Q\left(1+\frac{v_B}{g\tau}\right)$$

$$=0.5\left(1+\frac{0.4}{9.8\times 0.01}\right)=2.54\ (\mathrm{kN})$$

重物 B 給小車的平均力與小車給重物的平均力 $\boldsymbol{N}_x^*$、$\boldsymbol{N}_y^*$ 大小相等，方向相反。

例 15-2.5

圖 15-2.6(a) 所示機構中，水平桿 AB 中點與鉛垂轉動軸 z 固連。桿 AC 和 BD 一端各連結一重為 P 的小球，另一端各與 A、B 處分別鉸接。開始時 AB 隨轉軸以 ω_0 轉動，而兩小球 C、D 間以一細繩相連，使 AC、BD 保持在鉛垂位置。在某瞬時繩被拉斷，兩球分開直至 AC、BD 各與鉛垂線成 α 角如圖 15-2.6b 所示的位置，求此時轉軸所具有的角速度。設不計各桿重。

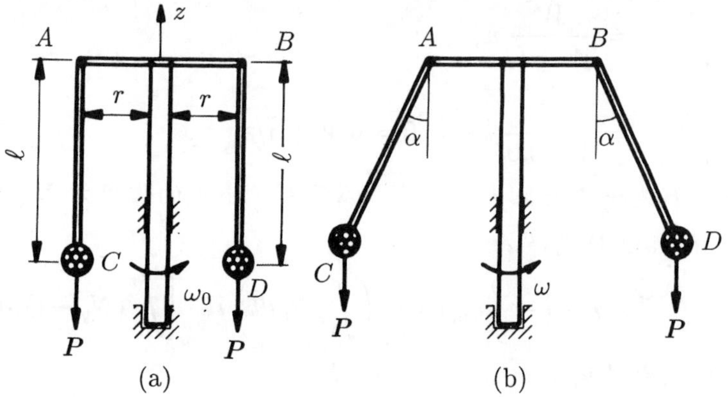

圖 15-2.6

解：

(1) 取機構整體為研究對象。

(2) 系統受外力有 C、D 小球重力 $\boldsymbol{P}$，軸承反力（圖中未畫）對轉軸之力矩恒為零，故系統對轉軸之角動量守恒

AC、BD 鉛垂時：

$$L_{z1} = 2mr^2\omega_0$$

AC、BD 與鉛垂成 α 角時，

$$L_{z2} = 2m(r + \ell\sin\alpha)^2\omega$$

由 $L_{z1} = L_{z2}$ 即可得

$$\omega = \frac{r^2}{(r + \ell\sin\alpha)^2}\omega_0$$

15-3 質點系的質心運動定理

15-3-1　質心運動定理

質心運動定理是線動量定理的另一形式。實際上，只要考慮到質點系的動量等於 $M\boldsymbol{v}_C$，則質點系線動量定理可寫成

$$\frac{d}{dt}(M\boldsymbol{v}_C) = \Sigma \boldsymbol{F}_i \tag{15-3.1}$$

當質點系的總質量 M 不變時，則有：

$$M\frac{d\boldsymbol{v}_C}{dt} = \Sigma \boldsymbol{F}_i \tag{15-3.2}$$

或　$$M\boldsymbol{a}_C = \Sigma \boldsymbol{F}_i \tag{15-3.3}$$

式中 $\boldsymbol{a}_C$ 為質點系質心的加速度。此式表明，**質點系的質心加速度與其質量的乘積等於作用於質點系的外力之主向量**。這就是**質點系質心運動定理**。

質心運動定理的表示式與單個質點的運動力學方程式完全相同，故也稱質點系的運動力學方程式。它是研究質點系質心運動規律的基本定理。它表明，質心的運動可以視為一個質點的運動，該質點集中了質點系的全部質量和所受的全部外力（將質點系所受的全部外力均平移至質心上）。

如果質點系由諸剛體組成，則其線動量可寫成：

$$\boldsymbol{K} = \Sigma m_i \boldsymbol{v}_{Ci}$$

其中 m_i、$\boldsymbol{v}_{Ci}$ 分別為第 i 個剛體的質量和質心速度，故其運動方程又可寫成

$$\Sigma m_i \boldsymbol{a}_{Ci} = \Sigma \boldsymbol{F} \tag{15-3.4}$$

此式表明，**剛體系統內各剛體的質量與其質心加速度的乘積的向量和，等於作用於剛體系的外力之主向量**。

15-3-2 質心運動守恒定律

下面討論質心運動的幾種特殊情況。

(1) 當外力主向量 $\Sigma \boldsymbol{F}_i \equiv 0$ 時，

$$\boldsymbol{v}_C = 常向量 \tag{15-3.5}$$

即質心作等速直線運動。

(2) 當外力主向量 $\Sigma \boldsymbol{F}_i \equiv 0$，且 $t=0$ 時 $v_C = 0$，則

$$v_C \equiv 0$$

即質心在慣性空間保持靜止。此時質心相對於定點的位置向量

$$\boldsymbol{r}_C = 常向量 \tag{15-3.6}$$

對於由剛體組成的質點系，設各剛體質心同時產生有限位移 $\Delta \boldsymbol{r}_{ci}$，則由質心公式及上述性質（$\boldsymbol{r}_C =$ 常向量）得

$$\frac{\Sigma m_i \boldsymbol{r}_{Ci}}{M} = \frac{\Sigma m_i(\boldsymbol{r}_{Ci} + \Delta \boldsymbol{r}_{Ci})}{M}$$

於是有

$$\Sigma m_i \Delta \boldsymbol{r}_{Ci} = 0 \tag{15-3.7}$$

(3) 當外力主向量在定軸，如 x 軸上的投影恒為零 $(\Sigma X = 0)$ 時，則

$$v_{Cx} \equiv \Sigma m_i v_{Cix} \equiv 常數 \tag{15-3.8}$$

即質心速度在 x 軸上的投影保持常數。

(4) 當外力主向量在定軸，如 x 軸上的投影恒為零 $(\Sigma X = 0)$，且 $t = 0$ 時 $v_{Cx} = 0$，則有

$$v_{Cx} = 0$$

即質心速度在 x 軸上的投影恒為零。這時質心相對於定軸的座標值 x_C 為一常數，即

$$x_C \equiv 常數 \tag{15-3.9}$$

對於由剛體系統組成的質點系，如各剛體的質心分別產生一個有限增量 Δx_{Ci}，則由質心座標系公式及上述性質（ x_C = 常數），可得

$$\frac{\Sigma m_i x_{Ci}}{M} = \frac{\Sigma m_i (x_{Ci} + \Delta x_{Ci})}{M}$$

於是有

$$\Sigma m_i \Delta x_{Ci} = 0 \tag{15-3.10}$$

以上各特殊情況的結論，統稱為**質心運動守恒定理**。

應該注意的是質心的各種守恒運動是在一定條件下實現的。因此在利用它們來求解實際問題時，必須分析所討論的問題是否相應地滿足各種條件。

例 15-3.1

電動機固定在水平基座上，如圖 15-3.1(a) 所示。定子和外殼總重為 P_1，重心為 C_1；轉子重為 P_2，重心為 C_2。由於製造誤差，C_2 不在轉軸上，其偏心距為 e。已知轉子的轉動角速度 ω 為常數。求基座在鉛垂和水平方向的反力。

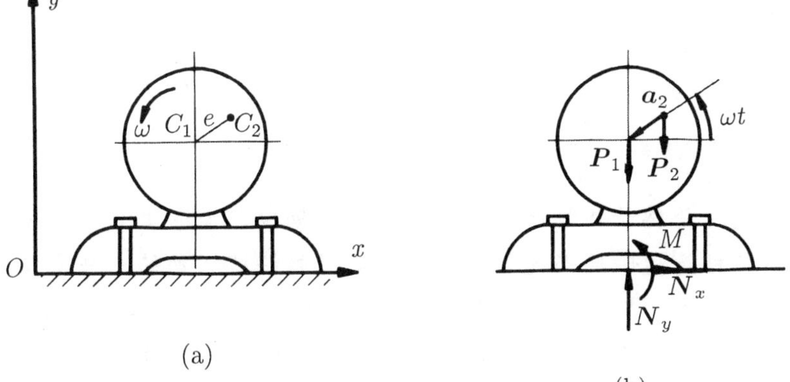

圖 15-3.1

解：

整個電機由兩個剛體組成：定子和外殼固定不動，可視為一剛體；轉子作定軸轉動，其質心作圓周運動。兩個剛體的質心加速度均為已知，故可由質心運動定理求解基座反力。具體步驟如下：

(1) 以電機整體為研究對象。

(2) 定子和外殼的質心加速度 $a_{C1}=0$；轉子的質心加速度為

$$\boldsymbol{a}_{C2}=-e\omega^2(\cos\omega t)\boldsymbol{i}-e\omega^2(\sin\omega t)\boldsymbol{j}$$

(3) 電機所受外力有 $\boldsymbol{P}_1=-P_1\boldsymbol{j}$；$\boldsymbol{P}_2=-P_2\boldsymbol{j}$；$\boldsymbol{N}=N_x\boldsymbol{i}+N_y\boldsymbol{j}$；及反力偶矩 M。

(4) 由 $\Sigma m_i\boldsymbol{a}_{Ci}=\Sigma\boldsymbol{F}$ 得：

$$-\frac{P_2}{g}e\omega^2(\cos\omega t)\,\boldsymbol{i}-\left(\frac{P_2}{g}e\omega^2\sin\omega t\right)\boldsymbol{j}$$

$$=N_x\boldsymbol{i}+(N_y-P_1-P_2)\boldsymbol{j}$$

由此可得

$$N_x=-\frac{P_2}{g}e\omega^2\cos\omega t$$

$$N_y=P_1+P_2-\frac{P_2}{g}e\omega^2\cos\omega t$$

其中

$$N_x'=-\frac{P_2}{g}e\omega^2\cos\omega t$$

$$N_y'=-\frac{P_2}{g}e\omega^2\sin\omega t$$

是由於轉子轉動而產生，稱為**附加動反力**。這種附加動反力的特點是隨時間而週期改變，它是引起機械振動的一種擾動力。這種週期改變的力的最大值與角速度 ω 的平方和轉子偏心距 e 的一次方成正比。因此對高速轉動的電機，為了避免附加動反力的出現，必須要求偏心距 e 小到一定的值，甚至趨近於零。

例 15-3.2

圖 15-3.2 所示框架質量為 m_1，置於光滑水平面上。框架中單擺長 l，質量為 m_2（不計擺桿質量）。如單擺於擺角為 θ_0 處被靜止釋放。求擺角 $\theta = 0°$ 時，框架在水平面上產生的位移。不計各處摩擦。

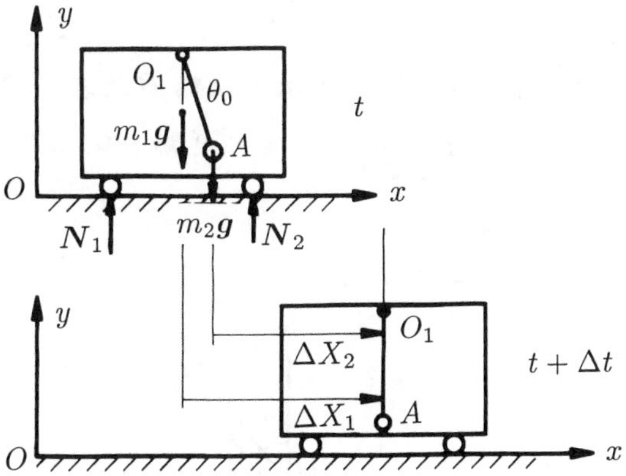

圖 15-3.2

解：

(1) 以系統為研究對象。

(2) 系統所受外力有：$m_1\boldsymbol{g}$，$m_2\boldsymbol{g}$ 和地面反力 $\boldsymbol{N}_1$，$\boldsymbol{N}_2$，它們在水平方向的投影均為零，且 $t = 0$ 時，系統靜止，即 $v_{Cx} = 0$。故系統質心在水平方向保持不變。

(3) 建立圖示座標系，設框架沿 x 方向的位移為 ΔX_1，由已知條件，可得單擺在 x 方向的位移為

$$\Delta X_2 = \Delta X_1 - l \sin \theta_0$$

(4) 由 $\Sigma m_i \Delta X_i = 0$ 得

$$m_1 \Delta X_1 + m_2(\Delta X_1 - l \sin\theta_0) = 0$$

即得

$$\Delta X_1 = \frac{m_2 \ell \sin\theta_0}{m_1 + m_2}$$

例 15-3.3

均質細桿 AB 長為 l，質量為 m，端點 B 放在光滑的水平面上，並與鉛垂線成 φ_0 角位置時由靜止進入運動。試求端點 A 的運動軌跡曲線。

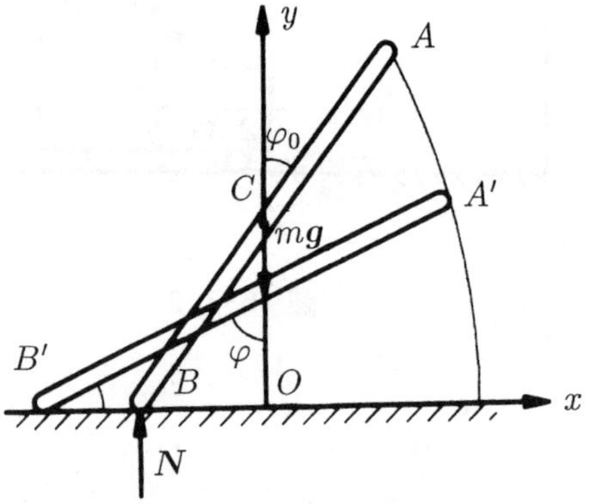

圖 15-3.3

解：

(1) 以桿 AB 為研究對象。

(2) AB 在一般位置受力有 $m\boldsymbol{g}$，$\boldsymbol{N}$ 如圖 15-3.3 所示。建立圖示座標，顯然有

$$\Sigma X \equiv 0$$

且根據已知條件 $t=0$ 時，$v_{Cx}=0$，故有 $x_C \equiv 0$

(3) 可見 C 點的軌跡與 y 軸重合。設 A 點的座標為 (x_A, y_A) 則由圖可得

$$x_A = \frac{\ell}{2}\sin\varphi$$

$$y_A = l\cos\varphi$$

消去 φ 即得 A 點的軌跡曲線方程式

$$\frac{x_A^2}{\left(\frac{\ell}{2}\right)^2} + \frac{y_A^2}{\ell^2} = 1$$

其中 $x_A \geq \frac{\ell}{2}\sin\varphi_0$；$y_A \geq 0$

即 A 點的運動軌跡為橢圓的一部分。

15-4 質點系的功能原理

15-4-1　質點系的動能和柯尼希定理

設質點中任一點的質量為 m_i，速度為 $\boldsymbol{v}_i$，則質點系的動能定義為：

$$T = \Sigma\frac{1}{2}m_i v_i^2 \tag{15-4.1}$$

即**質點系的動能等於其中每一個質點所具有的動能之總和**。

質點系動能的計算，在許多情況下可以利用柯尼希 (Koenig) 定理計算較為簡單。

設座標系 $Cx'y'z'$ 為與質心 C 固連的平動座標系，則任一質點的速度可表示為

$$\boldsymbol{v}_i = \boldsymbol{v}_C + \boldsymbol{v}'_i$$

式中 $\boldsymbol{v}_C$ 為質心 C 的速度，$\boldsymbol{v}'_i$ 為質點相對於 $Cx'y'z'$ 的相對速度。對於 C 點，$\boldsymbol{v}'_C = 0$ 。於是，質點系的動能可寫為：

$$\begin{aligned} T &= \Sigma\frac{1}{2}m_i v_i^2 \\ &= \Sigma\frac{1}{2}m_i(v_C^2 + \boldsymbol{v}_i'^2 + 2\boldsymbol{v}_C\cdot\boldsymbol{v}_i'^2) \\ &= \Sigma\frac{1}{2}m_i v_C^2 + \Sigma\frac{1}{2}m_i v_i'^2 \\ &\quad +\boldsymbol{v}_C\cdot\Sigma m_i\boldsymbol{v}'_i \end{aligned}$$

根據質心的性質，其中 $\Sigma m_i\boldsymbol{v}'_i = (\Sigma m_i)\boldsymbol{v}'_C = 0$ ，所以質點系的動能最終可表示為：

$$T = \frac{1}{2}Mv_C^2 + \Sigma\frac{1}{2}m_i v_i'^2 \tag{15-4.2}$$

其中 $M = \Sigma m_i$ 為質點系的總質量。上式說明：**質點系的動能等於它隨質心 C 一起平動所具有的動能 $\left(\frac{1}{2}Mv_C^2\right)$ 與它在相對於隨質心作平動的座標系作相對運動所具有的動能 $\Sigma\frac{1}{2}m_i v_i'^2$ 之和**。這就是**柯尼希定理**。

15-4-2 質點系的功能原理

設質點系由幾個質點組成。對於每一個質點均可寫出其功能原理的微分形式：

$$dT_i = d'U_i \quad (i = 1, 2, \cdots n)$$

式中 $d'U_i$ 為第 i 個質點所受合力的微小功。

對以上幾個方程式求和，並交換求和與微分運算的次序，則有

$$dT = \Sigma d'U \qquad (15\text{-}4.3)$$

其中 $T = \Sigma T_i$ 為質點系的動能。此式說明：**質點系的動能微分等於質點系上全部作用力的微小功之和**。這就是質點系的 **功能原理的微分表示式**。

設質點系從狀態 (1) 經過某一過程運動至狀態 (2)，對 (15-4.3) 式積分即得

$$T_2 - T_1 = \Sigma U_i \qquad (15\text{-}4.4)$$

式中 T_1、T_2 分別為質點系在狀態 (1) 和 (2) 的動能，ΣU_i 為作用於質點系的全部力在質點系從狀態 (1) 運動到狀態 (2) 的過程中作功的總和。

(15-4.4) 式說明：**在質點系某一運動過程中，質點系動能的增量等於作用於質點系的全部力在這一過程中所作功的總和**。這就是**質點系功能原理的積分表達形式**。

應該指出，(15-4.3) 和 (15-4.4) 式中的微小功之和，應包含質點內各質點之間相互作用力的微小功之和。一般說來，雖然各質點之間的相互作用力是等值、反向的成對力，其向量和為零，但由於它們分別作用於兩質點，所以當兩質點的運動位移不相等時，它們作功的和卻不一定為零。因此在應用上述功能原理求解質點系的運動力學問題時不能忽略這些力的功。

15-4-3　質點系之機械能守恆定律

如果作用於質點系的力全部為保守力，則質點系從狀態 (1) 運動至狀態 (2) 的過程中，保守力的功為

$$\Sigma U_i = V_1 - V_2$$

其中 V_1、V_2 為質點系在狀態 (1) 和狀態 (2) 的位能。於是，(15-4.4) 式又可表示為

$$T_2 - T_1 = V_1 - V_2$$

或 $$T_2 + V_2 = T_1 + V_1 \tag{15-4.5}$$

此式表明：**當質點系只受保守力作用時，則質點系的機械能守恒。** 此即**質點系的機械能守恒定律**。

例 15-4.1

均質鐵鏈長為 ℓ，放在光滑桌面上，由桌邊垂下一段長為 a 的位置，靜止開始下滑。求它全部離開桌面時的速度（圖 15-4.1）。

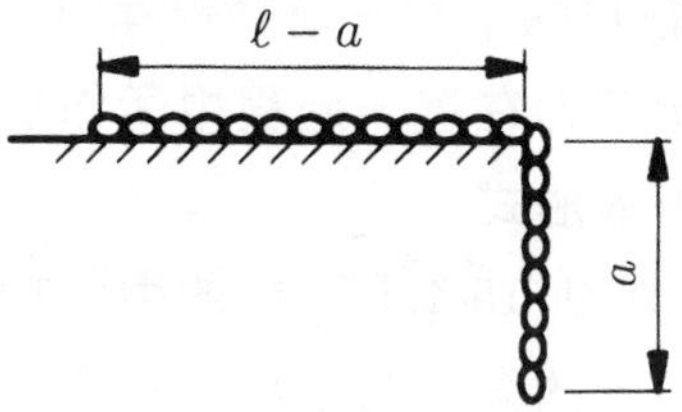

圖 15-4.1

解：

(1) 以鐵鏈為研究對象。

(2) 運動過程中，各質點作折線運動，且各點速度大小相等。

(3) 考察從靜止狀態到全部脫離桌面的過程，只有重力作功，且

$$U = m_1 g(\ell - a) + m_2 g \frac{1}{2}(\ell - a)$$

其中 $m_1 = \dfrac{m}{\ell}a$ 為初瞬時下垂部分的質量，$m_2 = \dfrac{m}{\ell}(\ell - a)$ 為初瞬時桌面上部分的質量。於是，代入並化簡可得：

$$U = \frac{1}{2}mg\frac{\ell^2 - a^2}{\ell}$$

(4) 對全過程利用功能原理，可得

$$\frac{1}{2}mv^2 - 0 = \frac{1}{2}mg\frac{\ell^2 - a^2}{\ell}$$

解方程式得鐵鏈全部離開桌面瞬時的速度為：

$$v = \sqrt{\frac{g(\ell^2 - a^2)}{\ell}}$$

例 15-4.2

已知圖 15-4.2 所示系統在所示位置從靜止進入運動。試求：(a) 套筒 B 運動至端點 C 處時的速度；(b) 當力 150 N 在 B 運動多大距離時去掉，即可使 B 運動到 C 點時的速度正好等於零。

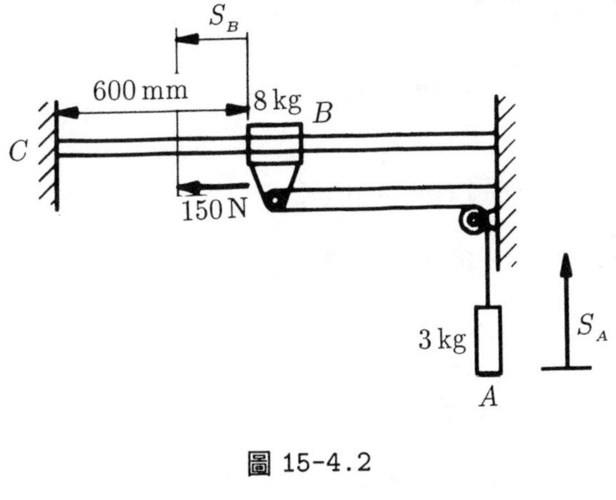

圖 15-4.2

解：

(1) 以系統為研究對象。A、B可分別視為質點

(2) 設系統中B、A分別的位移為S_B、S_A，則由幾何關係不難得到：

$$2S_B = S_A$$

兩端分別對時間求導數，有

$$2v_B = v_A$$

(3) 系統在S_B的位移過程中，只有150 N的力和A的重力作功，其作功之和為

$$\begin{aligned} U &= 150 \times S_B - 3 \times 9.8 \times S_A \\ &= (150 - 3 \times 9.8 \times 2)S_B \\ &= 91.2S_B \end{aligned}$$

(4) 由已知，系統初動能$T_1 = 0$，在任意S_B位移時的動能為

$$\begin{aligned} T_2 &= \frac{1}{2}m_B v_B^2 + \frac{1}{2}m_A v_A^2 \\ &= \frac{1}{2}(m_B + 4m_A)v_B^2 \\ &= \frac{1}{2}(8 + 12)v_B^2 = 10v_B^2 \end{aligned}$$

故由功能原理，得任意位移S_B時，B的速度v_B滿足：

$$10v_B^2 - 0 = 91.2S_B$$

即 $v_B = \sqrt{9.12S_B}$

顯然當$S_B = 0.6$ m，即B到達C點時

$$v_B = \sqrt{9.12 \times 0.6} = 2.34 \text{ (m/s)}$$

(5) 如果力 150 N，當 S_B 等於某值後停止作用，並使 B 到達 C 點時，速度為零，則全過程有

$$T_2 - T_1 = 0$$

$$U = 150S_B - m_A g \times 2 \times 0.6$$

故由功能原理得

$$0 = 150S_B - 3 \times 9.8 \times 2 \times 0.6$$

得 $S_B = \dfrac{1}{150}(3 \times 9.8 \times 2 \times 0.6)$

$$= 0.235 \text{ (m)}$$

15-5 可變質量系統

以上所討論的運動力學問題中，我們所研究的對象總是指具有一確定不變質量的物體。但是，在很多實際問題中，還有一類物體需要研究，它們在運動過程中不斷地放出或吸收質量。即它們的質量在不斷地發生改變。這類系統或物體稱為可變質量系統。例如，火箭燃料燃燒後不斷地噴火，火箭質量就不斷地減少；空氣中下降的雨滴由於不斷地凝聚著空氣中的水份，其質量不斷地增加，等等。

當變質量物體作平移運動或只研究變質量系統的質心運動時，可視之為變質量質點。下面我們研究變質量質點的運動方程式。

設變質量質點在 t 瞬時的質量為 $m(t)$，速度為 $\boldsymbol{v}(t)$；在 $(t+dt)$ 瞬時，該質點的質量變為 $m(t)+dm$，速度則變為 $\boldsymbol{v}(t)+d\boldsymbol{v}$，其中 dm 為在 dt 時間內由外部併入質點的質量。設該部分質量 (dm) 在併入質點前的速度為 $\boldsymbol{u}$，如圖 15-5.1 所示。

考慮質點質量 m 和併入質量 dm，顯然它們在 t 和 $t+dt$ 兩個瞬時的線動量可分別寫為

$$\boldsymbol{K}(t) = m\boldsymbol{v} + (dm)\boldsymbol{u}$$

$$\boldsymbol{K}(t+dt) = (m+dm)(\boldsymbol{v}+d\boldsymbol{v})$$

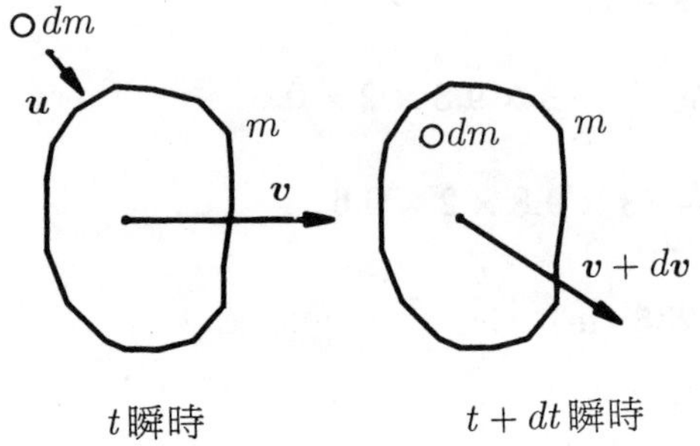

圖 15-5.1

於是

$$\begin{aligned} d\boldsymbol{K} &= \boldsymbol{K}(t+dt) - \boldsymbol{K}(t) \\ &= (m+dm)(\boldsymbol{v}+d\boldsymbol{v}) - m\boldsymbol{v} - (dm)\boldsymbol{u} \end{aligned}$$

略去二階微量，化簡得

$$d\boldsymbol{K} = md\boldsymbol{v} + (dm)(\boldsymbol{v}-\boldsymbol{u})$$

或 $d\boldsymbol{K} = md\boldsymbol{v} - \boldsymbol{v}_r dm$

其中 $\boldsymbol{v}_r = \boldsymbol{u} - \boldsymbol{v}$，為併入質量 dm 在併入時相對於變質量質點的速度。將上述兩端除以 dt ，即得變質量質點的動量對時間的導數

$$\frac{d\boldsymbol{K}}{dt} = m\frac{d\boldsymbol{v}}{dt} - \boldsymbol{v}_r\frac{dm}{dt}$$

設變質量質點所受外力的主向量為 $\Sigma\boldsymbol{F}$，則根據動量定理可得

$$m\frac{d\boldsymbol{v}}{dt} - \boldsymbol{v}_r\frac{dm}{ut} = \Sigma\boldsymbol{F}$$

或 $$m\frac{d\boldsymbol{v}}{dt} = \Sigma\boldsymbol{F} + \boldsymbol{v}_r\frac{dm}{dt} \qquad (15\text{-}5.1)$$

(15-5.1) 式稱**為變質量質點運動方程式**。此方程式在形式上與不變質量質點的運動方程式相似，只是方程右端多了一項 $\boldsymbol{v}_r\dfrac{dm}{dt}$，用 $\boldsymbol{\phi}$ 表示，即

$$\boldsymbol{\phi}=\boldsymbol{v}_r\frac{dm}{dt} \tag{15-5.2}$$

$\boldsymbol{\phi}$ 具有力的單位，當 $\dfrac{dm}{dt}>0$ 時，表示質點質量增加，$\boldsymbol{\phi}$ 與 $\boldsymbol{v}_r$ 同向；當 $\dfrac{dm}{dt}<0$ 時，表示質點質量減少，與 $\boldsymbol{v}_r$ 反向，此時可將 $\boldsymbol{\phi}$ 寫為

$$\boldsymbol{\phi}=-\left|\frac{dm}{dt}\right|\boldsymbol{v}_r \tag{15-5.3}$$

其中 $\left|\dfrac{dm}{dt}\right|$，相當於質點在單位時間內排出的質量，而 $\boldsymbol{\phi}$ 稱為**火箭的反推力**。

例 15-5.1

一火箭垂直於地面向上發射。已知火箭的質量（包括火箭機體和燃料）為 m_0，其中燃料的質量為 m_1。發射時，火箭以相對於本身機體的相對速度 $\boldsymbol{v}_r$（常數）噴射燃燒氣體。試求燃料燒完時火箭所具有的速度。設燃燒完時間為 T。

解：

(1) 研究火箭，並視之為可變質量的質點。

(2) 火箭受力只有重力 $m\boldsymbol{g}$，其大小隨質量減少而減小。由於鉛垂發射，燃氣噴射速度 $\boldsymbol{v}_r$ 鉛垂向下，如圖 15-5.2 所示。

(3) 由 (15-5.1) 式在圖示 y 軸上的投影得

$$m\frac{dv}{dt}=-mg-v_r\frac{dm}{dt}$$

(4) 積分上式：將兩端同乘以 $\frac{dt}{m}$，得

$$dv = -gdt - v_r \frac{dm}{m}$$

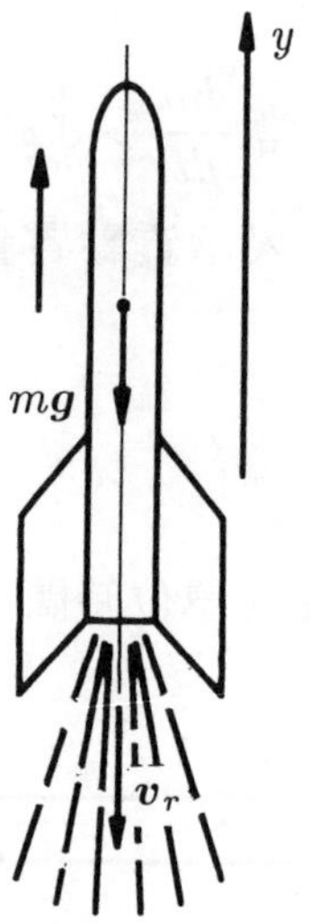

圖 15-5.2

考慮到；$t = 0$ 時，$v = 0$（靜止發射），$m = m_0$；$t = T$ 時（燃料燃盡時），$v = v_1$，$m = m_0 - m_1$；$v_r =$ 常數。故有定積分

$$\int_0^{v_1} dv = -\int_0^T gdt - v_r \int_{m_0}^{m_0 - m_1} \frac{dm}{m}$$

於是得

$$v_1 = -gT + v_r \ln \frac{m_0}{m_0 - m_1}$$

如不考慮重力影響，則

$$v_1^* = v_r \ln \frac{m_0}{m_0 - m_1} = v_1 \ln N$$

稱為火箭的**特徵速度**。$N=\dfrac{m_0}{m_0-m_1}$ 為火箭總質量和機殼及有效載荷之比，稱為**有效質量比**。特徵速度的表示式說明，以增加燃料的辦法來使 N 按幾何級數增加時，特徵速度則只按算術級數增加。例如 N 依次取，N，N^2，N^3，$\cdots$ 時，則特徵速度依次為 $v_r \ln N$，$2v_r \ln N$，$3v_r \ln N \cdots$。這一性質說明，為了獲得大的速度，增大噴射速度 $\boldsymbol{v}_r$ 比增加火箭所帶燃料的質量要有效得多。

例 15-5.2

鏈條長為 ℓ，每單位長的質量 ρ，堆放在地面上，如圖 15-5.3 所示。在鏈條的一端作用一變力 $\boldsymbol{F}$ 使它以不變的速度 $\boldsymbol{v}$ 從地面開始上升。求任意 t 瞬時，力 $\boldsymbol{F}$ 和地面反力 $\boldsymbol{R}$ 的大小各等於多大。

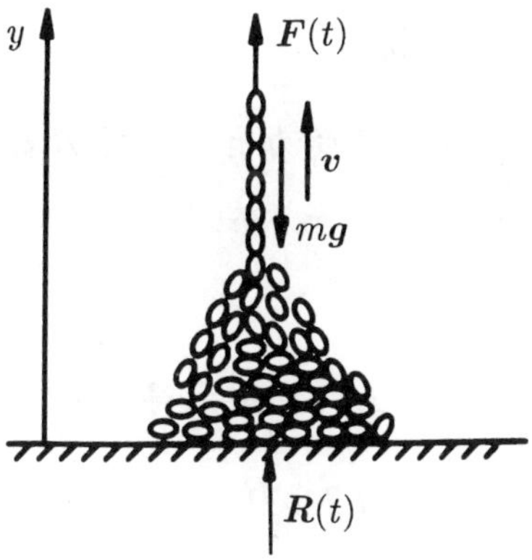

圖 15-5.3

解：

(1) 視被提起部分的鏈條為變質量質點，其質量為

$$m(t) = \rho vt$$

(2) 變質量質點受拉力 $\boldsymbol{F}$ 和重力 $m\boldsymbol{g}$ 作用。

(3) 從地面併入質點的相對速度為

$$\boldsymbol{v}_r = 0 - \boldsymbol{v} = -\boldsymbol{v}$$

(4) 建立如圖示座標軸，得 (15-5.1) 式在 y 軸上的投影式

$$m\frac{dv}{dt} = F - mg - v\frac{dm}{dt}$$

由已知條件 $v =$ 常數，知 $\dfrac{dv}{dt} = 0$，且由 $m = \rho vt$，得 $\dfrac{dm}{dt} = \rho v$，於是有

$$0 = F - \rho vgt - \rho v^2$$

故得 $F(t) = \rho vgt + \rho v^2$

(5) 再以整體為研究對象，其受力有 $\boldsymbol{F}$，重力 $\ell\rho g$ 和地面反力 $\boldsymbol{R}$。

(6) 所研究對象的總動量為

$$\boldsymbol{K} = (\rho vt)\boldsymbol{v}$$

(7) 應用線動量定理在 y 軸上的投影式得

$$\frac{d}{dt}(\rho vt)v = F - \ell\rho g + R$$

即 $R(t) = \ell\rho g - F + \rho v^2 = \rho g(\ell - vt)$

可見地面反力等於留在地面部分之重力。

習　題

15-1 圖示為四個質點組成的質點系，已知各質點的速度和質量分別為

$v_1 = 10\sqrt{2}$ m/s；$m_1 = 1$ kg

$v_2 = 18$ m/s；$m_2 = 3$ kg

$v_3 = 10\sqrt{2}$ m/s；$m_3 = 2$ kg

$v_4 = 5$ m/s；$m_4 = 1$ kg

各質點位置如圖所示，立方體邊長為 1 m。試計算質點系的線動量和對座標原點 O 和質心 C 點的角動量。

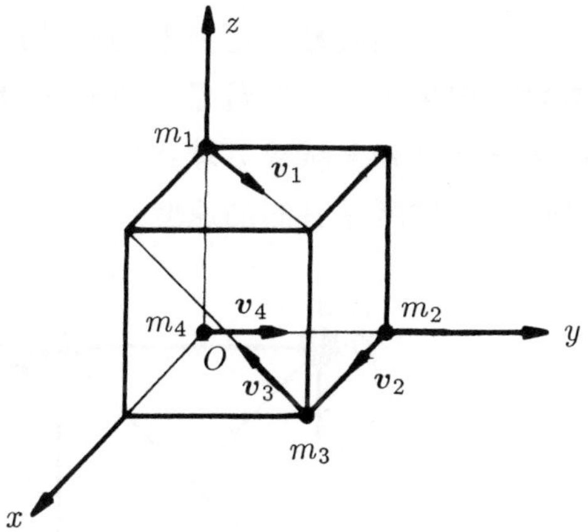

題 15-1 圖

15-2 每一質量均為 m 的三個小球用三根輕質剛性桿焊結如圖所示。該組合體靜止放於光滑水平面上。若在 A 球上突然作用一已知力 $\boldsymbol{F}$，試求此瞬時，各球所產生的加速度。不計各桿的質量。

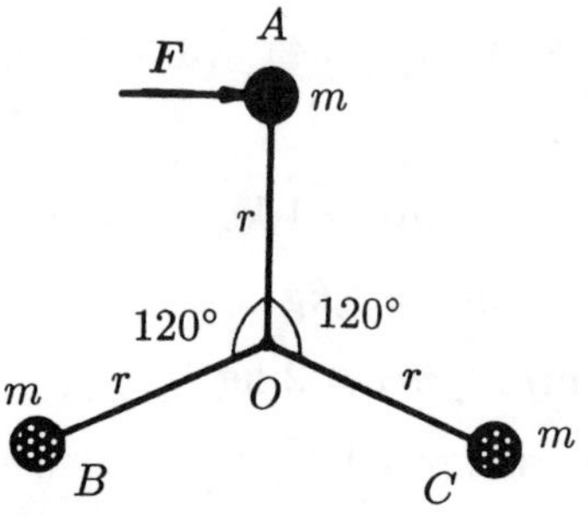

題 15-2 圖

15-3 四個小球分別焊結於輕質正方形的四個頂點。組成正方形的四桿為剛性構架，不計其質量，放於光滑水平面上。已知各小球質量分別為 m。試求 A 球突然受到一已知力 $\boldsymbol{F}$（如圖示）作用時，C 球所具有的加速度。

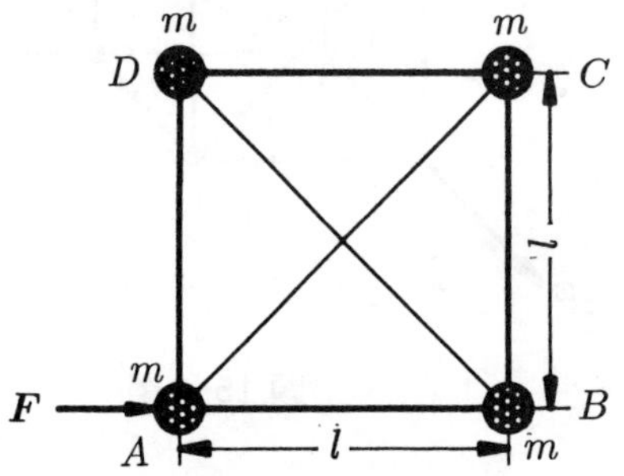

題 15-3 圖

15-4 圖示滑輪中兩重物 A 和 B 的重量分別為 P_1 和 P_2，且 $P_1 > 2P_2$。求：(1) A 由靜止開始下降 h 高度時所具有的速度；(2) A 下降時的加速度；(3) 支座 O 的反力。（不計滑輪的質量）。

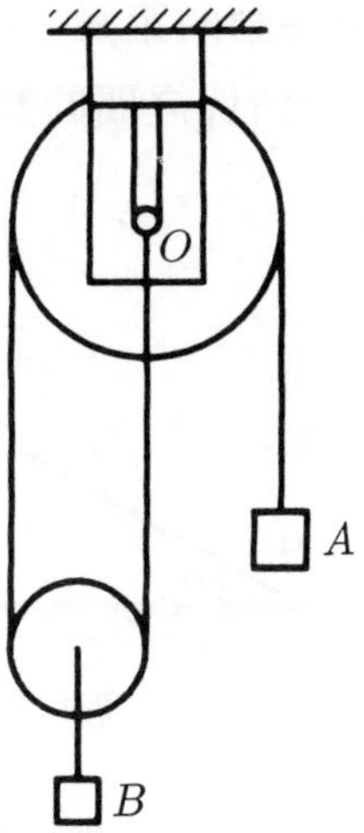

題 15-4 圖

15-5 曲柄 AB 長 r，重 P_1 ，受力偶作用以不變的角速度 ω 轉動，並帶動滑輪連桿以及與之固連的活塞 D 運動，如圖所示。滑槽與連桿、活塞共重為 P_2，重心在 C 點。活塞上受一水平力 $\boldsymbol{Q}$ 作用。如不計摩擦，試求作用在曲柄轉軸上的最大水平反力。

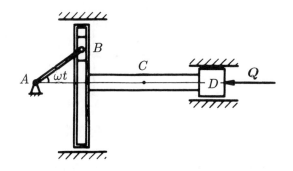

題 15-5 圖

15-6 三角塊重 P，置於光滑水平面上。另一重物的重為 Q，在重力作用下，於 A 點靜止開始沿斜面下滑。求重物滑至 B 點時，三角塊在平面上移動的距離。設 $AB=\ell$，與水平面的夾角為 α。討論重物與三角塊之間的摩擦力對上述結果有無影響。

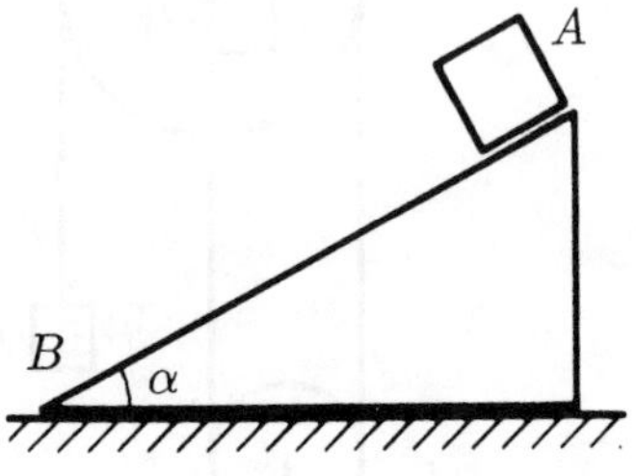

題 15-6 圖

15-7 長為 ℓ 的輕質細桿 AB，一端點焊接一重為 P 的小球 A，另端用光滑鉸銷與一重為 Q 的滑塊 B 鉸接。滑塊可在光滑水平面上滑動。不計細桿質量，試求細桿於水平位置由靜止進入運動，到達鉛垂位置時，滑塊所具有的速度，以及它在這一過程中滑過的位移等於多少。不計各處摩擦。

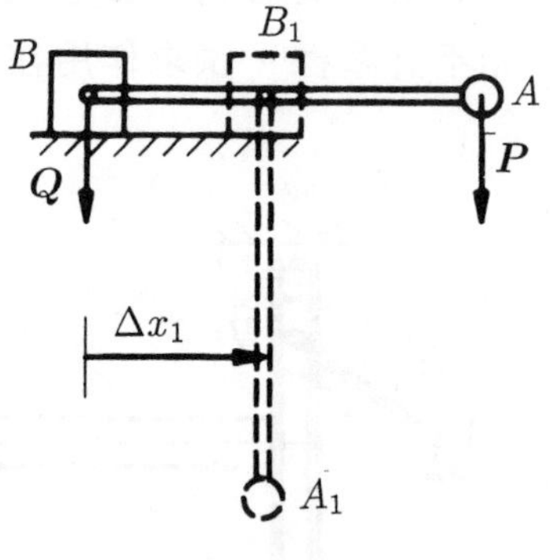

題 15-7 圖

15-8 三小球被焊接於輕質剛架上，如圖所示。整個剛架在水平面內，可繞鉛垂軸 O 旋轉。假設有一不變力偶矩 $M_0=30$ N·m 作用於構架使之從靜止開始轉動。試求：(1) 經過時間 $T=3$ 秒時，構架所具有的角速度；(2) 構架轉過 3 圈時所具有的角速度。

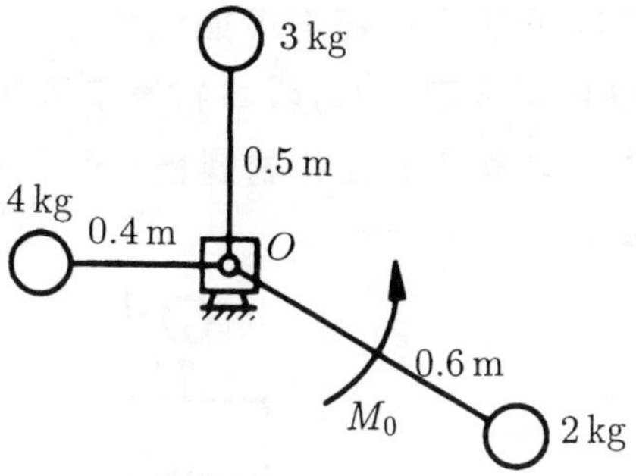

題 15-8 圖

15-9 水平細桿 AB 可繞鉛垂軸轉動。質量均為 m 的滑套 C、 D，由於彈簧的作用，可在桿上作相對滑動。已知其相對運動方程式為

$$r = (10 + 3\sin 4t)$$

且當 $t = 0$ 時，桿 AB 的轉動角速度 $\omega_0 = 10$ rad/s 。如不計 AB 桿的質量和各處摩擦，試求 AB 桿的角速度 ω 隨時間 t 的變化規律。兩滑塊可以視為質點。

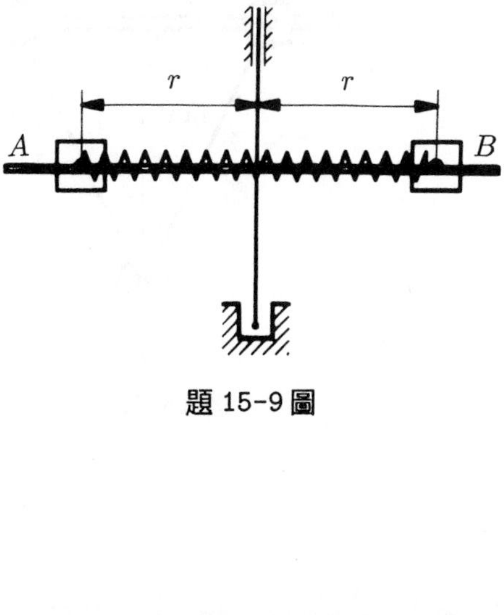

題 15-9 圖

15-10 一小車的質量為 $m_1 = 200$ kg，車上有一裝著沙子的箱子，其質量為 $m_2 = 100$ kg。已知小車與沙箱以速度 $v_0 = 3.5$ km/h 在光滑的直線軌道上前進。今有一質量為 $m_3 = 50$ kg 的物體 A 鉛垂向下落入沙箱中，如圖所示。(1) 求此後小車與落入物體的共同速度；(2) 設 A 物體落入後，沙箱在小車上滑動 0.2 s 後，才與車表面相對靜止。求小車與箱底相互作用的平均摩擦力。

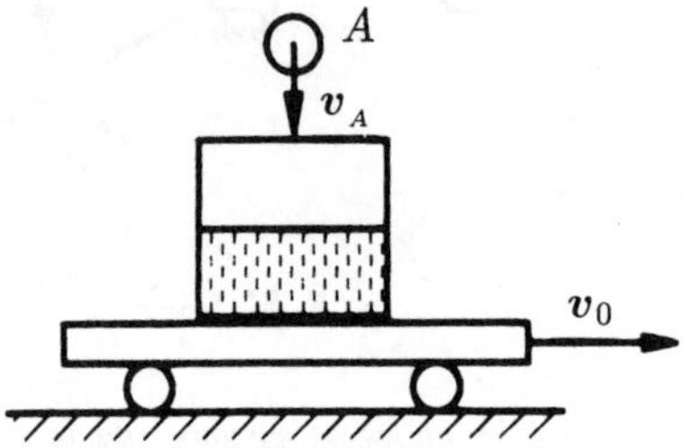

題 15-10 圖

15-11 圖示 A、B、C 三球的質量均為 1 kg。球 A、B 可在光滑水平桿上自由滑動，球 C 則用兩根長為 1 m 的輕質細線與 A、B 相連結。若三球成等邊三角形的位置時靜止釋放，求球 A、B 將以多大的速度碰撞。球可視為質點，細線視為無質量的不可伸長線。

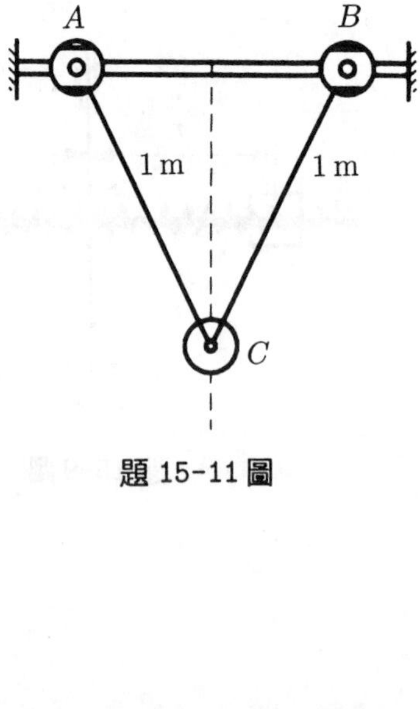

題 15-11 圖

15-12 長為 ℓ 的四根輕桿用光滑鉸接成菱形 $ABCD$，各頂點附上質量為 m 的小球，如圖所示。若在靜止釋放的初瞬時，此菱形在鉛直面內，且對角線 AC 沿鉛直位置，相應的頂角為 $2\theta_0$。試將各小球的速度表示為 θ 函數。不計 A 球與平面，及各鉸接處的摩擦。

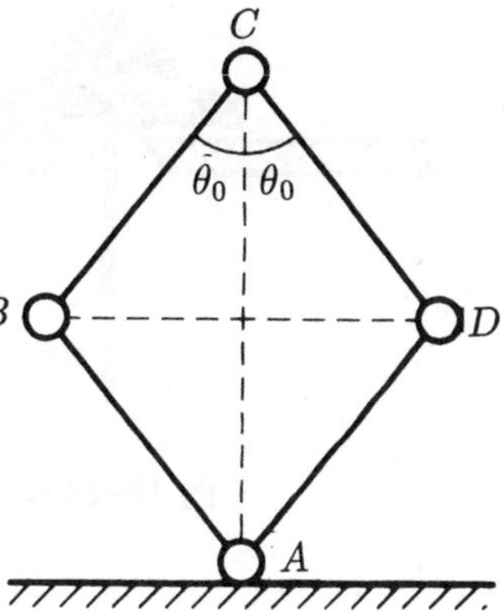

題 15-12 圖

15-13 圖示系統自 $x=0$ 位置靜止釋放，設定滑輪和動滑輪的質量不計，重物 A、B 重量均為 Q，試求 $x=0.9\text{ m}$ 時，重物 B 的速度 v 及最大位移 $x_{\max}$。

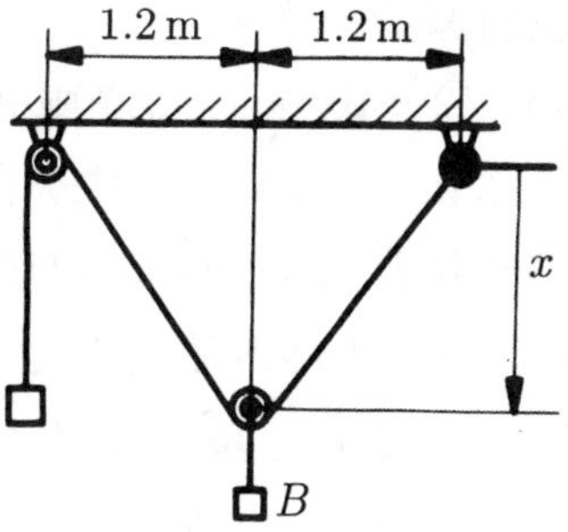

題 15-13 圖

15-14 一鏈條長 ℓ，每單位長的質量為 m_0。鏈條被堆放在一桌面上的小孔附近。一端開始從小孔伸下，以後靠自重逐漸下降。不計摩擦，且鏈條可以自由伸開，求鏈條下端的速度和落下長度 y 之間的關係。

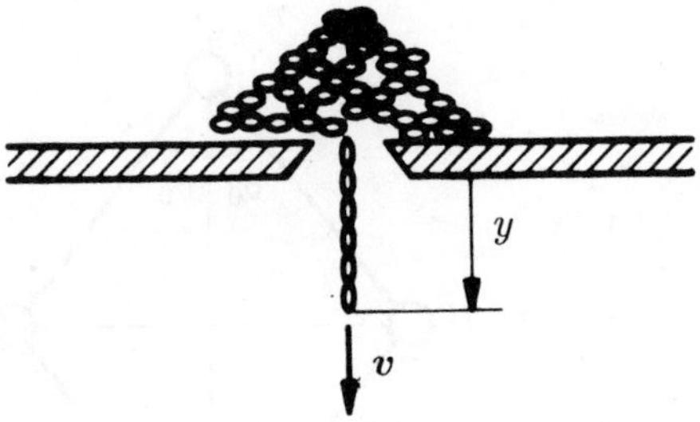

題 15-14 圖

15-15 一小車靜止停放於光滑水平軌道上。車上裝有水箱和水泵，水泵將水從直徑為 $d = 5$ cm 噴口向車後的水平方向噴出。已知流量 $Q = 8.5 \times 10^3$ cm^3/s，小車未噴水以前的總質量 $m_0 = 6.8 \times 10^3$ kg，不計軌道的水平阻力，求一分鐘時小車所具有的速度。

15-16 一火箭在均勻重力場中以等加速度 $a = 3\ g$ 鉛垂上升。已知燃料的燃氣噴出的相對速度為 $v_r = 2000$ m/s。求經過多少時間火箭的質量將減少一半。

15-17 飛機質量 $m = 2 \times 10^4$ kg，機身兩旁帶有助推火箭。設火箭燃料的總消耗率為 $\mu = 5$ kg/s。求火箭所產生的助推力。

15-18 火箭的起飛質量為 1,000 kg，內有燃料為 900 kg。火箭在 $t = 0$ 時鉛垂發射。已知燃料消耗率是 10 kg/s，噴出相對速度為 $v_r = 2100$ m/s。求 $t = 45$ s 和 90 s 時，火箭所具有的速度和加速度。

15-19 一部小車長為 L，質量為 m_0，以一初速度 v_0 沿其光滑水平軌道通過固定的排放沙石的槽。已知排放槽以 q (kg/s) 的速率往小車上排放沙石。試求小車尾部離開排放槽時所具有的速度以及裝入小車的沙石量。

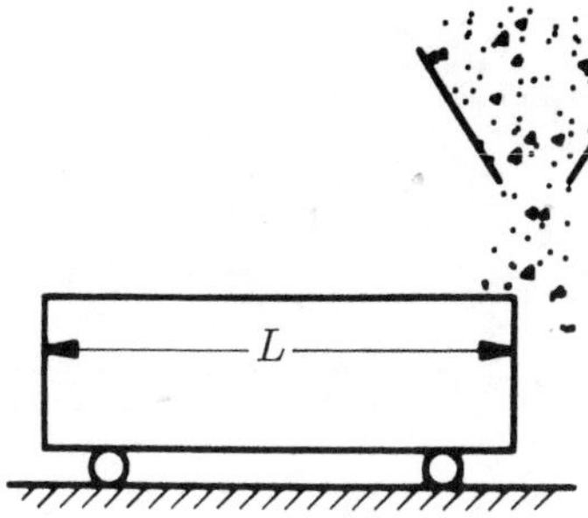

題 15-19 圖

15-20 一長為 12 m，質量為 96 kg 之鏈條置於光滑平面上，有一力 $\boldsymbol{P}$ 拉著一端點 A 使鏈條折返如圖所示。(1) 試求使 A 以等速 $v = 2$ m/s 運動時拉力 P 應等於何值；(2) 若 $P = 40$ N，且當 $x = 3$ m 時，$v = 2$ m/s，試計算此時 A 端之加速度。

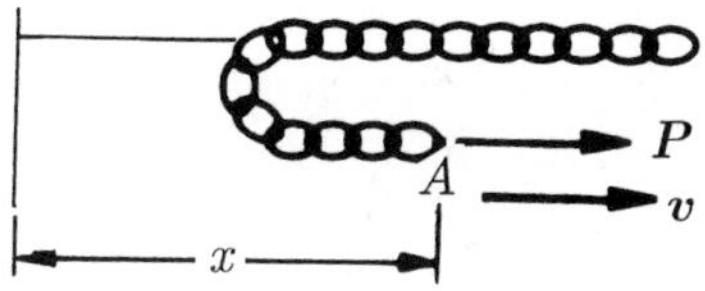

題 15-20 圖

16 剛體平面運動力學

16-1 概　論

剛體為質點系，其運動力學問題完全可以應用上章中介紹的方法得到解。但是，由於剛體內各質點之間的距離始終保持不變，所以描述剛體之獨立的運動學參數只需有限的數個。由剛體運動學知，如果給出了剛體的質心的運動規律和相對質心的旋轉規律，則確定了剛體上任一質點運動規律，從而剛體的線動量和角動量、動能等物理量也就被唯一確定了。由此可見，剛體雖是一類有無數質點組成的質點系，但終究可以使其運動力學問題得到極大的簡化。

剛體運動力學問題一般可用動量原理建立其運動方程式求解，但在某些特定問題中利用功能原理可以免去很多處理微分運動方程式的繁鎖工作。因此，本章除探討運動方程式的應用外，還將介紹功能原理在剛體運動中的具體應用。

16-2 剛體平面運動方程式和有效力系的概念

設有平面運動剛體，在力系 $(\boldsymbol{F}_1, \boldsymbol{F}_2, \cdots \boldsymbol{F}_n)$ 作用下運動，其質心 C 的加速度為 $\boldsymbol{a}_C$，其角速度、角加速度分別為 ω、α，如圖

16-2.1所示。

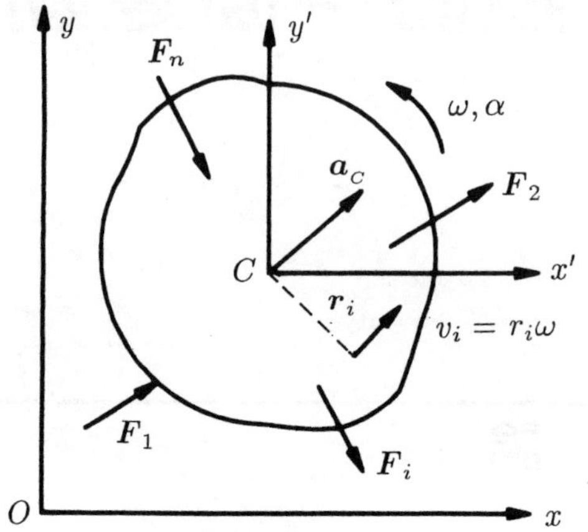

圖 16-2.1

對於平面直角座標系 Oxy，由質心運動定理的 (15-3.3) 式，有

$$\begin{cases} \Sigma X = ma_{Cx} \\ \Sigma Y = ma_{Cy} \end{cases} \tag{16-2.1}$$

另外，由質點系對其質心 C 的角動量的性質（參見例 15-2.1），剛體對其質心的角動量可寫為

$$L_C = \Sigma m_i(r_i\omega)r_i = (\Sigma m_i r_i^2)\omega$$

即 $\quad L_C = I_C\omega$

其中 $\quad I_C = \Sigma m_i r_i^2$

為剛體對過質心 C 並垂直於運動平面之軸的轉動慣量。於是由質點系對其質心的角動量定理可得

$$\Sigma m_C(\boldsymbol{F}_i) = I_C\alpha \tag{16-2.2}$$

聯立 (16-2.1) 式和 (16-2.2) 式即得剛體平面運動的運動力學方程

式

$$\begin{cases} \Sigma X = ma_{Cx} \\ \Sigma Y = ma_{Cy} \\ \Sigma M_C(\boldsymbol{F}_i) = I_C\alpha \end{cases} \tag{16-2.3}$$

根據靜力學中力系等效簡化的理論，不難理解，如果把 $m\boldsymbol{a}_C$ 和 $I_C\alpha$ 分別視為作用於剛體質心的一個力向量和作用於剛體上的一個力偶矩，那麼，$(m\boldsymbol{a}_C，I_C\alpha)$ 即為與剛體所受外力系 $(\boldsymbol{F}_1，\boldsymbol{F}_2，\cdots \boldsymbol{F}_n)$ 等效的力系，稱之為**有效力系**(effective forces)，這一關係可用圖 16-2.2 來表示。

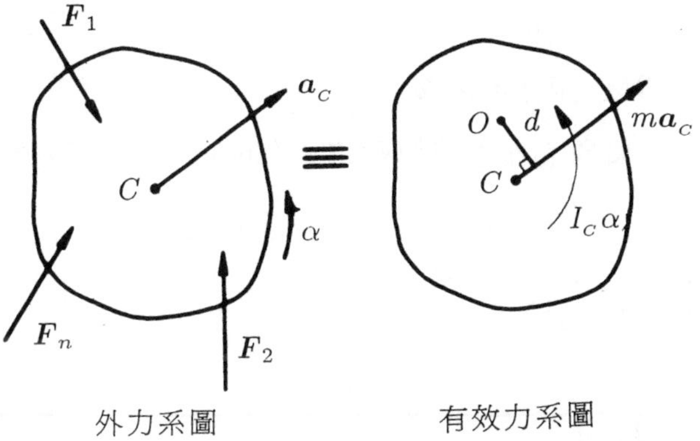

圖 16-2.2　平面運動剛體的外力系圖和有效力系圖

顯然，如將外力系及其有效力系分別向其它任一點 O 簡化，則可得到與 (16-2.3) 式完全同義的運動力學方程式

$$\begin{cases} \Sigma X = ma_{Cx} \\ \Sigma Y = ma_{Cy} \\ \Sigma M_O(\boldsymbol{F}_i) = I_C\alpha + ma_C d \end{cases} \tag{16-2.4}$$

16-3 平行移動剛體的運動力學方程式

剛體平行移動時，剛體的角加速度 $\alpha = 0$，因此對應於 (16-2.3) 和 (16-2.4) 式，其運動力學方程分別為

$$\begin{cases} \Sigma X = ma_{Cx} \\ \Sigma Y = ma_{Cy} \\ \Sigma M_C(\boldsymbol{F}_i) = 0 \end{cases} \tag{16-3.1}$$

或

$$\begin{cases} \Sigma X = ma_{Cx} \\ \Sigma Y = ma_{Cy} \\ \Sigma M_O(\boldsymbol{F}_i) = ma_C d \end{cases} \tag{16-3.2}$$

此外，當質心作曲線運動時，(16-3.1) 式還可寫為

$$\begin{cases} \Sigma F_n = ma_C^n \\ \Sigma F_\tau = ma_C^\tau \\ \Sigma M_C(\boldsymbol{F}_i) = 0 \end{cases} \tag{16-3.3}$$

例 16-3.1

一質量為 m 的滑塊 A，在鉛垂導槽內可以有摩擦地滑動。現以一鉛垂的偏心力 $\boldsymbol{P}$ 向上推動滑塊運動，如圖 16-2.1(a) 所示。已知滑塊與導槽之間的動滑動摩擦係數為 f，推力的偏心距為 e。滑塊的其他尺寸如圖所示。試求滑塊所產生的加速度。

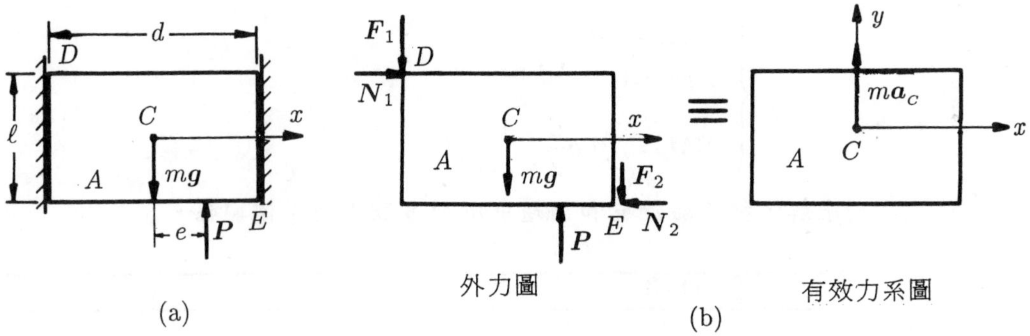

圖 16-3.1

解：

(1) 以滑塊為研究對象，滑塊作平行移動。

(2) 滑塊所受外力有：重力 mg，推力 $\boldsymbol{P}$ 以及由於 $\boldsymbol{P}$ 力偏心使導槽於 D，E 兩處產生的正反力 $\boldsymbol{N}_1$ 和 $\boldsymbol{N}_2$，摩擦力 $F_1 = fN_1$, $F_2 = fN_2$。

(3) 滑塊的外力圖和有效力系圖如圖 16-3.1(b) 所示。

(4) 設座標如圖，則

$$\begin{cases} \Sigma X = ma_{Cx} \text{ , } N_1 - N_2 = 0 \\ \Sigma Y = ma_{Cy} \text{ , } P - mg - F_1 - F_2 = ma \\ \Sigma M_C = 0 \quad \text{ , } F_1\dfrac{d}{2} - F_2\dfrac{d}{2} - N_1\dfrac{\ell}{2} - N_2\dfrac{\ell}{2} + Pe = 0 \end{cases}$$

考慮到

$$\begin{Bmatrix} F_1 = fN_1 \\ F_2 = fN_2 \end{Bmatrix}$$

解方程式可得：$a = \left(1 - \dfrac{2fe}{\ell}\right)\dfrac{P}{m} - g$

分析討論：

讀者不妨利用下述方程式

$$\begin{cases} \Sigma X = ma_{Cx} \\ \Sigma M_C = 0 \\ \Sigma M_E = -ma\dfrac{d}{2} \end{cases}$$

求解，從而驗證它和例題中所列方程式的等價關係。

例 16-3.2

質量為 m 的桿 AB，兩端分別以等長 ℓ 的細繩 O_1A，O_2B 懸掛於等高度的 O_1、O_2 兩點，且 $O_1O_2 = AB$，設 O_1A 與鉛垂線的夾角為 θ，如圖 16-3.2(a) 所示。系統在 $\theta = \theta_0$ 處靜止釋放，求系統運動到 $\theta = 0$ 處，AB 桿的速度和加速度。

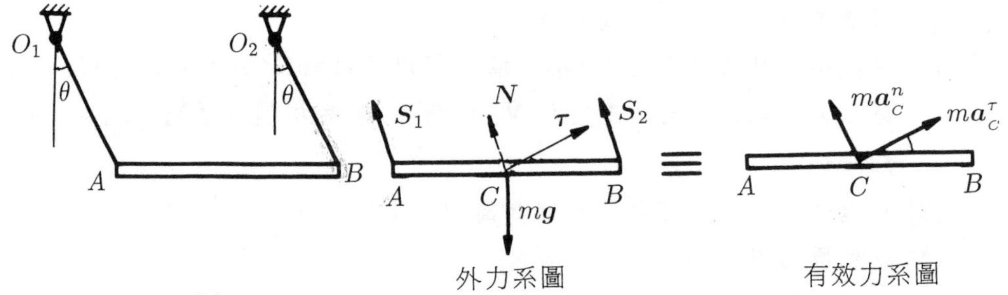

圖 16-3.2

解：

(1) 以 AB 為研究對象，AB 作平移。

(2) AB 的外力圖和有效力系圖如圖 16-3.2(b) 所示，其中 $a_C^\tau = \dfrac{dv_C}{dt}$，$a_C^n = v_C^2/\ell$。$\boldsymbol{S}_1$、$\boldsymbol{S}_2$ 分別為兩繩的拉力。

(3) 由運動方程式

$$\begin{cases} \Sigma F_\tau = ma_C^\tau \;,\; -mg\sin\theta = m\dfrac{dv_C}{dt} & ① \\ \Sigma F_n = ma_C^n \;,\; S_1 + S_2 - mg\cos\theta = m\dfrac{v_C^2}{\ell} & ② \\ \Sigma M_C = 0 \quad ,\; S_2\ell_1\cos\theta - S_1\ell_1\cos\theta = 0 & ③ \end{cases}$$

(4) 解方程式：

由①式得 $\dfrac{dv_C}{dt} = -g\sin\theta$

考慮到 $\dfrac{dv_C}{dt} = \dfrac{dv_C}{d\theta}\cdot\dfrac{d\theta}{dt} = \dfrac{v_C}{\ell}\cdot\dfrac{dv_C}{d\theta}$

故代入上式並分離變數積分，有

$$\int_0^{v_C} v_C dv_C = -\int_{\theta_0}^{0} \ell g\sin\theta d\theta$$

即 $\theta = 0$ 時桿 AB 的速度：

$$v_C = \pm\sqrt{2g\ell(1-\cos\theta_0)}$$

由物理意義知，此時速度應取負號，即質心速度方向為水平向左。正號表示 AB 往左達到極點後再回到此位置時的速度符號。將 v_C 之值代入②式並與③式聯立，考慮到 $\theta = 0$，即得兩繩之拉力為

$$S_1 = S_2 = \frac{1}{2}mg(3-2\cos\theta_0)$$

例 16-3.3

已知汽車的輪胎與路面的靜摩擦係數為 0.80，假設汽車質心 C 及前後輪的位置如圖 16-3.3(a) 所示。如汽車只靠後輪驅動，試求此車的最大可能加速度。

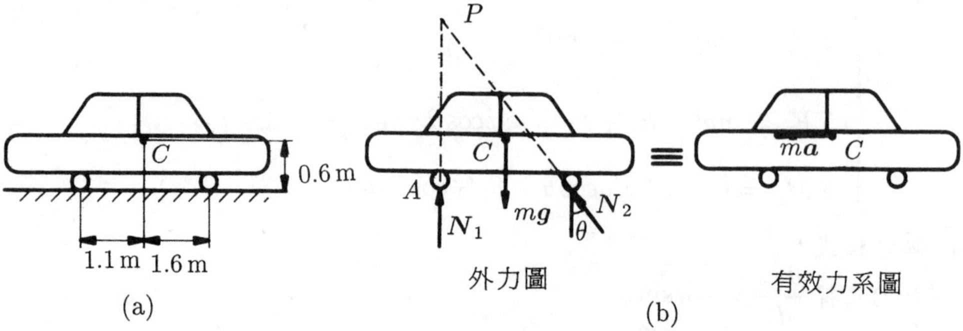

圖 16-3.3

解：

(1) 以汽車為研究對象，不計輪的質量，汽車作平移運動。

(2) 當汽車取最大加速時，後輪的摩擦力取最大值，故其全反力 $\boldsymbol{N}_2$ 與法線的夾角 $\theta=\tan^{-1}0.8$，故外力圖與有效力系圖如圖 16-3.3(b) 所示。

(3) 設 $\boldsymbol{N}_1$ 和 $\boldsymbol{N}_2$ 交於 P 點，則有運動方程式

$$\Sigma M_P=-ma(AP-0.6)$$

$$-mg\times 1.1=-ma\left(\frac{2.7}{\tan\theta}-0.6\right)$$

故

$$a=\frac{1.1\times 9.80\times 0.8}{2.7-0.6\times 0.8}=3.88\ (\text{m/s}^2)$$

16-4 定軸轉動剛體之運動力學方程式

設剛體繞固定軸 O 轉動，其角速度、角加速度分別為 ω、α，

質心 C 與轉軸的距離為 r_C，則質心加速度可表為

$$\boldsymbol{a}_C = \boldsymbol{a}_C^n + \boldsymbol{a}_C^\tau$$

其中 $a_C^n = r_C\omega^2$；$a_C^\tau = r_C\alpha$，方向如圖 16-4.1(a) 所示。

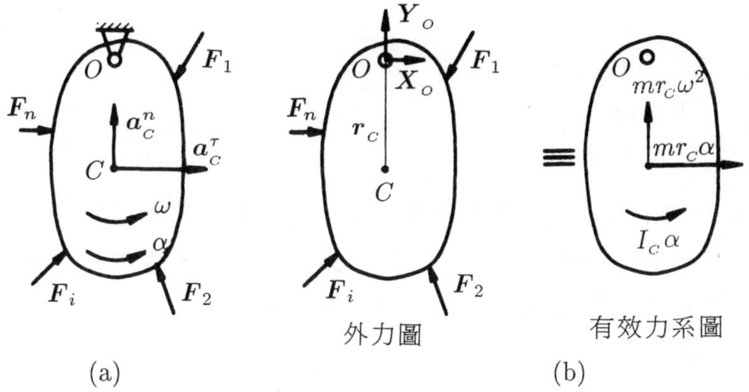

圖 16-4.1

因此，剛體的外力圖和有效力系圖如圖 16-4.1(b) 所示。根據力系的等效簡化理論，再將 $(m\boldsymbol{a}_C^n$，$m\boldsymbol{a}_C^\tau$，$I_C\alpha)$ 向轉軸 O 簡化可得：$(m\boldsymbol{a}_C^n$，$m\boldsymbol{a}_C^\tau$，$I_C\alpha + mr_C^2\alpha)$。考慮到 $I_C + mr_C^2 = I_O$，即得有效力系 $(m\boldsymbol{a}_C^n$，$m\boldsymbol{a}_C^\tau$，$I_O\alpha)$ 如圖 (16-4.2) 所示。

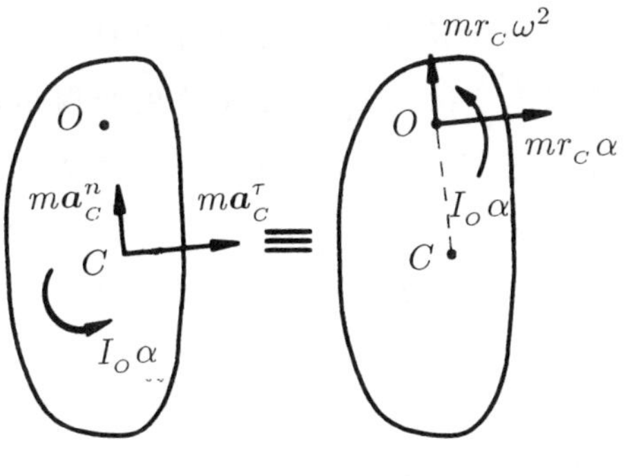

圖 16-4.2　有效力系對轉軸 O 之簡化

於是，繞固定軸 O 轉動的運動力學方程式可寫為

$$\begin{cases} \Sigma F_n = mr_C\omega^2 \\ \Sigma F_\tau = mr_C\alpha \\ \Sigma M_C = I_C\alpha \end{cases} \tag{16-4.1}$$

或

$$\begin{cases} \Sigma F_n = mr_C\omega^2 \\ \Sigma F_\tau = mr_C\alpha \\ \Sigma M_O = I_O\alpha \end{cases} \tag{16-4.2}$$

(16-4.2) 式中的力矩方程式不含 O 點之未知拘束力。因此，在已知主動外力求運動規律時，(16-4.2) 式比 (16-4.1) 式要優越。考慮到角加速度可表示為剛體轉角 φ 的二階導數，即

$$\alpha = \frac{d^2\varphi}{dt^2}$$

故 (16-4.2) 式中的力矩方程式又可表為

$$I_O\frac{d^2\varphi}{dt^2} = \Sigma M_O(\boldsymbol{F}_i) \tag{16-4.3}$$

此方程式又稱為剛體的**定軸轉動微分方程式**。

例 16-4.1

已知剛體可繞定軸 O 轉動，如圖 16-4.3(a) 所示。設剛體的質量為 m，對轉軸 O 的迴轉半徑為 k_O。當剛體處於圖示平衡位置時，突然受到一水平外力 $\boldsymbol{F}$ 作用，試求此瞬時軸 O 受到的水平反力 X_O，圖中尺寸 r_C 和 r 為已知。

解：

(1) 以繞固定軸轉動的剛體為研究對象。

(2) 剛體的外力圖和有效力系圖如圖 16-4.3(b) 所示。

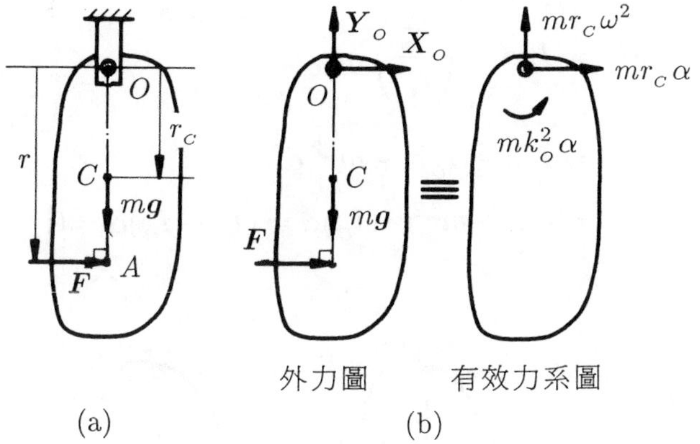

圖 16-4.3

(3) 對於剛體有運動方程式

$$\begin{cases} \Sigma F_\tau = mr_C\alpha \text{ , } X_O + F = mr_C\alpha \\ \Sigma M_O(\boldsymbol{F}) = I_O\alpha \text{ , } Fr = mk_O^2\alpha \end{cases}$$

解方程式得 O 軸的水平反力

$$X_O = \left(\frac{rr_C}{k_O^2} - 1\right)F = \left(r - \frac{k_O^2}{r_C}\right)\frac{r_C}{k_O^2}F$$

由此結果不難看出，水平反力 X_O 取值不僅取決定 F 的大小，而且還與 $\boldsymbol{F}$ 的作用點 A 到轉軸 O 的距離 r 有關。顯然，當 $r = \dfrac{k_O^2}{r_C}$ 時，無論 F 等於多大，$X_O \equiv 0$；當 $r < \dfrac{k_O^2}{r_C}$，則 $X_O < 0$，即 $\boldsymbol{X}_O$ 的方向恆與 $\boldsymbol{F}$ 相反，而且作用點越靠近轉軸，$|X_O|$ 就越大；當 $r > \dfrac{k_O^2}{r_C}$ 時，則 $X_O > 0$，即 $\boldsymbol{X}_0$ 的方向恆與 $\boldsymbol{F}$ 相同，而且作用點越遠離轉軸，X_O 就越大。通常稱 $r = \dfrac{k_O^2}{r_C}$ 的點為轉動剛體的 **打擊中心**(center of percussion)。

設定軸轉動剛體的打擊中心為 K，不難證明，剛體的有效力系

向 K 點簡化時，其力偶矩（見圖 16-4.4）

$$M_K = I_C\alpha - \left(\frac{k_O^2}{r_C}\right) mr_C\alpha$$

$$= I_C\alpha - I_O\alpha + mr_C^2\alpha$$

$$= (I_C + mr_C^2 - I_O)\alpha = (I_O - I_O)\alpha = 0$$

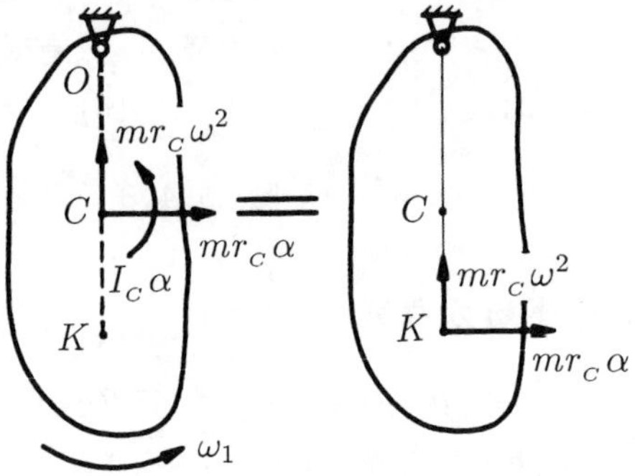

圖 16-4.4

因此，定軸轉動的運動方程式也可寫為：

$$\begin{cases} \Sigma F_\tau = mr_C\alpha \\ \Sigma F_n = mr_C\omega^2 \\ \Sigma M_K = 0 \end{cases} \qquad (16\text{-}4.4)$$

例 16-4.2

已知復擺繞水平軸 O 作微幅擺動的周期為 τ，求剛體相對於轉軸的褋轉半徑 k_O。復擺的質量為 m，質心距轉軸 O 的距離 r_C，如圖 16-4.5 所示。

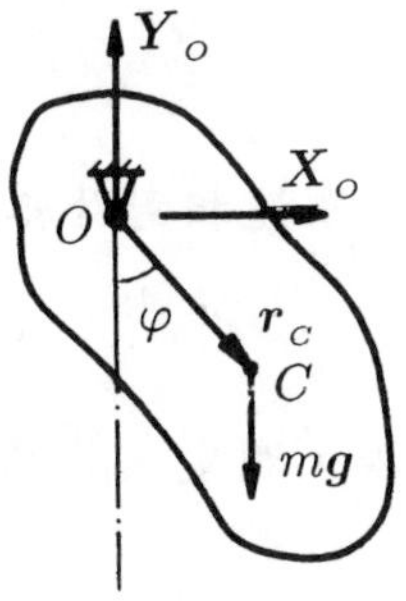

圖 16-4.5

解：

此題可先建立復擺的轉動微分方程式，求出其運動規律，從而找出擺動周期和迴轉半徑之關係。具體步驟為：

(1) 以復擺為研究對象。

(2) 復擺受外力有：重力 mg，轉軸軸承反力 X_O，Y_O。

(3) 設質心 C 和轉軸 O 的連線與鉛垂線的夾角為 φ，則由轉動微分方程式得：

$$mk_O^2\ddot{\varphi} = -mgr_C \sin\varphi$$

當作微幅擺動時，$\sin\varphi \approx \varphi$，故方程式可寫為

$$\ddot{\varphi} + \frac{r_C}{k_O^2} g\varphi = 0 \qquad (16\text{-}4.5)$$

(4) 微分方程式通解為

$$\varphi = \varphi_m \sin\left(\frac{\sqrt{gr_C}}{k_O}t + \alpha\right)$$

其中 φ_m、α 是由初始條件確定的積分常數。顯然復擺擺動周期為

$$\tau = 2\pi \frac{k_O}{\sqrt{g r_C}}$$

與初始條件無關。可見剛體相對於轉軸的褋轉半徑為：

$$k_O = \frac{\tau}{2\pi}\sqrt{g r_C}$$

工程中常常利用此結論，測定、計算剛體的褋轉半徑或轉動慣量。

例 16-4.3

當一轉子用一直流電機帶動時，已知電機的轉矩為

$$M = M_1\left(1 - \frac{\omega}{\omega_1}\right)$$

其中 M_1，ω_1 為常數，ω 為轉子的角速度。同時，電機轉動時，還受到一不變的阻尼力矩 M_T 作用。求轉子由靜止進入轉動後，角速度的變化規律。設轉子對其轉軸的轉動慣量 I 為已知。

解：

(1) 以轉子為研究對象。

(2) 根據轉動微分方程式有

$$I\frac{d\omega}{dt} = M_1\left(1 - \frac{\omega}{\omega_1}\right) - M_T$$

$$= (M_1 - M_T) - \frac{M_1}{\omega_1}\omega$$

或簡化為

$$\frac{d\omega}{dt} = a - b\omega$$

其中 $a = (M_1 - M_T)/I$；$b = \dfrac{M_1}{I\omega_1}$ 均為常數。

(3) 考慮到 $t=0$ 時，$\omega=0$，故分離變數積分得：

$$\int_0^{\omega}\frac{d\omega}{a-b\omega}=\int_0^t dt$$

$$-\left[\frac{1}{b}\ln(a-b\omega)\right]_0^{\omega}=t$$

或

$$\frac{a-b\omega}{a}=e^{-bt}$$

於是得

$$\omega=\frac{a}{b}(1-e^{-bt})=\left(1-\frac{M_T}{M_1}\right)\omega_1\left(1-e^{-\frac{M_1}{I\omega_1}t}\right)$$

可見，當 $t\longrightarrow\infty$ 時，$\omega\longrightarrow\left(1-\frac{M_T}{M_1}\right)\omega_1$，而當阻尼力矩 $M_T=0$ 的情況下，$\omega\longrightarrow\omega_1$，此時電機轉矩也趨於零。

例 16-4.4

兩個重物 M_1 和 M_2 的重量分別為 P_1 和 P_2，它們分別繫於兩條繩上，如圖 16-4.6(a) 所示。兩繩分別繞在半徑為 r_1 和 r_2 的輪上。已知輪軸的重量為 P，質心在轉軸上，對轉軸的褋轉半徑為 k_O。不計繩索的重，試求輪軸的轉動角加速度，及軸承的拘束反力。

解：

(1) 取輪軸和兩重物組成的系統為研究對象。

(2) 系統所受外力有 $\boldsymbol{P}_1$、$\boldsymbol{P}_2$、$\boldsymbol{P}$ 和軸承反力 $\boldsymbol{X}_O$、$\boldsymbol{Y}_O$。

(3) 系統中輪軸的有效力系為一力偶矩 $\frac{P}{g}k_O^2\alpha$，兩重物的有效力分別為 $\frac{P_1}{g}r_1\alpha$，和 $\frac{P_2}{g}r_2\alpha$。故系統的外力圖與有效力圖如圖 16-4.6(b) 所示。

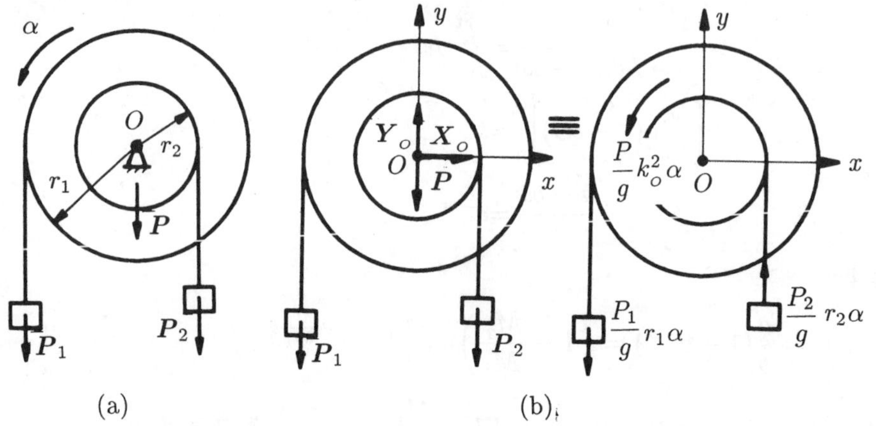

圖 16-4.6

(4) 由外力圖和有效力圖有運動方程式

$$\begin{cases} \Sigma X = 0 & , X_O = 0 \\ \Sigma Y = -\frac{P_1}{g}r_1\alpha + \frac{P_2}{g}r_2\alpha & , Y_O - P - P_1 - P_2 = -\frac{1}{g}(P_1r_1 - P_2r_2)\alpha \\ \Sigma M_O = \frac{P}{g}k_O^2\alpha + \frac{P_1}{g}r_1^2\alpha + \frac{P_2}{g}r_2^2\alpha & , P_1r_1 - P_2r_2 = \frac{1}{g}(Pk_O^2 + P_1r_1^2 + P_2r_2^2)\alpha \end{cases}$$

解方程式可得

$$\alpha = \frac{(P_1r_1 - P_2r_2)g}{Pk_O^2 + P_1r_1^2 + P_2r_2^2}$$

$$X_O = 0$$

$$Y_O = P + P_1 + P_2 - \frac{(P_1r_1 - P_2r_2)^2}{Pk_O^2 + P_1r_1^2 + P_2r_2^2}$$

例 16-4.5

圖 16-4.7(a) 為一傳動輪系，設軸 I 和軸 II 各自轉動部分對其軸的轉動慣量分別為 I_1 和 I_2。當軸 I 上受到一力偶矩 M_1 作用時，軸

Ⅱ上存在一阻力偶矩 M_2。如不計各處摩擦，試求軸Ⅰ的轉動角加速度 α_1。圖中 R_1、R_2 為齒輪的節圓半徑。

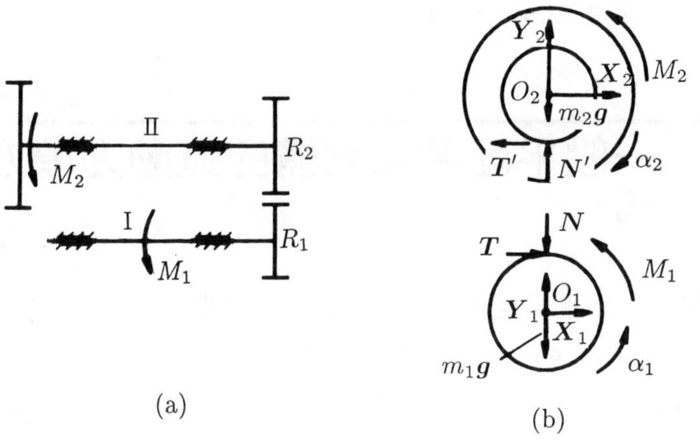

圖 16-4.7

解：

(1) 分別以兩軸及其固連的齒輪為研究對象。

(2) 輪Ⅰ受力有重力 $m_1\boldsymbol{g}$，力偶矩 M_1，以及軸承反力 $\boldsymbol{X}_1$、$\boldsymbol{Y}_1$，輪Ⅱ的反作用力 $\boldsymbol{N}$，$\boldsymbol{T}$。

輪Ⅱ受力有重力 $m_2\boldsymbol{g}$，負載阻力偶矩 M_2，以及軸承反力 $\boldsymbol{X}_2$，$\boldsymbol{Y}_2$，輪Ⅰ的反作用力 $\boldsymbol{N'}$，$\boldsymbol{T'}$，且 $N=N'$，$T=T'$。

(3) 設兩輪的角加速度 α_1，α_2 的轉向如圖 16-4.7(b) 所示。各輪的轉動方程式分別為：

$$\begin{cases} I_1\alpha_1=M_1-TR_1 \\ I_2\alpha_2=T'R_2-M_2 \end{cases}$$

考慮到：$\alpha_1 R_1 = \alpha_2 R_2$，$T = T'$，故解方程式可得：

$$\alpha_1 = \frac{M_1 - M_2 i}{I_1 + I_2 i^2}$$

其中　$i = R_1/R_2$

16-5 一般平面運動剛體的運動力學方程式

剛體作一般平面運動時，其運動方程式即為 (16-2.3) 式或 (16-2.4) 式，其中 (16-2.4) 式中的力矩方程式

$$\Sigma M_O(\boldsymbol{F}_i) = I_C \alpha + m a_C d \qquad (16\text{-}5.1)$$

若 $\boldsymbol{a}_O$ 指向或指離質心 C，或 $a_O = 0$，均可寫為

$$\Sigma M_O(\boldsymbol{F}_i) = I_O \alpha \qquad (16\text{-}5.2)$$

下面證明這一結論的正確性。

設剛體上或其延伸部分有任意一點 O，其加速度為 $\boldsymbol{a}_O$，與剛體的質心的距離 $OC = r$，則由平面運動剛體的加速度公式，有

$$\boldsymbol{a}_C = \boldsymbol{a}_O + \boldsymbol{a}_{CO}^n + \boldsymbol{a}_{CO}^\tau$$

即　$$m\boldsymbol{a}_C = m\boldsymbol{a}_O + m\boldsymbol{a}_{CO}^n + m\boldsymbol{a}_{CO}^\tau$$

各向量方向如圖 16-5.1 所示。

因此，不難得，$m\boldsymbol{a}_C$ 對 O 點之力矩為：

$$\begin{aligned} m a_C d &= m a_{CO}^\tau r + m a_O r \sin\theta \\ &= m r^2 \alpha + m a_O r \sin\theta \end{aligned}$$

可見當且只當：$a_O = 0$；或 $\theta = 0$；或 $\theta = 180°$ 時有

$$m a_C d = m r^2 \alpha$$

此時 (16-5.1) 式可寫為

$$\Sigma M_O(\boldsymbol{F}) = I_C\alpha + mr^2\alpha = (I_C + mr^2)\alpha$$
$$= I_O\alpha$$

即為 (16-5.2) 式的簡單形式。

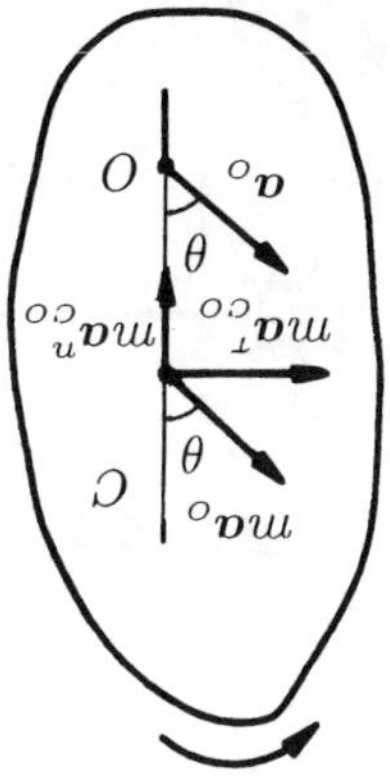

圖 16-5.1

例 16-5.1

圖 16-5.2 所示，一長為 2ℓ 之均質桿，兩端點可分別在水平和鉛垂槽中滑動，試證明：

$$\Sigma M_O(\boldsymbol{F}_i) = I_O\alpha$$

成立，其中 O 為桿之速度瞬時中心。

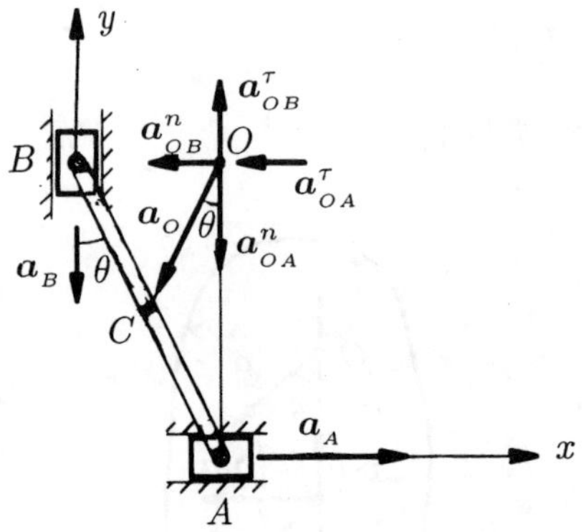

圖 16-5.2

解：

AB 作平面一般運動，由剛體上任意兩點的加速度關係

$$\boldsymbol{a}_O=\boldsymbol{a}_A+\boldsymbol{a}^n_{OA}+\boldsymbol{a}^\tau_{OA}$$

故 $$(\boldsymbol{a}_O)_y=-a^n_{OA}-2\ell\cos\theta\omega^2$$

又由 $$\boldsymbol{a}_O=\boldsymbol{a}_B+\boldsymbol{a}^n_{OB}+\boldsymbol{a}^\tau_{OB}$$

得 $$(\boldsymbol{a}_O)_x=-a^n_{OB}=-2\ell\sin\theta\omega^2$$

於是得 $$\boldsymbol{a}_O=-2\ell\omega^2(\sin\theta\boldsymbol{i}+\cos\theta\boldsymbol{j})$$

由此可見 $\boldsymbol{a}_O$ 的方向指向質心 C，故

$$\Sigma M_O(\boldsymbol{F})=I_O\alpha$$

成立。

例 16-5.2

半徑為 $R = 0.3$ m 之均質圓輪，其質量為 $m = 10$ kg，在力偶矩 $M = 30$ N·m 的作用下，試求：質心 C 在下列兩種條件下的加速度等於何值。

(1) 地面和輪之間的摩擦系數 $f = 0.2$；

(2) 地面和輪之間的摩擦系數 $f = 0.4$。

設上述靜、動摩擦係數近似相等。

解：

(1) 取圓輪為研究對象（圖 16-5.3(a)）。

(2) 設圓輪作滾動，與地面之間無相對滑動。則質心加速度 a_C 與輪的角加速度 α 有關係

$$a_C = R\alpha$$

(3) 根據輪的外力圖和有效力圖（圖 16-5.3(b)），由

$$\begin{cases} \Sigma Y = ma_{C_y} \\ \Sigma X = ma_{C_x} \\ \Sigma M_O(\boldsymbol{F}) = I_C\alpha + ma_C R \end{cases}$$

可得運動方程式

$$\begin{cases} N - mg = 0 \\ F = ma_C \\ M = I_C\alpha + mR^2\alpha \end{cases}$$

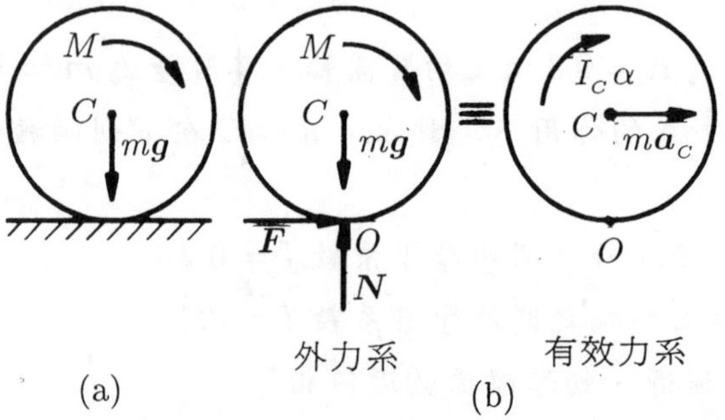

圖 16-5.3

考慮到 $I_C = \dfrac{1}{2}mR^2$，解方程式即得

$$\begin{cases} N = mg = 10 \times 9.8 = 98\ (\mathrm{N}) \\ F = \dfrac{2M}{2R} = \dfrac{2 \times 15}{3 \times 0.3} = 33.33\ (\mathrm{N}) \\ \alpha = \dfrac{2M}{2mR^2} = \dfrac{2 \times 15}{3 \times 10 \times 0.3^2} = 11.11\ (\mathrm{rad/s^2}) \end{cases}$$

(4) 當 $f = 0.2$ 時：

$$F_{\max} = fN = 0.2 \times 98 = 19.6 < F = 33.33$$

故輪與地面無滑動不可能。即此時摩擦力應為

$$F = fN = 19.6\ (\mathrm{N})$$

而質心加速度則由方程式

$$\Sigma X = ma_C$$

確定。即

$$a_C = \frac{F}{m} = \frac{19.6}{10} = 1.96\ (\mathrm{m/s^2})$$

當 $f = 0.4$ 時，

$$F_{\max} = fN = 0.4 \times 98 = 39.2 > F = 33.33$$

故輪和地面無相對滑動成立, 於是輪心加速度為

$$a_C = R\alpha = 0.3 \times 11.11 = 3.33\ (\mathrm{m/S^2})$$

例 16-5.3

一均質細桿 AB 質量為 5 kg，A 端與小輪銷接，小輪可在水平的光滑軌道上運動。若桿在鉛垂位置靜止時，突然在 B 端受到一水平力 $F = 10$ N 的作用。試計算輪子的加速度。不計小輪的質量，桿 AB 長 $\ell = 2$ m。

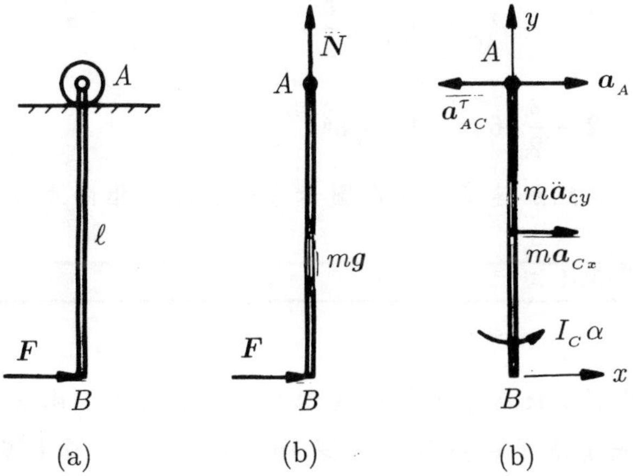

圖 16-5.4

解：

(1) 以桿 AB 為研究對象。

(2) AB 受力有 $\boldsymbol{F}$，$m\boldsymbol{g}$ 及水平面的反力 $\boldsymbol{N}$。

(3) 由外力圖和有效力圖有運動方程式

$$\begin{cases} \Sigma X = ma_{Cx}\ , & F = ma_{Cx} \\ \Sigma M_C = I_C\alpha & , F\dfrac{\ell}{2} = \dfrac{1}{12}m\ell^2\alpha \end{cases}$$

於是有

$$a_{Cx} = \frac{F}{m} = \frac{10}{5} = 2\ (\mathrm{m/s^2})$$

$$\alpha = \frac{6F}{m\ell} = \frac{6\times 10}{5\times 2} = 6\ (\mathrm{rad/s^2})$$

(4) 由運動學知：

$$\boldsymbol{a}_A = \boldsymbol{a}_C + \boldsymbol{a}^{\tau}_{AC}\left(\because a^n_{AC} = \frac{\ell}{2}w^2 = 0\right)$$

投影得

$$a_A = a_{Cx} - a^{\tau}_{AC} = a_{Cx} - \frac{\ell}{2}\alpha$$

$$= 2 - \frac{2}{2}\cdot 6 = -4\ (\mathrm{m/s^2})$$

負號表示 A 點加速度方向與圖示方向相反，指向左方。

例 16-5.4

均質細桿 AB 長為 2ℓ，質量為 m，於鉛垂面內，兩端分別沿光滑鉛直牆和光滑水平面滑動，如圖 16-5.5(a) 所示。當桿與牆成 φ_0 角的位置靜止釋放後，試求 A 端脫離牆面時，桿與牆面所成的夾角 φ，以及在此之前 A，B 兩端所受的反力和桿與牆之夾角 φ 的關係。

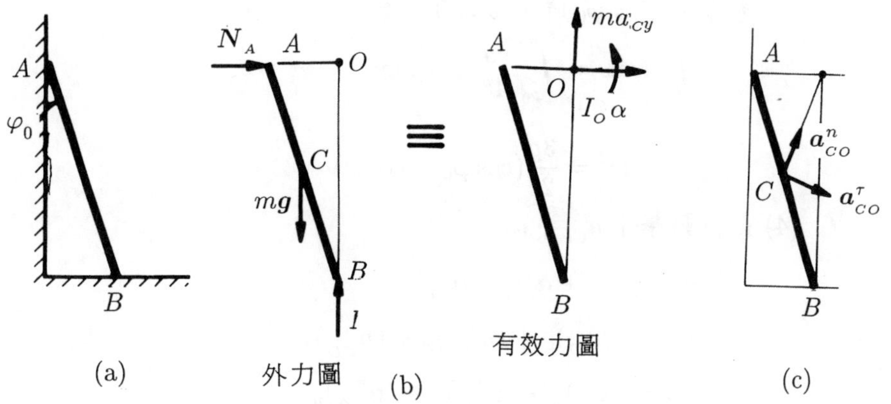

圖 16-5.5

解：

(1) 取桿 AB 為研究對象。

(2) 在任意 φ 角位置，桿受力有重力 $m\boldsymbol{g}$，反力 $\boldsymbol{N}_A$ ，$\boldsymbol{N}_B$。

(3) 由例 16-5.1 知，其有效力圖可由圖 16-5.5(b) 表示，故有運動方程式：

$$\begin{cases} \Sigma X = ma_{Cx}\ ,\ N_A = ma_{Cx} & \text{(a)} \\ \Sigma Y = ma_{Cy}\ ,\ N_B - mg = ma_{Cx} & \text{(b)} \\ \Sigma M_O = I_O\alpha\ ,\ mg\ell\sin\varphi = \left(\dfrac{1}{12}m(2\ell)^2 + m\ell^2\right)\alpha & \text{(c)} \end{cases}$$

由 (c) 式得

$$\alpha = \frac{d\omega}{dt} = \frac{3g}{4\ell}\sin\varphi \qquad \text{(d)}$$

於是

$$\frac{d\omega}{d\varphi}\cdot\frac{d\varphi}{dt} = \frac{3g}{4\ell}\sin\varphi$$

$$\omega d\omega = \frac{3g}{4\ell}\sin\varphi d\varphi$$

考慮到 $\varphi=\varphi_0$ 時，$\omega=0$，故

$$\int_0^{\omega}\omega d\omega = \int_{\varphi_0}^{\varphi}\frac{3g}{4\ell}\sin\varphi d\varphi$$

$$\omega^2 = \frac{3g}{2\ell}(\cos\varphi_0-\cos\varphi) \tag{e}$$

(4) 由運動學求 a_{Cx}，a_{Cy}，

$$\boldsymbol{a}_C = \boldsymbol{a}_O + \boldsymbol{a}_{CO}^{\tau} + \boldsymbol{a}_{CO}^{n}$$

$$\boldsymbol{a}_{Cx} = (\boldsymbol{a}_O)_x + (\boldsymbol{a}_{CO}^{\tau})_x + (\boldsymbol{a}_{CO}^{n})_x$$

$$a_{cy} = (\boldsymbol{a}_O)_y + (\boldsymbol{a}_{CO}^{\tau})_y + (\boldsymbol{a}_{CO}^{n})_y$$

考慮到

$$\boldsymbol{a}_O - 2\ell\omega^2(\sin\varphi\boldsymbol{i}+\cos\varphi\boldsymbol{j})$$

$$\boldsymbol{a}_{CO}^{\tau} = \ell\alpha(\cos\varphi\boldsymbol{i}-\sin\varphi\boldsymbol{j})$$

$$\boldsymbol{a}_{CO}^{n} = \ell\omega^2(\sin\varphi\boldsymbol{i}+\cos\varphi\boldsymbol{j})$$

於是

$$a_{Cx} = \ell\alpha\cos\varphi - \ell\omega^2\sin\varphi$$

$$a_{Cy} = -\ell\alpha\sin\varphi - \ell\omega^2\cos\varphi$$

代入 (d) 及 (e) 式之 α 和 ω^2，並化簡得

$$a_{Cx} = \frac{9}{4}g\sin\varphi\left(\cos\varphi-\frac{2}{3}\cos\varphi_0\right) \tag{f}$$

$$a_{Cy} = -\frac{3g}{4}(1-3\cos^2\varphi+2\cos\varphi_0\cos\varphi) \tag{g}$$

(5) 將 (f) 及 (g) 式代入 (a) 及 (b) 式即得 A 未離開牆時 A、B 兩處的反力

$$N_A = \frac{9}{4}mg\sin\varphi(\cos\varphi-\frac{2}{3}\cos\varphi_0)$$

$$N_N = \frac{1}{4}mg[1+3(3\cos\varphi-2\cos\varphi_0)\cos\varphi]$$

(6) 桿端 A 脫離牆的瞬時有 $N_A = 0$，即由

$$\frac{g}{4}mg\sin\varphi_1\left(\cos\varphi_1-\frac{2}{3}\cos\varphi_0\right)=0$$

得桿離開牆瞬時，與牆的夾角為

$$\varphi_1=\cos^{-1}\left(\frac{2}{3}\cos\varphi_0\right)$$

例 16-5.5

一均質細桿 AB，長為 2ℓ，質量為 m，當兩端用鉸接固定時，桿在水平位置，如圖 16-5.6 所示。某時刻，桿的 A 端脫落，桿開始繞 B 端的水平軸轉動。當桿轉到鉛直位置時，B 端也突然脫落。試求此後，桿重新恢復到水平狀態時，質心 C 所在的位置。

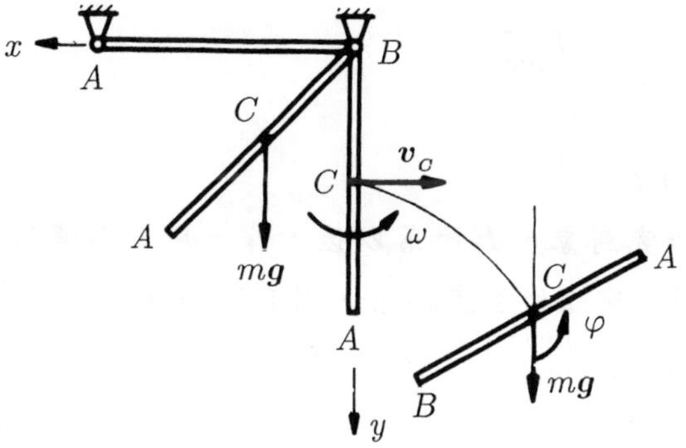

圖 16-5.6

解：

(1) 以 AB 為研究對象，當 A 脫落至 B 脫落的過程中，AB 作定軸轉動，故有轉動微分方程式：

$$I_B \frac{d\omega}{dt} = mg\ell\cos\varphi$$

其中 $I_B = \frac{1}{3}m(2\ell)^2 = \frac{4}{3}m\ell^2$，代入並化簡得：

$$\frac{d\omega}{d\varphi}\cdot\omega = \frac{3g}{4\ell}\cos\varphi$$

$$\int_0^{\omega_1}\omega d\omega = \frac{g}{4\ell}\int_0^{\frac{\pi}{2}}\cos\varphi d\varphi$$

其中 ω_1 為 B 脫離時的角速度，其值為：

$$\omega_1 = \sqrt{\frac{3g}{2\ell}}$$

質心速度為

$$v_C = \ell\omega = \sqrt{\frac{3g\ell}{2}}$$

方向為水平向右。

(2) 仍取 AB 為研究對象，B 脫落以後，作一般平面運動，且只受重力 $m\boldsymbol{g}$ 作用。建立如圖座標系，則有運動微分方程式：

$$\begin{cases} m\ddot{x}_C=0 \\ m\ddot{y}_C=mg \\ I_C\ddot{\varphi}=0 \end{cases}$$

由 (1) 的結果，有初始條件 $t=0$ 時，

$$\begin{cases} x_C=0\ ,\ \dot{x}_C=-\sqrt{\frac{3g\ell}{2}} \\ y_C=\ell\ ,\ \dot{y}_c=0 \\ \varphi=0\ ,\ \dot{\varphi}=\sqrt{\frac{3g}{2\ell}} \end{cases}$$

方程式中 $I_C = \frac{1}{3}m\ell^2$，解微分方程式可得：

$$\begin{cases} x_C = -\left(\sqrt{\dfrac{3g\ell}{2}}\right)t \\ y_C = \ell + \dfrac{1}{2}gt^2 \\ \varphi = \sqrt{\dfrac{3g}{2\ell}}t \end{cases}$$

當桿重新回到水平狀態時，$\varphi = \frac{\pi}{2}$，故此時 $t_1 = \frac{\pi}{2}\sqrt{\frac{2\ell}{3g}}$，質心的位置座標為

$$\begin{cases} x_C = -\dfrac{\pi}{2}\ell \\ y_C = \ell\left(1 + \dfrac{\pi^2}{12}\right) \end{cases}$$

16-6 剛體作平面運動時的功能方程式

和質點運動力學一樣，在很多實際問題中，運用功能方程式比運用相應的運動方程式求解要簡單得多。因為功能方程式可以褸避開不做功的未知拘束力，直接由其主動力求得其運動規律。本節討論剛體作平面運動時的功能方程式及其應用。

16-6-1 剛體作平面運動時的動能

設剛體作平面運動，某瞬時的速度瞬心為 P，角速度為 ω，如圖 16-6.1 所示。則剛體上任一點的速度可表為

$$v_i = r_i\omega$$

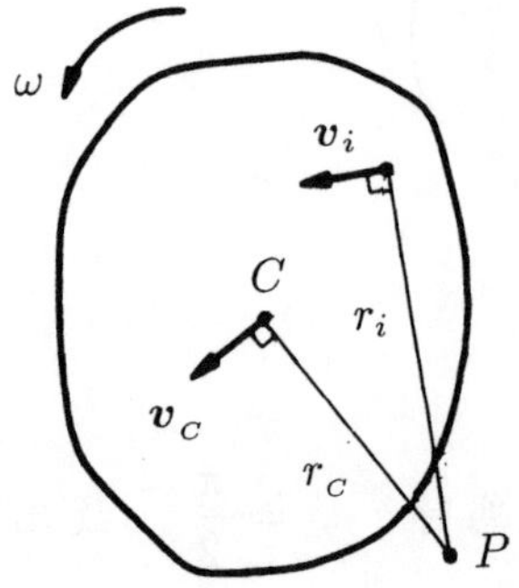

圖 16-6.1

因此由質點系的動能之定義得剛體的動能應為

$$T = \Sigma \frac{1}{2} m_i v_i^2 = \frac{1}{2}(\Sigma m_i r_i^2)\omega^2 = \frac{1}{2} I_P w^2 \tag{16-6.1}$$

其中 I_P 為剛體對其瞬心 P 的轉動慣量。由於剛體的瞬心位置在剛體上不斷改變，故 I_P 一般來說，其值是時間的函數。如果考慮到

$$I_P = I_C + mr_C^2$$

則剛體的動能為

$$\begin{aligned} T &= \frac{1}{2} m r_C^2 \omega^2 + \frac{1}{2} I_C \omega^2 \\ &= \frac{1}{2} m v_C^2 + \frac{1}{2} I_C \omega^2 \end{aligned} \tag{16-6.2}$$

這一結果不難由柯尼希定理直接寫出。其中第一項即為剛體隨質心 C 作平動時所具有的動能；第二項即為剛體繞質心轉動時所具有的相對動能。

剛體作平面平行移動時，可視為一般平面運動的特殊情況，此

時 $\omega = 0$ ，故剛體平移運動的動能可寫為

$$T = \frac{1}{2}mv_C^2 \tag{16-6.3}$$

當剛體作定軸轉動時，其質心速度

$$v_C = r_C\omega$$

其中 r_C 為質心 C 與轉軸 O 之距離。於是 (16-6.2) 式可寫為

$$T = \frac{1}{2}mr_C^2\omega^2 + \frac{1}{2}I_C\omega^2$$

$$= \frac{1}{2}(mr_C^2 + I_C)\omega^2$$

考慮到剛體對轉軸 O 的轉動慣量 $I_O = I_C + mr_C^2$ ，所以，剛體作定軸轉動時的動能最後可簡化為

$$T = \frac{1}{2}I_O\omega^2 \tag{16-6.4}$$

例 16-6.1

行星輪系如圖 16-6.2 所示，定齒輪半徑為 r_1，動齒輪半徑為 r_2，質量為 m_2。曲柄 OA 的質量為 m_3，轉動角速度為 ω_3，齒輪視為均質圓盤，曲柄視為長等於 (r_1+r_2) 的均質細桿。試求系統的動能。

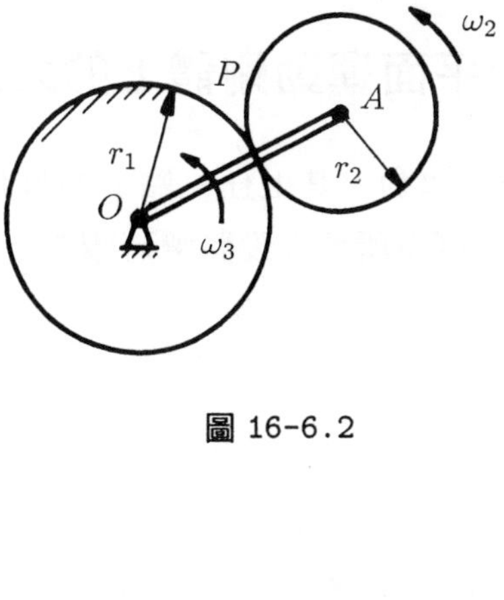

圖 16-6.2

解：

(1) 定齒輪固定不動，其動能 $T_1 = 0$

(2) 動齒輪作一般平面運動，速度瞬心為兩輪嚙合點 P，故其角速度為

$$\omega_2 = v_A/r_2 = \frac{r_1 + r_2}{r_2}\omega_3$$

對瞬心 P 的轉動慣量為

$$I_P = I_A + m_2 r_2^2 = \frac{1}{2}m_2 r_2^2 + m_2 r_2^2$$

$$= \frac{3}{2}m_2 r_2^2$$

於是動齒輪的動能為

$$T_2 = \frac{1}{2}I_P\omega_2^2 = \frac{3}{4}m_2(r_1 + r_2)^2\omega_3^2$$

(3) 曲柄 OA 作定軸轉動，其動能為

$$T_3 = \frac{1}{2}I_O\omega_3^2 = \frac{1}{6}m_3(r_1 + r_2)^2\omega_3^2$$

(4) 最後得系統的總動能

$$T = T_1 + T_2 + T_3$$

$$= \frac{1}{12}(2m_3 + 9m_2)(r_1 + r_2)^2\omega_3^2$$

16-6-2　作用於平面運動剛體上的力之功

設剛體作平面一般運動，其上任一點 A 的瞬時位移為 $d\boldsymbol{r}_A$，瞬時角速度為 ω，如圖 16-6.3 所示。設該瞬時剛體上受一已知力 $\boldsymbol{F}$ 作用，其作用點為 M。

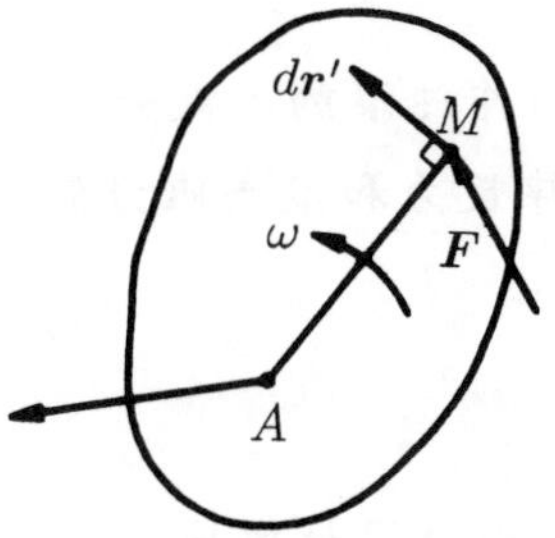

圖 16-6.3

由運動學知，作用點 M 的位移可表示為

$$d\boldsymbol{r}_M = d\boldsymbol{r}_A + d\boldsymbol{r}'$$

其中 $d\boldsymbol{r}'$ 的大小等於 $(\omega dt)|\overrightarrow{AM}| = (d\varphi)|\overrightarrow{AM}|$，方向垂直於 AM，如圖中所示，設 $d\boldsymbol{r}'$ 與 $\boldsymbol{F}$ 的夾角為 θ，則力 $\boldsymbol{F}$ 的功可表為

$$\begin{aligned} U &= \int \boldsymbol{F}\cdot d\boldsymbol{r}_A + \int \boldsymbol{F}\cdot d\boldsymbol{r}' \\ &= \int \boldsymbol{F}\cdot d\boldsymbol{r}_A + \int F(d\varphi\cos\theta)|\overrightarrow{AM}| \\ &= \int \boldsymbol{F}\cdot d\boldsymbol{r}_A + \int M_A(\boldsymbol{F})d\varphi \end{aligned} \tag{16-6.5}$$

其中 $M_A(\boldsymbol{F}) = (F\cos\theta)\cdot(\overrightarrow{AM})$ 為力 $\boldsymbol{F}$ 對點 A 之力矩。

顯然剛體作平移時，$d\varphi \equiv 0$，且 $d\boldsymbol{r}_A = d\boldsymbol{r}_M$，故有

$$U = \int \boldsymbol{F}\cdot d\boldsymbol{r}_A = \int \boldsymbol{F}\cdot d\boldsymbol{r}_M \tag{16-6.6}$$

剛體作定軸轉動時，對於轉軸 O 點有 $d\boldsymbol{r}_O = 0$，故力的功可寫為

$$U = \int M_O(\boldsymbol{F})d\varphi \tag{16-6.7}$$

例 16-6.2

圓柱體沿固定水平面作純滾動，試分別求圓心 C 沿其軌跡移動距離 S 時，摩擦力，法線反力和滾動阻力偶矩的功。

解：

圓柱體作平面運動。由於圓柱與地面接觸點為速度瞬心，故有

$$d\varphi = \frac{1}{r}dS$$

其中 r 為圓柱的半徑。

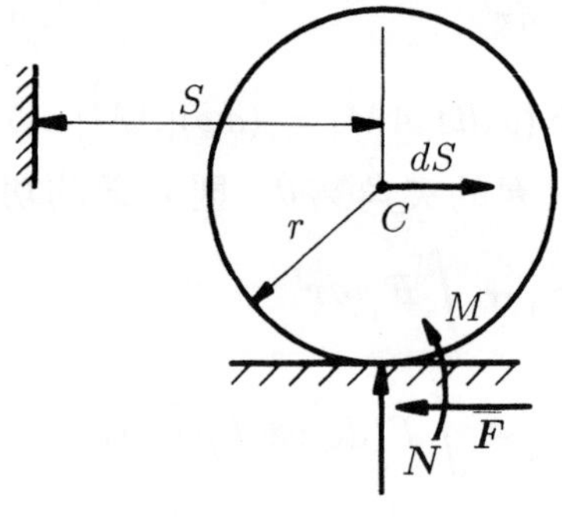

圖 16-6.4

(1) 摩擦力 $\boldsymbol{F}$ 的功等於

$$U_F = \int_0^S -FdS + \int_0^{\varphi} M_C(\boldsymbol{F})d\varphi = \int_0^S -FdS + \int_0^S Fr \cdot \frac{dS}{r}$$

$$= \int_0^S (-F + F)dS = 0$$

(2) 法線反力 $\boldsymbol{N}$ 的功

$$U_N = \int \boldsymbol{N} \cdot d\boldsymbol{r}_C + \int M_C(\boldsymbol{N})d\varphi$$

因為 $\boldsymbol{N} \perp d\boldsymbol{r}_C$，所以 $\boldsymbol{N} \cdot d\boldsymbol{r}_C = 0$，又由於 $\boldsymbol{N}$ 作用線過 C 點，所以 $M_C(\boldsymbol{N}) = 0$。於是，法線力 $\boldsymbol{N}$ 的功恆為零。即

$$U_N = 0$$

(3) 滾動阻力偶的功

$$U_M = \int_0^{\varphi} -M d\varphi = -\int_0^S M\frac{dS}{r} = -\frac{M}{r}S$$

考慮到 $M = \delta N$，故

$$U_M = -\frac{N\delta}{R}S$$

其中 δ 為滾動摩擦係數。

16-6-3　剛體平面運動功能方程式

剛體或剛體組合的系統，作為質點系，功能原理仍然成立。用質點系的功能原理，對剛體或剛體系統建立起來的方程式稱為功能方程式。它們是

$$T_2 - T_1 = U_{1,2} \tag{16-6.8}$$

即：剛體或剛體系統從狀態 I 運動至狀態 II，其動能的增加量等於作用在系統上的力在此運動過程中所做的功。

當作功的力存在保守力時，則其功能原理可寫為

$$E_2 - E_1 = U_{1,2} \tag{16-6.9}$$

即：剛體或剛體系統從狀態 I 運動至狀態 II，其機械能的增加量等於作用於系統的非保守力在此過程中所做的功。顯然當不存在非保守力作功時，剛體或剛體系統的機械能將保持不變，即遵循機械能守恆定律。

例 16-6.3

兩均質細桿O_1A和O_2B，分別以其一端與同一水平面的兩光滑固定鉸支座O_1、O_2相連結。它們的另一端又分別與細桿（均質）AB的兩端鉸連，如圖 16-6.5 所示。已知O_1A、O_2B，及AB三桿長均為 0.5 m，質量均為m(kg)。求O_1A與鉛垂成$\varphi_0 = 30^\circ$角處無初速釋放後，運動至鉛垂位置（AB處於最低位置）時，O_1A桿的轉動角速度。

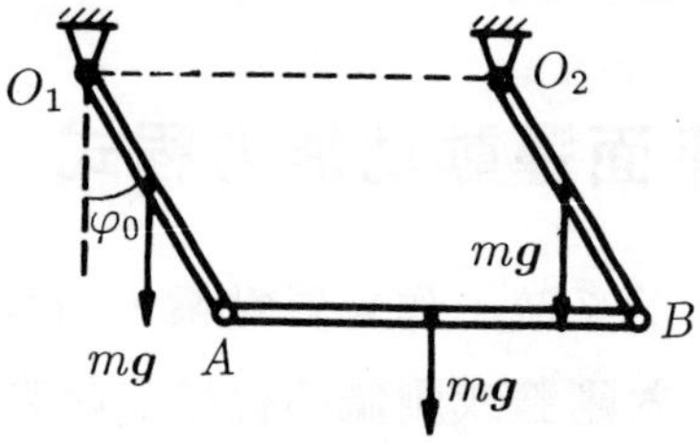

圖 16-6.5

解：

(1) 以三桿組成的系統為研究對象。

(2) O_1A，O_2A作定軸轉動，AB作平移運動，設O_1A，O_2B在任意φ位置時的角速度為ω，則系統的動能為

$$T = T_{O_1A} + T_{O_2B} + T_{AB}$$

$$= \frac{1}{2}I_{O_1}\omega^2 + \frac{1}{2}I_{O_2}\omega^2 + \frac{1}{2}m(\ell\omega)^2$$

$$= \frac{5}{6}m\ell^2\omega^2$$

(3) 設各桿的質心位於 O_1O_2 水平線時，位能為零，則系統在任意 φ 位置時的重力位能應為：

$$V = \left(-mg\frac{\ell}{2} - mg\frac{\ell}{2} - mg\ell\right)\cos\varphi$$

$$= -2mg\ell\cos\varphi$$

(4) 系統在 $\varphi = \varphi_0$ 時的機械能為

$$E_1 = \frac{5}{6}m\ell^2\omega^2\bigg|_{\omega=0} + (-2m\ell\cos\varphi)\bigg|_{\varphi=\varphi_0}$$

$$= -2mg\ell\cos\varphi_0$$

系統在 $\varphi = 0$（O_1A 鉛垂）時的機械能為

$$E_2 = \frac{5}{6}m\ell^2\omega^2\bigg|_{\omega=\omega_1} + (-2m\ell\cos\varphi)\bigg|_{\varphi=0}$$

$$= \frac{5}{6}m\ell^2\omega_1^2 - 2mg$$

(5) 系統在運動過程中無非保守力作功，故由 (16-6.9) 式有

$$\left(\frac{5}{6}m\ell^2\omega_1^2 - 2mg\right) - (2mg\ell\cos\varphi_0) = 0$$

即 O_1A 運動至鉛垂位置時，其角速度應為

$$\omega_1 = \pm\sqrt{\frac{12g}{2\ell}(1-\cos\varphi_0)} = \pm\sqrt{\frac{12\times 9.8}{5\times 0.5}(1-\cos 30^\circ)}$$

$$= \pm 2.5\ \text{rad/s}$$

實際上，系統在 $\pm\varphi_0$ 之間作往復振盪。因此，正負號表示，在 $\varphi = 0$ 位置角速度 ω_1 可能取不同的轉向。

例 16-6.4

行星輪系傳動機構放在水平面內，如圖 16-6.6 所示。已知定齒輪半徑 $r_1 = 0.15$ m；動齒輪半徑為 $r_2 = 0.1$ m，質量為 $m_2 = 2$ kg 視為均質圓盤；曲柄 OA 的質量 $m_3 = 1$ kg，視為長 $\ell = r_1 + r_2 = 0.25$ m 的均質桿。一力偶矩 $M = 5$ N·m 的力偶作用於 OA 上，使系統從靜止開始轉動。求曲柄角速度達 10 rad/s 時，所轉過的轉數。在計算中不計各處摩擦。

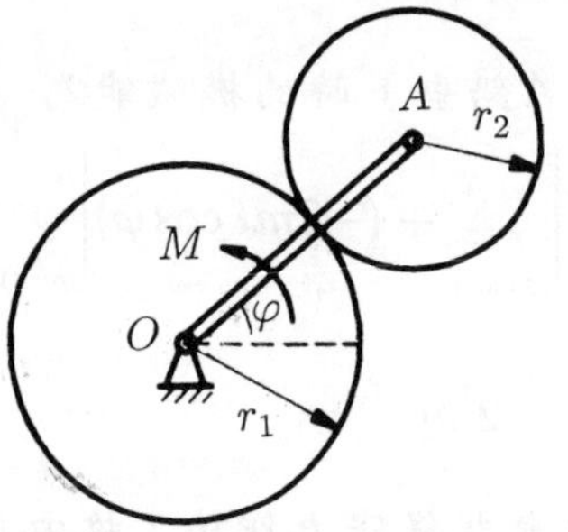

圖 16-6.6

解：

(1) 以系統為研究對象。

(2) 設 OA 轉到角速度為 $\omega_3 = 10$ rad/s 時，OA 已轉過 φ 角，故由例 16-6.1 知

$$T_1 = 0$$

$$T_2 = \frac{1}{12}(2m_3 + 9m_2)(r_1 + r_2)^2\omega_3^2$$

$$= \frac{1}{12}(2 \times 1 + 9 \times 2)(0.15 + 0.1)^2 \cdot 10^2$$

$$= 10.42 \text{ J}$$

作功的只有力偶矩 M，故

$$U_{1,2} = M\varphi$$

(3) 由功能方程式得

$$T_2 - T_1 = U_{1,2}$$

$$10.42 - 0 = M\varphi$$

$$\varphi = \frac{10.42}{M} \text{ rad}$$

$$= \frac{10.42}{5} \text{ rad} \cdot \frac{1 \text{ rev}}{2\pi \text{ rad}} = 0.33 \text{ rev（轉）}$$

例 16-6.5

均質細桿 AB 長為 $\ell = 2$ m，質量 $m = 10$ kg，於鉛垂面內，兩端分別沿光滑鉛直牆和光滑水平面滑動，如圖 16-6.7 所示。當桿與鉛垂牆成 $\varphi_0 = 30°$ 時靜止釋放，求桿滑至 $\varphi_1 = 50°$ 時，B 點的速度。

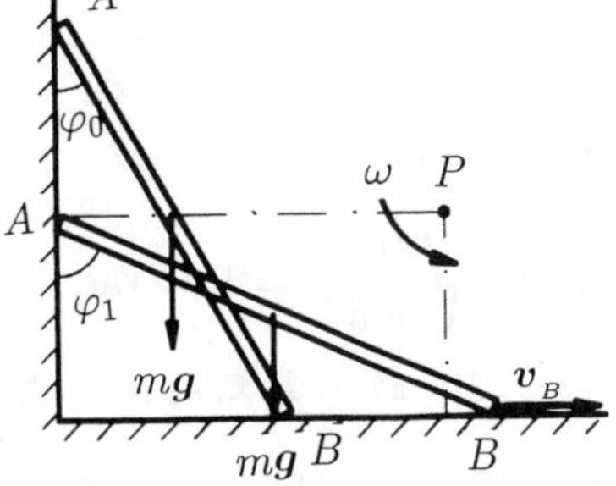

圖 16-6.7

解：

(1) 研究 AB，由例 16-5.4 知，A 端離開牆面時的角

$$\varphi_1 = \cos^{-1}\left(\frac{2}{3}\cos 30^\circ\right) = 54.74^\circ$$

可見 $\varphi = 50^\circ$ 時 A 未離開牆面。

(2) 由題意 $\varphi = 30^\circ$ 時

$$T_1 = 0$$

設 $\varphi = 50^\circ$ 時，AB 角速度為 ω，則

$$T_2 = \frac{1}{2}I_P\omega^2 = \frac{1}{6}m\ell^2\omega^2$$

$$= \frac{1}{6} \times 10 \times 2^2\omega^2 = 6.67\omega^2 \text{ J}$$

(3) AB 從 $\varphi = 30^\circ$ 運動至 $\varphi = 50^\circ$ 的過程中只有重力做功。

$$U_{1,2} = mg\frac{\ell}{2}(\cos 30^\circ - \cos 50^\circ)$$

$$= \frac{1}{2} \times 10 \times 9.8 \times 2(\cos 30^\circ - \cos 50^\circ)$$

$$= 21.88 \text{ J}$$

(4) 由

$$T_2 - T_1 = U_{1,2}$$

得 $6.67\omega^2 - 0 = 21.88$

$$\omega = \pm\sqrt{\frac{21.88}{6.67}} = 1.81 \text{ rad}$$

(5) 由運動學知，$\varphi = 50^\circ$ 時，B 點的速度為

$$v_B = \omega \cdot \ell\cos 50^\circ = 1.81 \times 2\cos 50^\circ$$

$$= 2.33 \text{ m/s}$$

例 16-6.6

如圖 16-6.8 所示，均質圓輪繞 O 軸作定軸轉動，通過繞其上的細繩帶動另一均質輪 A 在斜面上作純滾動。圓輪在常力偶矩 M 的作用下，由靜止開始運動。試求輪 O 轉兩圈後所具有的角速度。已知半徑 $R = 0.1$ m，質量均是 $m = 20$ kg，力偶矩 $M = 15$ N·m，斜面傾角 $\alpha = 30°$。不計繩質量以及輪 A 的滾動摩擦力矩。

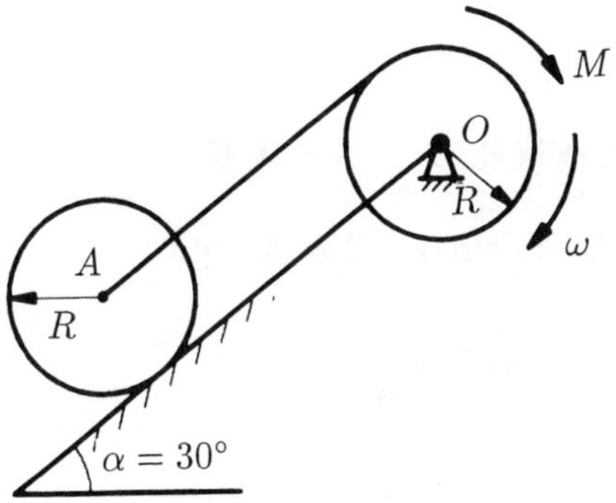

圖 16-6.8

解：

(1) 取系統為研究對象。

(2) 輪 O 和輪 A 分別作定軸轉動和一般平面運動，由運動學知，它們在任意瞬時的角速度相等，設輪轉過兩圈時的角速度為 ω_1，則系統的動能為：

$$T_2 = \frac{1}{2}I_O\omega_1^2 + \frac{1}{2}I_P\omega_1^2$$

$$= \frac{1}{2}\left(\frac{1}{2}mR^2\right)\omega_1^2 + \frac{1}{2}\left(\frac{3}{2}mR^2\right)\omega_1^2$$

$$= mR^2\omega_1^2$$

(3) 設初瞬時系統的重力位能為零，則系統在輪 O 轉過兩圈後的位能為

$$V_2 = mgR \cdot 4\pi \cdot \sin\alpha$$

即系統此時的機械能為

$$E_2 = T_2 + V_2 = mR^2\omega_1 + mgR \cdot 4\pi \cdot \sin\alpha$$

(4) 非保守力 M 在轉過兩圈的過程中所做的功

$$U_{1,2} = M \cdot 4\pi$$

(5) 考慮到初瞬時系統機械能 $E_1 = 0$，故有

$$mR^2\omega_1^2 + mgR \cdot 4\pi \sin\alpha - 0 = M \cdot 4\pi$$

$$\omega_1 = \frac{2}{R}\sqrt{\frac{\pi(M - mgR\sin\alpha)}{m}}$$

$$= \frac{2}{0.1}\sqrt{\frac{\pi(15 - 20 \times 9.8 \times 0.1 \sin 30°)}{20}}$$

$$= 18.1 \text{ rad/s}$$

例 16-6.7

圖 16-6.9 所示機構中，滑輪可繞水平軸 O_1 轉動。在滑輪上跨過一不可伸長的繩。繩的一端懸掛一質量為 m 的重物，另一端固連在一鉛直彈簧上。彈簧的剛度為 k。設滑輪的質量為 m_1，近似視為均分於輪緣上。設繩與輪無相對滑動，當 $t = 0$ 時，系統靜止，彈簧長度為其自然長度，求系統此後的運動規律。

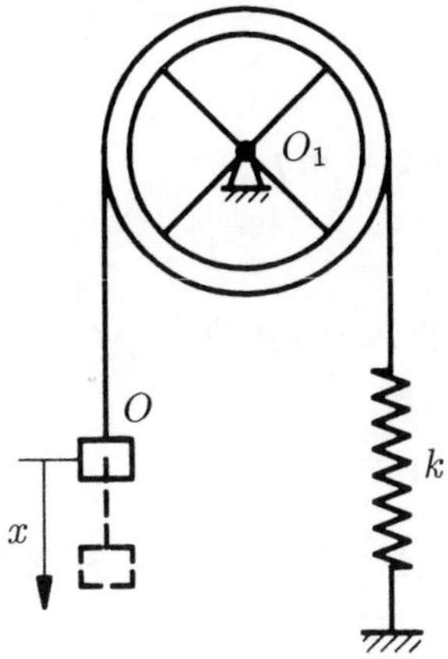

圖 16-6.9

解：

(1) 取系統為研究對象。

(2) 系統運動過程中，作功的力只有重力和彈性力，均為保守力，故系統的機械能守恆。

(3) 設彈簧未變形時（即 $t=0$），重物質心位置為原點，建立座標 Ox 如圖示。考慮到輪的質量均分於輪緣，故系統任意位置的動能為：

$$T=\frac{1}{2}(m_1+m)\dot{x}^2$$

設 $t=0$ 時，重力位能和彈性位能均為零。則系統在任意位置時的總位能為

$$V=-mgx+\frac{1}{2}kx^2$$

(4) 由機械能守恆定律得

$$E = \frac{1}{2}(m_1 + m)\dot{x}^2 - mgx + \frac{1}{2}kx^2 = E_0 = 0$$

求導數並化簡可得

$$(m_1 + m)\ddot{x} + kx = mg \tag{a}$$

(5) 解微分方程式 (a)：

令 $x_1 = x - \dfrac{mg}{k}$，代入 (a) 式得

$$\ddot{x}_1 + \frac{k}{m_1 + m}x_1 = 0$$

這是標準常係數線性二階齊次微分方程式，其解為

$$x_1 = A\sin\left(\sqrt{\frac{k}{m_1 + m}}t + \alpha\right)$$

即 $$x = x_1 + \frac{mg}{k} = \frac{mg}{k} + A\sin\left(\sqrt{\frac{k}{m_1 + m}}t + \alpha\right)$$

式中 A、α 為積分常數，考慮到 $t = 0$ 時，$x = 0$，$\dot{x} = 0$，可得

$$\alpha = \frac{\pi}{2},\ A = -\frac{mg}{k}$$

故系統的運動規律為

$$x = \frac{mg}{k}\left(1 - \cos\sqrt{\frac{k}{m_1 + m}}t\right)$$

可見重物在 $x = mg/k$ 附近做簡諧運動。其週期為

$$\tau = 2\pi\sqrt{\frac{m_1 + m}{k}}$$

16-7 剛體平面運動的動量衝量方程式

當剛體所受主動力是時間的函數，且運動發生在一小段時間內，則運用動量衝量方程式求解其運動力學問題較為方便。

16-7-1 剛體的動量和角動量（動量矩）

(一) 剛體的動量（線動量）

根據質點系的動量定義，剛體的動量可由其質心的速度 $\boldsymbol{v}_C$ 來表示，即剛體的動量

$$\boldsymbol{K} = m\boldsymbol{v}_C \tag{16-7.1}$$

(二) 剛體對其質心 C 的角動量（動量矩）

根據質點系對其質心 C 的角動量的性質（參見例 15-2.1），剛體對其質心的角動量可寫為：

$$L_C = \Sigma m_i(r_i\omega)\cdot r_i = (\Sigma m_i r_i^2)\omega$$

即 $$L_C = I_C\omega \tag{16-7.2}$$

其中 $I_C = \Sigma m_i r_i^2$ 為剛體對過質心 C 並垂直於運動平面之軸的轉動慣量。

(三) 剛體對任一點 O 的角動量

對於任一質點系，設其中一質點相對於質心 C 和任一點 O 的位置向量分別為 $\boldsymbol{r}_i'$ 和 $\boldsymbol{r}_i$，如圖 16-7.1 所示，顯然，其關係如下：

$$\boldsymbol{r}_i = \boldsymbol{r}_C + \boldsymbol{r}_i'$$

其中 $\boldsymbol{r}_C$ 為質心 C 相對於 O 點的位置向量。

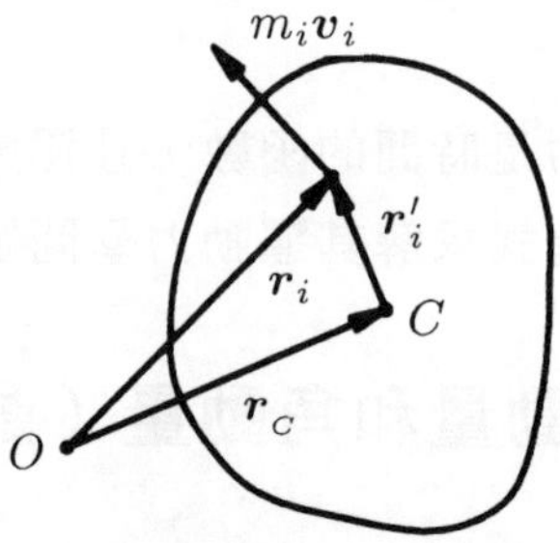

圖 16-7.1

根據質點系動量矩定義，有

$$\begin{aligned}\boldsymbol{L}_O &= \Sigma\boldsymbol{r}_i \times m_i\boldsymbol{v}_i \\ &= \Sigma\boldsymbol{r}_C \times m_i\boldsymbol{v}_i + \Sigma\boldsymbol{r}_i' \times m_i\boldsymbol{v}_i \\ &= \boldsymbol{r}_C \times \Sigma m_i\boldsymbol{v}_i + \boldsymbol{L}_C\end{aligned}$$

或 $$\boldsymbol{L}_O = \boldsymbol{r}_C \times m\boldsymbol{v}_C + \boldsymbol{L}_C \qquad (16\text{-}7.3)$$

即質點系對任一點 O 之角動量等於質點系對質心的角動量與質點系隨質心平移運動時對點 O 所具有的角動量之和。

由以上結論，不難計算剛體作平面平移、定軸轉動，任意平面運動時的角動量。如圖 16-7.2 所示，剛體的角動量可寫為：

(1) 平移： $L_C = 0$， $L_O = mv_Cd$

(2) 定軸轉動： $L_C = I_C\omega$， $L_O = I_C\omega + mv_Cd = I_C\omega + m(d\omega)d = (I_C + md^2)\omega = I_O\omega$

(3) 任意平面運動： $L_C = I_C\omega$， $L_O = I_C\omega + mv_Cd$

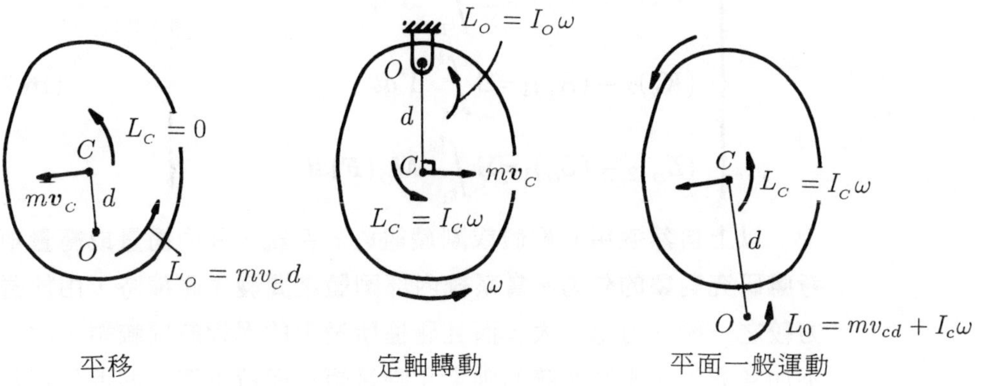

圖 16-7.2

16-7-2　剛體平面運動的動量衝量方程式

根據質點系的動量原理，對於平面上任一固定點 O 有

$$\begin{cases} \dfrac{d\boldsymbol{K}}{dt} = \Sigma \boldsymbol{F} \\ \dfrac{dL_O}{dt} = \Sigma M_O(\boldsymbol{F}) \end{cases}$$

積分即得

$$\begin{cases} \boldsymbol{K}_2 - \boldsymbol{K}_1 = \Sigma \displaystyle\int_{t_1}^{t_2} \boldsymbol{F}dt \\ (L_O)_2 - (L_O)_1 = \Sigma \displaystyle\int_{t_1}^{t_2} M_O(\boldsymbol{F})dt \end{cases}$$

或

$$\begin{cases} (K_x)_2 - (K_x)_1 = \Sigma \int_{t_1}^{t_2} X dt \\ (K_y)_2 - (K_y)_1 = \Sigma \int_{t_1}^{t_2} Y dt \\ (L_O)_2 - (L_O)_1 = \Sigma \int_{t_1}^{t_2} M_O(\boldsymbol{F}) dt \end{cases} \tag{16-7.4}$$

以上自然適用於剛體或剛體組成的系統。其中衝量或衝量矩只考慮研究對象的外力。當系統內部剛體之間發生碰撞時，由於碰撞力較之一般外力都很大，而且碰撞所發生的過程時間較短，故一般不加考慮，而視為系統的動量和動量矩均保持不變，即近似視為守恆。

例 16-7.1

圖 16-7.3 所示皮帶輪的質量 $m = 5$ kg，半徑為 0.12 m，質心在轉軸上，相對轉軸的襆轉半徑 $k_O = 0.08$ m，皮帶兩端的拉力 $S_1 = 20$ N 和 $S_2 = 10$ N。初瞬時角速度為 $\omega_1 = 2$ rad/s，求兩秒鐘後，角速度 $\omega_2 =$？

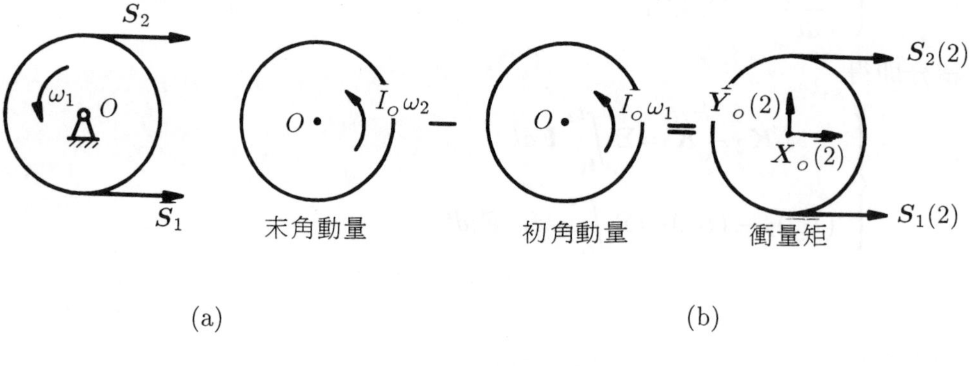

圖 16-7.3

解：

以皮帶輪為研究對象，由角動量與力矩原理即

$$(L_O)_2 - (L_O)_1 = \Sigma \int_{t_1}^{t_2} M_O(\boldsymbol{F})dt$$

得：

$$I_O\omega_2 - I_O\omega_1 = (S_1 - S_2)R(t_2 - t_1)$$

$$\omega_2 = \omega_1 + \frac{S_1 - S_2}{I_O}R(t_2 - t_1)$$

$$= 2 + \frac{(20 - 10) \times 0.12}{5 \times 0.08^2} \times 2$$

$$= 77 \text{ rad/s}$$

例 16-7.2

一均質細桿 OA 的質量 m_1，長為 ℓ，其一端固定在圓柱鉸 O 上。桿由水平位置落下，初速為零。桿在鉛垂位置上撞到一個質量為 m_2 的重物 B，並使之沿粗糙水平面滑動，已知動滑動摩擦係數為 μ_k ，如碰撞是塑性的 $(k = 0)$。求重物所運動的距離 x。（圖 16-7.4）

解：

(1) 研究 OA 桿求碰撞前的角速度 ω_1。

由功能方程式得

$$\frac{1}{2}\left(\frac{1}{3}m_1\ell^2\right)\omega_1^2 - 0 = m_1 g\frac{\ell}{2}$$

$$\omega_1 = \sqrt{\frac{3g}{\ell}}$$

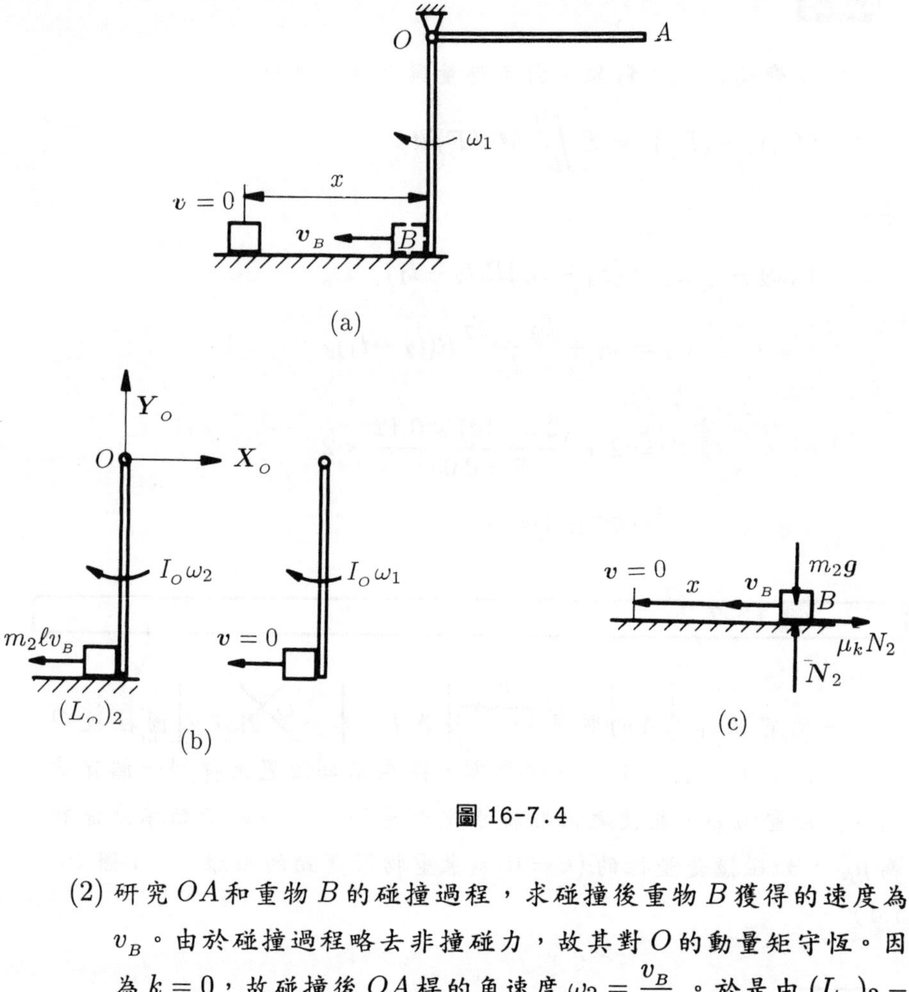

圖 16-7.4

(2) 研究 OA 和重物 B 的碰撞過程，求碰撞後重物 B 獲得的速度為 v_B。由於碰撞過程略去非撞碰力，故其對 O 的動量矩守恆。因為 $k=0$，故碰撞後 OA 桿的角速度 $\omega_2 = \dfrac{v_B}{\ell}$。於是由 $(L_O)_2 - (L_O)_1 = 0$ 得

$$m_2 v_B \ell + \frac{1}{3} m_1 \ell^2 \left(\frac{v_B}{\ell}\right) - \frac{1}{3} m_1 \ell^2 \omega_1 = 0$$

$$v_B = \frac{m_1 \ell}{m_1 + 3m_2}\omega_1 = \frac{m_1}{m_1 + 3m_2}\sqrt{3g\ell}$$

(3) 研究重物 B，求運動距離 x。考慮到摩擦力 $F = \mu_k m_2 g$，由功

能原理得

$$0-\frac{1}{2}m_2v_B^2=-\mu_k m_2 g x$$

$$x=\frac{v_B^2}{2\mu_k g}=\frac{3\ell}{2\mu_k}\left(\frac{m_1}{m_1+3m_2}\right)$$

例 16-7.3

如圖 16-7.5 所示。平板車以等速 v 沿水平路軌運動，其上放置一等質正方形物塊 A，其邊長為 a，質量為 m。當平台車突然停住時，物塊由於慣性，其角 B 與車面上凸起物相碰撞，並設為塑性碰撞 $(k=0)$，且碰撞歷時時間 τ。試求物塊碰撞後質心 O 的速度以及 B 點受到的平均作用力。

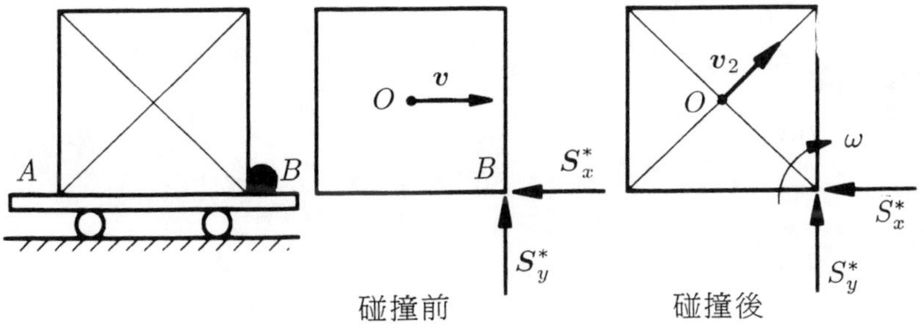

圖 16-7.5

解：

以物塊為研究對象。碰撞前質心速度為 $\boldsymbol{v}$，角速度為零，即物塊平移運動。碰撞後，由於塑性相碰，物塊 B 點速度為零，整個物

塊繞 B 點轉動，設 O 點速度為 $\boldsymbol{v_2}$ ，則轉動角速度 $\omega = \dfrac{\sqrt{2}v_2}{a}$。設 B 點受到平均反力為 $\boldsymbol{S_x^*}$，$\boldsymbol{S_y^*}$ ，則由動量衝量方程式得：

$$\begin{cases} mv_2\cos 45^\circ - mv = -S_x^*\tau \\ mv_2\sin 45^\circ - 0 = S_y^*\tau \\ I_B\omega - m\dfrac{a}{2}v = 0 \end{cases}$$

其中 $I_B = \dfrac{2}{3}ma^2$，並考慮到 $\omega = \dfrac{\sqrt{2}v_2}{a}$，解方程式可得：

$$v_2 = \frac{2\sqrt{2}v}{8a}$$

$$S_x^* = \frac{5mv}{8\tau}$$

$$S_y^* = \frac{3mv}{8\tau}$$

習　題

16-1 15 N的力作用在滾輪 A 上，如圖所示。已知 AB 桿重為 20 N，長為 2 m。設桿與鉛垂線保持一常角 θ 作等加速度運動。不計滾輪質量，求 A 點所具有的加速度和角 θ 的大小。

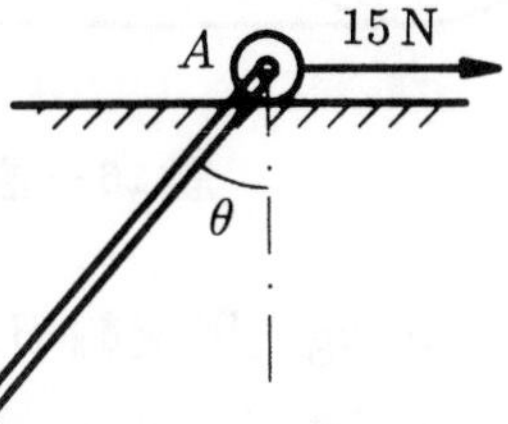

題 16-1 圖

16-2 均質三角薄板重 W，被兩根等長的繩懸於圖示位置後靜止釋放，試求此瞬時三角板的平移加速度和兩根繩的拉力。

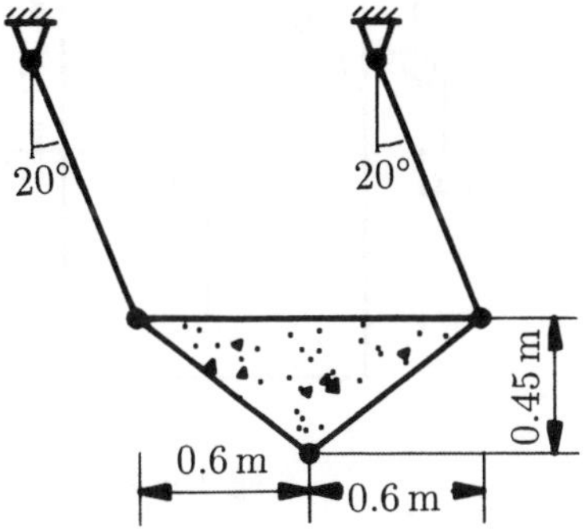

題 16-2 圖

16-3 曲柄 OA 長為 ℓ，可繞固定滑輪的水平中心軸 O 轉動，曲柄的 A 端裝有動滑輪的軸。兩個滑輪的質量均為 m，半徑均為 r。不計皮帶和曲柄質量，皮帶和滑輪間無相對滑動。求曲柄 OA 在水平位置被靜止釋放時所具有的角加速度，以及輪兩側皮帶張力大小之差。

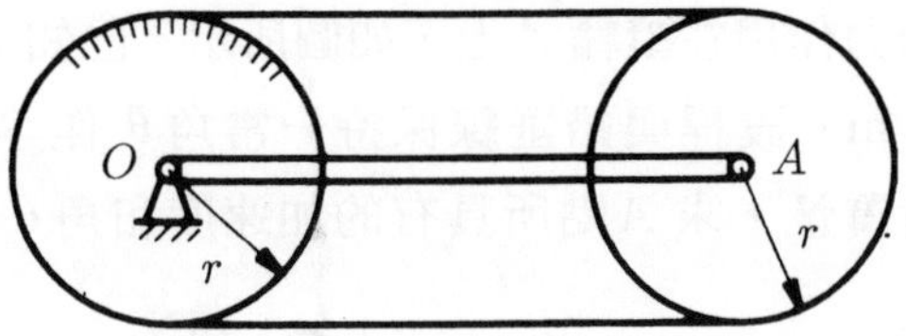

題 16-3 圖

16-4 爐門質量 $m = 266$ kg，用滾輪 B 和 D 支持，可在光滑水平軌道上自由移動。平衡錘 A 的質量 $m_1 = 45$ kg，用鋼索連於門上的 E 點，如圖所示。求：(1) 爐門的加速度 a；(2) B 和 D 處的反力。圖中長度單位為 cm。

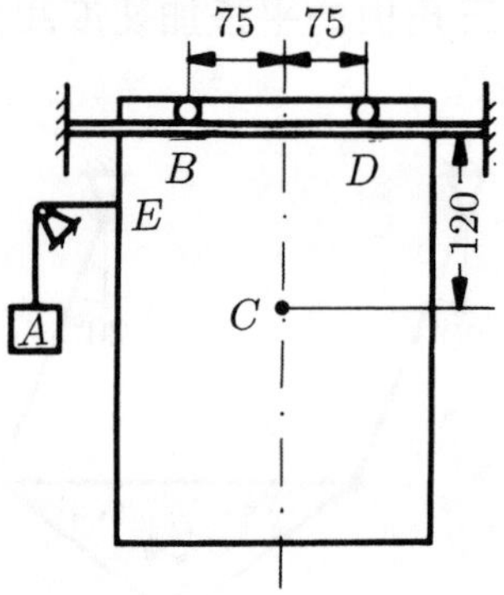

題 16-4 圖

16-5 小車在自重 Q 的作用下，沿傾角為 α 的光滑斜面下滑。圖中點 C 為小車質心。求小車下滑的加速度和前後輪 A、B 處的拘束反力（不計輪的質量）。

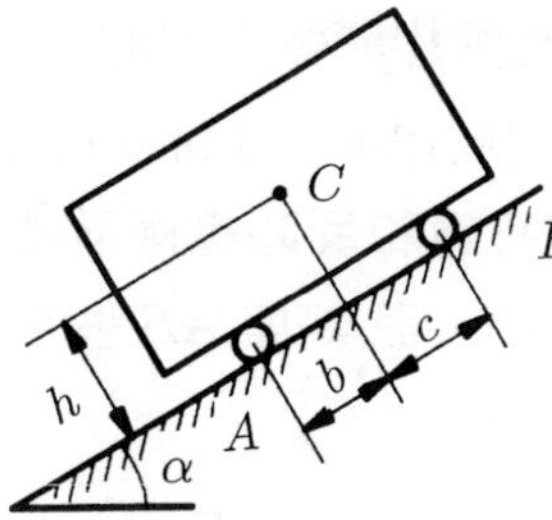

題 16-5 圖

16-6 小轎車重 G，輪胎與路面間的動滑動摩擦係數為 μ_k ，圖中所示尺寸滿足條件 $b:c:h=3:2:1$。試求當四輪一起緊急剎車時的最大減速度和前後輪對地面的正壓力。

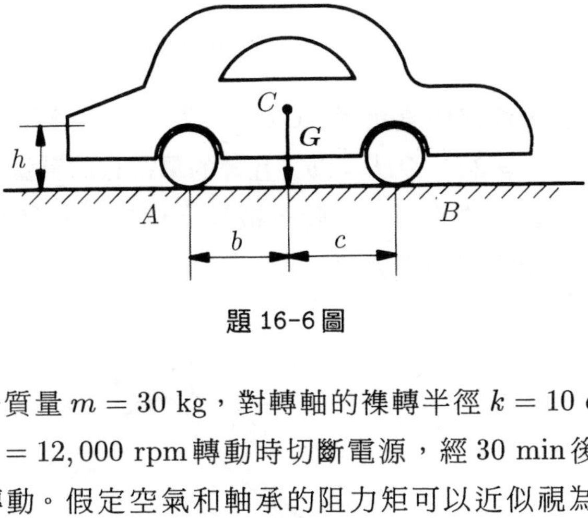

題 16-6 圖

16-7 電機轉子質量 $m=30$ kg，對轉軸的襍轉半徑 $k=10$ cm ；當以轉速 $n=12{,}000$ rpm 轉動時切斷電源，經 30 min 後轉子完全停止轉動。假定空氣和軸承的阻力矩可以近似視為常數，試求該力矩的大小。

16-8 飛輪對自身轉軸的轉動慣量為 I_O，初角速度為 ω_O ，求飛輪在阻力矩 M_P 影響下，角速度減到 $\omega_O/2$ 所需的時間，以及在這段時間內轉過的轉數 N。假定：(1) $M_P=$ 常數；(2) $M_P=k\omega$，且 k 是已知常數。

16-9 圖示制動裝置中，已知輪 O 的質量 $m = 800$ kg，襆轉半徑 $k = 0.16$ m。制動片與輪之間的動摩擦係數 $\mu_k = 0.6$。如輪的初始轉速 $n = 600$ rpm，今希望它轉過 25 rev 後即停止，試分別在初始以順時鐘和反時鐘兩種轉動情況下，求在 B 點應施加的力 F 的大小。設 $\boldsymbol{F}$ 與 AB 垂直，且不計 ABC 的重力。

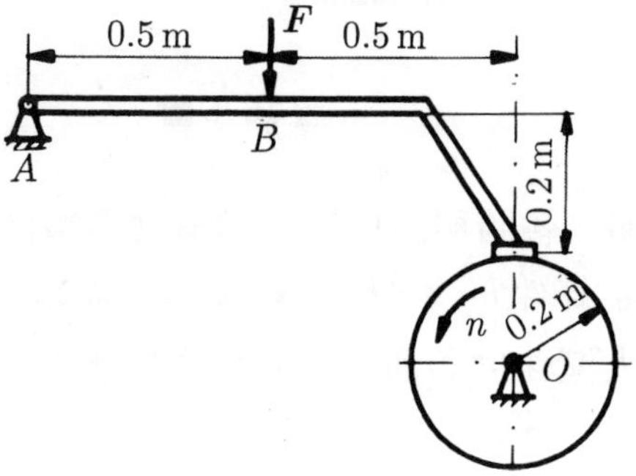

題 16-9 圖

16-10 二細桿焊接成直角形 AOB，於點 O 以一水平光滑鉸固定。已知 $OA = 2a$， $OB = 2b$，且桿的單位長的質量為 σ 。設 OB 與鉛垂線的夾角 $\varphi = 0$ 時，被靜止釋放。求 OB 與鉛垂線的夾角可能達到的最大值。

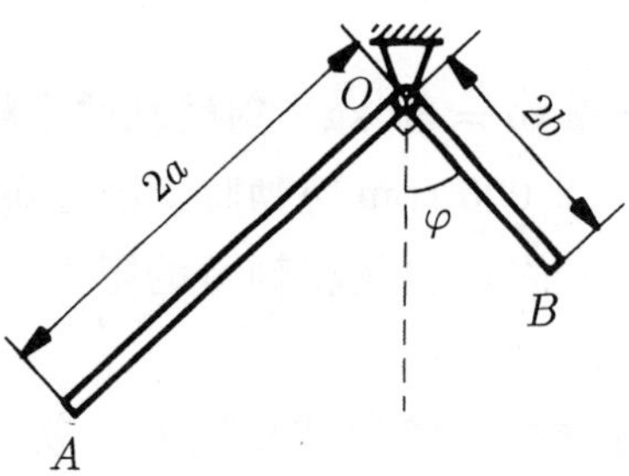

題 16-10 圖

16-11 一段半徑為 R 的均質細圓弧 $\overset{\frown}{AB}$，可繞過圓弧中點的水平軸

O 轉動。今將圓弧在其過 O 點的半徑與鉛垂線成 θ_0（可視為小量）的位置靜止釋放。試求圓弧此後的擺動規律。

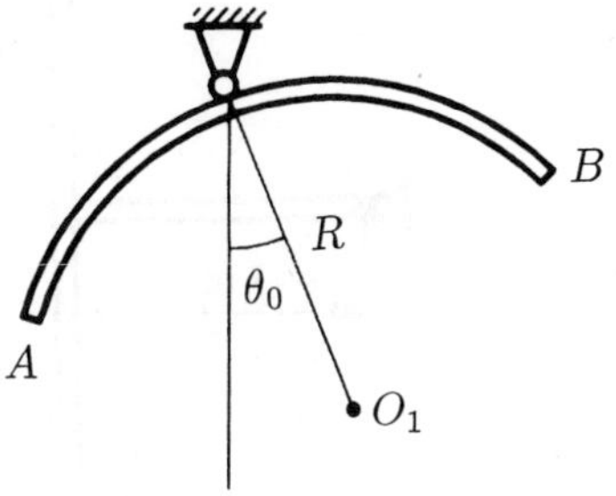

題 16-11 圖

16-12 均質圓柱體半徑為 r，質量為 m，沿水平面滾至鉛垂牆時，其角速度為 ω_0。牆與地面均有摩擦，且知它們與圓柱體之間的動滑動摩擦係數均為 μ_k。求圓柱由於摩擦而完全停止轉動所需的時間。

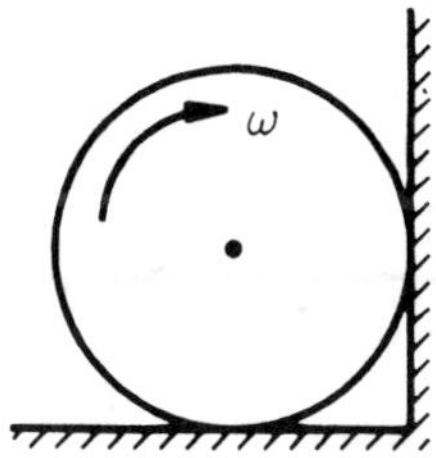

題 16-12 圖

16-13 圖示均質細桿 OA 和 BC 的質量分別為 50 kg 和 100 kg，在 A 點焊接起來，兩桿相互垂直。若此結構在圖示位置被靜止釋放。計算釋放初瞬時，鉸鏈 O 的拘束力和桿 OA 作用於 BC 桿的彎矩。不計 O 處的摩擦。

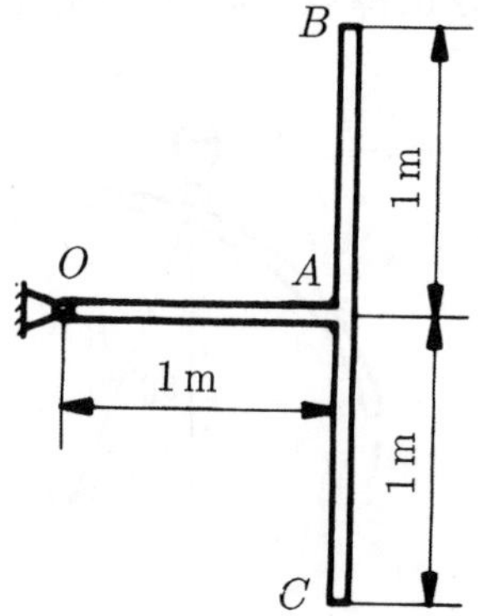

題 16-13 圖

16-14 均質圓輪 O 和 A 的質量、半徑均分別為 m 和 r。輪在力偶矩 M_O 的作用下作定軸轉動，並通過繞在兩輪上的不可伸長的繩索帶動 A 輪在與繩平行的水平面上作無滑滾動。如不計軸承 O 的摩擦和繩的質量，試求輪 A 的中心 A 之加速度及其與地面的滑動摩擦力。

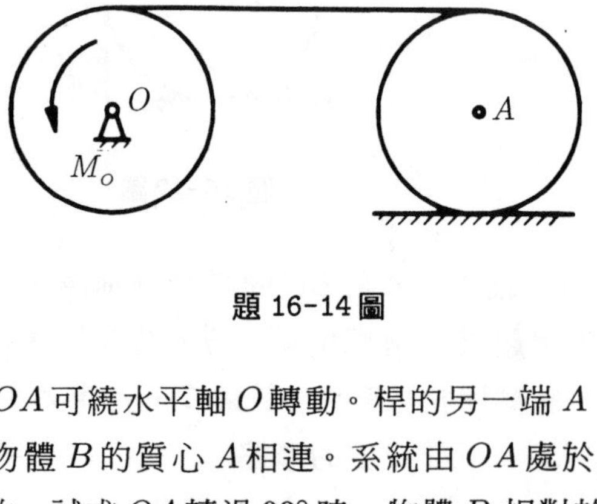

題 16-14 圖

16-15 均質細桿 OA 可繞水平軸 O 轉動。桿的另一端 A 以一光滑鉸鏈與另一物體 B 的質心 A 相連。系統由 OA 處於水平位置時被靜止釋放。試求 OA 轉過 90° 時，物體 B 相對於 OA 轉過的角度，以及 OA 和物體 B 此時所具有的角速度。已知 OA 桿

的質量為 m_1，長為 ℓ，物體 B 的質量為 m_2。

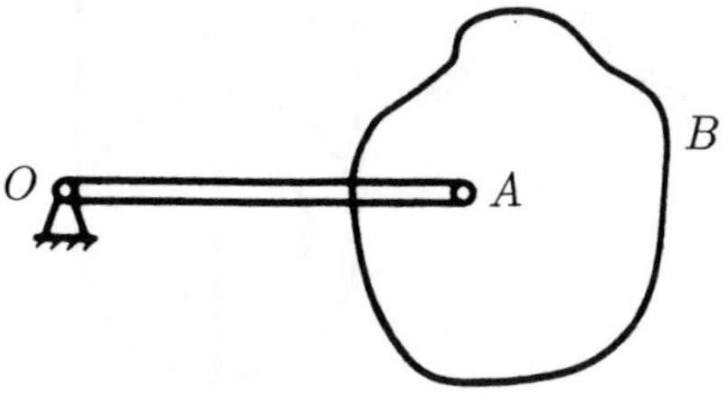

題 16-15 圖

16-16 圖示圓柱體 A 的質量 $m = 5$ kg，在其中部繞以細繩，繩的一端 B 固定不動。圓柱體沿繩子解開而下落。其初速度為零。設圓柱體為均質體，試求其中心下降 $h = 3$ m 高度時所具有的速度和加速度，以及下降過程中繩子的拉力。

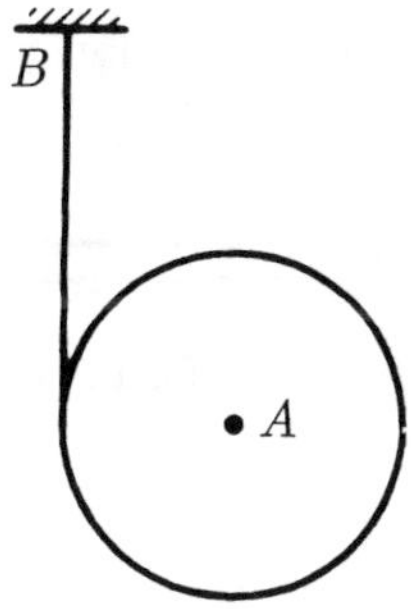

題 16-16 圖

16-17 圖示滑輪質量為 15 kg，半徑為 0.3 m，對其中心軸 O（也為質心）的樑轉半徑為 0.25 m。其上懸掛重物的質量為 20 kg。繞在滑輪上的繩之兩端分別作用常力 $F_1 = 200$ N，$F_2 = 160$ N。當 $t = 0$ 時，滑輪的角速度 $\omega_0 = 8$ rad/s，逆時鐘轉向，重物下降的速度為 $v_0 = 2$ m/s。求 $t = 5$ s時滑輪的角速度 ω 和重物的速度 v。

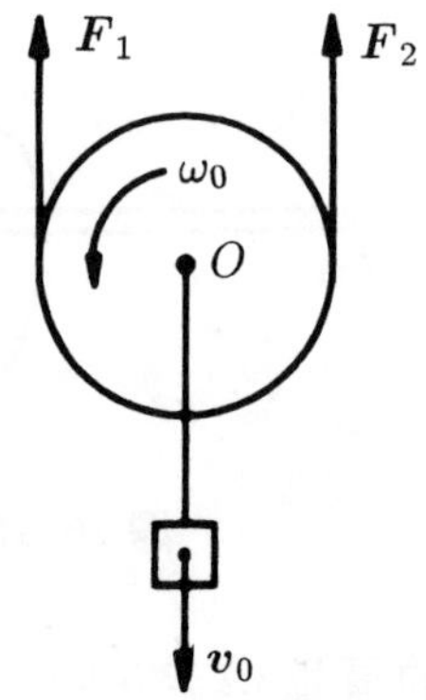

題 16-17 圖

16-18 一均質剛體桿件 AB 兩端各焊結一小球，其質量分別為 m_1、m_2。已知 $m_1 > m_2$。不計空氣阻力及小球大小。問當 AB 由水平靜止狀態往下掉時，兩球是否同時落地？為什麼？

題 16-18 圖

16-19 重為 100 N，長為 1 m 的均質細桿 AB，一端擱在地面上，一端用一鉛垂細繩吊住，如圖。設桿與地面間的摩擦係數 $\mu = 0.3$。問當細繩突然被切斷的瞬間，B 端能否滑動？並求此瞬時桿的角加速度以及地面對桿的反力。

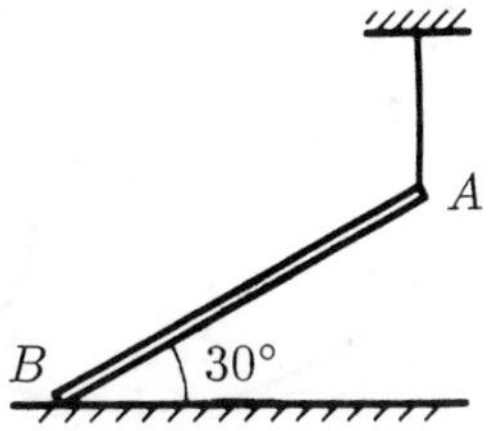

題 16-19 圖

16-20 均質細桿 AB，質量為 m，長為 ℓ，在鉛垂位置被靜止釋放。A 端借無重滑輪沿傾角為 θ 的軌道滑動，如圖所示。如不計摩擦，求釋放瞬時 A 點下滑的加速度及其受到斜面的拘束力。

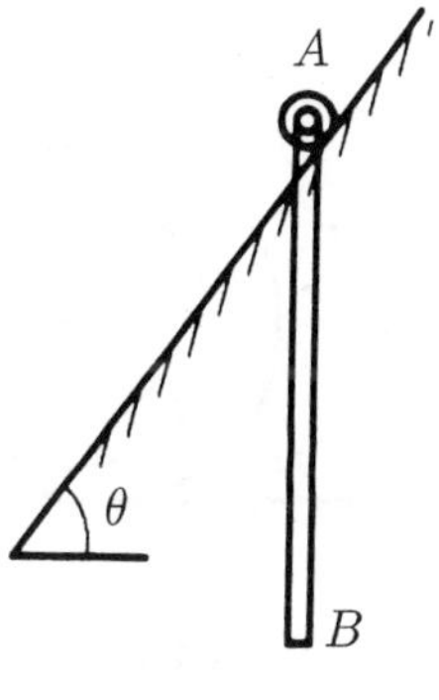

題 16-20 圖

16-21 均質圓柱的質量是 m，半徑是 r。放在一半徑為 R 的圓槽內，已知初瞬時圓柱和圓槽的中心連線 OC 與鉛垂線夾角為 $\varphi_0 = 60°$，且處於靜止。求保證圓柱只滾不滑的摩擦係數 μ，以及圓柱體在任意角 φ 時所受到的正向拘束反力。

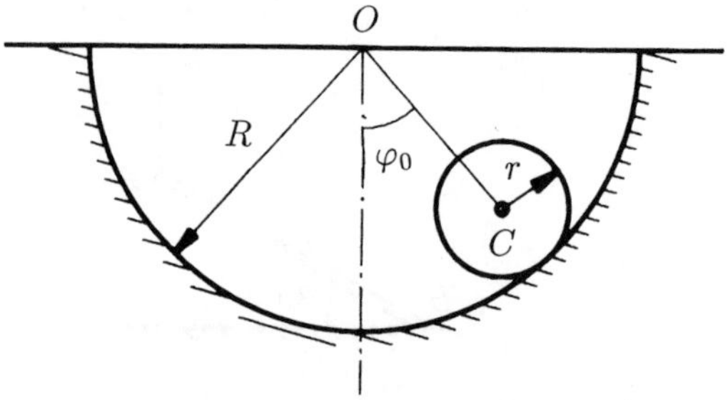

題 16-21 圖

16-22 圖示均質圓球質量為 16 kg，半徑為 10 cm與地面間的摩擦係數 $\mu = 0.25$。若初瞬時球心的速度 $v_0 = 40$ cm/s，初角速度 $\omega_0 = 2$ rad/s，問經過多少時間後球停止滑動？此時球心速度多大？

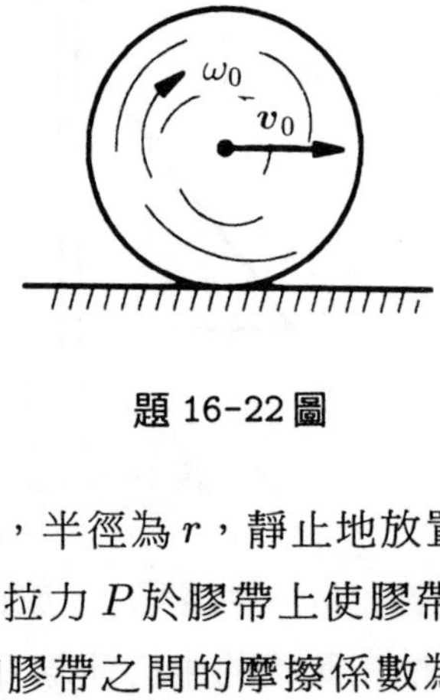

題 16-22 圖

16-23 均質圓柱質量為 m，半徑為 r，靜止地放置在水平膠帶上，如圖所示。若作用一拉力 P 於膠帶上使膠帶與圓柱之間產生相對滑動。設圓柱和膠帶之間的摩擦係數為 μ，求圓柱中心 O 經過距離 S 所需的時間和此時圓柱的角速度。

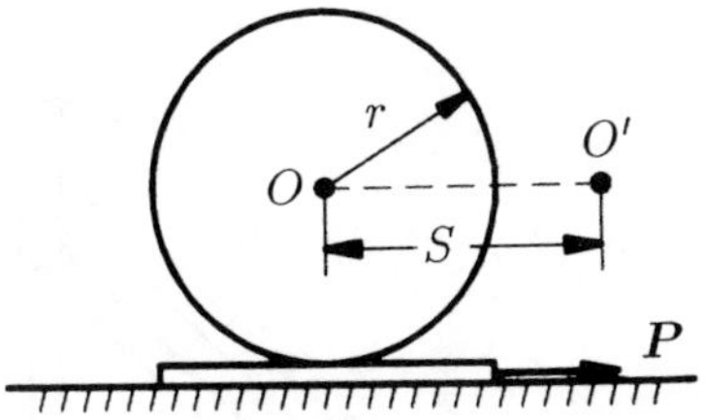

題 16-23 圖

16-24 均質圓柱體質量為 m，半徑為 r，放在傾角為 60° 的斜面上，如圖所示。一細繩繞在圓柱體上，其一端固定於 A 點，AB 與斜面平行。若圓柱體與斜面間的摩擦係數 $\mu = 1/3$，試求圓柱體中心的加速度及繩子的拉力。

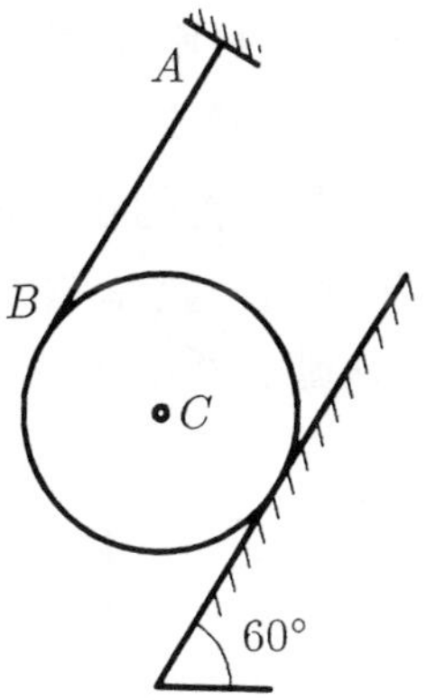

題 16-24 圖

16-25 圖示機構中均質圓盤 A 的質量為 20 kg，可在水平面上作無滑滾動。圓盤中心與一均質桿 AB 鉸接。AB 的質量為 10 kg，如不計套筒之質量，試求 $\theta = 60°$ 時，系統由靜止開始運動後，至 $\theta = 0$ 時，AB 桿所具有的角速度。

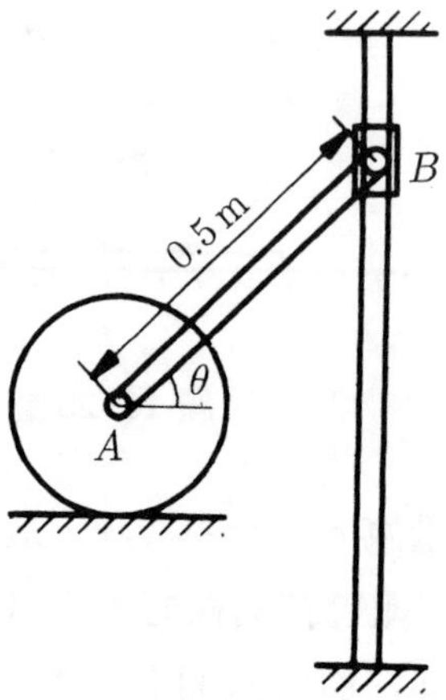

題 16-25 圖

16-26 圖示機構中 AB 和 BC 為兩相同的均質細桿，長為 1 m，質量為 2 kg。均質圓輪半徑為 0.25 m，質量為 4 kg，可沿水平面作純滾動。機構中彈簧的自然長度 $\ell_0 = 1$ m，彈簧剛度為 50 N/m。如 B 點加一鉛垂常力 $F = 60$ N，試求系統從 $\theta = 60°$ 靜止開始運動到 $\theta = 0°$ 時二桿的角速度各等於多少？

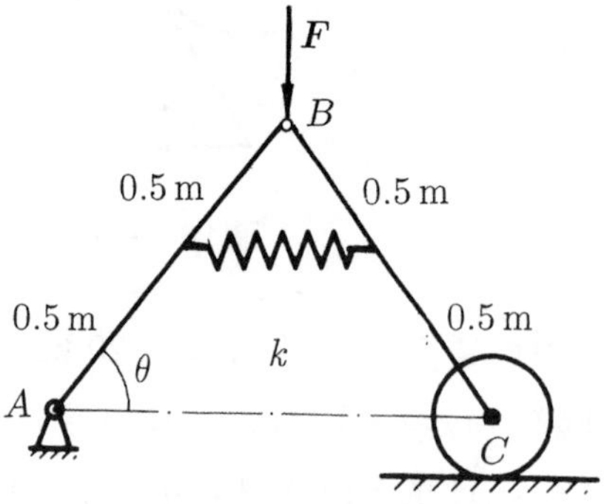

題 16-26 圖

16-27 圖中均質物體 A 重為 435 N，滾子各重為 290 N，半徑為 0.3 m，可視為均質圓柱。如物體和滾子，滾子和地面均無相對滑動。求物體 A 在水平力 $F=450$ N的作用下從靜止開始運動 1 m 時所具有的速度。

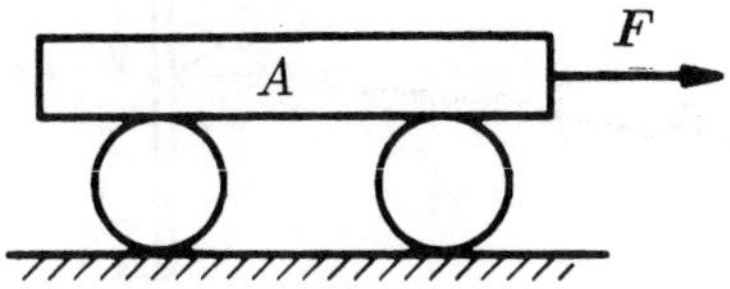

題 16-27 圖

16-28 線軸的質量為 50 kg，對其對稱軸的襍轉半徑 $k_C=0.35$ m。一繩繞在線軸的中心轂上，其一端受到一變力 $P=(t+10)N$ 的作用，t 的單位為 s。若 $t=0$ 時，線軸靜止。試求 $t=5$ s時線軸的角速度。設線軸作純滾動。

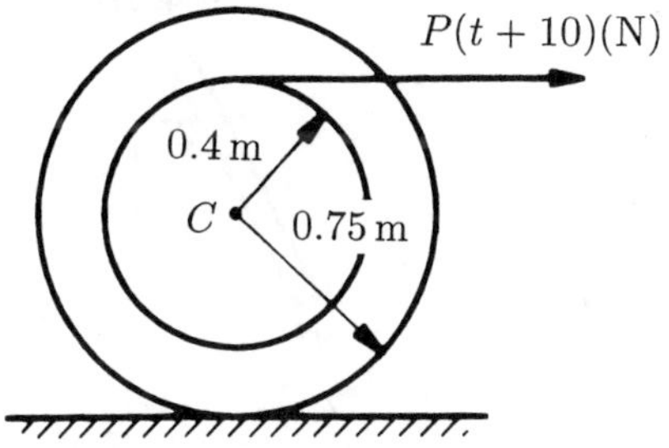

題 16-28 圖

16-29 質量為 10 kg 的均質細桿 OA 長為 1 m。靜止狀態鉸接於 O 點，如圖。現有一質量為 4 g 的子彈以 400 m/s 的速度射入 OA 桿內，其射入點和方向如圖所示。求子彈嵌入桿以後，桿所具有的角速度。

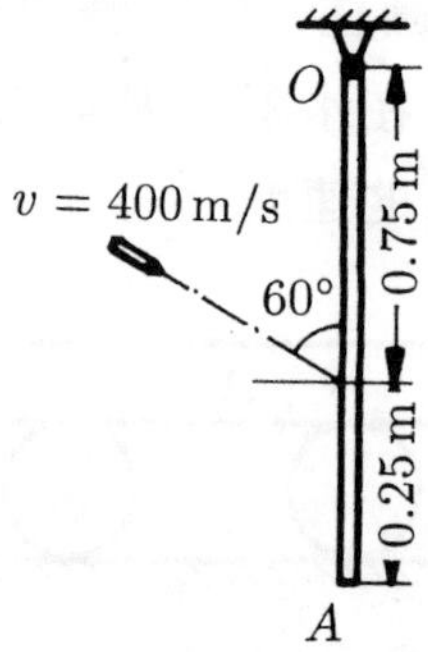

題 16-29 圖

16-30 重為 30 N，長為一公尺的均質細桿一端與小車鉸接，小車重為 60 N。如系統於圖示位置被靜止釋放，求當桿通過垂直位置時，桿的端點 A 和 B 的速度各為多大。

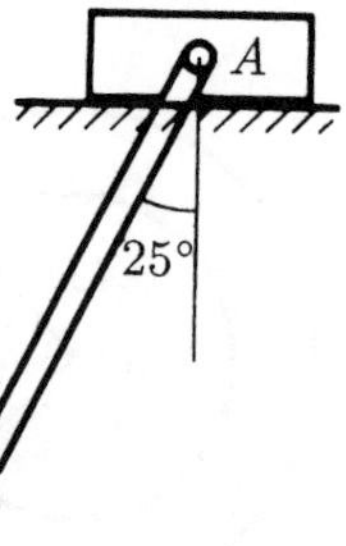

題 16-30 圖

16-31 均質細桿 AB 質量為 m，長為 $2a$，其一端由光滑鉸接固定。桿由水平位置無初速釋放，撞上一固定物塊 D，設碰撞的恢復係數為 k，求：(1) 桿被彈回的角速度；(2) 如碰撞時間經歷 τ ，求軸承的平均反力；(3) 桿的撞擊中心位置。

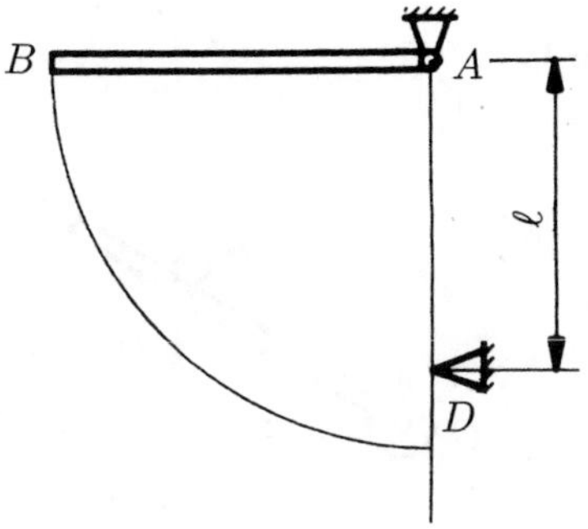

題 16-31 圖

16-32 均質桿長為 2ℓ，以垂直於桿的平移速度 $\boldsymbol{v}$ 運動，在某瞬時與支座 D 突然碰撞（碰撞點到其中一端點的距離為 $\dfrac{\ell}{2}$），求碰撞後桿的角速度 ω 以及質心 C 的速度。設碰撞為塑性碰撞。

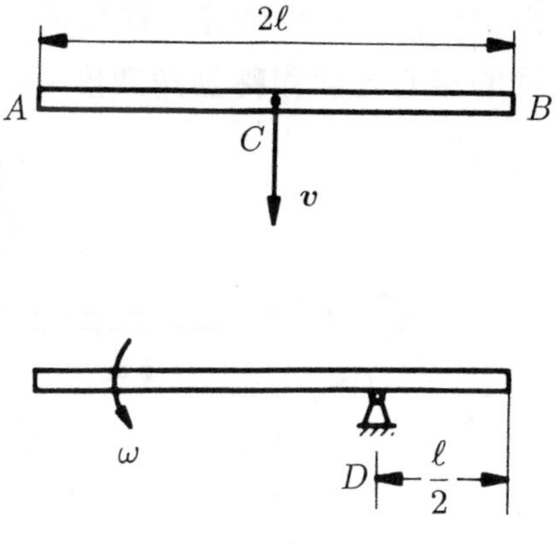

題 16-32 圖

16-33 均質細桿 AB 兩端點各帶一痃子，痃子開口配置如圖示。桿被放在光滑水平面上，A 端的痃子痃住固定釘子 C，並以角速度 ω_0 繞 C 轉動。當另一端 B 的痃子套上另一固定釘子 D 時，A端脫弦。假定B與D碰撞為塑性碰撞，求碰撞後桿繞釘子D轉動的角速度ω_1以及B端受到的碰撞衝量。設桿的質量為m，長為ℓ。

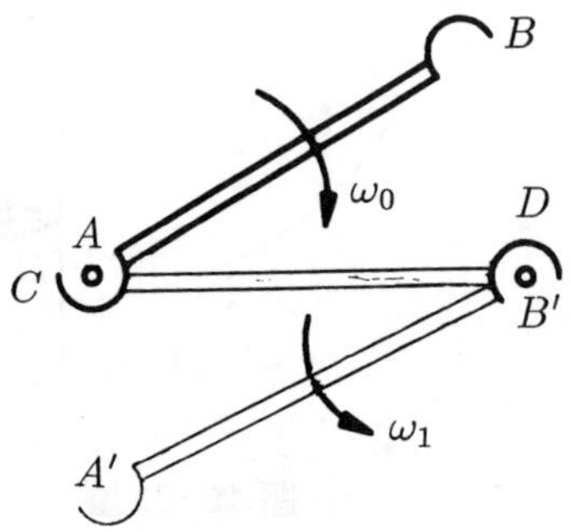

題 16-33 圖

16-34 均質細桿AB長為ℓ，兩端都繫在不可伸長的繩子上。桿水平地落下，直到兩繩同時被拉緊，此時兩繩的方位如圖所示。設兩繩與桿的碰撞為塑性碰撞，碰撞前桿的平動速度為$\boldsymbol{v}_0$，求碰撞後桿的質心速度和轉動角速度。

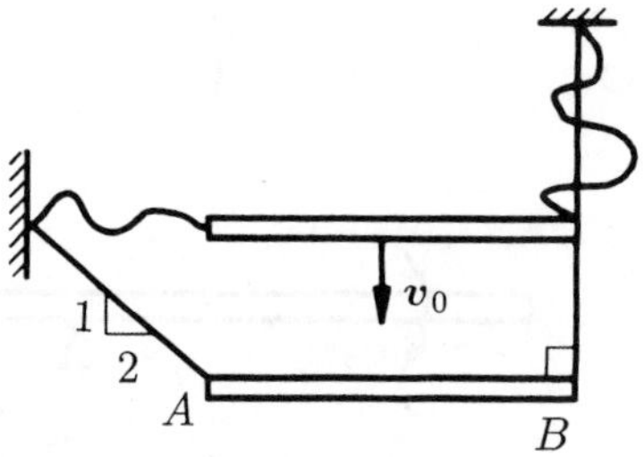

題 16-34 圖

16-35 均質細桿質量為m，長為ℓ，以傾角為β，鉛垂平移速度$\boldsymbol{v}_0$下落，與光滑水平面發生碰撞。設恢復係數$k=1$，求碰撞後桿的角速度。

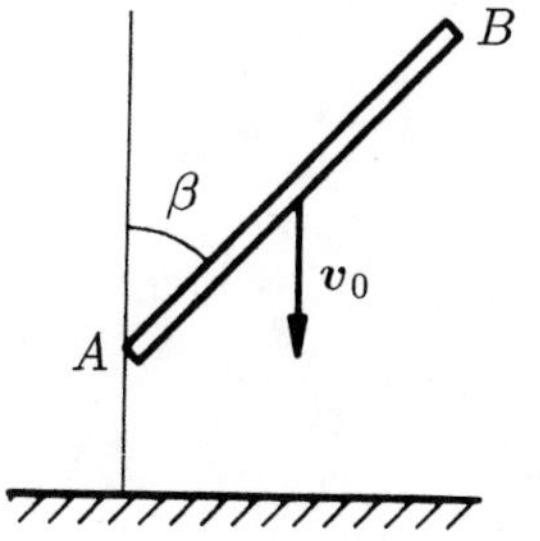

題 16-35 圖

17 振　動

17-1 概　論

物體在其**平衡位置**(equilibrium position)附近來回反覆運動的現象稱為**振動**(vibration)。隨著工業技術的高度發展，工程實際中的大量振動問題需要研究。有些機器由於強烈的振動，重者可使機器本身遭到損壞，輕者也會引起機器加工的對象達不到精度的要求。但是也有些機器要利用振動來實現其工作的目的，例如，振動造型機、振動打樁機、振動輸送機等。當振動有害時，如何減輕以致消除振動；當振動有利時，如何更好、更安全地利用振動，是當前工程技術界和應用力學工作者所關心的重要課題。因此，一門具有豐富內容，並對實際具有廣泛指導意義的學科 ──**振動理論**(theory of vibration)已經形成。

實際工程中的振動問題均較複雜。我們只研究一種具有典型意義的簡單振動力學模型，即所謂**質量──彈簧 ──緩衝筒系統**。這種系統包括一個具有集中全部質量的平移運動的物體和不計質量只對振動物體產生回復力和阻滯力的彈簧和緩衝筒，如圖 17-1.1 所示。

當上述系統在回復力（彈簧力）和阻滯力（緩衝力）作用下，發生的振動稱為**自由振動**(free vibration)；當上述系統除受回復力和阻滯力外，還受週期性外力作用時，所發生的振動稱為**強迫振動**(force vibration)。

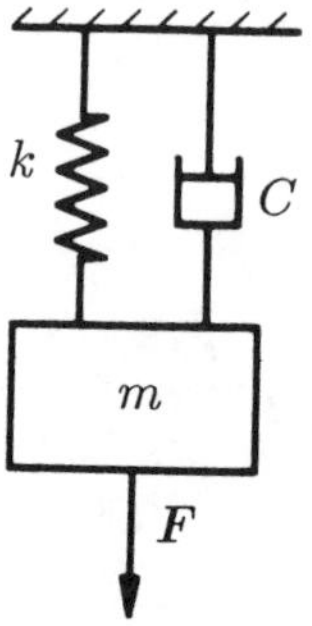

圖 17-1.1

17-2 物體的自由振動

17-2-1 質量－彈簧－緩衝筒系統的運動方程式

由於集中質量視為平移物體，或只研究物體的質心運動，所以可視物體為一質點。物體在平衡位置處於平衡時，無緩衝力存在，只有重力和彈簧力。由平衡條件知，此時彈簧的變形量應為

$$\delta_s = \frac{mg}{k} \tag{17-2.1}$$

其中 m 為物體的質量，g 為重力加速度，k 為**彈簧常數** (spring constant)，即使彈簧變形單位長所需的力，又稱為 **剛度係數**(rigidity coefficient)。

以物體的平衡位置 O 為原點，沿其運動路徑建立座標 Ox 如圖 17-2.1(a) 所示。物體在任意 $(x\ ,\ \dot{x})$ 的狀態下，受力有重力 $m\boldsymbol{g}$，彈簧力 $k(\delta_s + x)$ 和阻滯力 $C\dot{x}$，其自由體圖如圖 17-2.1(b) 所示。C 為**阻尼係數**(damping coefficient)，即單位速度所產生的阻滯力。

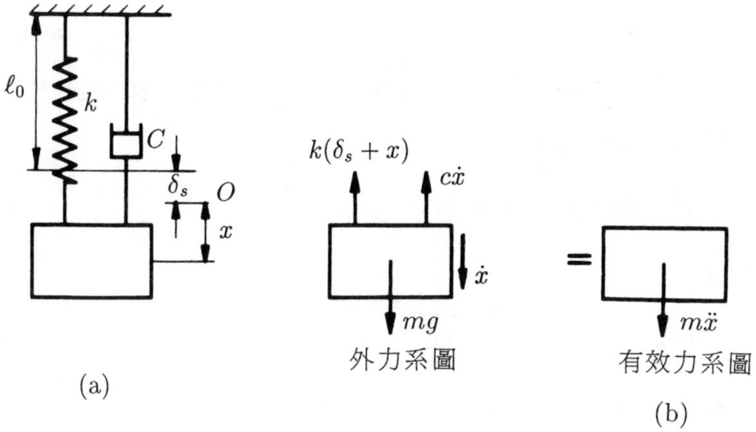

圖 17-2.1

由圖即得：

$$m\ddot{x} = mg - k(\delta_s + x) - C\dot{x}$$

考慮到 (17-2.1) 式，上式可寫為

$$m\ddot{x} + C\dot{x} + kx = 0 \tag{17-2.2}$$

或者寫為標準形式

$$\ddot{x} + 2n\dot{x} + \omega_n^2 = 0 \tag{17-2.3}$$

其中

$$n = \frac{C}{2m}\text{，}\omega_n = \sqrt{\frac{k}{m}} \tag{17-2.4}$$

(17-2.2) 式或 (17-2.3) 式即為質量 — 彈簧 — 緩衝筒系統的運動微分方程式，這是一個二階常係數齊次微分方程式。

17-2-2　微分方程式的解 —— 振動方程式

因為 (17-2.3) 式為二階線性常微分方程式，根據微分方程式理

論，其通解具有型式

$$x = Ae^{\lambda t} \tag{17-2.5}$$

其中 A 為待定常數，代回 (17-2.3) 式，消去不為零因式 $Ae^{\lambda t}$ 得其**特徵方程式**(characteristic equation)

$$\lambda^2 + 2n\lambda + \omega_n^2 = 0 \tag{17-2.6}$$

因此有：

$$\lambda_{1,2} = -n \pm \sqrt{n^2 - \omega_n^2} \tag{17-2.7}$$

顯然不同的 n 值，方程式的解有不同的形式。

(1) 當 $n = 0$ 時，為**無阻尼的自由振動**(undamped free vibration)。此時特徵方程式的根為

$$\lambda_{1,2} = \pm i\omega_n$$

為純虛根，根據**歐拉公式**(Euler's formula)，

$$e^{i\omega_n t} = \cos\omega_n t + i\sin\omega_n t$$

可得方程式的通解

$$x = C_1\cos\omega_n t + C_2\sin\omega_n t \tag{17-2.8}$$

或 $$x = x_m\sin(\omega_n t + \varphi) \tag{17-2.9}$$

其中 C_1、C_2 或 x_m，φ 為待定係數，由系統的**初始條件**(initial conditions)確定。若 $t = 0$ 時，初始條件為

$$\begin{cases} x(0)=x_0 \\ \dot{x}(0)=\dot{x}_0 = v_0 \end{cases} \tag{17-2.10}$$

分別代入 (17-2.8) 式和 (17-2.9) 式，即得

$$\begin{cases} C_1=x_0 \\ C_2=v_0/\omega_n \end{cases} \tag{17-2.11}$$

$$\text{或}\quad \begin{cases} x_m = \sqrt{x_0^2 + \left(\dfrac{v_0}{\omega_n}\right)^2} \\ \varphi = \tan^{-1}\left(\dfrac{\omega_n x_0}{v_0}\right) \end{cases} \tag{17-2.12}$$

(17-2.8) 和 (17-2.9) 式就是**無阻尼自由振動的運動方程式**。不難看出，此時系統作**簡諧運動**(simple harmonic motion)。x_m 為物體偏離平衡位置 O 的最大值，稱為**振幅**(amplitude)。$(\omega_0 t + \varphi)$ 稱為**相位角**(phase angle)，具有弳度 (rad) 的單位。φ 是 $t = 0$ 時的相位角，故稱為**初相位角**(initial phase angle)。將 (17-2.9) 式畫成 $x - t$ 曲線，即得物體的運動圖線，如圖 17-2.2 所示。

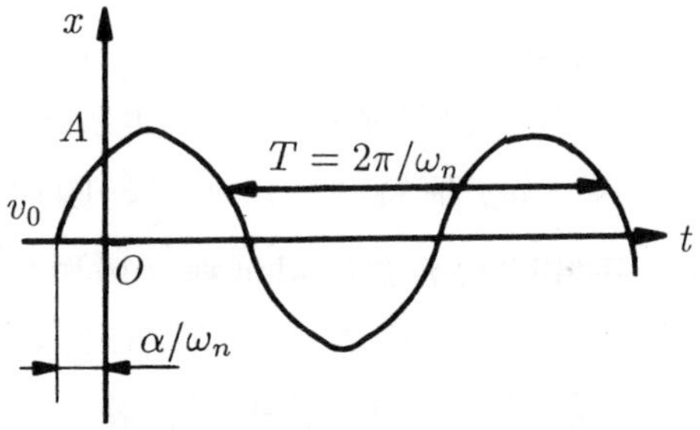

圖 17-2.2　無阻尼自由振動

由 (17-2.9) 式或圖 17-2.2，不難看出：

(a) 當初始條件 $x_0 = v_0 = 0$，即初瞬時，系統靜止於平衡位置，則有

$$x(t) \equiv 0$$

表明系統將永遠保持靜止。

當初始條件 x_0，v_0 中至少一個不為零時，系統均將按簡諧規律在其平衡位置附近作往復運動，平衡位置為其振動中心。可見 x_0，v_0 成了物體產生振動的一個原因。因此常稱 x_0 和 v_0 為系統的**初擾動**(initial perturbation)。

(b) 振幅 x_m 和初相位角 φ 由 (17-2.12) 式決定。顯然，它們不僅與初擾動 x_0，v_0 有關，而且還與系統的參數 ω_n 有關。

(c) 物體的運動具有每經歷一固定時間便完成一個循環的特性，這個固定的時間間隔，稱為振動的**週期**(period)，這個週期的值

$$\tau = \frac{2\pi}{\omega_n} = 2\pi\sqrt{\frac{m}{k}} \tag{17-2.13}$$

而系統的**振動頻率**(frequency)，則為週期的倒數

$$f = \frac{1}{\tau} = \frac{1}{2\pi}\sqrt{\frac{k}{m}} \tag{17-2.14}$$

即單位時間內，運動完成循環的次數。單位為次／秒，也稱為赫茲 (Hz)。

τ 和 f 都與初始條件無關，而只與系統的固有參數 m，k，即 ω_n 有關。ω_n 稱為系統所固有的**圓周自然頻率** (circular natural frequency)。ω_n 是描述物體振動特徵的一個極其重要的物理量，它不僅表示了系統在無阻尼的自由振動時的頻率，而且在以後的討論中還將發現，系統在週期力的作用下，是否會發生共振現象與它的值有很密切的關係。

(2) 當 $n \neq 0$，且 $n < \omega_n$ 時，為**小阻尼的振動** 此時特徵方程式的根為兩個共軛複數

$$\lambda_{1,2} = -n \pm i\sqrt{\omega_n^2 - n^2}$$

因此微分方程式 (17-2.3) 的通解可寫為

$$x = Ae^{-nt}\sin\left(\sqrt{\omega_n^2 - n^2}t + \varphi\right) \tag{17-2.15}$$

其中 A，φ 為積分常數，由初始條件決定。如 $t = 0$時，$x(0) =$

x_0 ，$\dot{x}(0)=v_0$，則代入上述通解即可得

$$\begin{cases} A=\left(x_0^2+\dfrac{(v_0+nx_0)^2}{\omega_n^2-n^2}\right)^{1/2} \\ \varphi=\tan^{-1}\left(\dfrac{x_0\sqrt{\omega_n^2-n^2}}{v_0+nx_0}\right) \end{cases} \tag{17-2.16}$$

(17-2.15) 式為小阻尼條件下的自由振動方程式。它的 $x-t$ 曲線如圖 17-2.3 所示。

從 (17-2.15) 式或圖 17-2.3 可以看出，小阻尼情況下的運動已經不再具有週期性了。但是，位移 x 仍將在 $x=0$（平衡位置）附近來回改變。

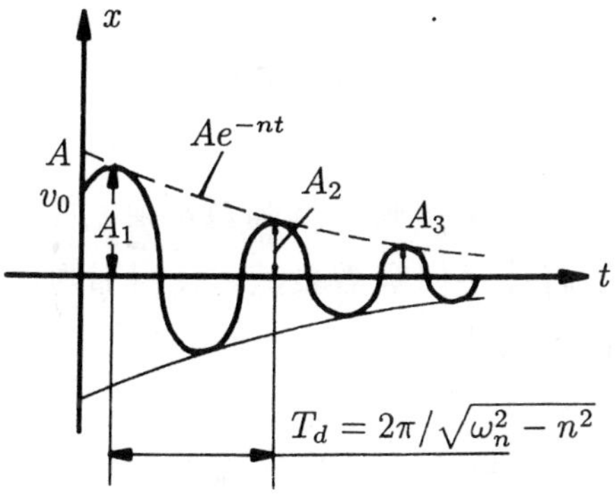

圖 17-2.3　小阻尼衰減振動

每返回至同一側的各極大位移 $x_1, x_2, \cdots$ 雖然不等，但所花費的時間卻仍是一個與初始條件無關的常數，即

$$T_d=\frac{2\pi}{\sqrt{\omega_n^2-n^2}} \tag{17-2.17}$$

從此意義上說，仍稱 T_d 為其**振動週期**，每次偏離同一側的極大值 $x_1, x_2, \cdots$ 仍稱為**振幅**。由於各次振幅只限於 $\pm Ae^{-nt}$ 兩條曲線所包的範圍內，而且，$x_1, x_2, \cdots$ 隨著時間增加而逐漸減小。因此小阻尼自由振動又稱為**衰減振動**(attenuation vibration)。

比較無阻尼的自由振動和衰減振動，可以得出兩點結論：

(a) 衰減振動的週期 T_d 比對應的無阻尼的自由振動的週期要長。它們的關係可表為

$$T_d = \frac{2\pi}{\sqrt{\omega_n^2 - n^2}} = \frac{2\pi}{\omega_n} \cdot \frac{1}{\sqrt{1-(n/\omega_n)^2}}$$

或 $$T_d = T/\sqrt{1-\zeta^2} \tag{17-2.18}$$

式中 $\zeta = n/\omega_n = \dfrac{C}{2\sqrt{km}}$。在小阻尼條件下，$\zeta < 1$。故式 (17-2.18) 可改寫為收斂級數

$$T_d = T\left(1 + \frac{1}{2}\zeta^2 + \cdots\right) \tag{17-2.19}$$

若 $\zeta = 0.05$，則 $T_d \approx 1.00125T$，即週期僅僅增長了 0.125%，一般小阻尼時，不必考慮阻尼對週期的影響，而近似視為 $T_d \approx T$。

(b) 無阻尼的自由振動之振幅為常值。而小阻尼的自由振動的振幅則將按幾何級數衰減。設相鄰兩振幅分別為 x_i 和 x_{i+1}，則它們的比值

$$d = \frac{x_i}{x_{i+1}}$$

$$= \frac{Ae^{-nt_i}\sin\left(\sqrt{\omega_n^2 - n^2}\right)t_i + \varphi}{Ae^{-n(t_i+T_d)}\sin\left[\sqrt{\omega_n^2 - n^2}(t_i + T_d) + \varphi\right]}$$

$$= e^{-nT_d} \tag{17-2.20}$$

d 稱為**減幅係數**，如 $n = 0.05\omega_n$，則可算得

$$d = e^{nT_d} \approx 1.37$$

或 $$x_{i+1} = 0.73x_i$$

可見，每振一次，振幅減小 27%。這就是說，即使阻尼很小，也不能忽略掉它對振幅減小的影響。實際上，由於阻

尼不可完全避免，所以這種振動一旦出現，均將在較短時間內消失，即阻尼系統的振動只是一種暫態的振動現象。減幅係數的自然對數稱為**對數減幅率**(Log decrement)，可表為

$$\delta = \ln d = nT_d \tag{17-2.21}$$

(3) 當 $n = \omega_n$ 為臨界阻尼的狀態。此時特徵方程式有兩個相等的負實根。微分方程式的一般解為

$$x = e^{-\omega_n t}(C_1 + C_2 t) \tag{17-2.22}$$

其中 C_1、C_2 可由初始條件 x_0，v_0 確定，它們是

$$\begin{cases} C_1 = x_0 \\ C_2 = v_0 + \omega_n x_0 \end{cases} \tag{17-2.23}$$

圖 17-2.4 所示為此時的 $x - t$ 曲線。由圖可見，這時系統已不再具有振動的特性，而且，當 $t \longrightarrow \infty$ 時，$x \longrightarrow 0$

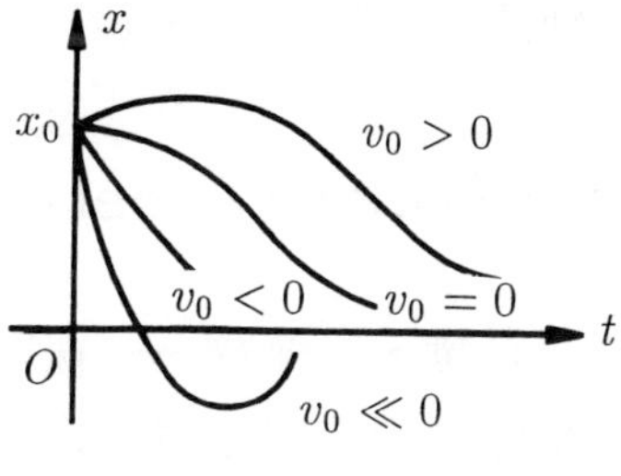

圖 17-2.4　大阻尼運動

(4) 當 $n > \omega_n$ 時，為大阻尼的運動。此時特徵方程式具有兩個不等的負實根，方程式的一般解為

$$x = e^{-nt}\left(C_1 e^{\sqrt{n^2-\omega_n^2}t} + C_2^{-\sqrt{n^2-\omega_n^2}t}\right) \tag{17-2.24}$$

其中 C_1，C_2 由初始條件 x_0，v_0 確定，它們是

$$\begin{cases} C_1 = \dfrac{v_0 + \left(n + \sqrt{n^2 - \omega_n^2}\right) x_0}{2\sqrt{n^2 - \omega_n^2}} \\ C_3 = \dfrac{-\left[\left(n - \sqrt{n^2 - \omega_n^2}\right) x_0 + v_0\right]}{2\sqrt{n^2 - \omega_n^2}} \end{cases} \tag{17-2.25}$$

對於不同的 v_0，同樣可以畫出形如圖 17-2.4 所示的 $x - t$ 曲線。可見，大阻尼的情況下，系統也不再具有振動特性了。不論系統初始時處於何處，具有什麼樣的速度，最終均將逐漸回到平衡位置，而不再來回振動。

總結以上情況，有如下結論：

(a) 當 $\zeta = n/\omega_n = 0$ 時，系統在任何不為零的初擾動條件下，將作簡諧振動。

(b) 當 $\zeta = n/\omega_n \neq 0$ 時，系統在任何不為零的初擾動條件下，或產生衰減振動 ($\zeta < 1$)，或不再出現振動 ($\zeta > 1$) 。但是，無論產生何種運動，都將是一種暫態現象，即經過一定時間，其運動狀態均將消失，物體回到其平衡位置。這就是自由振動的重要特性。

17-2-3 能量法 (Energy method)

前面我們研究了質量 — 彈簧 — 緩衝筒系統的運動方程式及其運動規律。工程實際中還有很多振動系統、如擺振、扭振系統等，這些系統在形式上雖有不同，但在描述它們的運動方程式的形式上卻是完全相同的。而且任何系統在其平衡位置附近做無阻尼的自由振動時，其機械能總是守恆的，它們在振動過程中只是動能和位能相互來回交換的過程。因此，我們總可以利用

$$\frac{d}{dt}E = 0$$

來建立其無阻尼的自由振動運動方程式。其中 $E = T + V$，即動能和位能的總和。

利用所得的運動方程式，還可以直接得到系統的自然頻率 ω_n，以及系統的等效質量、等效彈簧係數。下面舉例說明。

例 17-2.1

兩彈簧的彈簧常數分別為 k_1 和 k_2，它們按串聯、並聯與質量為 m 的物體組成系統，如圖 17-2.5 所示。試用能量法分別建立其運動方程式。

解：

(1) 對於圖 (a) 所示串聯方式聯結的系統。設平衡時，兩彈簧的伸長量分別為 δ_{s_1}、δ_{s_2}。由平衡條件有：

$$\begin{cases} \delta_{s_1} = \dfrac{mg}{k_1} \\ \delta_{s_2} = \dfrac{mg}{k_2} \end{cases}$$

於是 $\delta_{s_1} + \delta_{S_2} = \dfrac{k_1 + k_2}{k_1 k_2} mg$

當系統偏離平衡位置 x 距離時，如兩彈簧分別伸長量為 δ_1、δ_2，則由幾何關係有

$$x = \delta_1 + \delta_2 - (\delta_{s_1} + \delta_{s_2}) = \delta_1 + \delta_2 - \frac{k_1 + k_2}{k_1 k_2} mg \quad \text{(a)}$$

由兩彈簧受力相等，有

$$k_1 \delta_1 = k_2 \delta_2 \quad \text{(b)}$$

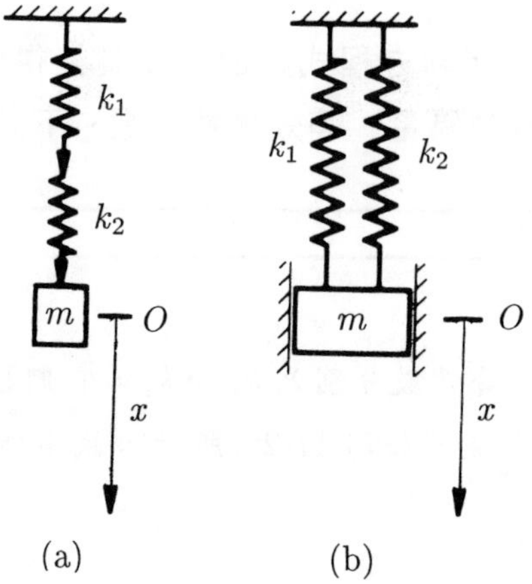

圖 17-2.5

於是由 (a) 與 (b) 式可得

$$\begin{cases} \delta_1 = \dfrac{k_2}{k_1 + k_2}\left(\dfrac{k_1 + k_2}{k_1 k_2} mg\right) \\ \delta_2 = \dfrac{k_1}{k_1 + k_2}\left(\dfrac{k_1 + k_2}{k_1 k_2} mg\right) \end{cases} \tag{c}$$

系統在任意位置時的動能，可表為

$$T = \frac{1}{2} m\dot{x}^2$$

設系統在平衡位置時重力位能為零，兩彈簧未伸長時彈性位能為零，則系統在任意位置時的總位能為

$$V = -mgx + \frac{1}{2}k_1\delta_1^2 + \frac{1}{2}k_2\delta_2^2$$

由 $\dfrac{d}{dt}(T + V) = 0$

得 $m\dot{x}\ddot{x} - mg\dot{x} + k_1\delta_1\dot{\delta}_1 + k_2\delta_2\dot{\delta}_2 = 0$

由 (c) 式不難得到

$$\begin{cases} \dot{\delta}_1 + \dot{\delta}_2 = \dot{x} \\ k_1\delta_1 = k_2\delta_2 = \dfrac{k_1 k_2}{k_1 + k + 2} - x + mg \end{cases}$$

於是運動方程式可寫為

$$m\ddot{x} + \frac{k_1 k_2}{k_1 + k_2}x = 0$$

(2) 對於如圖 (b) 所示並聯方式聯接的系統，設平衡時，兩彈簧伸長量分別為 δ_{s_1}，δ_{s_2}，則根據平衡條件，必有

$$k_1\delta_{s_1} + k_2\delta_{s_2} = mg \tag{d}$$

當系統偏離平衡位置 x 距離時，兩彈簧的伸長量分別為 δ_1，δ_2，由幾何關係必有

$$\begin{cases} \delta_1 = x + \delta_{s_1} \\ \delta_2 = x + \delta_{s_2} \end{cases} \tag{e}$$

同樣，設平衡位置時重力位能為零，彈簧未伸長時位能為零，則系統在任意位置的動能和位能分別為

$$\begin{cases} T = \dfrac{1}{2}m\dot{x}^2 \\ V = -mgx + \dfrac{1}{2}k_1\delta_1^2 + \dfrac{1}{2}k_2\delta_2^2 \end{cases}$$

由 $\dfrac{d}{dt}(T + V) = 0$

得 $m\dot{x}\ddot{x} + k_1\delta_1\dot{\delta}_1 + k_2\delta_2\dot{\delta}_2 - mg\dot{x} = 0$

由 (e) 式不難得

$$\dot{\delta}_1 = \dot{\delta}_2 = \dot{x}$$

並考慮到 (d) 式，上述方程式最後可寫為

$$m\ddot{x} + (k_1 + k_2)x = 0$$

將本題所得兩種系統的運動方程式分別與單一彈簧系統的運動方程式比較，不難看出，它們分別相當於彈簧常數分別為 $\dfrac{k_1k_1}{k_1+k_2}$ 和 (k_1+k_2) 的單一彈簧系統。故 $\dfrac{k_1k_2}{k_1+k_2}$，(k_1+k_2) 分別稱為串聯和並聯的**等效彈簧常數**(equivalent spring constant)。

例 17-2.2

圖 17-2.6 所示質量彈簧系統，已知物體的質量為 m，彈簧的常數為 k，並考慮其質量 m_s。試求物體的運動方程式及其自然頻率。

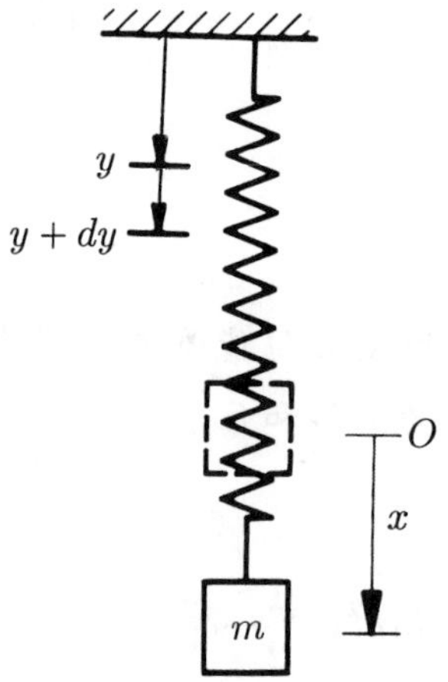

圖 17-2.6

解：

設物體離開平衡位置 x 距離時，彈簧總長為 ℓ，則彈簧的動能應為

$$T_s = \int_0^{\ell} \frac{1}{2}\left(\frac{m_s}{\ell}dy\right)\cdot\left(\frac{y}{\ell}\dot{x}\right)^2$$

$$= \frac{1}{2}\frac{m_s}{\ell^3}\dot{x}^2\int_0^\ell y^2dy$$

$$= \frac{1}{6}m_s\dot{x}^2$$

而物體的動能應為

$$T_1 = \frac{1}{2}m\dot{x}^2$$

於是系統的總動能為

$$T = T_s + T_1 = \frac{1}{2}\left(m + \frac{1}{3}m_s\right)\dot{x}^2$$

設平衡時重力位能為零（不計彈簧的重力位能），彈簧不變形時彈性位能為零，則系統在任意x位置的位能為

$$V = -mgx + \frac{1}{2}k(\delta_s + x)^2$$

其中$\delta_s = \dfrac{mg}{k}$為平衡位置時彈簧的伸長。於是由

$$\frac{d}{dt}(T_1 + T_s + V) = 0$$

並考慮到$k\delta_s = mg$可得：

$$\left(m + \frac{1}{3}m_s\right)\ddot{x} + kx = 0$$

由此可見，考慮彈簧質量時，將視之為一有效質量$m_r = \dfrac{1}{3}m_s$，加於物體即可。

最後由運動方程式不難得系統的自然頻率為

$$\omega_n = \sqrt{\frac{3k}{3m + m_s}}$$

例 17-2.3

圖 17-2.7 所示無重彈性懸臂樑，當端點放置一重物時，其靜撓度為 2 mm。若在樑未變形位置將該重物無初速地釋放於樑上，求此後重物的振動規律（不計阻尼）。

解：

由於撓度很小，重物的運動可視為質量 —— 彈簧系統，其彈簧常數為

$$k = \frac{mg}{\delta_s}$$

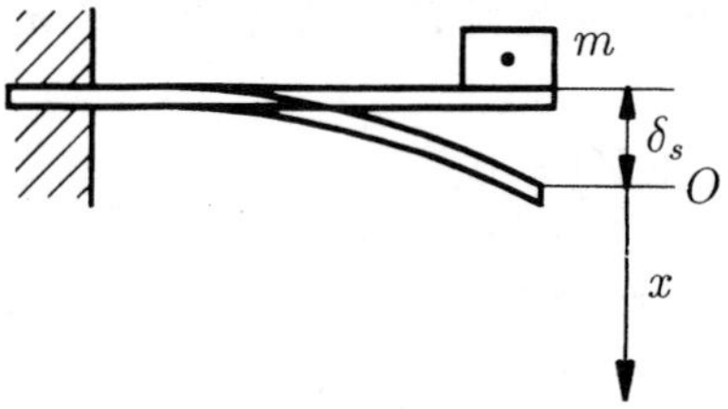

圖 17-2.7

系統的振動為具有初擾動時的無阻尼自由振動。

(1) 系統的自然頻率為

$$\omega_n = \sqrt{\frac{k}{m}} = \sqrt{\frac{g}{\delta_s}}$$

$$= \sqrt{\frac{9.8}{0.002}} = 70 \text{ rad/s}$$

(2) 選取平衡位置為座標原點，則由題意得初擾動為

$$x_0 = -\delta_s = -0.002 \text{ m}\text{ , } v_0 = 0$$

於是有

$$x_m = \sqrt{x_0^2 + \left(\frac{v_0}{\omega_n}\right)^2} = 0.002 \text{ m}$$

$$\varphi = \tan^{-1}\frac{\omega_n x_0}{v_0} = \tan^{-1}(-\infty) = -\frac{\pi}{2}$$

所以系統的振動規律為

$$x = 0.002\sin\left(70t - \frac{\pi}{2}\right)$$

$$= -0.002 \ \cos 70t$$

不難看出樑的最大撓度為

$$\delta_{\max} = \delta_s + x_{\max} = 0.002 + 0.002$$

$$= 0.004 \text{ m}$$

此值是靜平衡時撓度 δ_s 的兩倍。

例 17-2.4

三根長為 ℓ，重為 W 的均質細桿用光滑銷鉸接成如圖 17-2.8 所示機構。當桿 AB 與鉛垂線成 φ_0 角時，由靜止進入運動，求系統此後的運動規律。設 φ_0 很小，$\sin\varphi_0 \approx \varphi_0$ 且不計阻尼。

解：

系統在 AB 與鉛垂線成 $\varphi = 0$ 時為平衡位置。

(1) 計算系統在 $\varphi \neq 0$ 時的動能。

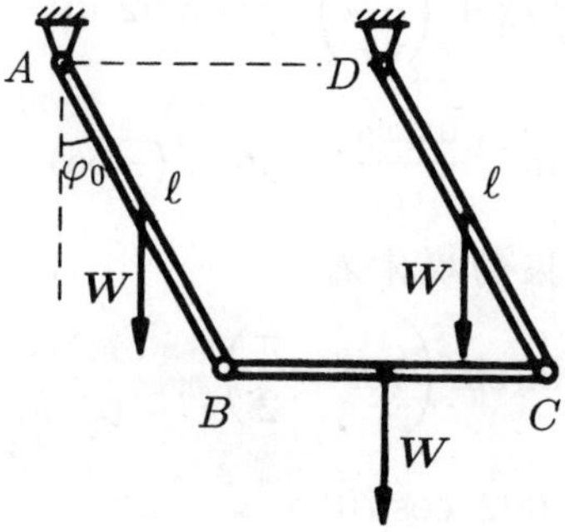

圖 17-2.8

AB、CD 作定軸轉動，其動能為

$$T_{AB} = T_{CD} = \frac{1}{2}\left(\frac{1}{3}\frac{W}{g}\ell^2\right)\dot{\varphi}^2$$

$$= \frac{1}{6}\frac{W}{g}\ell^2\dot{\varphi}^2$$

BC 作平移運動，其動能為

$$T_{BC} = \frac{1}{2}\frac{W}{g}v_c^2 = \frac{1}{2}\frac{W}{g}\ell^2\dot{\varphi}^2$$

故系統的總動能為

$$T = T_{AB} + T_{CD} + T_{BC}$$

$$= 2 \times \frac{1}{6}\frac{W}{g}\ell^2\dot{\varphi}^2 + \frac{1}{2}\frac{W}{g}\ell^2\dot{\varphi}^2$$

$$= \frac{5}{6}\frac{W}{g}\ell^2\dot{\varphi}^2$$

(2) 計算系統在任意 φ 角時的位能。

設 $\varphi = 0$ 時，系統的位能為零，則

$$V_{AB} = V_{CD} = W\frac{\ell}{2}(1 - \cos\varphi)$$

$$V_{BC} = W\ell(1-\cos\varphi)$$

故系統的總位能為

$$V = V_{AB} + V_{CD} + V_{BC} = 2W\ell(1-\cos\varphi)$$

(3) 由 $\dfrac{d}{dt}(T+V)=0$

得 $\dfrac{5}{3}\dfrac{W}{g}\ell^2\dot{\varphi}\ddot{\varphi} + 2W\ell\sin\varphi\dot{\varphi} = 0$

當 φ 很小時，$\sin\varphi=\varphi$，故得運動方程式

$$\ddot{\varphi} + \frac{6g}{5\ell}\varphi = 0$$

(4) 系統的自然頻率為

$$\omega_n = \sqrt{\frac{6g}{5\ell}}$$

(5) 由題意，系統的初擾動為

$$\varphi_0 = \varphi_0\text{，}\dot{\varphi}_0 = 0$$

於是

$$\varphi_m = \sqrt{\varphi_0^2 + \left(\frac{\dot{\varphi}_0}{\omega_n}\right)^2} = \varphi_0$$

及初相位角

$$\alpha = \tan^{-1}\left(\frac{\omega_n\varphi_0}{\dot{\varphi}_0}\right) = \frac{\pi}{2}$$

(6) 最後得系統的運動規律為

$$\varphi = \varphi_0\sin\left(\sqrt{\frac{6g}{5\ell}}t + \frac{\pi}{2}\right)$$

$$= \varphi_0\cos\sqrt{\frac{6g}{5\ell}}t$$

例 17-2.5

已知質量 $m = 2450$ kg，彈簧常數 $k = 1.6\times10^5$ N/m的質量——彈簧——緩衝筒系統，受到一初擾動後，作衰減振動。經測試，經過兩次振動後其振幅減少到原來的0.1倍，即 $x_1/x_3 = 10$。求

(1) 振動的減幅係數和對數減幅率；

(2) 系統的阻尼係數 C 和衰減振動的週期 T_d；

(3) 系統的臨界阻尼係數。

解：

系統的自然頻率為

$$\omega_n = \sqrt{\frac{k}{m}} = \sqrt{\frac{1.6\times10^5}{2.45\times10^3}}$$

$$= 8.08 \text{ rad/s}$$

(1) 求減幅係數 d 和對數減幅率 δ。

因為 $d = x_1/x_2 = x_2/x_3$，所以有

$$d^2 = \frac{x_1}{x_2}\cdot\frac{x_2}{x_3} = \frac{x_1}{x_3} = 10$$

於是得

$$d = \sqrt{10} = 3.162$$

$$\delta = \ln d = \ln\sqrt{10} = 1.151$$

(2) 求阻尼係數 C 和衰減振動週期 T_d。因為

$$\begin{cases} T_d = \dfrac{2\pi}{\sqrt{\omega_n^2 - n^2}} \\ \delta = nT_d \end{cases}$$

代入 $\delta = 1.151$，$\omega_n = 8.08$，可解得

$$\begin{cases} T_d = 0.788 \text{ s} \\ n = 1.459 \text{ 1/s} \end{cases}$$

於是可得

$$C = 2mn = 2 \times 2.45 \times 10^3 \times 1.459$$
$$= 7.149 \times 10^3 \text{ N·s/m}$$

(3) 求臨界阻尼係數 C_c。

所謂臨界阻尼係數，就使 $n = \omega_n$ 的阻尼係數，所以

$$C_c = 2\sqrt{mk} = 2\sqrt{2.45 \times 10^3 \times 1.6 \times 10^5}$$
$$= 3.96 \times 10^4 \text{ N·s/m}$$

可見 $C < C_c$，系統為小阻尼條件下的衰減振動。

例 17-2.6

上例中，如果系統在平衡位置由於受到一衝擊力獲得一初速度 $v_0 = 0.12$ m/s 的初擾動，試求該系統離開平衡位置的最大距離 x_{max}。

解：

因為系統為小阻尼的衰減振動，其運動規律為：

$$x = Ae^{-nt}\sin\left(\sqrt{\omega_n^2 - n^2}t + \varphi\right)$$

由於 $x_0 = 0$，$v_0 = 0.12$，所以有

$$\sqrt{\omega_n^2 - n^2} = \sqrt{8.08^2 - 1.459^2} = 7.96$$

$$A = \sqrt{x_0^2 + \frac{(v_0 + nx_0)^2}{\omega_n^2 - n^2}} = \frac{v_0}{\sqrt{\omega_n^2 - n^2}}$$

$$= \frac{0.12}{7.95} = 0.0151$$

$$\varphi = \tan^{-1} \frac{x_0\sqrt{\omega_n^2 - n^2}}{v_0 + nx_0} = 0$$

於是有

$$x = 0.0151e^{-1.459t} \sin 7.95t$$

由 $\frac{dx}{dt} = 0.0151 \left[-1.459e^{-1.459t} \sin 7.95t + 7.95e^{-1.459t} \cos 7.95t\right]$

$$= 0$$

得 $\tan(7.95t) = \frac{7.95}{1.459} = 5.449$

即 $7.95t = 1.389 \text{ rad}$，故

$$t = \frac{1.389}{7.95} = 0.175 \text{ s}$$

時，x 有極大值。最後可得

$$x_{\max} = 0.0151e^{-1.495\times 0.175} \sin(7.95 \times 0.175)$$
$$= 0.0115 \text{ m}$$

17-3 物體的強迫振動

由於物體作自由振動時，阻尼總是不可避免的，因此，實際上，物體在任何初擾動的作用下產生的運動都是暫態的現象。而工程中很多的振動現象則是能夠持續地保持下去的，這是由於系統在運動過程中除了有保守力與阻滯力的作用外，往往還不斷受到其它的干擾力的作用，這些力不斷地對系統做正功，以補償阻滯力所消耗的能量。系統在干擾力作用下的振動稱為**強迫振動**(force vibration)。系統所受的干擾力通常又稱為**激振力**(excitation)。系統的強迫振動又稱為系統對於干擾力或激振力的**響應**(response)。

強迫振動不僅取決定干擾力的大小，而且還與干擾力的變化規律有顯著的關係。干擾力大致可以分為週期的和非週期的兩大類。其中簡諧變化的干擾力是工程中常見的一種週期干擾力，這種干擾力還是研究其它各種類型干擾力對系統的影響的基礎。所以，我們這裏只限於討論系統對簡諧干擾力的響應。

若一個質量 — 彈簧 — 緩衝筒系統上再施加一簡諧變化的力 $P = P_0 \sin \omega t$（如圖 17-3.1 所示），不難得其運動方程式

$$m\ddot{x} + C\dot{x} + kx = P_0 \sin \omega t \tag{17-3.1}$$

式中 ω 為干擾力的圓周頻率，P_0 為干擾力的最大值。

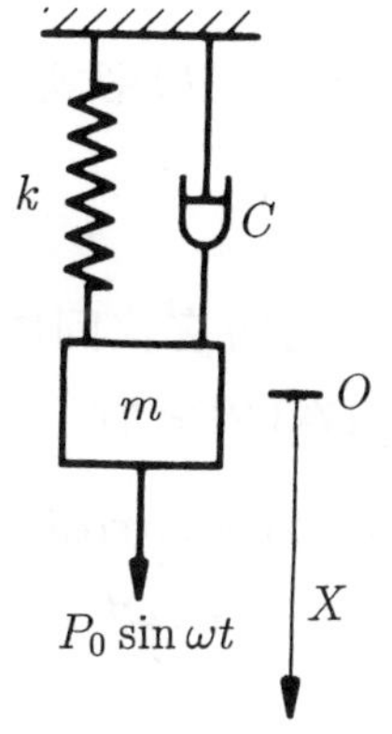

圖 17-3.1

或寫成標準形式

$$\ddot{x} + 2n\dot{x} + \omega_n^2 x = p_0 \sin \omega t \tag{17-3.2}$$

$$
其中\begin{cases} n=\dfrac{C}{2m} \\ \omega_n^2=\dfrac{k}{m} \\ p_0=\dfrac{P_0}{m} \end{cases} \tag{17-3.3}
$$

下面通過討論微分方程式的解，總結出強迫振動的一些特性。

由微分方程式理論知，(17-3.2) 式為常係數非齊次線性二階微分方程式，其解由兩部分組成，即

$$x = x_1 + x_2$$

其中 x_1 為對應於原方程式的齊次方程式的解，設 $n < \omega_n$（小阻尼）則

$$x_1 = Ae^{-nt}\sin\left(\sqrt{\omega_n^2 - n^2}t + \varphi\right) \tag{17-3.4}$$

x_2 為原方程式的一個特解，其一般形式為

$$x_2 = x_m \sin(\omega t - \psi) \tag{17-3.5}$$

其中 x_m 和 ψ 為待定常數，可將它代回原方程式，然後比較係數即得其值。將 (17-3.5) 式回 (17-3.2) 式有

$$
\begin{aligned}
-x_m\omega^2\sin(\omega t - \psi)+2nx_m\omega\cos(\omega t - \psi) + \omega_n^2 x_m \sin(\omega t - \psi) \\
= p_0 \sin\omega t
\end{aligned}
$$

方程式右端變形為

$$
\begin{aligned}
p_0\sin\omega t = p_0\sin(\omega t - \psi + \psi) = p_0[\cos\psi\sin(\omega t + \psi) + \\
\sin\psi\cos(\omega t - \psi)]
\end{aligned}
$$

於是上式可寫成：

$$
\begin{aligned}
[x_m(\omega_n^2 - \omega^2) - p_0\cos\psi]\sin(\omega t - \psi) + [2nx_m\omega - p_0\sin\psi]\cdot \\
\cos(\omega t - \psi) = 0
\end{aligned}
$$

因為對於任意時間 t，上式都須滿足，故

$$\begin{cases} x_m(\omega_n^2-\omega^2)-p_0\cos\psi=0 \\ 2nx_m\omega-p_0\sin\psi=0 \end{cases} \tag{17-3.6}$$

解此方程，即得

$$\begin{cases} x_m=\dfrac{p_0}{\sqrt{(\omega_n^2-\omega^2)^2+4n^2\omega^2}} \\ \psi=\tan^{-1}\dfrac{2n\omega}{\omega_n^2-\omega^2} \end{cases} \tag{17-3.7}$$

最後，微分方程式 (17-3.2) 的全解可寫為

$$x=Ae^{-nt}\sin\left(\sqrt{\omega_n^2-n^2}t+\varphi\right)+x_m\sin(\omega t-\psi) \tag{17-3.8}$$

其中 x_m，ψ 由 (17-3.7) 式決定，A，φ 則由系統的初始條件決定。系統的運動曲線 $x-t$，由 x_1-t，x_2-t 疊加而成，如圖 17-3.2 所示。

(17-3.8) 式中右端第一項為衰減振動，這部分將隨著時間的增加而逐漸趨於零，故屬於 **暫態響應**；第二項為特解，為簡諧振動。由此可見，當 t 增到一定值以後，振動只留下第二項，即

$$x=x_2=x_m\sin(\omega t-\psi) \tag{17-3.9}$$

故 x_2 稱為系統的**穩態解**或 **穩態響應**。它與系統的初始條件無關，而且反映了干擾力的作用結果，故稱之為 **強迫振動**。系統從 $t=0$ 到 x_1 的振幅衰減到最大振幅的 5%的過程稱為**過渡過程**。一般來說，過渡過程是一個很短的過程。工程中最關心的問題是過渡過程以後的穩態的響應，即由 (17-3.9) 式所描述的強迫振動的特性。

我們從 (17-3.9) 式不難看出：

(1) 系統對簡諧干擾力的穩態響應是簡諧的振動。其振動頻率與干擾力的頻率相同。

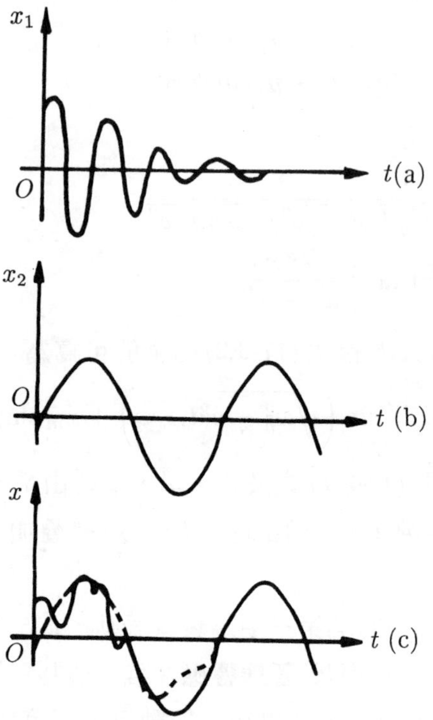

圖 17-3.2

(2) 穩態響應的振幅 x_m 不僅與干擾力的幅值 p_0 有關，而且還與系統的自然頻率 ω_n、阻尼係數 C、以及干擾力的頻率 ω 有關。為說明它們的關係，並使之具有更一般性，我們先將表明它們這一關係的 (17-3.7) 式中的第一式改寫為

$$x_m = \frac{p_0/\omega_n^2}{\sqrt{\left[1-\left(\frac{\omega}{\omega_n}\right)^2\right]^2 + 4\left(\frac{n}{\omega_n}\right)^2\left(\frac{\omega}{\omega_n}\right)^2}}$$

或 $$\beta = \frac{1}{\sqrt{(1-\lambda^2)^2 + 4\lambda^2\zeta^2}} \qquad (17\text{-}3.10)$$

其中 $\begin{cases} \beta = \dfrac{x_m}{p_0}\omega_n^2 \\ \lambda = \omega/\omega_n \\ \zeta = \dfrac{n}{\omega_n} \end{cases}$ (17-3.11)

如果令 $x_0 = \dfrac{p_0}{\omega_n^2} = \dfrac{P/m}{k/m} = \dfrac{P}{k}$，則可見 x_0 為干擾力的振幅值迫使系統所產生的**靜態偏離**。故 β 的物理意義為強迫振動的振幅與上述靜偏離 x_0 之比值，稱為**相對振幅**，或**放大因子**。而 $\lambda = \dfrac{\omega}{\omega_n}$ 為干擾頻率與系統自然頻率之比值；$\zeta = \dfrac{n}{\omega_n} = \dfrac{C/2m}{\sqrt{\frac{k}{m}}} = \dfrac{C}{2\sqrt{mk}} = \dfrac{C}{C_r}$，這裡 $C_r = 2\sqrt{mk}$ 是系統自由振動時臨界情況的阻尼係數值，即臨界阻尼係數。（因為臨界阻尼自由振動時 $n = \dfrac{C_r}{2m} = \omega_n$，所以 $C_r = 2m\omega_n = 2\sqrt{mk}$）因此，$\zeta$ 也稱為**阻尼比**。

(17-3.10) 式給出了系統的放大因子與頻率比、阻尼比之關係。對於不同的阻尼比，可以描出一組不同的 $\beta - \lambda$ 曲線，如圖 17-3.3 所示。這組曲線稱為**幅頻特性曲線**，簡稱**幅頻曲線** (amplitude-frequency curves)。

對 (17-3.10) 式求導數，得

$$\frac{d\beta}{d\lambda} = \frac{-2\lambda(\lambda^2 + 2\zeta^2 - 1)}{\sqrt{(1-\lambda^2)^2 + (2\lambda\zeta)^2}} \tag{17-3.12}$$

由 (17-3.10) 和 (17-3.12) 式，或由圖 17-3.3 不難看出：

(a) 當 $\lambda = 0(\omega = 0)$ 時，$\beta = 1$，與阻尼無關。即曲線均起於同一點 (0,1)。而且當 $2\zeta^2 - 1 \geq 0$，即 $\zeta \geq \dfrac{\sqrt{2}}{2} = 0.707$ 時，$\dfrac{d\beta}{d\lambda} < 0$ 恆成立，故 $\beta - \lambda$ 曲線單調下降。這時 $\beta = 1$ 為最大值；反之，當 $2\zeta^2 - 1 < 0$，即 $\zeta < \dfrac{\sqrt{2}}{2} = 0.707$ 時，曲線在 $\lambda = \sqrt{1-2\zeta^2}$ 處取極值（這時 $\dfrac{d\beta}{d\lambda} = 0$），而且有

$\lambda < \sqrt{1-2\zeta^2}$ 時，$\dfrac{d\beta}{d\lambda} > 0$，$\lambda > \sqrt{1-2\zeta^2}$ 時，$\dfrac{d\beta}{d\lambda} < 0$，故知 $\lambda = \sqrt{1-2\zeta^2}$ 時，β 取極大值，即

$$\beta_{\max} = \frac{1}{2\zeta\sqrt{1-\zeta^2}} \tag{17-3.13}$$

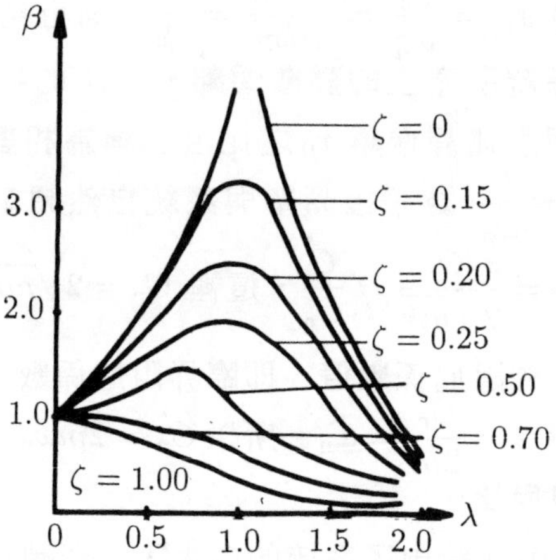

圖 17-3.3

這一結論說明，在 $\zeta < \dfrac{\sqrt{2}}{2} = 0.707$ 的條件下，系統干擾力頻率滿足 $\lambda = \lambda_0 = \sqrt{1-\zeta^2}$ 時，振幅取最大值，即強迫振動最強烈。由於一般情況下，ζ 很小，故通常認為 $\lambda_0 = 1$，即 $\omega = \omega_n$ 時，強迫振動的振幅最大。當 λ 在 $\lambda_0 = 1$ 的鄰域內，強迫振動的振幅都取一個較大的值，所以通常稱區域

$$0.75 \leq \lambda \leq 1.25 \tag{17-3.14}$$

為**共振區**，當干擾力的頻率在其共振區內，其強迫振動的幅值顯著增加的現象就稱為**共振現象**。由圖 17-3.3 不難看出，在共振區內的強迫振動的幅值受阻尼的影響也最大。隨著 $\zeta \longrightarrow 0$，即無阻尼的情況，其強迫振動的幅值可以趨於無限大。

(b) 當 $\lambda \ll 1$，即 $\omega \ll \omega_n$（稱為**低頻區域**）時，$\beta \approx 1$，即 x_m 接近於靜偏離 x_0，其阻尼對其影響不大。

(c) 當 $\lambda \gg 1$，即 $\omega \gg \omega_n$（稱為 **高頻區域**）時，β 也幾乎與阻尼無關，它們的強迫振動的幅值 x_m 都將隨著 ω 的增加而趨於零。這是由於干擾力的頻率過高時，其大小和方向的改變較迅速，而系統由於慣性，幾乎來不及響應所致。

如果強迫振動發生在低頻區或高頻區，即非共振區，由於阻尼對 β 的影響較小，因而 (17-3.10) 式可近似表為

$$\beta \approx \frac{1}{1-\lambda^2} \tag{17-3.15}$$

(3) 強迫振動與干擾力的相位角之差 ψ 由 (17-3.7) 式的第二式決定，它還可以寫為

$$\psi = tan^{-1}\frac{2n\omega}{\omega_n^2-\omega^2} = \tan^{-1}\frac{2\zeta\lambda}{1-\lambda^2} \tag{17-3.16}$$

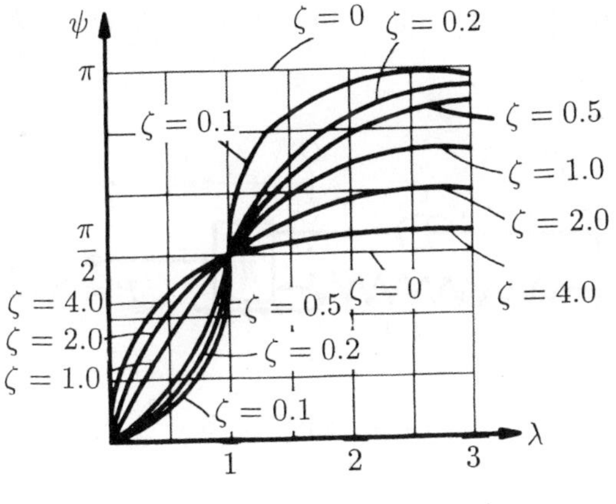

圖 17-3.4

對於這一關係，仍可畫出不同 ζ 值的 $\psi-\lambda$ 曲線，如圖 17-3.4 所示。該組曲線稱為 **相頻曲線**(phase-frequency curves)。

從 (17-3.6) 式或圖 17-3.4，不難看出：

(a) 相位角差 ψ 隨著 λ 的增加而單調上升。當 $\lambda \ll 1$ 時，$\psi \longrightarrow 0$，這時強迫振動基本上與干擾力相位角相同，即它們基本同時達到最大值和最小值。

(b) 當 $\lambda = 1$，即 $\omega = \omega_n$（共振）時，$\psi = \dfrac{\pi}{2}$，振動滯後於干擾力四分之一週期，而且與阻尼無關。因為振動位移比速度也是滯後四分之一週期，可見，此時干擾力與速度具有相同的相位角，這意味著振動過程中，干擾力總是作正功。因此，共振時，強迫振動的幅值較大。

(c) 當 $\lambda \gg 1$ 時，$\psi \longrightarrow \pi$，這時強迫振動的位移與干擾力總是反向。這意味著干擾力總是指向平衡位置。因而系統對干擾力的響應較小。

例 17-3.1

圖 17-3.5 所示系統中，已知 $m = 20$ kg，$k = 5 \times 10^3$ N/m，$C = 1.5 \times 10^2$ N·s/m，$P_0 = 45$ N，$\omega = 16$ 1/s。試求系統強迫振動的規律。

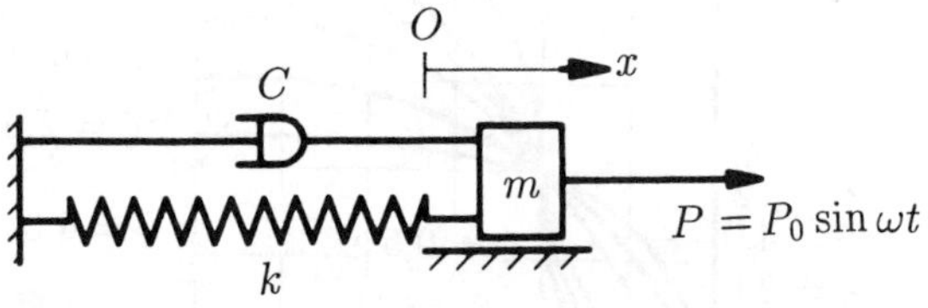

圖 17-3.5

解：

(1) 系統的自然頻率為

$$\omega_n = \sqrt{\frac{k}{m}} = \sqrt{\frac{5 \times 10^3}{20}} = 15.8 \text{ 1/s}$$

(2) 系統的靜偏離為

$$x_0 = \frac{P_0}{k} = \frac{45}{5 \times 10^3} = 9 \times 10^{-3}\ \mathrm{m}$$

(3) 系統的頻率比為

$$\lambda = \frac{\omega}{\omega_n} = \frac{16}{15.8} = 1.013$$

(4) 系統的阻尼比為

$$\zeta = \frac{n}{\omega_n} = \frac{C}{2\sqrt{mk}} = \frac{1.5 \times 10^2}{2\sqrt{20 \times 5 \times 10^3}} = 0.24$$

(5) 系統的放大因數為

$$\beta = \frac{1}{\sqrt{(1-\lambda^2)^2 + 4\zeta^2\lambda^2}} \approx \frac{1}{2\zeta\lambda}$$

$$= \frac{1}{2 \times 0.24 \times 1.013} = 2.06$$

(6) 強迫振動的振幅

$$x_m = \beta x_0 = 2.06 \times 9 \times 10^{-3}$$

$$= 18.54 \times 10^{-3}\ \mathrm{m}$$

(7) 系統強迫振動的相位角差

$$\psi = \tan^{-1}\frac{2\zeta\lambda}{1-\lambda^2}$$

$$= \tan^{-1}\frac{2 \times 0.24 \times 1.013}{1 - 1.013^2} = 1.62\ \mathrm{rad}$$

(8) 最後得系統的強迫振動規律為

$$x = x_m \sin(\omega t - \psi)$$

$$= 18.54 \times 10^{-3} \sin(16t - 1.62)\ \mathrm{m}$$

例 17-3.2

一電機安裝在彈性基座上，如圖 17-3.6 所示。其基座的靜變形為 δ_s。電機總質量為 M，其中包括電機轉子質量 m。轉子偏心距為 e。當電機轉子以角速度 ω 等速轉動時，試求電機定子的強迫振動規律（不計阻尼）。

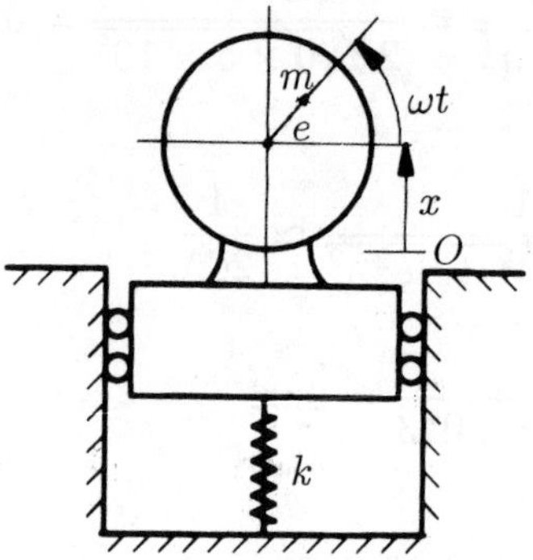

圖 17-3.6

解：

以電機整體為研究對象，建立縱向軸 Ox，其中 O 為系統平衡位置，即此位置時，基座反力 $k\delta_s = Mg$。由質心運動定理有

$$(M-m)\ddot{x} + m(\ddot{x} - e\omega^2 \sin\omega t)$$
$$= -Mg + k(\delta_s - x)$$

考慮到 $k\delta_s = Mg$，運動方程式可寫為

$$M\ddot{x} + \frac{Mg}{\delta_s}x = me\omega^2 \sin\omega t$$

或

$$\ddot{x}+\omega_n^2 x = P_0 \sin\omega t$$

其中$\omega_n=\sqrt{\dfrac{g}{\delta_s}}$，$P_0=\dfrac{me\omega^2}{M}$

可見，電機定子部分為強迫振動。其振動規律為：

$$x = x_m \sin(\omega t-\psi)$$

其中$x_m=\dfrac{p_0}{|\omega_n^2-\omega^2|}=\dfrac{me\omega^2}{M\left|\dfrac{g}{\delta_s}-\omega^2\right|}$

$$\psi=\tan^{-1}\frac{0}{\omega_n^2-\omega^2}$$

$$=\begin{cases}0\text{，當}\omega_n=\dfrac{g}{\delta_s}>\omega\\ \pi\text{，當}\omega_n=\dfrac{g}{\delta_s}<\omega\end{cases}$$

討論：將強迫振動的振幅x_m寫成

$$x_m=\frac{me\omega^2}{M\left(\dfrac{g}{\delta_s-\omega^2}\right)}=\frac{me}{M}\cdot\frac{\lambda^2}{1-\lambda_2}$$

並畫出$|x_m|-\lambda$曲線如圖 17-3.7 所示。可以看出，它在$\lambda=0$，和$\lambda\longrightarrow\infty$，與圖 17-3.3 中$\zeta=0$的$\beta-\lambda$曲線存在顯著差別，這是由於該題中干擾力的幅值也與其頻率ω有關所引起的。由圖可知，當$\lambda=1$時，振幅將趨於無窮大，即所謂無阻尼的共振現象。

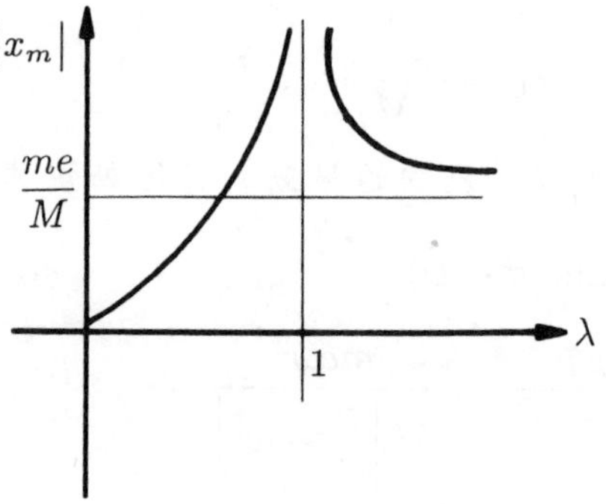

圖 17-3.7

17-4 隔振的概念

各種機器，由於本身的運轉而產生週期的慣性干擾力，或者由於所處的環境而受到外界週期干擾力的作用都可能產生強迫振動。這種振動不僅影響機器的正常工作，而且還可能引起周圍物體也產生振動。對此必須採取一定措施消除或減弱這種振動。例如，保證轉動構件的動平衡以減小干擾力的出現；加大阻尼以吸收其振動的能量，進而減小強迫振動的幅值；設計系統時，使其自然頻率遠離工作頻率（干擾力的頻率），以避免共振現象的出現等等都是可行的措施。另一方面，當振動不可避免時，可以採取隔離的辦法，減小振動在各部分之間的傳遞。這種方法通常稱為**隔振**。下面主要介紹有關隔振的基本概念和評價隔振效果的有關指標。

隔振分為主動隔振和被動隔振兩種。

1. 主動隔振

將振動構件（振源）和支承它的地基用彈性元件和阻尼元件隔離開來，以減少振動源把干擾力傳給地基，以致再通過地基傳給其它物體。這種措施稱為**主動隔振**。為了說明它的隔振原理和有關隔振效果的指標，我們以圖 17-4.1 所示系統為例，分析其運動規律和地基的受力。

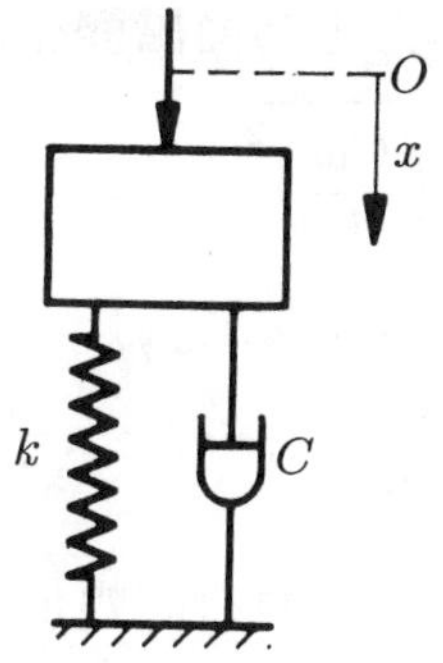

圖 17-4.1

設振體的質量為 m，隔振元件的彈簧常數為 k，阻尼的阻尼係數為 C。週期干擾力為 $P = P_0 \sin \omega t$。所謂主動隔振，就是利用彈簧和緩衝筒，以防止干擾力 P 直接傳給基地。

由強迫振動的理論知，振體的運動規律為

$$x = x_m \sin(\omega t - \psi)$$

其中振幅

$$x_m = \frac{x_0}{\sqrt{(1-\lambda^2)^2 + (2\lambda\zeta)^2}}$$

振體通過彈性元件和阻尼元件（緩衝筒）傳給地基的力分別為

$$F = kx = kx_m \sin(\omega t - \psi)$$

$$R = C\dot{x} = Cx_m\omega \cos(\omega t - \psi)$$

它們的合力為

$$
\begin{aligned}
N &= F + R \\
&= x_m[k\sin(\omega t-\psi)+C\omega\cos(\omega t-\psi)] \\
&= x_m\sqrt{k^2+(C\omega)^2}\sin(\omega t-\psi+\alpha)
\end{aligned}
$$

其中 $\alpha = \tan^{-1}\dfrac{C\omega}{k}$

可見振體傳給地基的力也為簡諧變化的週期力，最大值為

$$N_{\max} = kx_m\sqrt{1+\left(\frac{C\omega}{k}\right)^2}$$

考慮到 $C = 2mn$，$k = \omega_n^2 m$，故 $C\omega/k = 2n\omega/\omega_n^2 = 2\zeta\lambda$，於是有

$$N_{\max} = kx_m\sqrt{1+4\zeta^2\lambda^2}$$

此式說明，傳給地基的週期力的幅值不僅與系統的干擾力有關，還與隔振元件的參數有關。將此最大力和干擾力的最大值（幅值）的比記為 η，稱為**力傳遞係數**，則有

$$
\begin{aligned}
\eta &= \frac{N_{\max}}{P_0} = \frac{kx_m\sqrt{1+4\zeta^2\lambda^2}}{P_0} \\
&= \frac{x_m}{x_0}\sqrt{1+4\zeta^2\lambda^2}
\end{aligned}
$$

即 $$\eta = \frac{\sqrt{1+4\zeta^2\lambda^2}}{\sqrt{(1-\lambda^2)^2+4\zeta^2\lambda^2}} \tag{17-4.1}$$

這式說明，干擾力的單位幅值傳給地基的作用力之幅值（即 η），只與系統的參數 ζ，λ 有關。當振體的隔振元件的參數確定後，η 便是一個唯一確定的值。顯然，η 越小，隔離振動的效果越好。當 $\eta > 1$時，隔振元件不但不隔振，反而使地基受到的力大於干擾力。由此可見，η 的值完全可以作為評價隔振效果的一個指標。

對於不同的阻尼比 (ζ)，可以描出如圖 17-4.2 所示的 $\eta-\lambda$ 曲線。

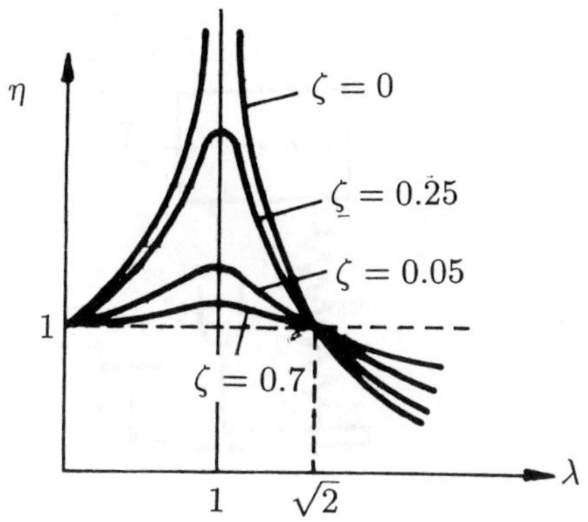

圖 17-4.2

從圖可以看出，只有當 $\lambda > \sqrt{2}$ 才能保證 η 的值小於 1，亦即只有 $\lambda > \sqrt{2}$ 時，才能得到隔振作用。此外，從圖還可看出，雖然 λ 越大，η 越小，但是當 λ 很大時，η 的值下降的速率卻很小。所以為了不使隔振元件複雜化，一般 λ 取在 2.5 至 5 之間。值得注意的是，在隔振裝置中，阻尼增加是不利於隔振的。因此，一般總是採用小阻尼。但是，為了使機器起動時，能安全通過共振區，也不能完全沒有阻尼。

2. 被動隔振

把怕振動的物體和振動的基座之間用彈性元件和阻尼元件隔離開來，以減小物體的振動的措施稱為 **被動隔振**。即被動隔振的目的是減小放於振動基座上的物體的振動。為了說明被動隔振的原理及其隔振效果的指標，我們用圖 17-4.3 所示系統為例，分析物體的振動規律。

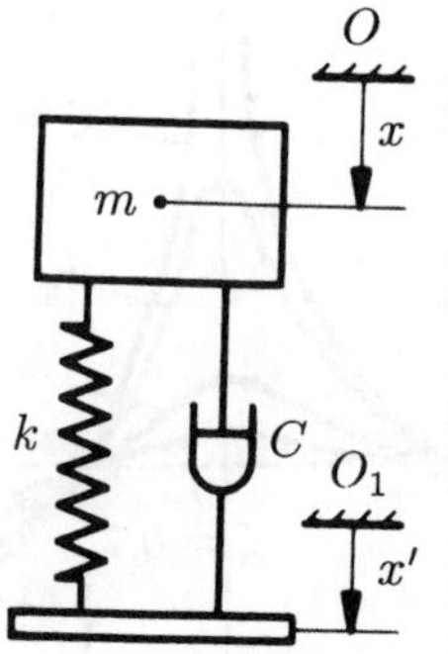

圖 17-4.3

設物體的質量為 m，彈簧常數為 k，緩衝筒的阻尼係數為 C，地基的振動規律為

$$x' = x'_m \sin \omega t$$

令 $x' = 0$，$x = 0$ 為其平衡狀態，則其運動方程式可寫為

$$m\ddot{x} = -k(x - x') - C(\dot{x} - \dot{x}')$$

$$m\ddot{x} + C\dot{x} + kx = C\dot{x}' + kx'$$

代入 $x' = x'_m \sin \omega t$，$\dot{x}' = x'_m \omega \cos \omega t$，並整理可得

$$m\dot{x} + C\dot{x} + kx = P_0 \sin(\omega t + \alpha)$$

其中 $P_0 = x'_m k \sqrt{1 + \left(\dfrac{C\omega}{k}\right)^2} = x'_m k \sqrt{1 + 4\zeta^2\lambda^2}$

$$\alpha = \tan^{-1} \frac{C\omega}{k}$$

寫成標準形式，則為

$$\ddot{x} + 2n\dot{x} + \omega_n^2 x = p_0 \sin(\omega t + \alpha)$$

其中 $n=\dfrac{C}{2m}$，$\omega_n^2=\dfrac{k}{m}$，$p_0=\dfrac{P_0}{m}=\dfrac{x'_m k}{m}\sqrt{1+4\zeta^2\lambda^2}$

因而得方程式的解

$$x=x_m\sin(\omega t+\alpha-\psi)$$

其中 $x_m=\dfrac{x_0}{\sqrt{(1-\lambda^2)^2+4\zeta^2\lambda^2}}=\dfrac{P_0/k}{\sqrt{(1-\lambda^2)^2+4\zeta^2\lambda^2}}$

$$=\frac{x'_m\sqrt{1+4\zeta^2\lambda^2}}{\sqrt{(1-\lambda^2)+4\zeta^2\lambda^2}}$$

同樣，引入基座振動的單位幅值使物體產生振動的幅值為 η'，稱為 **位移傳遞係數**，則

$$\eta'=\frac{x_m}{x'_m}=\frac{\sqrt{1+4\zeta^2\lambda^2}}{\sqrt{(1-\lambda^2)+4\zeta^2\lambda^2}}$$

由此表示式可以看出，它與力傳遞係數 η 的表示式完全相同。因此，取 $2.5<\lambda<5$，並採用小阻尼，即可達到較好的隔振效果。

例 17-4.1

電機的轉速 $n=1800$ rpm，總重為 $P=1000$ N，如用彈性元件進行隔振，欲使傳到基座的力只有未安裝彈性元件時的十分之一，求彈性元件的彈簧常數應等於多少（不計阻尼）。

解：

據題意，力傳遞係數 $\eta=0.1$，阻尼比 $\zeta=0$，故由力傳遞係數公式可得

$$0.1=\frac{1}{|1-\lambda^2|}$$

考慮到 λ 應大於 $\sqrt{2}$，因此去掉絕對值符號，應為

$$0.1=\frac{1}{\lambda^2-1}$$

即　$\lambda^2 = 11$

電機轉動時出現的慣性干擾力的頻率為電機的角速度（見例 17-3.2）：

$$\omega = \frac{2\pi n}{60} = \frac{2 \times 1800\pi}{60} = 60\pi$$

故由 $\lambda = \dfrac{\omega}{\omega_n} = \sqrt{\dfrac{m}{k}}\omega$ 得

$$k = \frac{m\omega^2}{\lambda^2} = \frac{P\omega^2}{g\lambda^2}$$

$$= \frac{100 \times (60\pi)^2}{9.8 \times 11} = 3.3 \times 10^5 \text{ N/m}$$

習　題

17-1 彈簧常數分別為 k_1，k_2 的彈簧如圖 (a) 形式和物體組成振動系統，如將它等效簡化為如圖 (b) 所示的單一彈簧系統，試求彈簧的等效彈簧常數 k 的值。

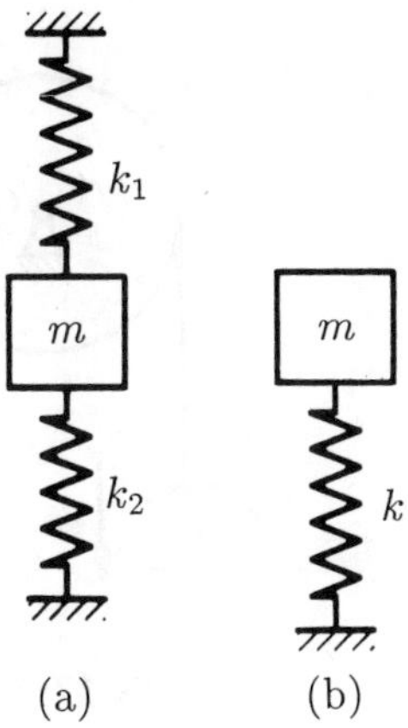

題 17-1 圖

17-2 證明常力只影響質量 — 彈簧系統的平衡位置，而不改變系統的自然頻率。

17-3 已知圖 (a)，(b) 兩個系統的自然頻率相同，試求彈簧常數 k_1 和 k_2 的關係。

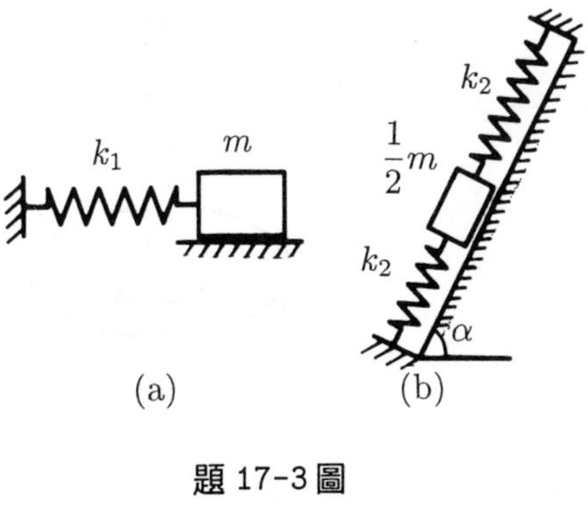

題 17-3 圖

17-4 升降機如圖所示。所提升重物 A 的質量為 $M = 5.1 \times 10^3$ kg，以速度 $v = 3$ m/s 等速下降。某瞬時，鼓輪突然卡住，此時鋼索的彈簧常數 $k = 4 \times 10^3$ kN/m，如不計鋼索質量，試求由於慣性和鋼索的繼續變形，重物以後的運動規律。不計空氣阻力。

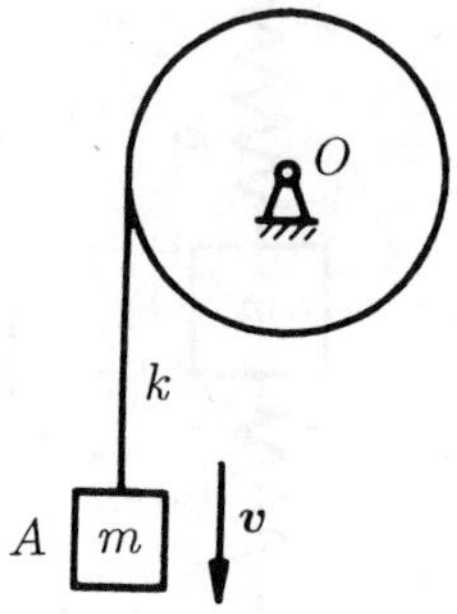

題 17-4 圖

17-5 圖示為一扭擺，圓盤對於對稱軸 OA 的轉動慣量為 I，軸的質量不計。當圓盤繞軸旋轉一弳度時，軸作用於圓盤的扭矩為 k_r N·m（k_r 稱為扭轉彈性係數）。試求扭擺在初擾動條件下，產生無阻尼自由振動的圓周頻率。

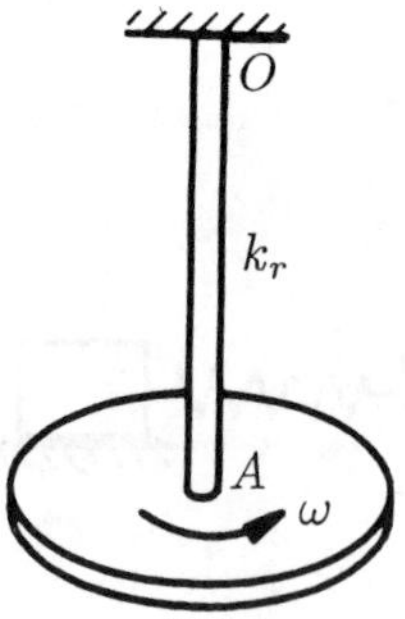

題 17-5 圖

17-6 一均質圓柱和彈簧組成如圖所示之系統。已知圓柱質量為 m

，沿傾角為 α 的粗糙斜面只能作純滾動。彈簧常數為 k。當 $t=0$ 時，圓柱在彈簧未變形的位置靜止釋放，試求此後圓柱中心 C 的運動規律。

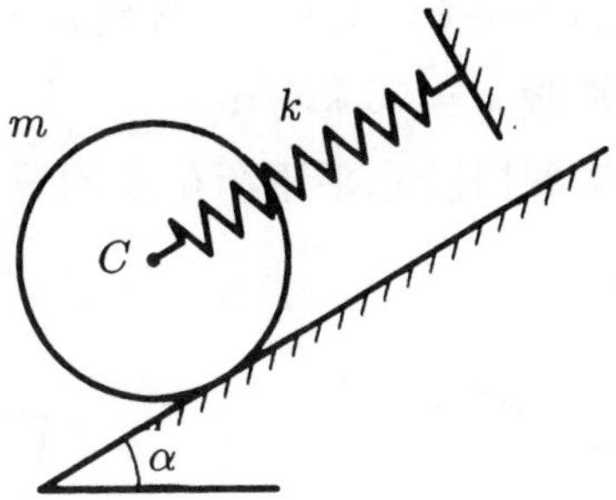

題 17-6 圖

17-7 一重物 A 質量為 m，懸掛於不可伸長的細繩上，繩子跨過滑輪與一鉛垂彈簧相連結。已知彈簧的彈簧常數為 k，滑輪的質量也為 m，半徑為 R，視為均質圓盤。求系統由彈簧未變形位置的靜止狀態進入運動後的運動規律。設滑輪與繩之間無相對滑動。

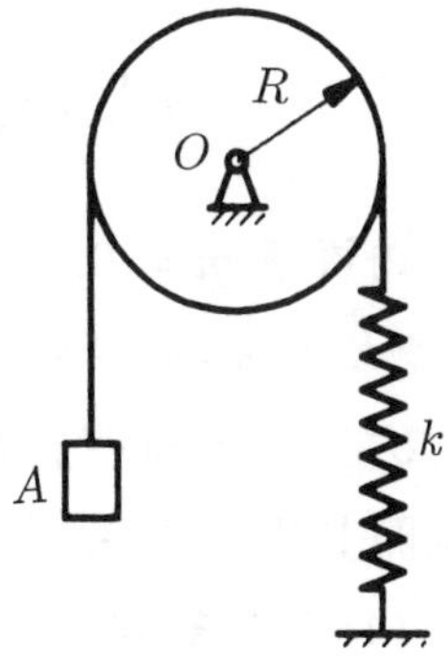

題 17-7 圖

17-8 求下列各系統在其平衡位置作微振動的自然頻率。

(1) 半徑為 R，質量為 m 的均質半圓盤繞過圓心的水平軸擺動。

(2) 半徑為 R，質量為 m 的均質半圓盤在粗糙水平面上來回作純滾動。

(3) 均質細桿長 $\ell = 1.5$ m，質量 $m = 20$ kg，B 點支承彈簧的彈簧常數 $k = 50$ kN/m。

(4) 由彈簧懸掛於水平平衡位置的單擺，尺寸及其各參數如圖所示。

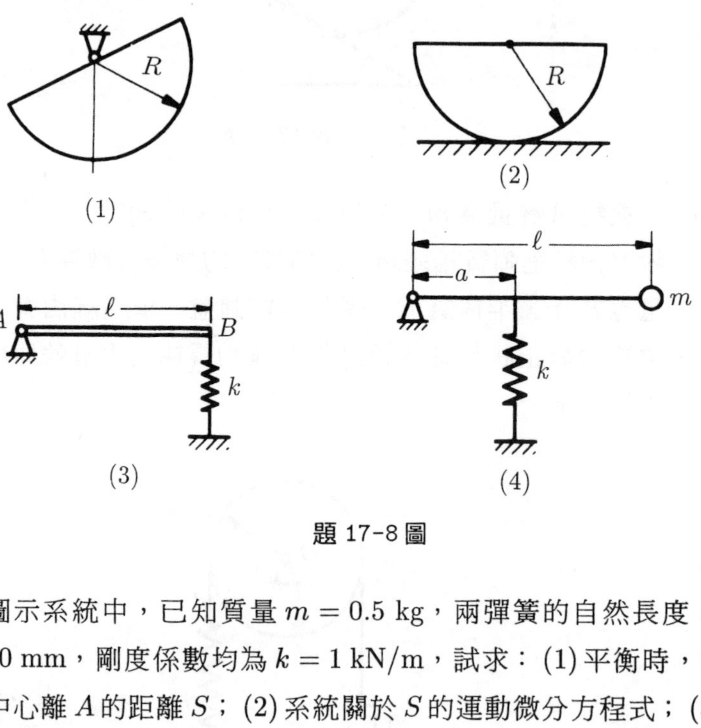

題 17-8 圖

17-9 圖示系統中，已知質量 $m = 0.5$ kg，兩彈簧的自然長度 $\ell_0 = 60$ mm，剛度係數均為 $k = 1$ kN/m，試求：(1) 平衡時，物體中心離 A 的距離 S；(2) 系統關於 S 的運動微分方程式；(3) 設 x 為物體中心離開其平衡位置的位移，寫出系統關於 x 的運動微分方程式；(4) 系統的自然頻率；(5) 改變 AB 的距離，以上那些答案將改變。

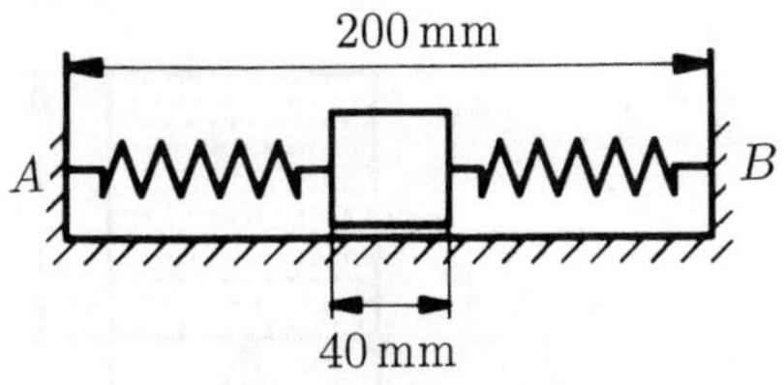

題 17-9 圖

17-10 重物 Q 以初速為零，自高度 $h = 1\,\text{m}$ 處自由下落，掉在樑的中點與樑一起運動。已知重物放在樑中點時，其靜撓度 $\delta_0 = 0.5$ cm。如以重物靜平衡位置為其座標原點建立如圖座標 Oy，試求重物的座標 y 隨時間的變化函數 $y(t)$。

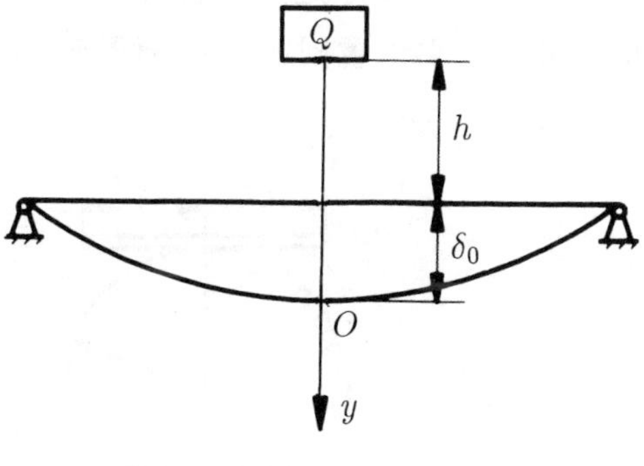

題 17-10 圖

17-11 質量為 m 的均質正方形薄板，邊長為 ℓ 用一光滑鉸銷和兩彈簧支承於鉛垂面內。試求系統在圖示位置附近作微幅振動的條件和振動時的自然頻率。

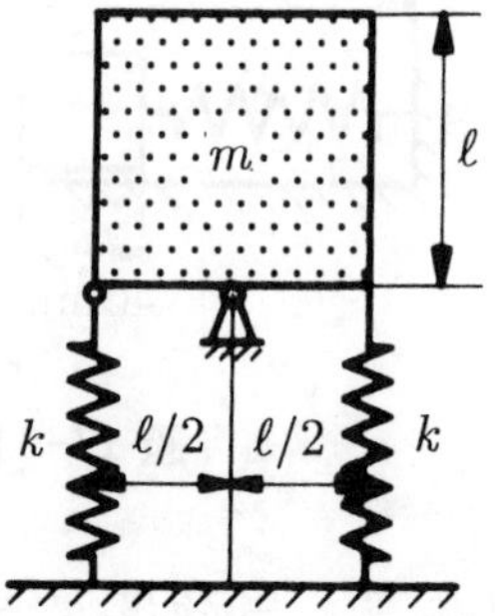

題 17-11 圖

17-12 質量為 m，長為 ℓ 的均質薄板，擱在半徑為 r 的粗糙圓柱面上，如圖所示。設摩擦足夠使板和圓柱不致產生相對滑動，求薄板在圖示水平位置附近作微幅擺動的週期。

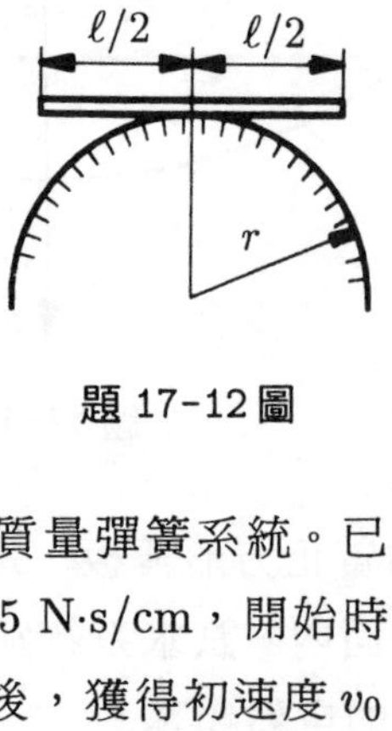

題 17-12 圖

17-13 圖示為一具有阻尼的質量彈簧系統。已知 $k = 87.5$ N/cm ，$m = 22.7$ kg，$C = 3.5$ N·s/cm，開始時系統靜止，在振體突然受到一衝量作用以後，獲得初速度 $v_0 = 12.7$ cm/s，沿 x 軸的正方向運動。試求系統衰減振動的週期 T_d 和對數減幅係數 δ ，以及振體離開平衡位置的最大距離 $x_{\max}$。

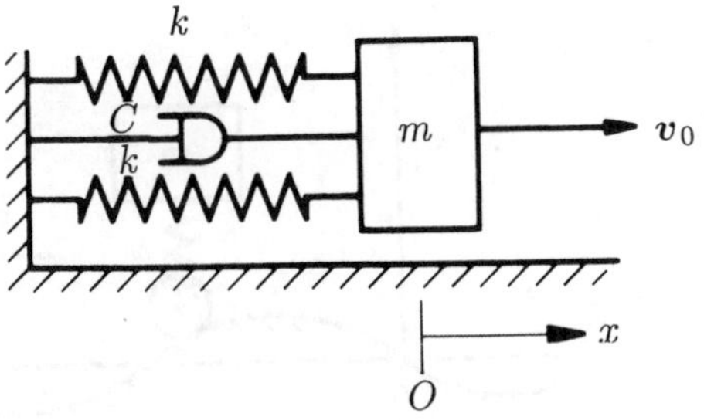

題 17-13 圖

17-14 彈簧上懸掛的物體質量 $m = 6$ kg，在沒有阻尼時，物體振動週期 $T = 0.04\pi$ (s)，在阻尼力與速度的一次成正比時，其週期為 $T_d = 0.05\pi$ (s)。將振體從平衡位置拉開 4 cm 後無初速地釋放，求當速度等於 1 cm/s時的阻尼力，並求物體的振動規律。

17-15 質量 — 彈簧 — 緩衝筒系統的質量 $m = 2$ kg，彈簧剛度係數 $k = 0.5$ N/cm。線性阻力係數 $C = 0.2$ N·s/cm。設 $t = 0$ 時，振動物離開平衡位置 $x_0 = 5$ cm，且 $v_0 = 0$。求此後振體的運動規律。

17-16 質量 — 彈簧 — 緩衝筒系統中質量 $m = 0.05$ kg，彈簧常數 $k = 200$ N/m。振動時，測得相鄰兩振幅之比 $A_i : A_{i+1} = 1.02$，已知阻尼力與速度成正比，求系統的阻尼係數和臨界阻尼係數。

17-17 設拖車以等速 v 沿水平方向行駛。道路剖面可近似地視為正弦曲線，即 $y = 40\sin\frac{\pi}{2}x$，如圖所示，其中 y 以 mm 計，x 以 m 計。拖車質量 $m = 500$ kg，輪和車體之間的支承彈簧的剛度係數 = 80 kN/m，設行駛過程中，拖車輪子總不離開地面，並忽略阻尼。求：(1) 拖車在鉛垂面內上下的振動微分方程式；(2) 拖車產生最大振幅的臨界速度；(3) 當 $v = 10$ m/s 時，拖車上下振動的振幅。

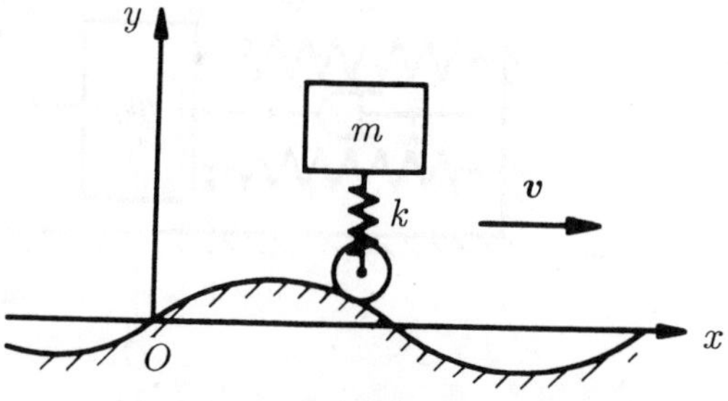

題 17-17 圖

17-18 如圖所示，剛性桿可繞 O 軸旋轉，其質量不計。桿上裝有質量為 m 的質點，阻尼係數為 C 的緩衝筒和剛度係數為 k 的彈簧。系統在桿端干擾力 $F = F_0 \sin pt$ 作用下作強迫振動。求穩態響應的幅值。

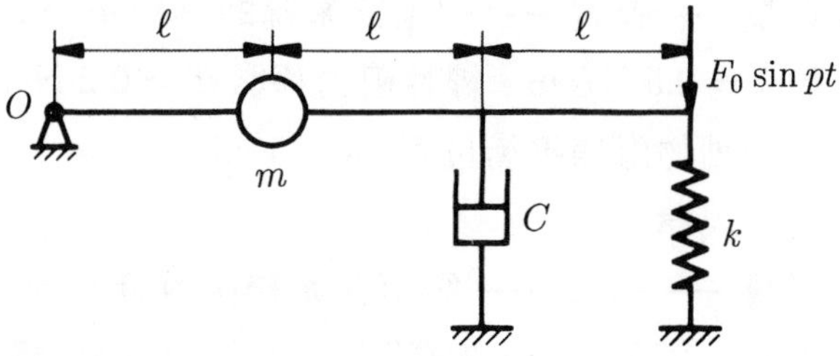

題 17-18 圖

17-19 質量 — 彈簧系統的振體質量為 m，彈簧的剛性係數為 k，干擾力 $F = 2\cos 2t$。$t = 0$ 時，$x_0 = 0$，$v_0 = 0$，不計阻尼，求系統的運動規律。已知 $(\sqrt{\dfrac{k}{m}} \neq 2)$。

17-20 有一精密儀器在使用時要避免外界環境干擾。為此在儀器與地板之間安裝一彈簧，防止地面振動的干擾。已知地板振動規律為 $y = 0.1\sin \pi t\,(\text{cm})$，儀器質量為 800 kg，容許產生振

動的最大幅值為 0.01 cm，求彈簧應該具有的彈簧常數。（不計阻尼）

17-21 飛機儀表板連同儀表本身的質量為 $m = 24.5$ kg，由四個橡皮墊支承，如橡皮墊的等效彈簧常數為 300 N/cm，發動機的振動頻率為 $f = 36.66$ (Hz)，求飛機振動傳遞給儀表的位移傳遞係數。不計阻尼。

17-22 一機器質量為 $m = 90$ kg，支承在彈簧常數 $k = 7150$ N/cm，相對阻尼比 $\zeta = \dfrac{C}{C_r} = 0.2$ 的彈性、阻尼減振器上。機器中有一不平衡質量，當其轉速為 $n = 3000$ rpm 時，產生干擾力的幅值 $P_0 = 360$ N，試求 (1) 機器受迫振動的幅值；(2) 隔振的力傳遞係數；(3) 傳到基座上的力的幅值。

18 剛體空間運動力學

剛體空間一般運動較之平面運動要複雜得多。本章不可能深入地涉及其全部內容，只可能對一些最基本概念和方法加以介紹。

剛體的任何運動均可分解為平移運動和繞某點的旋轉運動。剛體平移運動時，各點具有相同的性質，故可歸結於點的運動，因此，我們將先研究剛體繞定點的旋轉運動，然後再研究剛體的一般運動。

18-1 剛體繞定點旋轉的角速度和角加速度

如果剛體在運動過程中，其上有一點始終保持不動，則稱這種運動為繞此不動點的**旋轉運動**。剛體作這種運動時，在任何瞬時都存在一條過定點的直線，其上速度等於零，而整個剛體在 $\Delta t \longrightarrow 0$ 的時間內的位移可視為繞此直線轉過一個無窮小的轉角 $\Delta\varphi$。下面我們來論證這一概念。

18-1-1 剛體定點旋轉運動的歐拉定理 (Euler's theorem)

歐拉定理指出：**繞定點旋轉運動的剛體，從某一位置運動到任一其它位置，均可繞過定點的某一條軸轉過一定大小的轉角來實現**。

下面證明此定理。

剛體繞定點旋轉時，剛體上各點只能在以定點為中心，以它到定點的距離為半徑的球面上運動，顯然要確定剛體的位置，只需確定剛體內任一以定點為中心的球面上的一條大圓弧的位置即可。

設瞬時 t，剛體上有一條如上所述的大圓弧 $\overset{\frown}{AB}$。在 $t+\Delta t$ 瞬時，運動至大圓弧 $\overset{\frown}{A'B'}$ 的位置如圖 18-1.1所示。

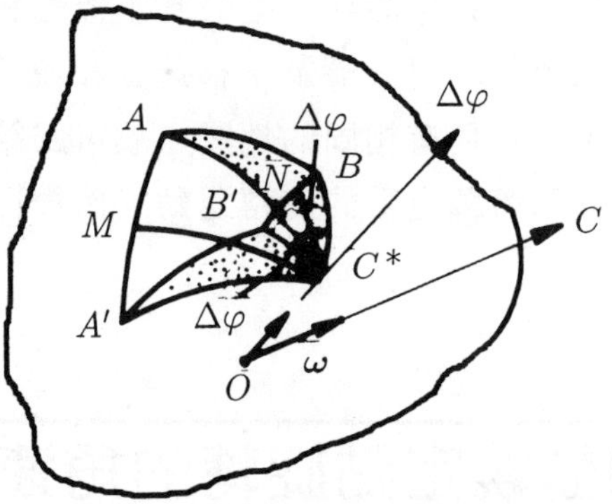

圖 18-1.1

分別過 A，A' 作大圓弧 $\overset{\frown}{AA'}$，過 B、B' 作大圓弧 $\overset{\frown}{BB'}$，然後作 $\overset{\frown}{AA'}$，$\overset{\frown}{BB'}$ 的垂直平分的大圓弧 $\overset{\frown}{MC^*}$ 和 $\overset{\frown}{NC^*}$ 大圓弧，它們分別相交於球面上 C^* 點。最後連結大圓弧 $\overset{\frown}{AC^*}$，$\overset{\frown}{BC^*}$，$\overset{\frown}{A'C^*}$ 和 $\overset{\frown}{B'C^*}$。不難判斷兩個球面三角形 ΔABC^* 和 $\Delta A'B'C^*$ 全等。這是因為

$\overset{\frown}{AC^*} = \overset{\frown}{A'C^*}$，$\overset{\frown}{BC^*} = \overset{\frown}{B'C^*}$ ，$\overset{\frown}{AB} = \overset{\frown}{A'B'}$。所以當弧 $\overset{\frown}{AC^*}$ 繞 OC^* 軸轉過 $\Delta\varphi = \angle AC^*A'$ 時，ΔABC^* 必與 $\Delta A'B'C^*$ 完全重合。這就證明了大圓弧 $\overset{\frown}{AB}$ 繞過定點 O 的 OC^* 軸轉過 $\Delta\varphi$ 角即可到達 $\overset{\frown}{A'B'}$ 的位置。至此，我們證明了歐拉定理的正確性。

18-1-2　剛體定點旋轉時的角速度和角加速度

由上所描述，剛體繞 OC^* 軸轉過 $\Delta\varphi$，即從 t 瞬時位置到達了 $(t+\Delta t)$ 瞬時的位置。一般說來，這種轉動並非完全和剛體在 Δt 時間內運動的全過程的真實運動相同。但是，隨著 Δt 的減小，這種轉動就越接近於剛體的真實運動。當 Δt 趨近於零時，$\Delta\varphi$ 也趨近於零，軸 OC^* 趨近於某一極限位置 OC。剛體繞軸 OC 的轉動反映了剛體在 t 瞬時的真實運動。OC 軸稱為剛體在 t 瞬時的**瞬時轉動軸**，簡稱 **瞬軸**。瞬時軸在剛體上的位置將隨著時間的改變而改變。因此我們可認為，剛體定點旋轉的運動過程是剛體順序繞通過定點 O 的一系列軸的瞬時轉動過程。為了表示剛體在 t 瞬時繞瞬時軸旋轉的快慢，以及瞬時轉軸在空間的方位，可用剛體的瞬時角速度向量 $\boldsymbol{\omega}$ 來表示。$\boldsymbol{\omega}$ 的大小為

$$|\boldsymbol{\omega}| = \lim_{\Delta\to 0}\frac{\Delta\varphi}{\Delta t} \tag{18-2.1}$$

$\boldsymbol{\omega}$ 的方向沿著瞬時轉軸 OC，並按右手螺旋法則決定其正方向。

由於剛體的瞬時轉軸在空間的位置將隨時間的增加而不斷改變，因此剛體的角速度向量 $\boldsymbol{\omega}$ 不僅其大小，而且方向均將是時間的函數。為了表示角速度 $\boldsymbol{\omega}$ 在任意瞬時 t 的變化率，故定義：

$$\boldsymbol{\alpha} = \lim_{\Delta t\to 0}\frac{\Delta\boldsymbol{\omega}}{\Delta t} = \frac{d\boldsymbol{\omega}}{dt} \tag{18-2.2}$$

為剛體在 t 瞬時的**角加速度**。

18-1-3 無限小轉角的向量及角速度合成定理

剛體在Δt時間內的運動，當$\Delta t \longrightarrow 0$時，可視為繞瞬時轉軸$OC$旋轉一個無限小的轉角$\Delta\varphi$。如果把$\Delta\varphi$也視為一個沿$OC$軸的向量$\Delta\boldsymbol{\varphi}$，則角速度向量顯然可表示為

$$\boldsymbol{\omega} = \lim_{\Delta t\to 0} \frac{\Delta\boldsymbol{\varphi}}{\Delta t} \tag{18-2.3}$$

這裡$\Delta\boldsymbol{\varphi}$是大小$\longrightarrow 0$時的向量。

值得注意的是，上述規定的向量只有在它們滿足向量加法法則時，才能算是真正的向量。

設剛體連續產生以向量$d\boldsymbol{\theta}_1$和$d\boldsymbol{\theta}_2$表示的兩次旋轉。則剛體上任一點M將隨之運動，即M點相對於定點O的位置向量$\boldsymbol{r}$將隨之改變。由圖 18-1.2 所示，在經過$d\boldsymbol{\theta}_1$旋轉後，向量$\boldsymbol{r}$將變為$\boldsymbol{r}_1$，並有

$$\boldsymbol{r}_1 = \boldsymbol{r} + d\boldsymbol{r} = \boldsymbol{r} + d\boldsymbol{\theta}_1 \times \boldsymbol{r} \tag{18-2.4}$$

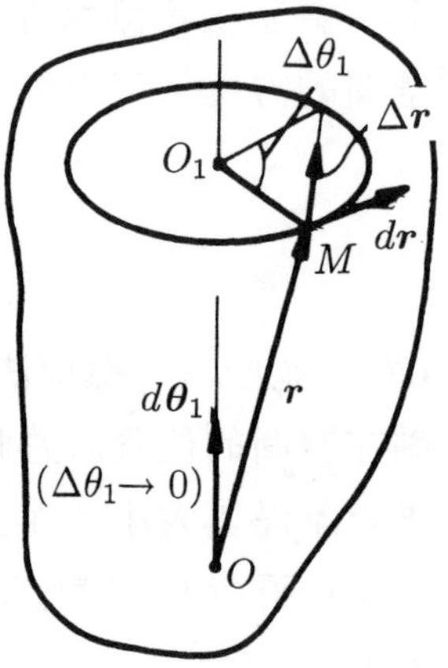

圖 18-1.2

同理，如剛體再經過$d\boldsymbol{\theta}_2$的旋轉，則M點的位置向量可表示為

$$\boldsymbol{r}_{12} = \boldsymbol{r}_1 + d\boldsymbol{\theta}_2 \times \boldsymbol{r}_1$$

$$= \boldsymbol{r} + d\boldsymbol{\theta}_1 \times \boldsymbol{r} + d\boldsymbol{\theta}_2 \times \boldsymbol{r} + d\boldsymbol{\theta}_2 \times (d\boldsymbol{\theta}_1 \times \boldsymbol{r})$$

由於 $\boldsymbol{d\theta}_1$， $\boldsymbol{d\theta}_2$ 均為無限小量，所以 $\boldsymbol{d\theta}_2 \times (\boldsymbol{d\theta}_1 \times \boldsymbol{r})$ 為高階無限小。因此 M 點經過兩次旋轉後，其位置向量可表示為：

$$\boldsymbol{r}_{12} = \boldsymbol{r} + (d\ \boldsymbol{\theta}_1 + d\boldsymbol{\theta}_2) \times \boldsymbol{r} \qquad (18\text{-}2.5)$$

但是根據歐拉定理知，$\boldsymbol{r}$ 運動到 $\boldsymbol{r}_{12}$ ，又可經過一次旋轉實現，設此旋轉向量為 $d\boldsymbol{\theta}$ ，則有

$$\boldsymbol{r}_{12} = \boldsymbol{r} + d\boldsymbol{\theta} \times \boldsymbol{r} \qquad (18\text{-}2.6)$$

比較 (18-1.5) 和 (18-1.6) 式得

$$d\boldsymbol{\theta} = d\boldsymbol{\theta}_1 + d\boldsymbol{\theta}_2 \qquad (18\text{-}2.7)$$

這就表明，無限小轉動 $d\boldsymbol{\theta}_1$， $d\boldsymbol{\theta}_2$ ，滿足向量的加法法則。而且當改變 $d\boldsymbol{\theta}_1$， $d\boldsymbol{\theta}_2$ 的旋轉的順序時，並不影響 (18-1.5) 式的正確性。因而它們不僅滿足加法法則，而且還滿足向量相加的交換律。

以 dt 除以 (18-1.7) 式的兩端即得

$$\frac{d\boldsymbol{\theta}}{dt} = \frac{d\boldsymbol{\theta}_1}{dt} + \frac{d\boldsymbol{\theta}_2}{dt}$$

即

$$\boldsymbol{\omega} = \boldsymbol{\omega}_1 + \boldsymbol{\omega}_2 \qquad (18\text{-}2.8)$$

這就是剛體的**角速度合成定理**。

由 (18-1.6) 式還可得 M 點在剛體經過 $d\boldsymbol{\theta}$ 旋轉，（或 $d\boldsymbol{\theta}_1$, $d\boldsymbol{\theta}_2$ 兩次旋轉）後所產生的位移

$$d\boldsymbol{r} = \boldsymbol{r}_{12} - \boldsymbol{r} = d\boldsymbol{\theta} \times \boldsymbol{r}$$

兩端除以 dt，即得 M 點的速度

$$\boldsymbol{v} = \frac{d\boldsymbol{r}}{dt} = \frac{d\boldsymbol{\theta}}{dt} \times \boldsymbol{r} = \boldsymbol{\omega} \times \boldsymbol{r} \qquad (18\text{-}2.9)$$

例 18-1.1

宇宙航行器的太陽能翼板，希望經過一次旋轉由圖 18-1.3 所示 $OABC$ 位置轉到 $OA'B'C'$ 位置。試用單位向量表示旋轉軸所在位置，並問轉過的角度等於多少？

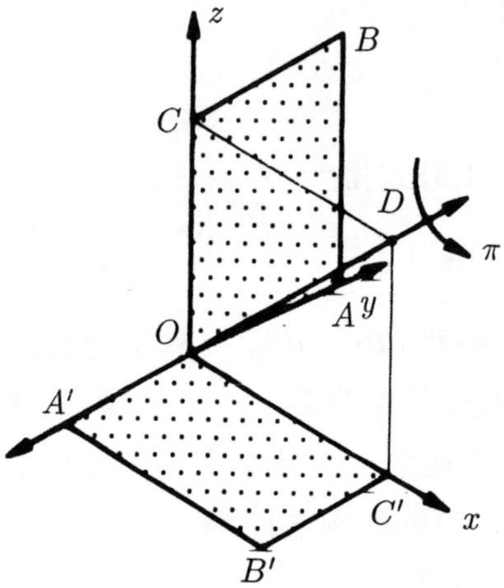

圖 18-1.3

解：

A 要轉到 A' 可以通過繞 Oxz 平面上任一條直線旋轉，C 要轉到 C' 可以通過 $OA'DA$ 平面上任一條直線旋轉，其中 OD 為 $\angle COC'$ 的角平分線故以上兩平面的交線 OD 即為所求旋轉軸。

其單位向量為

$$\frac{\overrightarrow{OD}}{|\overrightarrow{OD}|} = \frac{\sqrt{2}}{2}(\boldsymbol{i} + \boldsymbol{k})$$

其轉角不難由圖直接觀察到：

$$\varphi = 180^\circ$$

討論：顯然，以上轉動也可經過兩次轉動實現：(1) 先繞 z 轉過 π，(2) 再繞 y 軸轉過 $\frac{\pi}{2}$。如果把以上轉動視為向量。雖然兩次轉動與所求的一次轉動均使剛體產生相同位移，可是其轉動向量並不存在加法的等量關係，即

$$\pi \boldsymbol{k} + \frac{\pi}{2}\boldsymbol{j} \neq \frac{\sqrt{2}}{2}\pi(\boldsymbol{i} + \boldsymbol{k})$$

由此可見，有限轉動不能視為真正的向量。

例 18-1.2

已知剛體繞動軸 Oz_1 以等角速度 ω_r 旋轉，同時 Oz_1 軸又繞定軸 Oz 以等速 ω_e 旋轉，並且 Oz_1 和 Oz 之夾角 θ 為常數，如圖 18-1.4 所示。剛體的這種運動稱為 **規則進動**。試求剛體的角速度和角加速度。

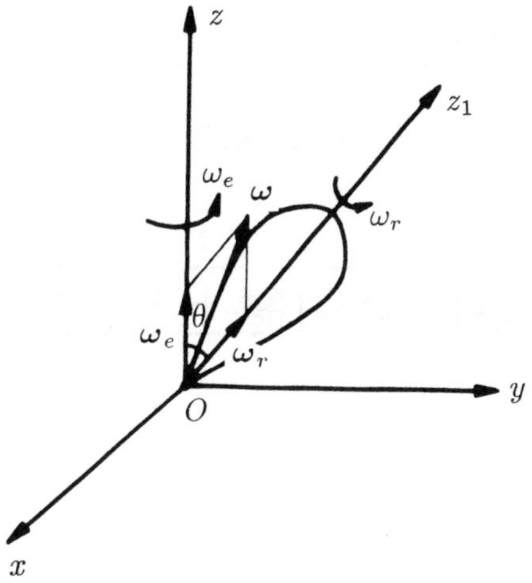

圖 18-1.4　剛體的規則進動

解：

(1) 由角速度合成定理，剛體的角速度為

$$\boldsymbol{\omega} = \boldsymbol{\omega}_e + \boldsymbol{\omega}_r$$

建立如圖旋轉座標 $Oxyz$，其中 Oy 與 Oz_1z 共面。即 $Oxyz$ 以 ω_e 繞 Oz 軸在空間轉動，故

$$\boldsymbol{\omega} = (\omega_r \sin\theta)\boldsymbol{j} + (\omega_e + \omega_r \cos\theta)\boldsymbol{k}$$

$$\omega = \sqrt{\omega_r^2 \sin^2\theta + (\omega_e + \omega_r \cos\theta)^2}$$

$$= \sqrt{\omega_e^2 + \omega_r^2 + 2\omega_e\omega_r \cos\theta}$$

$\boldsymbol{\omega}$ 與 Oz 的夾角

$$\beta = \tan^{-1}\left[\frac{\omega_r \sin\theta}{\omega_e + \omega_r \cos\theta}\right]$$

由此可見 $\boldsymbol{\omega}$ 在動系中其大小和方向均不變，但在定系中則為大小不變，方向則不斷旋轉的向量。

(2) 由於 $\boldsymbol{\omega}$ 可以視為隨動系 $Oxyz$ 以角速度 $\boldsymbol{\omega}_e$ 旋轉的向量，故剛體的角加速度應為：

$$\boldsymbol{\alpha} = \frac{d\boldsymbol{\omega}}{dt} = \boldsymbol{\omega}_e \times \boldsymbol{\omega} = \boldsymbol{\omega}_e \times (\boldsymbol{\omega}_e + \boldsymbol{\omega}_r)$$

$$= \boldsymbol{\omega}_e \times \boldsymbol{\omega}_r = -\omega_e\omega_r \sin\theta \boldsymbol{i}$$

18-2 定點旋轉剛體上各點的速度和加速度

設剛體的瞬時角速度為 $\boldsymbol{\omega}$，則由 (18-1.9) 式得剛體上任一點 M 的速度為

$$\boldsymbol{v} = \boldsymbol{\omega} \times \boldsymbol{r} \tag{18-2.1}$$

其中 $\boldsymbol{r}$ 為點 M 相對於 O 點的位置向量。

對速度求導數，得 M 點的加速度

$$\boldsymbol{a} = \frac{d}{dt}(\boldsymbol{\omega} \times \boldsymbol{r}) = \frac{d\boldsymbol{\omega}}{dt} \times \boldsymbol{r} + \boldsymbol{\omega} \times \frac{d\boldsymbol{r}}{dt}$$

或 $$\boldsymbol{a} = \boldsymbol{\alpha} \times \boldsymbol{r} + \boldsymbol{\omega} \times (\boldsymbol{\omega} \times \boldsymbol{r}) \tag{18-2.2}$$

令 $$\begin{cases} \boldsymbol{a}_R = \boldsymbol{\alpha} \times \boldsymbol{r} \\ \boldsymbol{a}_P = \boldsymbol{\omega} \times (\boldsymbol{\omega} \times \boldsymbol{r}) \end{cases} \tag{18-2.3}$$

則 $$\boldsymbol{a} = \boldsymbol{a}_R + \boldsymbol{a}_P \tag{18-2.4}$$

(18-2.2) 式或 (18-2.4) 式稱為**里瓦斯**(Rivals) 公式。其中 $\boldsymbol{a}_R$ 稱為**旋轉加速度**(Rotary Component of acceleration)，$\boldsymbol{a}_P$ 稱為 **向軸加速度**(Acceleration component pointing to axis)。里瓦斯公式說明，**定點旋轉剛體上任一點的加速度等於其旋轉加速度與向軸加速度的向量和**。值得注意的是，其中 $\boldsymbol{a}_R = \boldsymbol{\alpha} \times \boldsymbol{r}$ 雖然和定軸轉動時的切線加速度相同。但它已不再是 M 點的切線加速度，因為它的方向已不是 M 點運動軌跡的切線方向（即速度向量）。同樣，$\boldsymbol{a}_P$ 也不是 M 點的法線加速度。這都是由於剛體作定點旋轉時，$\boldsymbol{\alpha}$ 和 $\boldsymbol{\omega}$ 不重合所至。

例 18-2.1

碾輪沿水平面作無滑滾動。輪的水平軸 OA 以等角速度 ω_1 繞鉛直軸 Oz 旋轉，如圖 18-2.1 所示。設 $OA = \ell$，碾輪半徑為 r，不計輪的厚度。試求輪緣最高點 M 的速度和加速度。

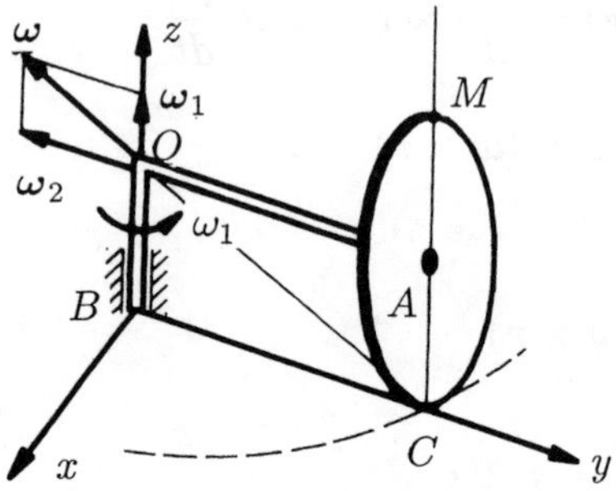

圖 18-2.1

解：

建立動座標 $Oxyz$ 如圖所示，其旋轉角速度為 $\omega_1\boldsymbol{k}$。

(1) 碾輪作規則進動。因為輪與地面接觸點 C 的速度為零，故剛體的角速度沿 OC 直線，故由角速度合成定理有

$$\boldsymbol{\omega} = \boldsymbol{\omega}_1 + \boldsymbol{\omega}_2$$

其中 $\boldsymbol{\omega}_2$ 為輪繞 OA 的轉動角速度。由平行四邊形可得：

$$\begin{cases} \boldsymbol{\omega}_2 = \dfrac{-\ell}{r}\omega_1\boldsymbol{j} \\ \boldsymbol{\omega} = -\omega_1\left(\dfrac{\ell}{r}\boldsymbol{j} - \boldsymbol{k}\right) \end{cases}$$

碾輪的角加速度

$$\boldsymbol{\alpha} = \boldsymbol{\omega}_1 \times \boldsymbol{\omega}_2 = \frac{\ell}{r}\omega_1^2\boldsymbol{i}$$

(2) M 點的位置向量

$$\boldsymbol{r} = \ell\boldsymbol{j} + r\boldsymbol{k}$$

於是 M 點的速度為

$$\boldsymbol{v}=\boldsymbol{\omega}\times\boldsymbol{r}=-\omega_1\left(\frac{\ell}{r}\boldsymbol{j}-\boldsymbol{k}\right)\times(\ell\boldsymbol{j}+r\boldsymbol{k})$$

$$=-2\ell\omega_1\boldsymbol{i}$$

M 點的旋轉加速度為

$$\boldsymbol{a}_R=\boldsymbol{\alpha}\times\boldsymbol{r}=\frac{\ell}{r}\omega_1^2\boldsymbol{i}\times(\ell\boldsymbol{j}+r\boldsymbol{k})$$

$$=\frac{\ell}{r}\omega_1^2(-r\boldsymbol{j}+\ell\boldsymbol{k})$$

M 點的向軸加速度為

$$\boldsymbol{a}_P=\boldsymbol{\omega}\times(\boldsymbol{\omega}\times\boldsymbol{r})=\boldsymbol{\omega}\times\boldsymbol{v}$$

$$=-\omega_1\left(\frac{\ell}{r}\boldsymbol{j}-\boldsymbol{k}\right)(-2\ell\omega_1\boldsymbol{i})$$

$$=-2\ell\omega_1^2\left(\boldsymbol{j}+\frac{\ell}{r}\boldsymbol{k}\right)$$

故 M 點的加速度為

$$\boldsymbol{a}=\boldsymbol{a}_R+\boldsymbol{a}_P=-3\ell\omega_1^2\boldsymbol{j}-\frac{\ell^2}{r}\omega_1^2\boldsymbol{k}$$

$$=-\ell\omega_1^2\left(3\boldsymbol{j}+\frac{\ell}{r}\boldsymbol{k}\right)$$

$$|\boldsymbol{a}|=\frac{\ell}{r}\omega_1^2\sqrt{9r^2+\ell^2}$$

方向在 Byz 平面內與 y 軸的負向夾角為

$$\theta=\tan^{-1}\left(\frac{\ell}{3r}\right)$$

例 18-2.2

起重機駕駛室以等角速度 $\omega_1=0.3$ rad/s繞鉛垂軸旋轉，而吊桿同時以 $\omega_2=0.5$ rad/s繞水平軸相對於駕駛室旋轉。吊桿長 12 m，試求吊桿與水平成 30° 角時，(1) 吊桿頂端 A 的速度；(2) 吊桿頂端 A 的加速度。

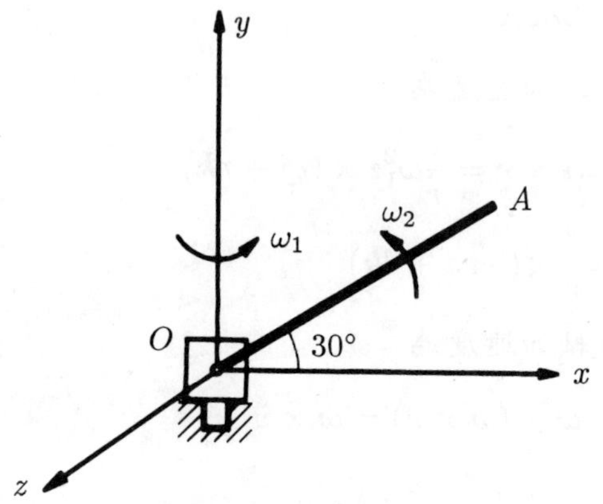

圖 18-2.2

解：

(1) 以吊桿為研究對象，吊桿作規則進動。建立與駕駛室固連的座標如圖示，則吊桿的角速度為

$$\boldsymbol{\omega} = \boldsymbol{\omega}_1 + \boldsymbol{\omega}_2 = 0.3\boldsymbol{j} + 0.5\boldsymbol{k}$$

角加速度為

$$\boldsymbol{\alpha} = \boldsymbol{\omega}_1 \times \boldsymbol{\omega}_2 = \omega_1\boldsymbol{j} \times \omega_2\boldsymbol{k}$$
$$= \omega_1\omega_2\boldsymbol{i} = 0.15\boldsymbol{i}$$

(2) A 點相對於 O 點的位置向量為

$$\boldsymbol{r} = 12(\cos 30^\circ\boldsymbol{i} + \sin 30^\circ\boldsymbol{j}) = 10.39\boldsymbol{i} + 6\boldsymbol{j}$$

於是 A 點的速度為

$$\boldsymbol{v} = \boldsymbol{\omega} \times \boldsymbol{r}$$

$$= (0.3\boldsymbol{j} + 0.5\boldsymbol{k}) \times (10.39\boldsymbol{i} + 6\boldsymbol{j})$$

$$= -3\boldsymbol{i} + 5.2j - 3.12\boldsymbol{k} \text{ (m/s)}$$

(3) A 點的旋轉加速度

$$\boldsymbol{a}_R = \boldsymbol{\alpha} \times \boldsymbol{r} = 0.15\boldsymbol{i} \times (10.39\boldsymbol{i} + 6\boldsymbol{j})$$
$$= 0.90\boldsymbol{k}$$

A 點的向軸加速度

$$\boldsymbol{a}_P = \boldsymbol{\omega} \times (\boldsymbol{\omega} \times \boldsymbol{r}) = \boldsymbol{\omega} \times \boldsymbol{v}$$
$$= (0.3\boldsymbol{j} + 0.5\boldsymbol{k}) \times (-3\boldsymbol{i} + 5.20\boldsymbol{j} - 3.12\boldsymbol{k})$$
$$= -3.54\boldsymbol{i} - 1.5\boldsymbol{j} + 0.9\boldsymbol{k}$$

於是 A 點的加速度為

$$\boldsymbol{a} = \boldsymbol{a}_R + \boldsymbol{a}_P$$
$$= -3.54\boldsymbol{i} - 1.5\boldsymbol{j} + 1.8\boldsymbol{k} \text{ (m/s}^2\text{)}$$

18-3 歐拉角、歐拉運動學方程式

確定一個定點旋轉剛體的位置需三個獨立的參數。三個獨立參數的選法可以有很多種。其中由歐拉首先提出的一種是比較普遍適用的方法。

以定點 O 為原點，建立定座標系 $Oxyz$，和與剛體固連的運動座標系 $Ox'y'z'$，如圖 18-3.1 所示。顯然，確定了座標系 $Ox'y'z'$ 在 $Oxyz$ 中的位置，則剛體的位置即被確定。

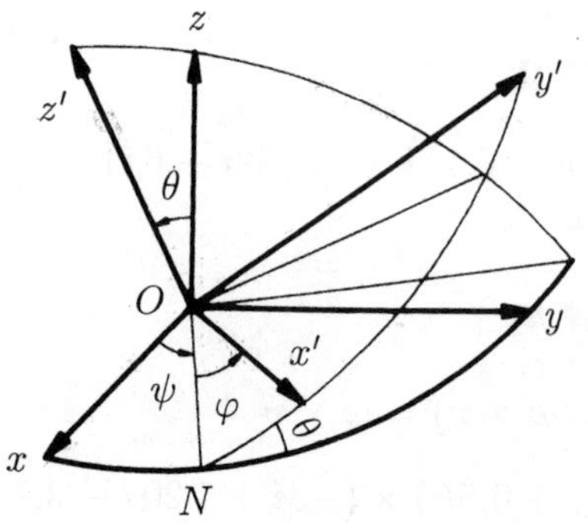

圖 18-3.1 歐拉角

設座標平面 $Ox'y'$ 與 Oxy 的交線為 ON，稱為**節線**。ON 與 Ox 的夾角 ψ 稱為**進動角**(angle of precession)，ON 與 Ox' 間的夾角 φ 稱為**自轉角**(angle of spin)，而 $Ox'y'$ 平面與 Oxy 平面的夾角，亦即 Oz' 與 Oz 的夾角 θ 稱為**章動角**(angle of nutation)。ψ、θ 和 φ 總稱為**歐拉角**(Eulerian angles)。一組歐拉角對應剛體的一個位置。

當剛體繞定點 O 旋轉時，歐拉角將不斷改變，把它們表為時間的單值連續函數，有

$$\begin{aligned}\psi&=f_1(t)\\ \theta&=f_2(t)\\ \varphi&=f_3(t)\end{aligned} \tag{18-2.5}$$

這就是剛體繞定點的**旋轉方程式**。

顯然剛體在任一瞬時的運動，可以視為三個旋轉運動的合成。它們分別是

繞 Oz 軸，並以角速度

$$\boldsymbol{\omega}_1 = \dot{\psi}(\sin\theta\sin\varphi\boldsymbol{i}' + \sin\theta\cos\varphi\boldsymbol{j}' + \cos\theta\boldsymbol{k}')$$

旋轉；

繞 ON 軸，以角速度

$$\boldsymbol{\omega}_2 = \dot{\theta}(\cos\varphi \boldsymbol{i}' - \sin\varphi \boldsymbol{j})$$

旋轉；

繞 Oz' 軸，以角速度

$$\boldsymbol{\omega}_3 = \dot{\varphi}\boldsymbol{k}'$$

旋轉。

根據角速度合成定理，剛體在任意瞬時以角速度

$$\boldsymbol{\omega} = \boldsymbol{\omega}_1 + \boldsymbol{\omega}_2 + \boldsymbol{\omega}_3$$

做瞬時旋轉。因此，由各角速度的表示式，不難得，$\boldsymbol{\omega}$ 在 $Ox'y'z'$ 各軸上的投影式：

$$\begin{cases} \omega_{x'} = \dot{\psi}\sin\theta\sin\varphi + \dot{\theta}\cos\varphi \\ \omega_{y'} = \dot{\psi}\sin\theta\cos\varphi - \dot{\theta}\sin\varphi \\ \omega_{z'} = \dot{\psi}\cos\theta + \dot{\varphi} \end{cases} \tag{18-2.6}$$

此式給出了剛體角速度與歐拉角之間的關係，稱為**歐拉運動學方程式**。

18-4 剛體空間一般運動

剛體在空間作最一般的運動時，我們總可以借助於分解，把運動分解為較簡單運動的合成。在剛體上任選一點 O' 建立平移座標系 $O'x_1y_1z_1$，則剛體的運動可以視為隨平移座標系 $O'x_1y_1z_1$ 的平移運動和相對於座標係 $O'x_1y_1z_1$ 的定點旋轉兩種運動的合成。設剛體繞 O' 點的旋轉角速度、角加速度分別為 $\boldsymbol{\omega}$、$\boldsymbol{\alpha}$，則根據速度合成定理，和加速度合成定理，剛體上任一點 M 的速度和加速度可表示

為：

$$\boldsymbol{v}_M = \boldsymbol{v}_{O'} + \boldsymbol{\omega} \times \boldsymbol{r}' \tag{18-4.1}$$

$$\boldsymbol{a}_M = \boldsymbol{a}_{O'} + \boldsymbol{\alpha} \times \boldsymbol{r}' + \boldsymbol{\omega} \times (\boldsymbol{\omega} \times \boldsymbol{r}') \tag{18-4.2}$$

其中 $\boldsymbol{r}'$ 為 M 點相對於 O' 的位置向量。

利用公式 (18-4.1) 和 (18-4.2) 分析剛體上各個點的速度和加速度非常有效。下面舉例說明。

例 18-4.1

圖 18-4.1 所示，圓盤以 $\omega_{=}10\pi$ rad/s 等速繞其中心軸 Oy 旋轉。而旋轉臂則以 $\omega_e = 4\pi$ rad/s 等速繞鉛垂軸 Z 旋轉。試求在圖示位置時，圓盤上 B 點的速度和加速度。尺寸如圖所示。

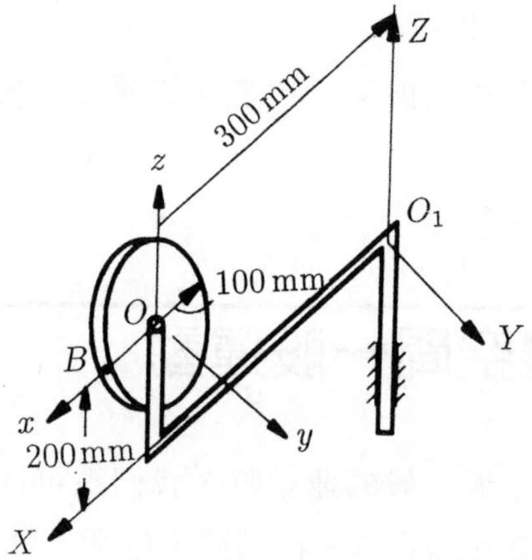

圖 18-4.1

解：

(1) 建立與旋轉臂固連的旋轉座標系 $Oxyz$。由於旋轉臂作定軸旋轉，故

$$\boldsymbol{v}_0 = \boldsymbol{\omega}_e \times \boldsymbol{r}_0$$
$$= \omega_e \boldsymbol{k}' \times (0.3\boldsymbol{i}' + 0.2\boldsymbol{k}')$$
$$= 0.3\omega_e \boldsymbol{j}' = 0.3 \times 4\pi \boldsymbol{j}'$$
$$= 1.2\pi \boldsymbol{j}'$$
$$\boldsymbol{a}_0 = \boldsymbol{\omega}_e \times (\boldsymbol{\omega}_e \times \boldsymbol{r}_0)$$
$$= \omega_e \boldsymbol{k} \times \boldsymbol{v}_0 = 4\pi \boldsymbol{k}' \times 1.2\pi \boldsymbol{j}'$$
$$= -4.8\pi^2 \boldsymbol{i}'$$

(2) 圓盤相對 O 作定點旋轉

$$\boldsymbol{\omega} = \boldsymbol{\omega}_e + \boldsymbol{\omega}_r = \omega_r \boldsymbol{j}' + \omega_e \boldsymbol{k}'$$
$$= 10\pi \boldsymbol{j}' + 4\pi \boldsymbol{k}'$$
$$\boldsymbol{\alpha} = \boldsymbol{\omega}_e \times \boldsymbol{\omega}_r = -\omega_e \omega_r \boldsymbol{i}'$$
$$= -40\pi^2 \boldsymbol{i}'$$

於是有

$$\boldsymbol{\alpha} \times \boldsymbol{r}' = -40\pi^2 \boldsymbol{i} \times 0.1\boldsymbol{i}' = 0$$
$$\boldsymbol{\omega} \times \boldsymbol{r}' = (10\pi \boldsymbol{j}' + 4\pi \boldsymbol{k}') \times 0.1\boldsymbol{i}'$$
$$= 0.4\pi \boldsymbol{j}' - \pi \boldsymbol{k}'$$
$$\boldsymbol{\omega} \times (\boldsymbol{\omega} \times \boldsymbol{r}') = \boldsymbol{\omega} \times (0.4\pi \boldsymbol{j}' - \pi \boldsymbol{k})$$
$$= (10\pi \boldsymbol{j}' + 4\pi \boldsymbol{k}') \times (0.4\pi \boldsymbol{j}' - \pi \boldsymbol{k}')$$
$$= -11.6\pi^2 \boldsymbol{i}'$$

最後得

$$\boldsymbol{v}_B = \boldsymbol{v}_0 + \boldsymbol{\omega} \times \boldsymbol{r}'$$

$$= 1.2\pi \boldsymbol{j}' + 0.4\pi \boldsymbol{j}' - \pi \boldsymbol{k}$$

$$= (1.6\pi \boldsymbol{j}' - \pi \boldsymbol{k}')(\text{m/s})$$

$$\boldsymbol{a}_B = \boldsymbol{a}_0 + \boldsymbol{\alpha} \times \boldsymbol{r}' + \boldsymbol{\omega} \times (\boldsymbol{\omega} \times \boldsymbol{r}')$$

$$= -4.8\pi^2 \boldsymbol{i}' + 0 - 11.6\pi^2 \boldsymbol{i}'$$

$$= -16.4\pi^2 \boldsymbol{i}' \ (\text{m/s}^2)$$

例 18-4.2

圖 18-4.2 中的 AB 兩端分別與套環 A 及圓盤 C 的盤緣以球窩相接。已知圓盤在 xz 平面以等角速度 $\omega_0 = 3$ rad/s 旋轉，轉向如圖示。試求套環 A 在圖示位置的速度和加速度。尺寸如圖中所示。

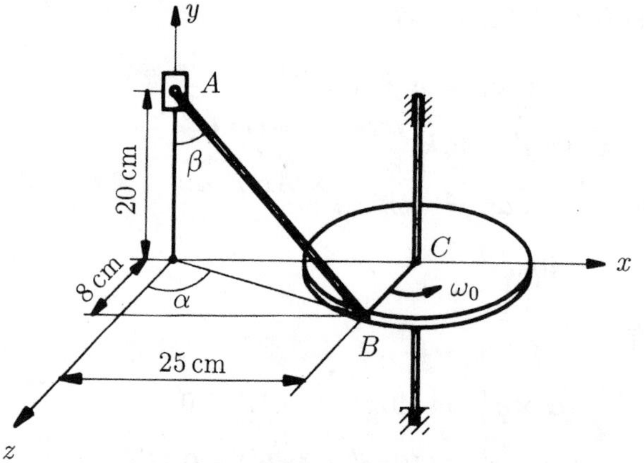

圖 18-4.2

解：

(1) 因為圓盤作定軸旋轉，則 B 點的速度和加速度分別為

$$\boldsymbol{v}_B = \omega_0 r_B \boldsymbol{i} = 0.08 \times 3\boldsymbol{i}$$

$$= 0.24\boldsymbol{i} \ (\text{m/s})$$

$$\boldsymbol{a}_B = -r_B\omega_0^2\boldsymbol{k} = -0.08 \times 3^2\boldsymbol{k}$$
$$= -0.72\boldsymbol{k}\ (\text{m/s}^2)$$

(2) AB 作空間一般運動，設其角速度為 $\boldsymbol{\omega}$，A 下滑的速度為 $\boldsymbol{v}_A = -v_A\boldsymbol{j}$ 由剛體上任意兩點的速度關係為：

$$\boldsymbol{v}_B = \boldsymbol{v}_A + \boldsymbol{\omega} \times \overrightarrow{AB}$$

兩端同時點乘 $\overrightarrow{AB} = 0.25\boldsymbol{i} - 0.2\boldsymbol{j} + 0.08\boldsymbol{k}$，考慮到 $(\boldsymbol{\omega} \times \overrightarrow{AB})$ 與 $\overrightarrow{AB}$ 垂直，故有

$$\boldsymbol{v}_B \cdot \overrightarrow{AB} = \boldsymbol{v}_A \cdot \overrightarrow{AB}$$
$$0.24 \times 0.25 = 0.2v_A$$
$$v_A = 0.3\ \text{m/s}$$

即　$\boldsymbol{v}_A = -0.3\boldsymbol{j}\ (\text{m/s})$

(3) 求 AB 角速度。

由　$(\boldsymbol{v}_B) \cdot \boldsymbol{i} = (\boldsymbol{v}_A) \cdot \boldsymbol{i} + (\boldsymbol{\omega} \times \overrightarrow{AB}) \cdot \boldsymbol{i}$

$(\boldsymbol{v}_B) \cdot \boldsymbol{k} = (\boldsymbol{v}_A) \cdot \boldsymbol{k} + (\boldsymbol{\omega} \times \overrightarrow{AB}) \cdot \boldsymbol{k}$

可得　$v_B = 0 + 0.08\omega_y + 0.2\omega_z$　　(a)

$0 = 0 + (-0.2\omega_x - 0.25\omega_y)$　　(b)

又因 $\boldsymbol{\omega}$ 可用圖示 α，β 角之導數表為：

$$\boldsymbol{\omega} = -\dot{\beta}\cos\alpha\boldsymbol{i} + \dot{\alpha}\boldsymbol{j} + \dot{\beta}\sin\alpha\boldsymbol{k}$$

故由 $\boldsymbol{\omega} \cdot \overrightarrow{OB} = (-0.25\cos + 0.08\sin\alpha)\dot{\beta}$

$= 0$

$0.25\omega_x + 0.08\omega_z = 0$　　(c)

解 (a)、(b) 及 (c) 式可得

$$\begin{cases} \omega_x = -0.348\ \text{rad/s} \\ \omega_y = 0.279\ \text{rad/s} \\ \omega_z = 1.089\ \text{rad/s} \end{cases}$$

(4) 由 $\boldsymbol{a}_A = \boldsymbol{a}_B + \boldsymbol{\omega} \times (\boldsymbol{\omega} \times \overrightarrow{AB}) + \boldsymbol{\alpha} \times \overrightarrow{AB}$

得：$\boldsymbol{a}_A \cdot \overrightarrow{AB} = \boldsymbol{a}_B \cdot \overrightarrow{AB} + [\boldsymbol{\omega} \times (\boldsymbol{\omega} \times \overrightarrow{AB})] \cdot \overrightarrow{AB}$

$+(\boldsymbol{\alpha} \times \overrightarrow{AB}) \cdot \overrightarrow{AB}$

考慮到 $(\boldsymbol{\alpha} \times \overrightarrow{AB})$ 與 $\overrightarrow{AB}$ 垂直，$\boldsymbol{\omega} \times \overrightarrow{AB} = \boldsymbol{v}_B - \boldsymbol{v}_A$

於是有

$$(\boldsymbol{\alpha} \times \overrightarrow{AB}) \cdot \overrightarrow{AB} = 0$$

$$\boldsymbol{\omega} \times (\boldsymbol{\omega} \times \overrightarrow{AB}) = \begin{vmatrix} \boldsymbol{i} & \boldsymbol{j} & \boldsymbol{k} \\ -0.348 & 0.279 & 1.089 \\ 0.24 & 0.3 & 0 \end{vmatrix}$$

$$= -0.3267\boldsymbol{i} + 0.2614\boldsymbol{j} - 0.1714\boldsymbol{k}$$

設 $\boldsymbol{a}_A = a_A\boldsymbol{j}$ 則有

$$-0.2a_A = -0.72 \times 0.08 + (-0.3267 \times 0.25)$$
$$-0.2614 \times 0.2 - 0.1714 \times 0.08$$

$$\boldsymbol{a}_A = a_A\boldsymbol{j} = 1.026\boldsymbol{j}\ (\text{m/s}^2)$$

18-5 剛體空間運動的微分方程式

剛體的任何運動均服從於下列方程式

$$\begin{cases} m\boldsymbol{a}_C = \Sigma \boldsymbol{F} \\ \dfrac{d}{dt}\boldsymbol{L}_0 = \Sigma \boldsymbol{M}_0(\boldsymbol{F}) \end{cases} \qquad (18\text{-}5.1)$$

其中 $\boldsymbol{L}_0$ 為剛體對固定點或質心的角動量，即 O 為固定點或與剛體的質心重合。

本節我們先討論剛體作定點旋轉時對定點的角動量和剛體作一般空間運動時對其質心的角動量的表示式，然後再利用 (18-5.1) 式建立剛體作上述運動時的運動微分方程式。

18-5-1　剛體的角動量

(一) 設剛體繞定點 O 作旋轉運動，如圖 18-5.1 所示。

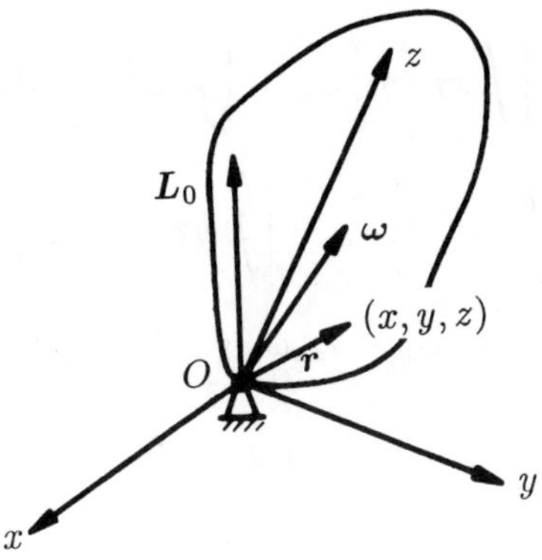

圖 18-5.1

以定點 O 為原點建立座標系 $Oxyz$，設任一瞬時，剛體的瞬時角速度為：

$$\boldsymbol{\omega} = \omega_x \boldsymbol{i} + \omega_y \boldsymbol{j} + \omega_z \boldsymbol{k}$$

剛體上座標為 (x, y, z) 的點之速度可表示為

$$\boldsymbol{v} = \boldsymbol{\omega} \times \boldsymbol{r}$$

其中 $\boldsymbol{r} = x\boldsymbol{i} + y\boldsymbol{j} + z\boldsymbol{k}$ 為質點 (x, y, z) 相對於 O 點的位置向量。
由質點系角動量的定義，剛體對定點 O 之角動量為

$$\boldsymbol{L}_0 = \int [\boldsymbol{r} \times (\boldsymbol{\omega} \times \boldsymbol{r})] dm$$

其中

$$\begin{aligned}\boldsymbol{r} \times (\boldsymbol{\omega} \times \boldsymbol{r}) &= r^2 \boldsymbol{\omega} - (\boldsymbol{r} \cdot \boldsymbol{\omega})\boldsymbol{r} \\ &= [(y^2 + z^2)\omega_x - xy\omega_y - xz\omega_z]\boldsymbol{i} \\ &\quad + [(x^2 + z^2)\omega_y - yx\omega_x - yz\omega_z]\boldsymbol{j}\end{aligned}$$

$$[(x^2+y^2)\omega_z - zx\omega_x - zy\omega_y]\boldsymbol{k}$$

於是：

$$\boldsymbol{L}_0 = \left\{\left[\int(y^2+z^2)dm\right]\omega_x - \left[\int xydm\right]\omega_y - \left[\int xzdm\right]\omega_z\right\}\boldsymbol{i}$$

$$+\left\{-\left[\int xydm\right]\omega_x + \left[\int(x^2+z^2)dm\right]\omega_y - \left[\int yzdm\right]\omega_z\right\}\boldsymbol{j}$$

$$\left\{-\left[\int xzdm\right]\omega_x - \left[\int yzdm\right]\omega_y \left[\int(x^2+y^2)dm\right]\omega_z\right\}\boldsymbol{k}$$

$$= [I_x\omega_x - I_{xy}\omega_y - I_{xz}\omega_z]\boldsymbol{i} + [-I_{xy}\omega_x + I_y\omega_y - I_{yz}\omega_z]\boldsymbol{j}$$

$$+[-I_{xz}\omega_x - I_{yz}\omega_y + I_z\omega_z]\boldsymbol{k} \qquad (18\text{-}5.2)$$

其中

$$I_x=\int(y^2+z^2)dm, \quad I_{xy}=\int xydm$$

$$I_y=\int(x^2+z^2)dm, \quad I_{yz}=\int yzdm \qquad (18\text{-}5.3)$$

$$I_z=\int(x^2+y^2)dm, \quad I_{xz}=\int xzdm$$

左邊三項稱為質量的**轉動慣量**（或 **慣性矩**），右邊三項稱為質量的**慣性積**。

(18-5.2) 式還可寫成矩陣形式

$$\begin{bmatrix} L_x \\ L_y \\ L_z \end{bmatrix} = \begin{bmatrix} I_x & -I_{xy} & -I_{xz} \\ -I_{yx} & I_y & -I_{yz} \\ -I_{zx} & -I_{zy} & I_z \end{bmatrix} \begin{bmatrix} \omega_x \\ \omega_y \\ \omega_z \end{bmatrix} \qquad (18\text{-}5.4)$$

上式右端的第一個方陣中 $I_{xy}=I_{yx}$，$I_{xz}=I_{zx}$，$I_{yz}=I_{zy}$。故該矩陣為對稱矩陣，它表明了剛體質量相對於選定座標系 $Oxyz$ 的分佈情況，稱為剛體相對於座標系 $Oxyz$ 的 **慣性矩陣**。顯然，當 $Oxyz$ 與剛體固連時，剛體的慣性矩陣中各元素為一個不隨時間的改變而變化的常數。

當 $Oxyz$ 為剛體過 O 點的慣性主軸坐標系時，剛體的角動量具有如下的簡單形式

$$\boldsymbol{L}_0 = I_x\omega_x\boldsymbol{i} + I_y\omega_y\boldsymbol{j} + I_z\omega_z\boldsymbol{k} \tag{18-5.5}$$

即剛體的慣性矩陣為對角線矩陣

$$\begin{bmatrix} I_x & 0 & 0 \\ 0 & I_y & 0 \\ 0 & 0 & I_z \end{bmatrix}$$

由 (18-5.5) 式不難看出，只有當 $\boldsymbol{\omega}$ 與慣性主軸重合時；或三個主轉動慣量相等時，角動量 $\boldsymbol{L}_0$ 才能和 $\boldsymbol{\omega}$ 的方向一致，否則 $\boldsymbol{L}_0$ 和 $\boldsymbol{\omega}$ 的方向總是不一致的。

(二) 剛體作空間一般運動時，由於剛體的運動總可以分解為隨其質心平移和相對於質心的旋轉。而剛體相對於質心的絕對角動量又等於它相對質心旋轉運動的角動量，所以對於過質心的座標系 $Cxyz$，剛體相對質心 C 的角動量可表示為

$$\begin{aligned} \boldsymbol{L}_C = &[I_x\omega_x - I_{xy}\omega_y - I_{xz}\omega_z]\boldsymbol{i} \\ &[-I_{yx}\omega_x + I_y\omega_y - I_{yz}\omega_z]\boldsymbol{j} \\ &+[-I_{zx}\omega_x - I_{zy}\omega_y + I_z\omega_z]\boldsymbol{k} \end{aligned}$$

當 $Cxyz$ 為慣性主軸座標時

$$\boldsymbol{L}_C = I_x\omega_x\boldsymbol{i} + I_y\omega_y\boldsymbol{j} + I_z\omega_z\boldsymbol{k}$$

這裡 $\boldsymbol{\omega}$ 是剛體繞質心的旋轉角速度。

18-5-2 歐拉動力學方程式 (Euler's dynamic equation)

由上述可知，剛體作空間任意運動時，對其質心的角動量的表示式與剛體作定點旋轉時對其定點的角動量的表示式完全相同。因

此，我們只需給出剛體繞定點 O 旋轉時

$$\frac{d\boldsymbol{L}_0}{dt} = \Sigma \boldsymbol{M}_C(\boldsymbol{F})$$

的具體形式，即可得到關於剛體作空間一般運動時

$$\frac{d\boldsymbol{L}_C}{dt} = \Sigma \boldsymbol{M}_c(\boldsymbol{F})$$

的具體形式了。

為了避免考慮 $I_x, I_y \cdots$ 等值隨時間改變而帶來的麻煩。通常建立與剛體固連的座標系 $Oxyz$，當剛體作定點旋轉時 O 為轉動中心（定點），當剛體作空間一般運動時，O 與其質心 C 重合，即 O 為質心。同時為了使角動量的表示式較簡單，總是使 $Oxyz$ 為剛體的慣性主軸座標系。這時有

$$\boldsymbol{L}_0 = I_x\omega_x\boldsymbol{i} + I_y\omega_y\boldsymbol{j} + I_z\omega_z\boldsymbol{k}$$

其中 I_x，I_y，I_z 為剛體對 O 點的三個主轉動慣量。由於 $Oxyz$ 與剛體固連，它們均為常數；$\boldsymbol{i}$，$\boldsymbol{j}$，$\boldsymbol{k}$ 為沿 $Oxyz$ 三根軸的單位向量。它們的方向在固定空間以剛體的角速度 $\boldsymbol{\omega}$ 旋轉。因此它們對時間的一階導數為

$$\frac{d\boldsymbol{i}}{dt} = \boldsymbol{\omega} \times \boldsymbol{i} = \omega_z\boldsymbol{j} - \omega_y\boldsymbol{k}$$

$$\frac{d\boldsymbol{j}}{dt} = \boldsymbol{\omega} \times \boldsymbol{j} = \omega_x\boldsymbol{k} - \omega_z\boldsymbol{i}$$

$$\frac{d\boldsymbol{k}}{dt} = \boldsymbol{\omega} \times \boldsymbol{k} = \omega_y\boldsymbol{i} - \omega_x\boldsymbol{j}$$

於是

$$\frac{d\boldsymbol{L}_0}{dt} = I_x\frac{d\omega_x}{dt}\boldsymbol{i} + I_y\frac{d\omega_y}{dt}\boldsymbol{j} + I_z\frac{d\omega_y}{dt}\boldsymbol{k}$$

$$I_x\omega_x\frac{d\boldsymbol{i}}{dt} + I_y\omega_y\frac{d\boldsymbol{j}}{dt} + I_z\omega_z\frac{d\boldsymbol{k}}{dt}$$

代入 $\frac{d\boldsymbol{i}}{dt}$，$\frac{d\boldsymbol{j}}{dt}$，$\frac{d\boldsymbol{k}}{dt}$ 之值，並整理得

$$\frac{d\boldsymbol{L}_0}{dt}=\left[I_x\frac{d\omega_x}{dt}+(I_z-I_y)\omega_y\omega_z\right]\boldsymbol{i}$$

$$+\left[I_y\frac{d\omega_y}{dt}+(I_x-I_z)\omega_z\omega_x\right]\boldsymbol{j}$$

$$+\left[I_z\frac{d\omega_z}{dt}+(I_y-I_x)\omega_x\omega_y\right]\boldsymbol{k}$$

最後由 $\frac{d\boldsymbol{L}_0}{dt}=\Sigma\boldsymbol{M}_0(\boldsymbol{F})$ 得

$$\begin{cases} I_x\dfrac{d\omega_x}{dt}+(I_z-I_y)\omega_y\omega_z=\Sigma M_x(\boldsymbol{F}) \\ I_y\dfrac{d\omega_y}{dt}+(I_x-I_z)\omega_z\omega_x=\Sigma M_y(\boldsymbol{F}) \\ I_z\dfrac{d\omega_z}{dt}+(I_y-I_x)\omega_x\omega_y=\Sigma M_z(\boldsymbol{F}) \end{cases} \quad (18\text{-}5.6)$$

這就是剛體**繞定點旋轉的歐拉動力學方程式**。當剛體的位置由三個歐拉角 ψ，θ 和 φ 確定時，則它和歐拉運動學方程式

$$\begin{cases} \omega_x=\dot{\psi}\sin\theta\sin\varphi+\dot{\theta}\cos\varphi \\ \omega_y=\dot{\psi}\sin\theta\cos\varphi-\dot{\theta}\sin\varphi \\ \omega_z=\dot{\psi}\cos\theta+\dot{\varphi} \end{cases} \quad (18\text{-}5.7)$$

組成六個關於 ψ、θ、φ、ω_x、ω_y 、ω_z 六個變數的一階聯立方程組。如果已知外力矩和運動的初始條件，則可由此方程組唯一解得剛體的運動規律

$$\begin{cases} \psi=f_1(t) \\ \theta=f_2(t) \\ \varphi=f_3(t) \end{cases}$$

應該指出，在一般情況下，上述微分方程式是很難或根本不可能得到分析解的。不過，在計算機技術發達的今天，任何複雜的方程式，是不難得到它們的唯一數值解的。

為了便於進行數值解，通常可以把 (18-5.7) 式改寫為：

$$\begin{cases}\dfrac{d\psi}{dt}=\omega_x\dfrac{\sin\varphi}{\sin\theta}+\omega_y\dfrac{\cos\varphi}{\sin\theta}\\ \dfrac{d\theta}{dt}=\omega_x\cos\varphi-\omega_y\sin\varphi\\ \dfrac{d\varphi}{dt}=-\omega_x\sin\varphi\tan\theta-\omega_y\ cos\varphi\tan\theta-\omega_z\end{cases}\tag{18-5.8}$$

而把 (18-5.6) 式改寫為

$$\begin{cases}\dfrac{d\omega_x}{dt}=\dfrac{1}{I_x}[\Sigma M_x(\boldsymbol{F})-(I_z-I_y)\omega_y\omega_z]\\ \dfrac{d\omega_y}{dt}=\dfrac{1}{I_y}[\Sigma M_y(\boldsymbol{F})-(I_x-I_y)\omega_z\omega_x]\\ \dfrac{d\omega_z}{dt}=\dfrac{1}{I_z}[\Sigma M_z(\boldsymbol{F})-(I_y-I_x)\omega_x\omega_y]\end{cases}\tag{18-5.9}$$

顯然，當已知初始條件，$\psi(0)$，$\theta(0)$，$\varphi(0)$ 及 $\dot{\psi}(0)$，$\dot{\theta}$和 $\dot{\varphi}(0)$，則可選取適當的間距 Δt，依次進行數值計算，從而得出 ψ，θ，φ的變化規律。

此外，它們與方程式

$$\begin{cases}m\ddot{x}'_C=\Sigma X'\\ m\ddot{y}'_C=\Sigma Y'\\ m\ddot{z}'_C=\Sigma Z'\end{cases}\tag{18-5.10}$$

聯立，或是求解定點 O 處的反力（定點旋轉）或是求解質心 C 的運動規律。其中 x'_C，y'_C，z'_C 為質心 C 在固定座標系中的座標。

例 18-5.1

均質薄圓盤質量為 m，半徑為 r，繞 AB 軸以等角速度 ω 轉動。由於安裝的誤差，盤的旋轉對稱軸與轉軸成 α 角（圖 18 -5.2)。圓盤質心在轉軸上，分別距 A，B 的距離為 ℓ_1，ℓ_2。試求軸承 A、B 處的附加動反力。

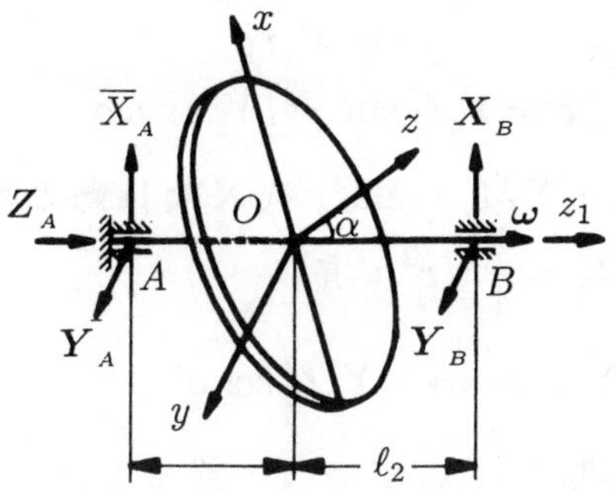

圖 18-5.2

解：

(1) 以圓盤（包括轉軸）為研究對象。

(2) 圓盤作定軸旋轉，它是定點旋轉的一種特殊情況。建立與圓盤固連的中心慣性主軸座標系 $Oxyz$，其中 O 為質心，Oxz 平面包含軸 Oz_1，Oxy 平面與盤面重合（如圖所示）。盤的角速度可寫為

$$\boldsymbol{\omega} = -\omega \sin \alpha \boldsymbol{i} + \omega \cos \alpha \boldsymbol{k}$$

即 $\begin{cases} \omega_x = -\omega \cos \alpha \\ \omega_y = 0 \\ \omega_z = \omega \cos \alpha \end{cases}$

圓盤質心 O 的加速度：$a_O = 0$

(3) 圓盤受力有 A、B 兩處反力 $\boldsymbol{X}_A$，$\boldsymbol{Y}_A$，$\boldsymbol{Z}_A$，$\boldsymbol{X}_B$，$\boldsymbol{Y}_B$。設 $\boldsymbol{X}_A$，$\boldsymbol{X}_B$ 總在 Oxz（動平面）內。由於只求附加動反力，故不

計重力。於是外力對 x，y，z 軸之力矩分別為

$$\begin{cases} \Sigma M_x(\boldsymbol{F}) = Y_A \ell_1 \cos\alpha - Y_B \ell^2 \cos\alpha \\ \Sigma M_y(\boldsymbol{F}) = X_B \ell^2 - X_A \ell_1 \\ \Sigma M_z(\boldsymbol{F}) = Y_A \ell_1 \sin\alpha - Y_B \ell \sin\alpha \end{cases}$$

(4) 將 $\boldsymbol{\omega}$，ΣM_x，ΣM_y，ΣM_z 代入歐拉動力學方程式，並考慮到 $I_x = I_y = \frac{1}{2} I_z = \frac{1}{4} M r^2$，有

$$\begin{cases} 0 = Y_A \ell_1 \cos\alpha - Y_B \ell_2^2 \cos\alpha \\ \frac{1}{4} M r^2 \omega^2 \sin\alpha \cos\alpha - Y_B \ell_2^2 - X_A \ell_1 \\ 0 = Y_A \ell_1 \sin\alpha \cos\alpha = Y_B \ell_2 \sin\alpha \end{cases} \tag{a}$$

再由 $M\boldsymbol{a}_C = \Sigma \boldsymbol{F}$ 得

$$\begin{cases} 0 = X_A + X_B \\ 0 = Y_A + Y_B \\ 0 = Z_A \end{cases} \tag{b}$$

聯立 (a) 及 (b) 式得解

$$\begin{cases} X_B = -X_A = \dfrac{m r^2 \omega^2}{8(\ell_1 + \ell_2)} \sin 2\alpha \\ Y_B = Y_A = 0 \\ Z_A = 0 \end{cases}$$

可見，A、B 兩處的反力在 Oxz 平面內組成一力偶。由於 Oxz 平面以 ω 角速度隨同剛體一起轉動。所以此力偶也以角速度 ω 在空間旋轉，即軸承 A、B 兩處的反力在任何固定方位的投影將以正弦規律發生變化。

由於剛體作空間一般運動時的動力學問題均較複雜，遠非本書所能涉及的內容。下面僅就剛體的動能的計算以及某些常見的特殊問題予以探討。

18-6 剛體作空間運動時功能原理及衝量原理的應用

18-6-1 剛體的動能計算

(一) 剛體定點旋轉時的動能

設剛體的角速度為 $\boldsymbol{\omega}$，則剛體上任一點的速度為

$$\boldsymbol{v} = \boldsymbol{\omega} \times \boldsymbol{r}$$

$\boldsymbol{r}$ 為質點相對於 O 點的位置向量。同此，剛體的動能可寫為

$$\begin{aligned}T &= \int \frac{1}{2}\boldsymbol{v} \cdot \boldsymbol{v} dm \\ &= \int \frac{1}{2}(\boldsymbol{\omega} \times \boldsymbol{r}) \cdot (\boldsymbol{\omega} \times \boldsymbol{r}) dm \\ &= \frac{1}{2}\int \boldsymbol{r} \times (\boldsymbol{\omega} \times \boldsymbol{r}) \cdot \boldsymbol{\omega} dm \\ &= \frac{1}{2}\left[\int \boldsymbol{r} \times (\boldsymbol{\omega} \times \boldsymbol{r}) dm\right] \cdot \boldsymbol{\omega} \\ &= \frac{1}{2}\boldsymbol{L}_0 \cdot \boldsymbol{\omega} \qquad (18\text{-}6.1)\end{aligned}$$

此式表明，剛體的動能等於其對定點之角動量與其角速度之純量積的一半。

考慮到 (18-5.2) 式的 $\boldsymbol{L}_0$ 表示式，不難得

$$T = \frac{1}{2}[I_x\omega_x^2 + I_y\omega_y^2 + I_z\omega_z^2 - 2I_{xy}\omega_x\omega_y$$

$$2I_{yz}\omega_y\omega_z - 2I_{zx}\omega_z\omega_x] \qquad (18\text{-}6.2)$$

或者寫成矩陣形式

$$T = \frac{1}{2}[\omega_x \quad \omega_y \quad \omega_z] \begin{bmatrix} I_x & -I_{xy} & -I_{xz} \\ -I_{yx} & I_y & -I_{yz} \\ -I_{zx} & -I_{zy} & I_z \end{bmatrix} \begin{bmatrix} \omega_x \\ \omega_y \\ \omega_z \end{bmatrix} \tag{18-6.3}$$

當 $Oxyz$ 為慣性主軸坐標系時

$$T = \frac{1}{2}[I_x\omega_x^2 + I_y\omega_y^2 + I_z\omega_z^2]$$

(二)剛體作空間一般運動時

根據柯尼希定理，其動能應寫為

$$T = \frac{1}{2}mv_C^2 + \frac{1}{2}[I_x\omega_x^2 + I_y\omega_y^2 + I_z\omega_z^2\omega$$

$$-2I_{xy}\omega_x\omega_y - 2I_{yz}\omega_y\omega_z + 2I_{zx}\omega_z\omega_x] \tag{18-6.4}$$

其中 v_C 為質心速度，x，y，z 為過質心 C 的三根座標軸。若 $Cxyz$ 為中心慣性主軸座標系，則動能有最簡單的表示式

$$T = \frac{1}{2}mv_C^2 + \frac{1}{2}[I_x\omega_x^2 + I_y\omega_y^2 + I_z\omega_z^2] \tag{18-6.5}$$

18-6-2 功能原理及動量原理

對於剛體的任何運動，動能定理和動量原理同樣適用。因此對於某些特殊問題，同時應用這些定理，將使問題的求解變得較為方便。下面舉例說明。

例 18-6.1

質量為 m 的細長桿 OA，以鉸接的方式聯結於以 Ω 的角速度旋轉之垂直軸 OB 的下端，如圖 18-6.1 所示。已知 OA 長為 ℓ。角速度 $\Omega < \sqrt{\frac{3g}{2\ell}}$，且為了保持 $\Omega =$ 常數，OB 上作用一變力矩 M。當

$t=0$ 時 OA 與鉛垂線的夾角為 $\theta=\theta_0$（小值），$\dot{\theta}=0$。求 θ 隨時間的變化規律及變力矩 M 的大小。

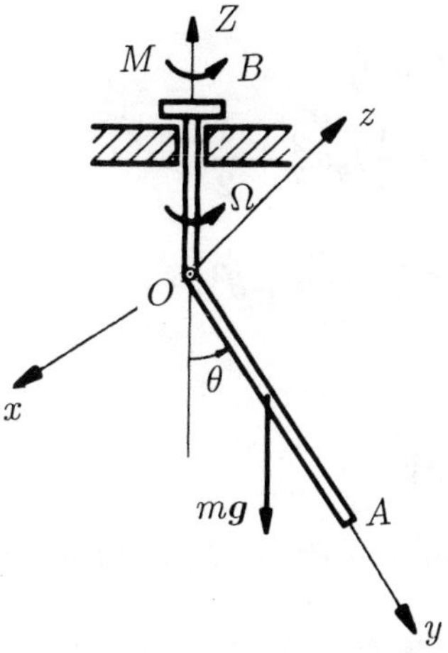

圖 18-6.1

解：

(1) 選取以 OA 固結的旋轉座標系 $Oxyz$ 如圖，則系統對 O 點的角動量為

$$\boldsymbol{L}_0=I_x\omega_x\boldsymbol{i}+I_y\omega_y\boldsymbol{j}+I_z\omega_z\boldsymbol{k}$$

其中 $\omega_x=-\Omega\sin\theta$，$\omega_y=-\Omega\cos\theta$，$\omega_z=\dot{\theta}$，$I_x=I_z=\frac{1}{3}m\ell^2$，$I_z=0$
於是有

$$\boldsymbol{L}_0=\frac{1}{3}m\ell^2(-\Omega\sin\theta\boldsymbol{i}+\dot{\theta}\boldsymbol{k})$$

$$(\boldsymbol{L}_0)_Z=\frac{1}{3}m\ell^2(\Omega\sin^2\theta)$$

由於 OZ 軸是固定軸，故由角動量原理

$$\frac{dL_z}{dt} = \Sigma M_z(\boldsymbol{F})$$

有 $$\frac{1}{3}m\ell^2\Omega\cdot 2\sin\theta\cos\theta\dot{\theta} = M \tag{a}$$

(2) 系統的動能為 $(t \neq 0)$

$$T = \frac{1}{2}I_x\omega_x^2 + \frac{1}{2}I_y\omega_y^2 + \frac{1}{2}I_z\omega_z^2$$

$$= \frac{1}{6}m\ell^2(\Omega^2\sin^2\theta + \dot{\theta}^2)$$

由動能定理

$$T - T_0 = \Sigma W$$

得 $$\frac{1}{6}m\ell^2(\Omega^2\sin^2\theta + \dot{\theta}^2) - T_0 = M\varphi + mg\frac{\ell}{2}(\cos\theta - \cos\theta_0)$$

其中 φ 為 OB 的轉角，上式對時間求導數，得

$$\frac{1}{3}m\ell^2\Omega^2\sin\theta\cos\theta\dot{\theta} + \frac{1}{3}m\ell^2\dot{\theta}\ddot{\theta}$$

$$= M\Omega - \frac{1}{2}mg\ell\sin\theta\dot{\theta}$$

此式對任意 $\dot{\theta}$ 值均成立，故代入 (a) 式的 M 值，並消去公因素 $M\dot{\theta}\ell$，可整理得：

$$\ddot{\theta} + \left(\frac{3g}{2\ell} - \Omega^2\cos\theta\right)\sin\theta = 0$$

考慮到 $\theta \ll 1$，故 $\cos\theta \approx 1$，$\sin\theta = \theta$，上式即為二階常係數微分方程式，

$$\ddot{\theta} + \left(\frac{3g}{2\ell} - \Omega^2\right)\theta = 0$$

由題意知 $t = 0$ 時，$\theta = \theta_0$，$\dot{\theta} = 0$，得解為

$$\theta = \theta_0\cos\sqrt{\frac{3g}{2\ell} - \Omega^2}t$$

代回 (a) 式得變力矩為

$$M = -\frac{1}{3}m\ell^2\Omega\theta_0\sqrt{\frac{3g}{2\ell}-\Omega^2}\sin\left[2\theta_0\cos\sqrt{\frac{3g}{2\ell}-\Omega^2}t\right]\sin\sqrt{\frac{3g}{2\ell}-\Omega^2}t$$

18-7 對稱剛體作規則進動的迴轉力矩

工程中經常遇到剛體作這樣的運動：它一方面以其大小不變的角速度 ω 繞其自身的對稱軸 Oz 旋轉，同時它的對稱軸 Oz 又以大小和方向均保持不變的角速度繞不動軸 Oz_1 旋轉。設 Oz 與 Oz_1 軸的夾角為 θ，它為一常數（如圖 18-7.1 所示）。繞動軸 Oz 的旋轉，稱為**自轉**。動軸 Oz 繞定軸 Oz_1 的旋轉稱為**進動**。剛體的這種運動稱為**規則進動** (regular precession)。

剛體的規則進動顯然是定點旋轉運動。由於它的運動規律為已知，因此可以根據角動量的變化規律計算它所受到的外力矩。

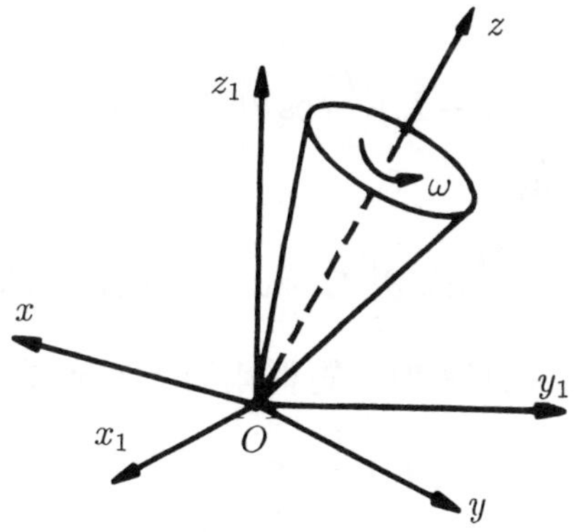

圖 18-7.1

建立慣性主軸座標系 $Oxyz$，其中 Oyz 平面始終與 Oz 和 Oz_1 所決定的平面重合，並以角速度（進動角速度）Ω 繞 Oz_1 軸旋轉。剛

體的角速度為 $\boldsymbol{\omega}+\boldsymbol{\Omega}$ 。故剛體的角動量為

$$\boldsymbol{L}_0=-I_y\Omega\sin\theta\boldsymbol{j}+I_z(\omega+\Omega\cos\theta)\boldsymbol{k}$$

為將 $\boldsymbol{L}_0$ 表成 $\boldsymbol{\Omega}$，$\boldsymbol{\omega}$ 的向量表示式，在上式右端同時加減 $I_y\Omega\cos\theta\boldsymbol{k}$，則有

$$\begin{aligned}\boldsymbol{L}_0=&I_y(-\Omega\sin\theta\boldsymbol{j}+\Omega\cos\theta\boldsymbol{k})+I_z\omega\boldsymbol{k}\\&+(I_z-I_y)\Omega\cos\theta\boldsymbol{k}\end{aligned}$$

考慮到

$$\begin{cases}\boldsymbol{\omega}=\omega\boldsymbol{k}\\\boldsymbol{\Omega}=-\Omega\sin\theta\ \boldsymbol{j}+\omega\cos\theta\boldsymbol{k}\end{cases}$$

於是

$$\boldsymbol{L}_0=I_y\boldsymbol{\Omega}+\left[I_z+(I_z+I_y)\frac{\Omega}{\omega}\cos\theta\right]\boldsymbol{\omega}$$

由於 $\boldsymbol{\Omega}$ 為常向量，Ω，ω，θ 均為常數，而 $\boldsymbol{\omega}$ 是大小不變，方向繞 Oz_1 以等角速度 $\boldsymbol{\Omega}$ 旋轉的向量，因此有

$$\frac{d\boldsymbol{\omega}}{dt}=\boldsymbol{\Omega}\times\boldsymbol{\omega}$$

最後得 $\dfrac{d\boldsymbol{L}_0}{dt}=\left[I_z+(I_z-I_y)\dfrac{\Omega}{\omega}\cos\theta\right]\boldsymbol{\Omega}\times\boldsymbol{\omega}$

由角動量定理得

$$\left[I_z+(I_z-I_y)\frac{\Omega}{\omega}\cos\theta\right]\boldsymbol{\Omega}\times\boldsymbol{\omega}=\Sigma\boldsymbol{M}_0(\boldsymbol{F})\tag{18-7.1}$$

由此可見，作規則進動的對稱剛體，其**有效力偶矩**為：

$$\boldsymbol{M}_{效}=\left[I_z+(I_z-I_y)\frac{\Omega}{\omega}\cos\theta\right]\boldsymbol{\Omega}\times\boldsymbol{\omega}\tag{18-7.2}$$

此力矩也稱為**迴轉力矩**。它的方向始終與 Oz 和 Oz_1 所決定的平面垂直，其指向由 (18-7.2) 式右端方括號內數值的正負而定。

如果已知自轉角速度 ω 及外力矩 $\Sigma\boldsymbol{M}_0(\boldsymbol{F})$ ，則由下式

$$\left[I_z+(I_z-I_y)\frac{\Omega}{\omega}\cos\theta\right]\Omega\omega\cos\theta=\Sigma M_0(\boldsymbol{F})$$

可求進動角速度。不難看出上式是關於 Ω 的二次式。因此有兩個解。其中較大的 Ω 所對應的運動稱為**快進動**，較小的 Ω 所對應的運動稱為 **慢進動**。剛體是快進動還是慢進動要視初始條件而定。

當 ω 很大時，則迴轉力矩可近似表為：

$$\boldsymbol{M}_{效} \approx \boldsymbol{\Omega} \times I_z\boldsymbol{\omega} \tag{18-7.3}$$

特別是當 $\boldsymbol{\Omega}$ 與 $\boldsymbol{\Omega}$ 的夾角 $\theta = \dfrac{\pi}{2}$ 時，則總有

$$\boldsymbol{M}_{效} = \boldsymbol{\Omega} \times I_z\boldsymbol{\omega} = I_z\Omega\omega\boldsymbol{j} \tag{18-7.4}$$

此時進動角速度為（如圖 18-7.2）

$$\Omega = \frac{M_0}{I_z\omega} \tag{18-7.5}$$

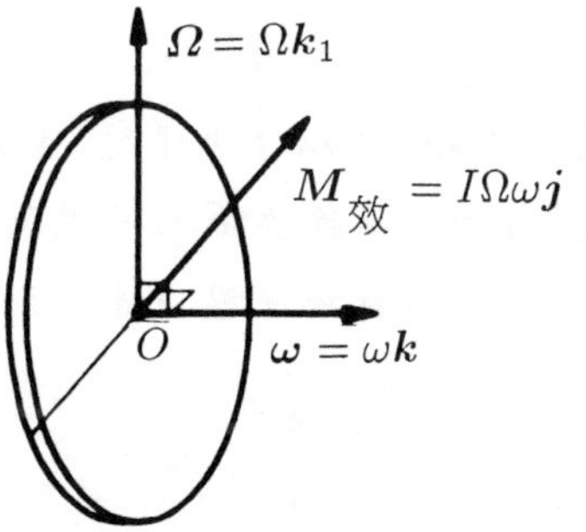

圖 18-7.2

由於一般迴轉儀的自轉角速度很高，所以要改變其自轉在空間的方位（產生一定的 Ω）則需要很大的外力偶矩 M_y。因此，我們說，迴轉儀的自轉軸具有其穩定性。

迴轉力矩公式，可以直接用於求解作用於規則進動剛體的外力矩，即利用方程式

$$\boldsymbol{M}_{效} = \Sigma\boldsymbol{M}_0(\boldsymbol{F})$$

求解。其中 $\Sigma\boldsymbol{M}_0(\boldsymbol{F})$ 為作用於剛體的外力對 O 點之主力矩。

例 18-5.1 中，圓盤的運動可視為自轉角速度 $\omega = 0$，進動角速度 $\Omega = \omega$ 的規則進動。如把有效力系的力偶矩改寫為

$$\boldsymbol{M}_{效} = \left[I_z + (I_z - I_y)\frac{\Omega}{\omega}\cos\theta\right]\boldsymbol{\Omega} \times \boldsymbol{\omega}$$

$$= [I_z\omega + (I_z - I_y)\Omega\cos\theta]\boldsymbol{\Omega} \times \boldsymbol{k}$$

其中 $\boldsymbol{k}$ 為沿自轉軸的單位向量。故例 18-5.1 中圓盤的有效力矩為

$$\boldsymbol{M}_{效} = (I_z - I_y)\Omega^2\cos\alpha\sin\alpha\boldsymbol{j}$$

故由外力系和有效力系的等量關係可得例題解中的各方程式，從而求其解。

例 18-7.1

一碾磨機的自轉軸 Oz 以等角速度 ω_2 繞鉛垂軸 Oz_1 轉動（圖 18-7.3）。碾子質量為 m，半徑為 R，可視為均質薄圓盤。圖中 $OC = \ell$，θ 角為已知，碾子相對於底盤作純滾動。求盤底受到底盤的正向反力。

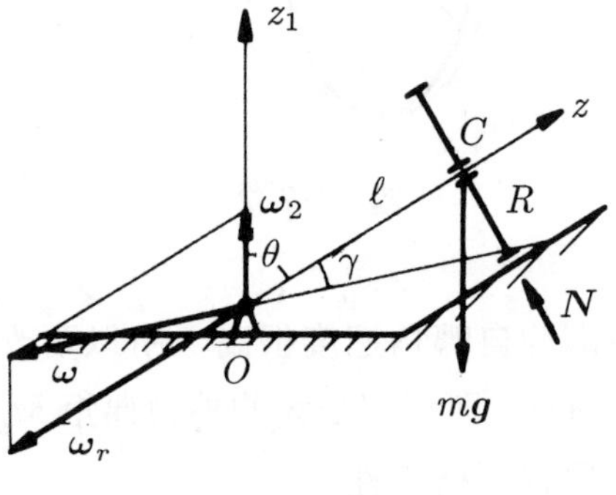

圖 18-7.3

解：

碾子作規則進動。所受外力有重力 mg，反力 $\boldsymbol{N}$ 及 O 處拘束力（圖中未畫出）。

由於碾子作純滾動，設旋轉角速度為 ω_r，則由轉動合成知

$$\boldsymbol{\omega} = \boldsymbol{\omega}_r + \boldsymbol{\omega}_2$$

根據向量合成平行四邊形法則不難得

$$\omega_r = \frac{\sin(\theta+\gamma)}{\sin\gamma}\omega_2$$

於是，得有效力矩為

$$\boldsymbol{M}_{效} = \left[I_z + (I_z - I_y)\frac{\omega_2}{\omega_r}\cos(\pi-\theta)\right]$$

$$\omega_2\omega_r\sin(\pi-\theta)\boldsymbol{i}$$

$\boldsymbol{i}$ 為垂直紙面向外的單位向量。故由

$$\boldsymbol{M}_{效} = \Sigma\boldsymbol{M}_0(\boldsymbol{F})$$

得 $$\left[I_z + (I_z - I_y)\frac{\omega_2}{\omega_r}\cos(\pi-\theta)\omega_2\omega_r\sin(\pi-\theta)\right]$$

$$= -mg\ell\sin\theta + N\ell$$

解方程式

$$N = \frac{\sin\theta}{\ell}[I_z\omega_2\omega_r - (I_z - I_y)\omega_2^2\cos\theta + mg\ell]$$

代入 ω_r，$I_z = \frac{1}{2}mR^2$，$I_y = \frac{1}{4}mR^2 + m\ell^2$，$\gamma = \tan^{-1}\frac{R}{\ell}$，並化簡，即得

$$N = \left[mg + \omega_2^2\left(\frac{1}{2}mR\sin\theta + \frac{1}{4}m\frac{R^2}{\ell}\cos\theta + m\ell\cos\theta\right)\right]\sin\theta$$

可以看出，當 $\omega_2 = 0$，時，$N = mg\sin\theta$，為碾子不運動時所產生的靜反力。與 ω_2 有關的各項則為迴轉力矩所產生的**附加動反力**。

例 18-7.2

圖 18-7.4 所示，均質圓盤附著於質量可忽略的 AB 桿 A 端，而該桿的 B 端以光滑球窩支承。若 AB 桿與鉛直軸間形成一不變角為 $60°$，而且以角速度 $\Omega = 3$ rad/s 繞鉛垂軸旋轉時，試求圓盤相對 AB 桿應有多大的角速度？已知圓盤半徑為 0.1 m。$AB = 0.8$ m。

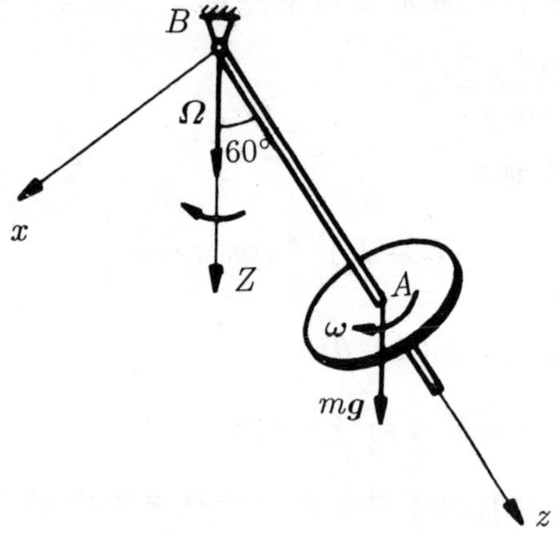

圖 18-7.4

解：

設圓盤自轉角速度 $\boldsymbol{\omega}$ 方向沿 $\overrightarrow{BA}$ 的正向如圖所示。則有效力矩為

$$\boldsymbol{M}_{效} = [I_z\omega + (I_z - I_y)\Omega\cos 60°]\Omega\sin 60°\boldsymbol{i}$$

而外力矩則為

$$\Sigma\boldsymbol{M}_B = -mg\ell\sin 60°\boldsymbol{i}$$

於是由 $\boldsymbol{M}_{效} = \Sigma\boldsymbol{M}_B$ 得

$$[I_z\omega + (I_z - I_y)\omega\cos 60°]\Omega = -mg\ell$$

$$I_z\omega = \frac{-mg\ell}{\Omega} - (I_z - I_y)\frac{1}{2}\Omega$$

即　$$\omega = -\frac{mg\ell}{I_z\Omega} - \frac{I_z - I_y}{2I_z}\Omega$$

代入 $I_z = \frac{1}{2}mR^2$，$I_y = \frac{1}{4}mR^2 + m\ell^2$

$$\omega = -\frac{2g\ell}{R^2\Omega} - \frac{1}{4}\Omega + \left(\frac{\ell}{R}\right)^2\Omega$$

$$= -\frac{2 \times 9.8 \times 0.8}{0.1^2 \times 3} - \frac{3}{4} + \left(\frac{0.8}{0.1}\right)^2 \times 3$$

$$= -331.4 \text{ rad/s}$$

負值表明 ω 的實際轉向應與所設轉向相反。

例 18-7.3

圖 18-7.5 所示為一輪船。船在行進中繞與船上渦輪軸相垂直的 mm' 水平軸線縱向擺動，擺角的幅值為 0.157 rad，週期是 15 s。渦輪質量為 3000 kg，轉速 $n = 3000$ rpm，對轉軸的迴轉半徑 $k = 0.6$ m，兩軸間的距離為 2 m。求渦輪的迴轉力矩在軸承 A、B 上引起的最大動反力。

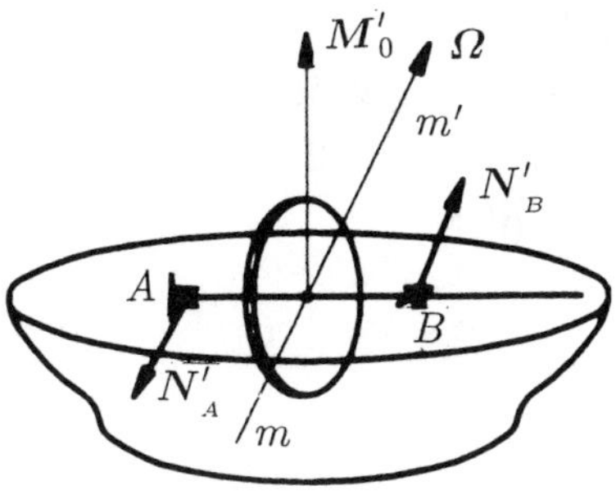

圖 18-7.5

解：

根據題意，輪船繞 mm' 擺動的規律為

$$\psi = 0.157 \sin \frac{2\pi}{15} t$$

其擺動角速度為

$$\Omega = \frac{d\psi}{dt} = \frac{2\pi}{15} \times 0.157 \cos \frac{2\pi}{15} t$$

最大擺動角速度為

$$\Omega_{\max} = \frac{2\pi}{15} \times 0.157 = 0.0658 \text{ rad/s}$$

轉子的自轉角速度為

$$\omega = \frac{2\pi n}{60} = \frac{\pi}{30} \times 3000 = 314.2 \text{ rad/s}$$

由於 $\boldsymbol{\Omega}$ 與 $\boldsymbol{\omega}$ 的夾角為 $\frac{\pi}{2}$，故最大迴轉力矩為

$$\begin{aligned} M_{效} &= I_z \omega \Omega_{\max} \\ &= 3000 \times 0.6^2 \times 314.2 \times 0.0658 \\ &= 2.23 \times 10^4 \text{ N·m} \end{aligned}$$

方向沿鉛垂軸，指向由 Ω 的轉向決定。

外力矩為 $\boldsymbol{N}_A$，$\boldsymbol{N}_B$ 構成的力偶矩，故由

$$\boldsymbol{M}_{效} = \Sigma \boldsymbol{M}_0(\boldsymbol{F})$$

得
$$N_A = N_B = \frac{M_{效}}{\ell} = \frac{2.23 \times 10^4}{2} = 1.115 \times 10^4 \text{ N}$$

18-8 旋轉對稱剛體在無轉矩作用下的運動

飛行中的衛星，飛彈在不計空氣阻力時，相對於質心的旋轉就是無外力矩作用下的運動。因為物體所受的外力只有重力。本節我們只討論具有旋轉對稱軸的簡單情形，此時 $I_x = I_y$。故歐拉動力學方程式可寫為

$$\begin{cases} I_x\dot{\omega}_x + (I_z - I_x)\omega_z\omega_y = 0 \\ I_x\dot{\omega}_y + (I_x - I_y)\omega_x\omega_z = 0 \\ I_z\dot{\omega}_z = 0 \end{cases} \tag{18-8.1}$$

由其中第三式可得

$$\omega_z = 常數 = \omega_z(0) \tag{18-8.2}$$

由其中第一式乘以 ω_x 加上第二式乘以 ω_y，即得

$$I_x(\omega_x\dot{\omega}_x + \omega_y\dot{\omega}_y) = 0$$

積分可得：

$$\omega_x^2 + \omega_y^2 = 常數 = \omega_p^2 \tag{18-8.3}$$

由 (18-8.2) 和 (18-8.3) 式不難得動量矩的大小

$$\sqrt{I_x^2\omega_x^2 + I_x^2\omega_y^2 + I_z^2\omega_z^2} = \sqrt{I_x^2\omega_p^2 + I_z^2\omega_z^2(0)}$$

$$= L_0 = 常數$$

動能的大小為

$$T = \frac{1}{2}(I_x\omega_x^2 + I_x\omega_y^2 + I_z\omega_z^2)$$

$$= \frac{1}{2}[I_x\omega_p^2 + I_z\omega_z^2(0)]$$

$$= 常數$$

而任意瞬時的角速度

$$\omega = \sqrt{\omega_x^2 + \omega_y^2 + \omega_z^2} = \sqrt{\omega_p^2 + \omega_z^2}$$
$$= \text{常數}$$

因此我們可以得，$\boldsymbol{L}_0$ 與 Oz，$\boldsymbol{L}_0$ 與 ω，$\boldsymbol{\omega}$ 與 Oz 的夾角餘弦分別為

$$\begin{cases} \cos\theta = \dfrac{L_z}{L} = \dfrac{I_z\omega_z}{L} = \text{常數} \\ \cos\beta = \dfrac{\boldsymbol{L}_0 \cdot \boldsymbol{\omega}}{L_0 \cdot \omega} = \dfrac{I_x\omega_x^2 + I_y\omega_y^2 + I_z\omega_z^2}{L \cdot \omega} = \dfrac{2T}{L \cdot \omega} = \text{常值} \\ \cos\gamma = \dfrac{\omega_z}{\omega} = \text{常數} \end{cases} \tag{18-8.4}$$

而且由：

$$(\boldsymbol{L}_0 \times \boldsymbol{\omega}) \cdot \boldsymbol{k} \begin{vmatrix} I_x\omega_x & I_y\omega_y & I_z\omega_z \\ \omega_x & \omega_y & \omega_z \\ 0 & 0 & 1 \end{vmatrix} = 0$$

知，$\boldsymbol{\omega}$，$\boldsymbol{L}_0$ 與 Oz 永遠共面。圖 18-8.1，表示了 $\boldsymbol{\omega}$，$\boldsymbol{L}_0$，和 Oz 之間的幾何關係。

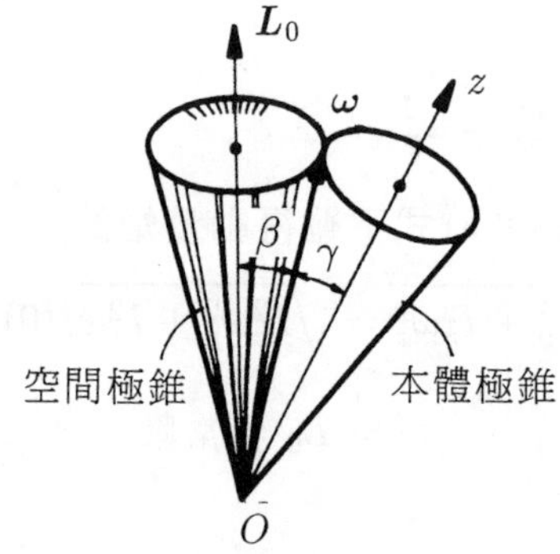

圖 18-8.1

由 $\dfrac{d\boldsymbol{L}_0}{dt} = 0$，知 $\boldsymbol{L}_0$ 在固定空間是一個大小和方向均保持不變的常向量。$\boldsymbol{\omega}$ 與 $\boldsymbol{L}$ 的夾角保持常數，說明瞬時角速度 $\boldsymbol{\omega}$ 在固定空間的運動軌　是一個以 $\boldsymbol{L}_0$ 為中心軸的圓錐面。而 $\boldsymbol{\omega}$ 與 Oz 軸的夾角保

持常數，說明瞬時角速度 $\boldsymbol{\omega}$ 在剛體上的運動軌蹟是一個以 Oz 軸為中心的圓錐面。前一錐面是固定錐面，稱為**空間極錐面**，後一圓錐面將隨剛體旋轉而旋轉，是一運動錐面，稱為 **本體極錐面**。這兩個錐面相切於 $\boldsymbol{\omega}$，即剛體的瞬時轉軸。剛體的運動可以視為剛體隨同本體極錐面在空間極錐面上作無滑動的滾動。

由於 $\boldsymbol{L}_0$ 在固定空間為一常向量，故取 定座 標系 $Ox_1y_1z_1$ 的 Oz_1 軸與 $\boldsymbol{L}_0$ 重合。這時因為 Oz 與 Oz_1 之夾角 θ 為常數，故有

$$\dot{\theta}=0$$

代入歐拉運動學方程式 (18-3.2) 可寫成：

$$\begin{cases}\omega_x=\dot{\psi}\sin\theta\sin\varphi\\ \omega_y=\dot{\psi}\sin\theta\cos\varphi\\ \omega_z=\dot{\psi}\cos\theta+\dot{\varphi}\end{cases}\tag{18-8.5}$$

將前兩式平方相加有

$$\omega_x^2+\omega_y^2=\dot{\psi}^2\sin^2\theta=\omega_p^2=\text{常數}$$

$$\dot{\psi}=\frac{\omega_p}{\sin\theta}$$

或根據

$$L_0^2=I_x^2(\omega_x^2+\omega_y^2)+I_z\omega_z^2=I_x^2\omega_p^2+L_0^2\cos^2\theta$$

得　$$I_x^2\omega_p^2=L_0^2(1-\cos^2\theta)=L^2\sin^2\theta$$

$$\omega_p/\sin\theta=\frac{L_0}{I_x}$$

即　$$\dot{\psi}=\frac{L_0}{I_x}=\text{常數}$$

代入 (18-8.5) 式的最後一式得

$$\dot{\varphi}=\omega_z-\frac{L_0}{I_x}\cos\theta$$

$$=\frac{L_0\cos\theta}{I_z}-\frac{L_0\cos\theta}{I_x}=\frac{I_x-I_z}{I_xI_z}L_z$$

$= 常數$

由此可見，θ，$\dot{\psi}$，$\dot{\varphi}$均為常值，即 **無力矩作用下的旋轉對稱剛體將繞其質心作規則進動。**

此外，由(18.8.4)式可得

$$\begin{cases} \tan\theta = \dfrac{I_x\omega_p}{I_z\omega_z} \\ \tan\gamma = \dfrac{\omega_p}{\omega_z} \end{cases}$$

其中 $\omega_p = \sqrt{\omega_x^2 + \omega_y^2}$，於是有

$$\tan\theta = \frac{I_x}{I_z}\tan\gamma \tag{18-8.6}$$

此式說明：

(1) 當 $I_z > I_x$ 時，剛體呈扁平形狀，此時 $\gamma > \theta$ ，瞬時軸落在進動軸與自轉軸的外側，如圖 18-8.2(a) 所示。本體極錐的內表面在空間極錐的外表面相切，並作無滑滾動。進動角速度 $\dot{\psi}$ 與自轉角速度的正向夾角大於 90°，故稱為**逆向進動** (retrograde precession)。

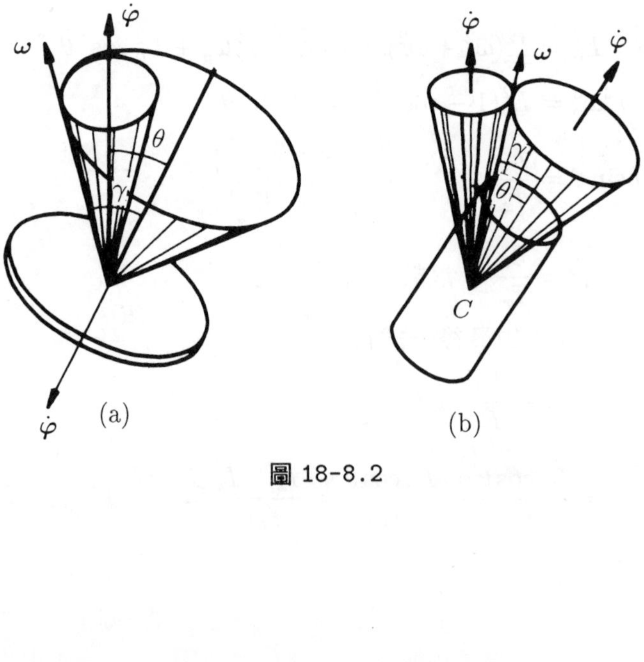

圖 18-8.2

(2) 當 $I_z < I_x$ 時，剛體呈修長形狀，此時 $\gamma < \theta$，瞬時軸落於進動軸與自轉軸之間，如圖 18-8.2(b) 所示。本體極錐的外表面與空間極錐的外表面相切，並作無滑滾動。進動角速度 $\dot{\psi}$ 與自轉角速度的正向夾角小於 90°。故稱為**正向進動**。

例 18-8.1

旋轉對稱圓橢球，對質心的軸向與橫向的轉動慣量之比 $I_z/I_x = \frac{1}{3}$，其旋轉對稱軸 Cz 繞鉛垂軸 Cz_1 以 $\dot{\psi} = 2$ rad/s 的速率旋轉，且自轉軸 Oz_1 與 Oz 之夾角為 60°。試求球繞 Oz 軸之自旋轉速度 $\dot{\varphi} =$？以及橢圓球繞瞬時軸轉動的角速度 $\omega =$？

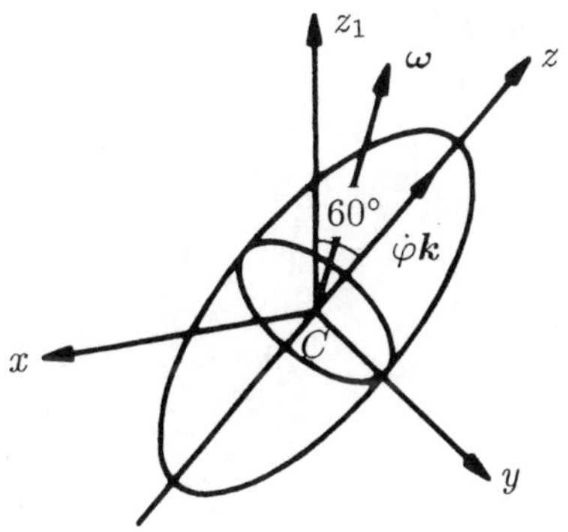

圖 18-8.3

解：

橢圓球的運動是無外力矩之運動，故為規則進動。由式 (18-

8.6) 和式 (18-8.7)，並考慮到 $L_z = L_0 \cos\theta$，得

$$\dot{\varphi} = \frac{I_x - I_z}{I_x I_z} \cdot I_x \dot{\psi} \cos\theta = \frac{I_x - \frac{1}{3} I_x}{\frac{1}{3} I_x} \dot{\psi} \cos\theta$$

$$= (3-1) \times 2 \times \cos 60^\circ = 2 \text{ rad/s}$$

由 $\boldsymbol{\omega} = \dot{\psi} \boldsymbol{k}_1 + \dot{\varphi} \boldsymbol{k}$

得
$$\omega = \sqrt{\dot{\varphi}^2 + \dot{\psi}^2 + 2\dot{\varphi}\dot{\psi}\cos\theta}$$

$$= \sqrt{2^2 + 2^2 + 2 \times 2 \times 2 \cos 60^\circ}$$

$$= 2\sqrt{3} = 3.46 \text{ rad/s}$$

$\boldsymbol{\omega}$ 與 Oz 的夾角為

$$\gamma = \tan^{-1}\left(\frac{I_z}{I_x} \tan\theta\right)$$

$$= \tan^{-1}\left(\frac{1}{3} \tan 60^\circ\right)$$

$$= 30^\circ$$

習　題

18-1 高度 $h = 4$ cm，底面半徑 $r = 3$ cm 的圓錐以其頂點 O 為固定點在平面上作純滾動。已知其滾動的角速度 $\omega = 20$ rad/s，求 (1) 圓錐繞其對稱軸 OC 的旋轉角速度 ω_r；(2) 圓錐的對稱軸 OC 繞鉛垂軸 Oz 旋轉的角速度 ω_e；(3) 圓錐的角加速度 α。

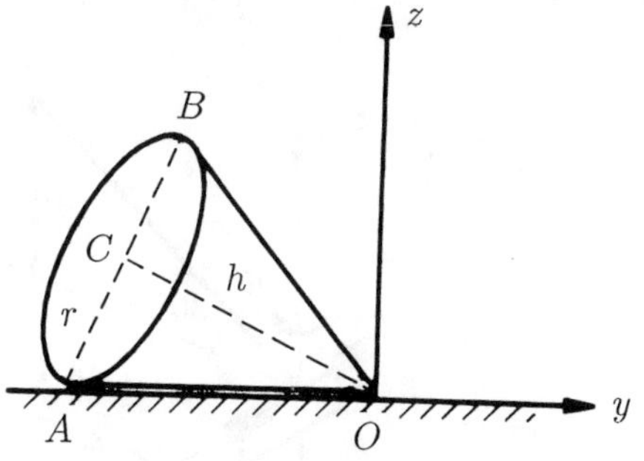

題 18-1 圖

18-2 圓盤以角速 ω_1 繞水平軸 CD 旋轉，同時 CD 軸又以角速度 ω_2 繞通過圓盤中心 O 點的鉛垂軸 AB 旋轉。已知 $\omega_1 = 5$ rad/s，$\omega_2 = 3$ rad/s，求圓盤瞬時角速度 ω 和瞬時角加速度 α 的大小和方向。

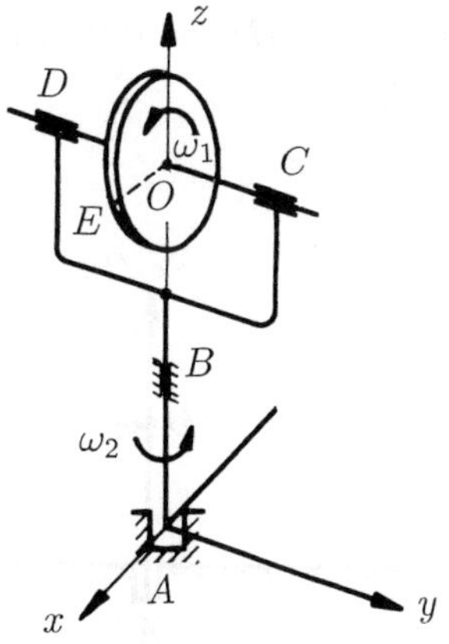

題 18-2 圖

18-3 求習題 18-1 的圓錐上最高點 B 的速度和加速度。

18-4 求習題 18-2 中圓盤上水平直徑的端點 E 的速度和加速度。已知圓盤半徑 $r = 20$ cm。

18-5 一雲梯以 $\omega_1 = 2$ rad/s 繞鉛垂軸旋轉，同時以 $\omega_2 = 0.5$ rad/s 向上擺動，設 ω_1，ω_2 的大小為一常數。求圖示瞬時，雲梯頂點 A 的速度和加速度。

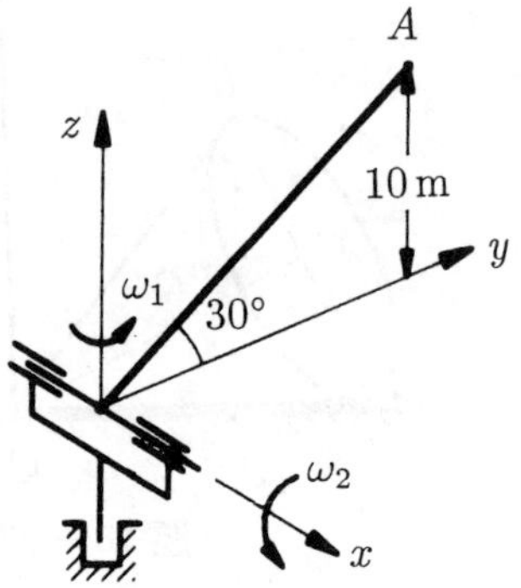

題 18-5 圖

18-6 錐齒輪 A 固定，齒輪 B 可在軸 OB 上旋轉。若 AOB 繞 AO 以 $\omega_e = 5$ rad/s 旋轉，且角加速度 $\alpha_e = 2$ rad/s ，求此時齒輪 B 之最高點 P 的速度和加速度。設齒輪 A 與齒輪 B 相互垂直。$OB = 0.1$ m，$BP = 0.08$ m。（OB，BP 分別為兩齒輪的節圓半徑。）

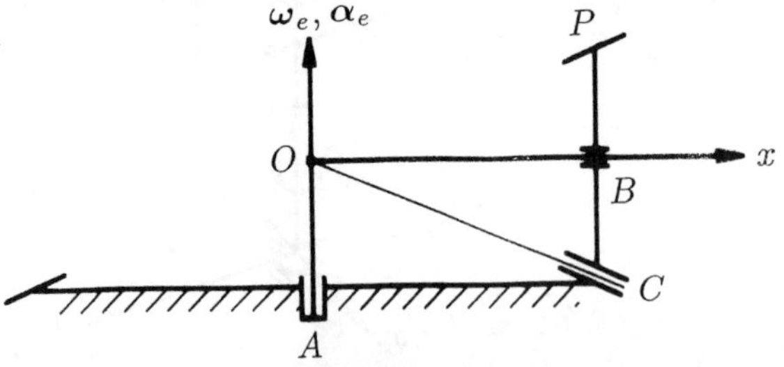

題 18-6 圖

18-7 正方形框架邊長為 $\ell = 10$ cm以等角速度 $\omega_1 = 2$ rad/s ，繞 AB 軸轉動。半徑為 $r = \dfrac{\sqrt{2}}{4}\ell$ 的圓盤以相對於框架的等角速度 $\omega_2 = \sqrt{2}\omega_1$ 繞 BC 軸轉動。求圓盤邊緣上一點恰好在對角線 AD 上之 M 點時的速度和加速度。

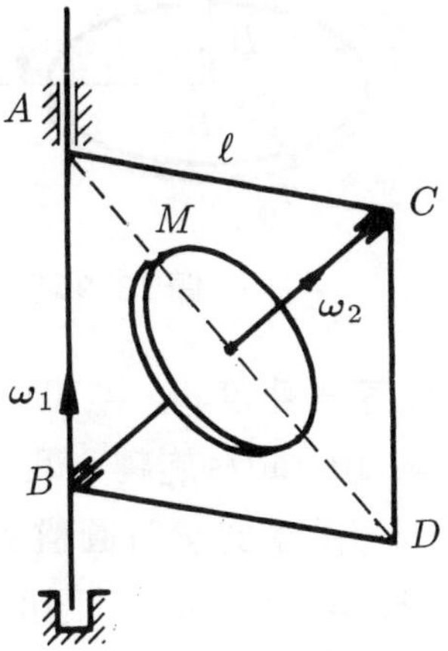

題 18-7 圖

18-8 剛體繞固定點 O 旋轉時，已知歐拉角的變化規律為：進動角 $\psi = \dfrac{\pi}{2} + ant$，章動角 $\theta = \dfrac{\pi}{3}$，自轉角 $\varphi = nt$，其中 a、n 為常量。求剛體的角速度和角加速度。

18-9 圓盤繞 AB 軸旋轉，角速度為 $\omega_r = 10$ rad/s = 常值。而 AB 軸則繞水平軸 ED 旋轉，角速度為 $\omega_e = 5$ rad/s，角加速度為 $\alpha_e = 20$ rad/s^2。試求此瞬時圓盤的角速度和角加速度，以及圓盤邊緣上 C 點的速度和加速度。已知 $AB = 1$ m，$BC = r = 20$ cm。

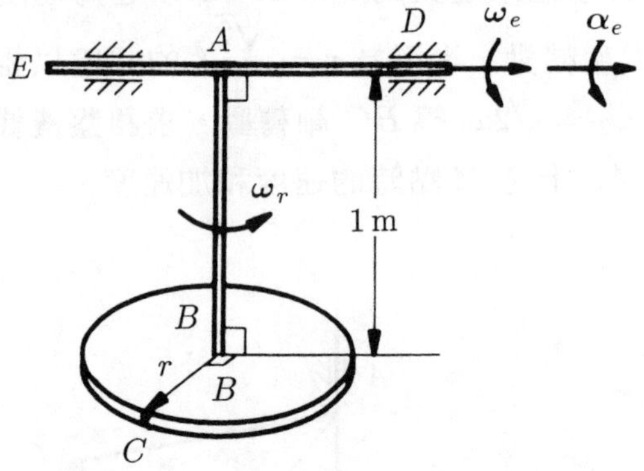

題 18-9 圖

18-10 圓盤繞桿 AB 以等角速度 $\omega_1 = 100$ rad/s旋轉，鉛垂軸則以等角速度 $\omega_2 = 10$ rad/s旋轉，現在圖中 $\theta = 90°$，$\dot{\theta} = \frac{5}{2}$ rad/s，$\ddot{\theta} = 0$。試求此瞬時圓盤上 D 點的速度和加速度。已知圓盤半徑 $R = 140$ mm，圓盤中心 B 到鉛垂軸的距離 $\ell = 500$ mm。

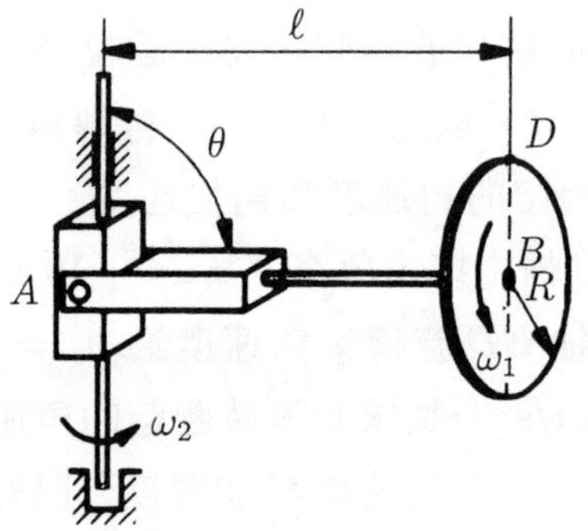

題 18-10 圖

18-11 AB 以等角速度 ω_1 繞鉛垂軸旋轉，BC 以等角速度 ω_2 繞水平軸 AB 相對於 AB 旋轉。已知 $AB = BC = 100$ mm，$\omega_1 = 3$ rad/s，$\omega_2 = 5$ rad/s，求 $\theta = 30°$ 時，BC 桿的角速度和角加速度，以及桿端點 C 的速度和加速度。

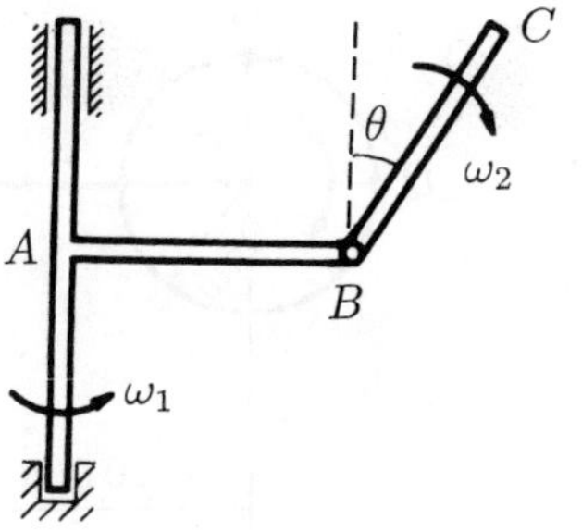

題 18-11 圖

18-12 桿與滑軸套 A 和 B 以球窩連接。若 A 以等速 $v_A = 16$ m/s 下滑，試求圖示瞬時 B 點的速度與加速度以及桿之角速度。

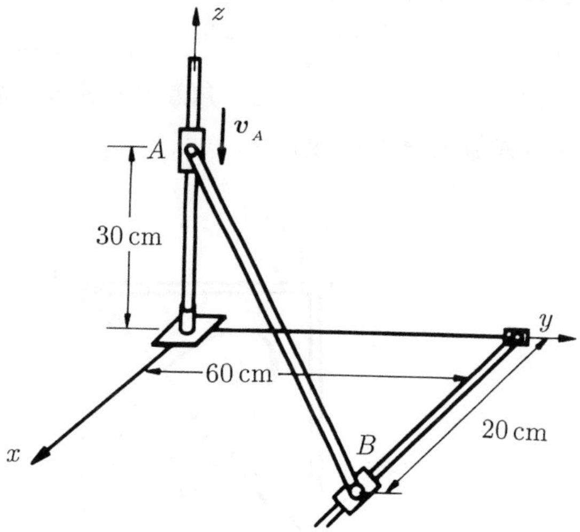

題 18-12 圖

18-13 已知 OAB 的角速度 $\omega_1 = 5$ rad/s 以及圓盤繞 O 軸的角速度 $\omega_2 = 3$ rad/s，均為常數。試求圓盤邊緣上的 C 和 D 點的速

度和加速度。

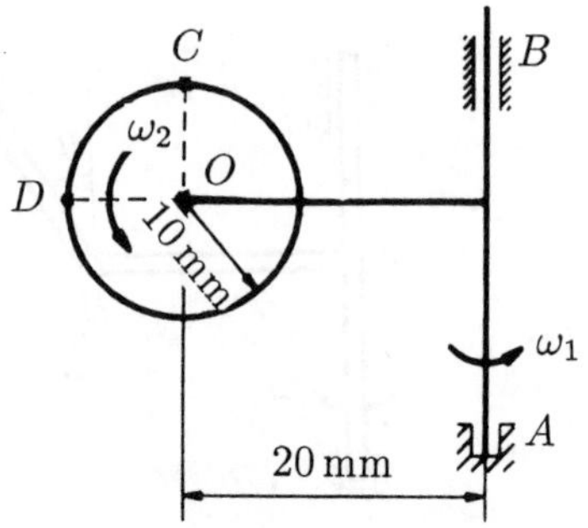

題 18-13 圖

18-14 習題 18-13 中圓盤的質量若等於 $m = 5$ kg，並視為均質薄圓盤。試求圓盤對其質心 O 之角動量。

18-15 計算上題中圓盤的動能。

18-16 均質薄圓盤質量為 m，半徑為 r，以角速度 ω 繞它的對稱軸 OA 轉動，同時 OA 又以角速度 Ω 繞鉛垂軸 Oz 轉動。已知 $OA = r$，且 OA 與 Oz 軸之夾角為 θ。試求圓盤對定點 O 之角動量和圓盤所具有的動能。

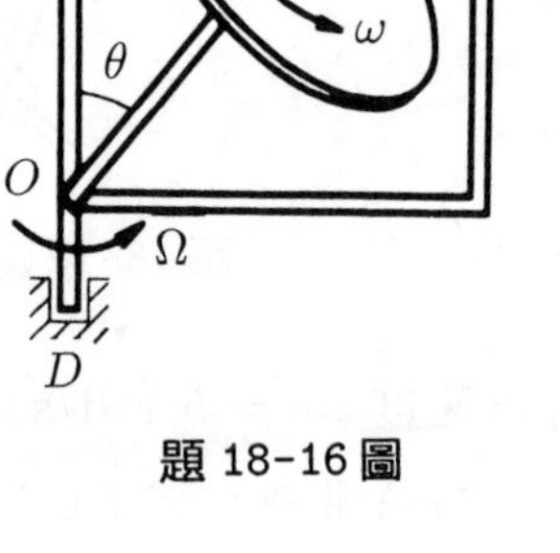

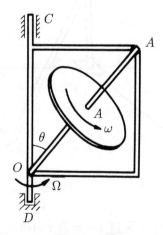

題 18-16 圖

18-17 習題 18-16 中，已知 $CD = \ell$，求圓盤迴轉力矩在 C、D 兩處所產生的反力。

18-18 題圖中均質矩形薄板質量為 $m = 20$ kg，焊接於以 20π rad/s 的等角速度旋轉的鉛垂軸上。求迴轉力矩在 A、B 兩處所產的反力。

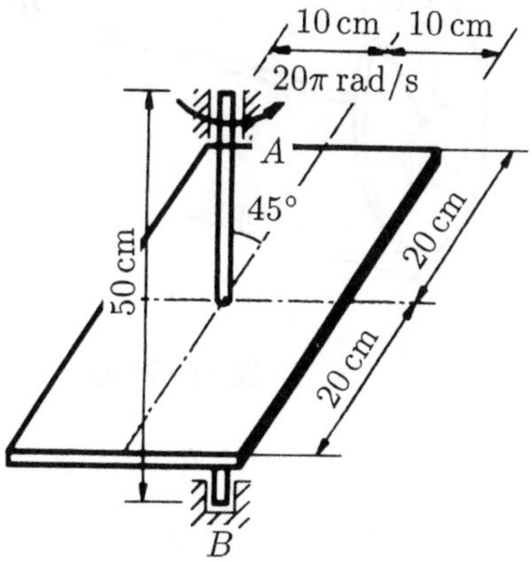

題 18-18 圖

18-19 題圖中均質薄圓盤的質量為 m，半徑為 r，裝在可轉動的 ABC 桿之 C 端，並相對於桿以 ω 作等速旋轉。已知 ABC 的角速度為 Ω，試求由於系統的旋轉在 A 與 B 兩軸承處所引起之反力。

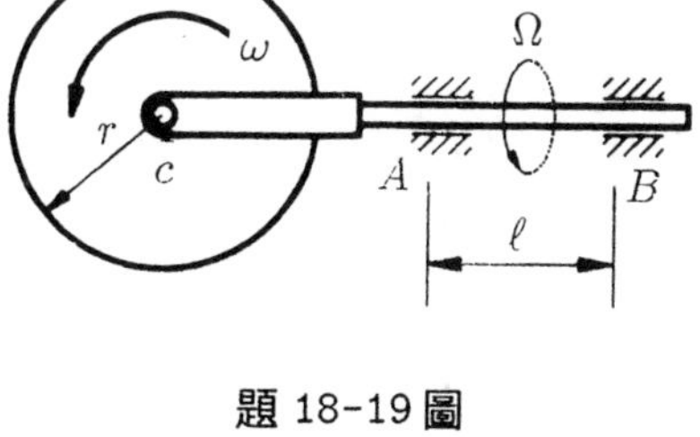

題 18-19 圖

18-20 如圖所示，1 kg 的圓盤以等角速度 $\omega = 70$ rad/s 繞桿轉動。現

在桿的另一端加一質量為 M 的方塊時，桿以 $\Omega = 0.5$ rad/s 的角速度繞鉛垂軸旋轉。試計算方塊的質量 M 等於多少？（不計桿重）

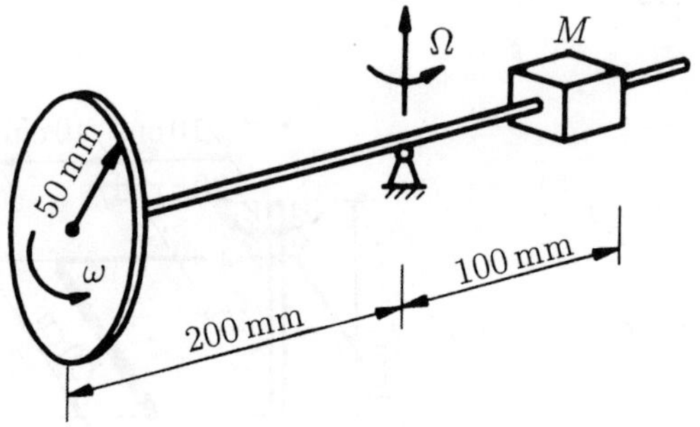

題 18-20 圖

習題答案

⊙ 第十一章 ⊙

11-1 $v=\sqrt{\frac{hb}{2}}\sin\left(\sqrt{\frac{2b}{h}}t\right)$，$a=b\cos\left(\sqrt{\frac{2b}{h}}t\right)$，$T=\pi\sqrt{\frac{h}{2b}}$

11-2 $y_B=\sqrt{64-t^2}$，$v_B=-0.577\ \text{cm/s}$，$a_B=-0.192\ \text{cm/s}^2$

11-3 $v=13.72\ \text{m/s}$，$t=1.40\ \text{s}$

11-4 $a=-5\ \text{m/s}^2$，$s=10\ \text{m}$

11-5 $h=107.4\ \text{m}$

11-6 $t=3.5\ \text{s}$

11-7 $v=1\ \text{m/s}$，$a=0.2\ \text{m/s}^2$

11-8 $v_B=0.5\ \text{m/s}$，$a_B=0.045\ \text{m/s}^2$

11-9 $v_B=v_A$，方向向下；$a_B=\frac{2\sqrt{2}v_A^2}{l}$，方向向下。

11-10 $v_A=-\frac{v_0}{x}\sqrt{x^2+l^2}$，$a_A=-\frac{v_0^2l^2}{x^3}$

11-11 $y=e\sin\omega t+\sqrt{R^2-e^2\cos^2\omega t}$

$$v=e\omega\left[\cos\omega t+\frac{e\sin 2\omega t}{2\sqrt{R^2-e^2\cos^2\omega t}}\right]$$

11-12 (a) $t_1=2\,\text{s}$, $t_2=4\ \text{s}$

(b) $x=8\,\text{m}$, $s=7.33\,\text{m}$

11-13 $s=c\left[t+\frac{1}{b}(1-e^{bt})\right]$，$a=-b(c-v)$

11-14 $y = l\tan kt$， $v = lk\sec^2 kt$， $a = 2lk^2\tan kt\sec^2 kt$

$\theta = \dfrac{\pi}{6}$時， $v = \dfrac{4}{3}lk$ ， $a = \dfrac{8\sqrt{3}}{9}lk^2$

$\theta = \dfrac{\pi}{3}$時， $v = 4lk$， $a = 8\sqrt{3}lk^2$

11-15 軌跡 $\dfrac{x^2}{100^2} + \dfrac{y^2}{20^2} = 1$

$v_M = 80$ cm/s， $a_M = -1600$ cm/s^2

11-16 $x = 3t$， $y = \dfrac{1}{2}(1 - \cos 4\pi t)$

$y = \dfrac{1}{2}\left(1 - \cos\dfrac{4\pi}{3}x\right)$

11-17 $x = 24\sin\left(\dfrac{\pi}{8}t\right)$， $y = 24\cos\left(\dfrac{\pi}{8}t\right)$， $v = 3\pi = 9.42$ cm/s， $a = 3.701$ cm/s^2

11-18 $v_D = bk$

11-19 座標法： $x = R + R\cos 2\omega t$， $y = R\sin 2\omega t$

$v_x = -2R\omega\sin 2\omega t$， $v_y = 2R\omega\cos 2\omega t$， $v_M = 2R\omega$

$a_x = -4R\omega^2\cos 2\omega t$， $a_y = -4R\omega^2\sin 2\omega t$， $a_M = 4R\omega^2$

自然法： $s = 2R\omega t$， $v = 2R\omega$， $a_\tau = 0$， $a_n = 4R\omega^2$

11-20 $v = 600t$ (mm/s) $a_\tau = 600$ (mm/s^2)

$a_n = 4800t^2$ (mm/s^2)

11-21 $t = 1$ s時 $v = 2.24$ m/s， $a = 2$ m/s^2， $a_\tau = 0.89$ m/s^2， $a_n = 1.79$ m/s^2， $\rho = 2.80$ m

11-24 $a_\tau = 6$ m/s^2， $a_n = 450$ m/s^2

11-25 $v = 150$ m/s， $a_\tau = 10$ m/s^2， $a_n = 11250$ m/s^2

11-26 $v = 16$ m/s， $a = 58.4$ m/s^2

11-27 $a = 4k^2b$，方向由 A 點指向 O_1 點

11-28 軌跡方程 $\rho = ce^{\varphi}$，速度 $v = \sqrt{2}k\rho$，加速度 $a = 2k^2\rho$，曲率半徑 $\rho_M = \sqrt{2}\rho$

11-29 $a_\rho = -\left(\dfrac{v^2}{R}\right)\cos\varphi$，$a_\varphi = -\left(\dfrac{v^2}{R}\right)\sin\varphi$

11-30 $v = \sqrt{l^2\omega^2 + u^2}$，$a = l\omega^2$

曲率半徑 $\rho_M = l + \dfrac{u^2}{l\omega^2}$

⊙ 第十二章 ⊙

12-1 無關

12-2 不正確

12-3 (a) $m\ddot{x} = -mg - c\dot{x}$；$x(0) = h$，$\dot{x}(0) = 0$

(a) $m\ddot{x}_1 = mg - c\dot{x}_1$；$x_1(0) = 0$，$\dot{x}_1(0) = 0$

12-4 $T_1 = 5.9$ kN；$T_2 = 4.9$ kN；$T_3 = 4.23$ kN

12-5 (a) $T = 29.4$ kN (b) $T = 30.3$ kN (c) $T = 29.4$ kN (d) $T = 29.3$ kN

12-6 $T_{AB} = 32$ N，$T_{BC} = 21.3$ N

12-7 $T = m\left(g + \dfrac{l^2 v_0^2}{x^3}\right)\sqrt{1 + \left(\dfrac{l}{x}\right)^2}$

12-8 (a) $P = 32.6$ N，$P = 23.9$ N

12-9 $N = 11.7$ kN

12-10 $v_{\max} = \sqrt{fgr}$

12-11 (a) $T_{AC} = \dfrac{5}{4}mg$；$T_{BC} = m\left(\dfrac{v^2}{3a} - \dfrac{3}{4}g\right)$

(b) $v = \sqrt{6ag}$

12-12 $\dfrac{\tan\theta - f}{1 + f\tan\theta}g \le a \le \dfrac{\tan\theta + f}{1 - f\tan\theta}g$

12-13 $v = 435$ m/s；$a = 0$；$s = 16490$ m

12-14 $t = \sqrt{2l/g(\sin\alpha - f\cos\alpha)}$

12-15 $s = 17$ m

12-16 極限速度 $v = \sqrt{\dfrac{mg}{k}} = 4.95$ m/s

12-17 $v = \sqrt{3\mu a}$

12-18 $v = v_0\sqrt{\dfrac{g}{g+kv_0^2}}$

12-19 $x = \dfrac{eA}{mk}\left(t - \dfrac{1}{h}\sin kt\right)$

12-20 $t = 2.02$ s， $S = 7.07$ m

12-21 $v_0 = 11.2$ km/s

12-22 運動方程式 $x = v_0 t$， $y = \dfrac{eA}{mk^2}(\cos kt - 1)$

軌跡方程式 $y = \dfrac{eA}{mk^2}\left[\cos\left(\dfrac{k}{v_0}x\right) - 1\right]$

12-23 $v = \sqrt{\dfrac{2k}{m}\ln\left(\dfrac{R}{r}\right)}$

12-24 (a) −2.06 J； (b) 2.06 J； (c) 0

12-25 $U = 182.9$ kJ

12-26 $U = -20.7$ J

12-27 $U = -20$ J

12-28 −8.72 J

12-29 −4.684 J

12-30 4.161 m/s

12-31 $v = 40.94$ cm/s

12-32 $f' = \dfrac{s_1 \sin\alpha}{s_1\cos\alpha + s_2}$

12-33 $h = 39.4$ cm

12-34 $v = 6.71$ m/s

12-35 3 kW

12-36 8.51 kW

12-37 2.94 kW

12-38 13.33 kW

12-39 $P = 0.276$ kw，總功 $U = 2.21$ kW·h(度)

12-40 32.2 kW

12-41 38 kW

12-42 $F_m = k\lambda = G\left(1+\sqrt{1+\frac{2kh}{G}}\right)$

12-44 $\varphi = 48°11'23''$

12-45 $H = 51.4$ km

12-46 $v_0 = 7.91$ km/s

12-47 $k = 5$ N/cm

12-48 $N_x^* = 0$，$N_y^* = -\frac{2mv_1^2}{\pi r}$，$N_z^* = mg$

12-49 $f' = 0.17$

12-50 $v = 6$ m/s

12-51 $v_A = 14.7$ m/s，$F^* = 4.9$ kN

12-52 $t = \frac{v}{g(\sin\alpha - f'\cos\alpha)}$

12-53 $S_x = -11$ N·s，$S_y = 3.96$ N·s，$F^* = 585$ N

12-54 $M_0(m\overline{v}) = mab\omega$

12-55 $v = v_0 - f'gt$

12-56 $v = 2v_0$，$T = \frac{8mv_0^2}{r}$

12-57 480 rpm

12-58 $k = 0.352$

12-59 $k = \frac{2}{3} = 0.667$

12-60 (a) $\frac{m_B}{m_A} = 1 + 2k$； (b) $\frac{m_B}{m_A} = k$

12-61 $\delta_{\max} = m_1 v\sqrt{\frac{1}{k(m_1+m_2)}}$

12-62 $u_D = \frac{v_A}{8}(1+k)^3$

12-63 (a) $u_B = \frac{v_A}{2}(1+k) = 2.91$ m/s

(b) $T = 18.3$ N，(c) $h = 0.433$ m

12-64 $R^* = 798.7$ kN，$\eta = 0.9$

12-66 $BE = 0.36$ m，$v_2 = kv_1 = 1.2$ m/s，$\alpha = 45°$

12-67 $h_{\max} = 0.309$ m

12-68 $AB = 2k\dfrac{S}{m}\sqrt{\dfrac{2h}{g}}$

⊙ 第十三章 ⊙

13-1 $v_0 = 70.7$ cm/s；$a_0 = 333$ cm/s^2

13-2 軌跡為半徑等於 R 的圓周；$v_M = \dfrac{R\pi n}{30}$，方向與 O_1A 垂直指向 n 轉動的方向；$a_M = \dfrac{R\pi^2 n^2}{900}$，方向與 $\overrightarrow{AO_1}$ 相同。

13-3 $\omega = \dfrac{u}{2l}$；$\alpha = -\dfrac{u^2}{2t^2}$

13-4 $\omega = \dfrac{bv_C}{b^2 + v_c^2 t^2}$；$\alpha = -\dfrac{2bv_C^3 t}{(b^2 + v_C^2 t^2)^2}$

13-5 $\omega_0 = 18.8$ rad/s；$\alpha_0 = 6.28$ rad/s^2

13-6 $\varphi = \tan^{-1}\left(\dfrac{r\sin\omega_0 t}{a + r\cos\omega_0 t}\right)$；$\omega = \dfrac{r^2\omega_0 + ar\omega_0\cos\omega_0 t}{r^2 + a^2 + 2ar\cos\omega_0 t}$

13-7 $\omega = 20t$ rad/s；$\alpha = 20$ rad/s^2；$a = 10\sqrt{1 + 400t^4}$ m/s^2

13-8 $v_A = 52.36$ cm/s；$a_A = 0$；$a_M = 274$ cm/s^2

13-9 $\omega = 1$ rad/s；$\alpha = 1.73$ rad/s^2；$a_B = 1300$ mm/s^2

13-10 $\varphi = \dfrac{\sqrt{3}}{3}\ln\left(\dfrac{1}{1 - \sqrt{3}\omega_0 t}\right)$；$\omega = \omega_0 e^{\sqrt{3}\varphi}$

13-11 $t = 24$ s

13-12 $\varphi = 25t^2$，$v = 100$ m/s，$a_n = 25000$ m/s^2

13-13 $v_Q = 168$ cm/s；$a_{AB} = a_{CD} = 0$；$a_{AD} = 3290$ cm/s^2；$a_{BC} = 1316$ cm/s^2

13-14 (1) $\alpha_2 = \dfrac{50\pi}{d^2}$ rad/s^2

(2) $a = 30\pi\sqrt{40000\pi^2 + 1}$ cm/s^2

13-15 $\alpha = \dfrac{av^2}{2\pi r^3}$

13-16 $\omega_{AB} = 5.56$ rad/s；$v_M = 668$ cm/s

13-17 $v_{BC} = 2.512$ m/s

13-18 $\omega_{AD} = \dfrac{v_A \sin^2\theta}{R\cos\theta}$

13-19 $\omega = \dfrac{v_1 - v_2}{2r}$；$v_0 = \dfrac{v_1 + v_2}{2}$

13-20 (a) $v_0 = 52.4$ mm/s

(b) $v_0 = 104.7$ mm/s

13-21 $\omega_{ABD} = 1.07$ rad/s；$v_D = 25.35$ cm/s

13-22 $\omega_{OD} = 10\sqrt{3}$ rad/s；$\omega_{DE} = \dfrac{10}{3}\sqrt{3}$ rad/s

13-23 $v_F = 46.19$ cm/s；$\omega_{EF} = 1.33$ rad/s

13-24 $n_1 = 10800$ rpm

13-25 $v_M = \dfrac{br\omega\sin(\alpha+\beta)}{a\cos\alpha}$

13-26 $\omega_{AB} = \dfrac{\sqrt{2}v_A}{l}$；$\alpha_{AB} = \dfrac{2v_A^2}{l^2}$

$v_B = v_A(\downarrow)$；$a_B = 2\sqrt{2}\ \dfrac{v_A^2}{l}(\downarrow)$

13-27 $a_1 = 2$ m/s^2；$a_2 = 3.16$ m/s^2

$a_3 = 6.32$ m/s^2；$a_4 = 5.83$ m/s^2

13-28 $a_P = 2r\omega_0^2$

13-29 $v_0 = \dfrac{R}{R-r}u$；$a_0 = \dfrac{R}{R-r}a$

13-30 $\omega_B = 3.62$ rad/s；$\alpha_B = 2.2$ rad/s^2

13-31 $\omega_{AB} = 2$ rad/s；$\alpha_{AB} = 16$ rad/s^2；$a_B = 565$ cm/s^2

13-32 (a) $\omega_{CD} = 0.25$ rad/s；$\alpha_{CD} = 0.375$ rad/s^2

(b) $\omega_{CD} = 1$ rad/s；$\alpha_{CD} = 2\omega^2 = 2$ rad/s^2

13-33 $a_n = 2r\omega_0^2$；$a_\tau = r\left(2\alpha_0 - \sqrt{3}\omega_0^2\right)$

13-34 $v_C = \frac{3}{2}r\omega_0$；$a_C = \frac{\sqrt{3}}{12}r\omega_0^2$

13-35 $\omega_B = \frac{2v}{R}$；$\alpha_B = \frac{v^2}{R\sqrt{l^2 - R^2}}$

13-36 $\omega_B = 10$ rad/s；$\alpha_B = 20.7$ rad/s^2

13-37 (1) $\omega_{AB} = 0.32$ rad/s；$\alpha_{AB} = 0.21$ rad/s^2

(2) $v_B = 29.5$ cm/s；$a_B = 35.8$ cm/s^2

13-38 $v_C = 0$；$a_C = \frac{v^2}{4R} + \frac{\sqrt{2}v^2}{2l}$

⊙ 第十四章 ⊙

14-1 (a) $\omega_2 = 1.5$ rad/s

(b) $\omega_2 = 2$ rad/s

14-2 $v_r = 33.5$ m/s

14-3 當 $\varphi = 0°$ 時，$v = \frac{\sqrt{3}}{3}r\omega$（向左）

當 $\varphi = 30°$ 時，$v = 0$

當 $\varphi = 60°$ 時，$v = \frac{\sqrt{3}}{3}r\omega$（向右）

14-4 當 $\varphi = 0°$ 時，$v = 0$；$\varphi = 30°$ 時，$v = 100$ cm/s（向右）；

當 $\varphi = 90°$ 時，$v = 200$ cm/s（向右）

14-5 $v_C = \frac{au}{2l}$

14-6 $\omega_D = 2.67$ rad/s

14-7 $v_A = \frac{lau}{x^2 + a^2}$

14-8 $v_{CD} = \frac{20\sqrt{3}}{3}$ cm/s

14-9 $\omega_{O_1C} = 6.19$ rad/s

14-10 $\omega_{O_1A} = 0.2$ rad/s

14-11 $v_r = 1.5a\omega_0$

14-12 $\omega_{OE} = \dfrac{\sqrt{3}}{6}\omega_{O_1}$

14-13 $v_C = 3r\omega_0(\cos\varphi + \sqrt{5}\sin\varphi)$

14-14 $v = \dfrac{1}{\sin\theta}\sqrt{v_1^2 + v_2^2 - 2v_1v_2\cos\theta}$

14-15 $a_a = 74.6\ \text{cm/s}^2$

14-16 $a_C = 13.66\ \text{cm/s}^2$；$a_r = 3.66\ \text{cm/s}^2$

14-17 $v_{CD} = 10\ \text{cm/s}$；$a_{CD} = 34.6\ \text{cm/s}^2$

14-18 $v_C = 17.3\ \text{cm/s}$，方向向上

$a_C = 5\ \text{cm/s}^2$，方向向下

14-19 $\omega = \dfrac{1}{3}\ \text{rad/s}$；$\alpha = \dfrac{\sqrt{3}}{27}\ \text{rad/s}^2$

14-20 $v_r = \dfrac{2\sqrt{3}}{3}u_0$；$a_r = \dfrac{8\sqrt{3}}{9}\cdot\dfrac{u_0^2}{R}$

14-21 $\omega_{OD} = 0.866\ \text{rad/s}$；$\alpha_{OD} = 0.134\ \text{rad/s}^2$

14-22 $a_a = 27.78\ \text{cm/s}^2$

14-23 $a_1 = r\omega^2 - \dfrac{u^2}{r^2} - 2\omega u$

$$a_2 = \sqrt{\left(r\omega^2 + \frac{u^2}{r} + 2\omega u\right)^2 + 4r^2\omega^4}$$

14-24 $v_M = 17.3\ \text{cm/s}$；$a_M = 35\ \text{cm/s}^2$

14-25 $\omega = \dfrac{3u}{4b}$；$\alpha = \dfrac{3\sqrt{3}u^2}{8b^2}$

$v_E = \dfrac{u}{2}$；$a_E = \dfrac{7\sqrt{3}u^2}{24b}$

14-26 $\omega = \dfrac{1}{h}(v_2 - v_1)\sin^2\theta$

$$\alpha = \frac{\sin 2\theta}{h}(v_2 - v_1)^2\sin^2\theta$$

14-27 $v = e\omega\cos\omega t$；$a = e\omega^2\sin\omega t$

14-28 $\omega_2 = \frac{l}{R}\omega_1$；$\alpha_2 = \omega_1^2$

14-29 $v = \frac{u}{\sin\varphi}$；$a = \frac{u^2}{r\sin^3\varphi}$ 方向沿 MA。

⊙ 第十五章 ⊙

15-1 $\boldsymbol{K} = 64\boldsymbol{i} + 5\,\boldsymbol{j} + 20\boldsymbol{k}$ (kg·m/s)

$\boldsymbol{L}_0 = 10\boldsymbol{i} - 10\boldsymbol{j} - 74\boldsymbol{k}$ (kg·m^2/s)

$\boldsymbol{L}_C = -5\boldsymbol{i} - 13\frac{3}{7}\boldsymbol{j} - 26\frac{6}{7}\boldsymbol{k}$ (kg·m^2/s)

15-2 $\boldsymbol{a}_A = \frac{2F}{3m}\boldsymbol{i}$；$\boldsymbol{a}_B = \frac{F}{6m}\boldsymbol{i} + \frac{\sqrt{3}F}{6m}\boldsymbol{j}$；$\boldsymbol{a}_C = \frac{F}{6m}\boldsymbol{i} - \frac{\sqrt{3}F}{6m}\boldsymbol{j}$

15-3 $\boldsymbol{a}_C = \frac{F}{8m}(\boldsymbol{i} + \boldsymbol{j})$

15-4 $v = 2\sqrt{\frac{(2P_1 - P_2)gh}{4P_1 + P_2}}$；$a = \frac{2(2P_1 - P_2)}{4P_1 + P_2}g$；$\boldsymbol{N}_0 = \frac{9P_1P_2}{4P_1 + P_2}\boldsymbol{j}$

15-5 $(R_x)_{\max} = Q + \frac{r\omega^2}{2g}(P_1 + 2P_2)$

15-6 $\Delta x_1 = \frac{Q\ell\cos\alpha}{P + Q}$；無影響

15-7 $v_1 = \frac{P}{Q}\sqrt{\frac{2Q\ell g}{P + Q}}$；$\Delta x_1 = \frac{P\ell}{P + Q}$

15-8 (1) $\omega = 42.64$ rad/s；(2) $\omega = 23.15$ rad/s

15-9 $\omega = \frac{0.1}{(0.1 + 0.03\sin 4t)^2}$ rad/s

15-10 (1) $v = 3$ m/s；(2) $F^* = 500$ N

15-11 $v = 1.16$ m/s

15-12 $\boldsymbol{v}_A = 0$；$\boldsymbol{v}_B = 2\ell\sqrt{\dfrac{g(\cos\theta_0 - \cos\theta)}{\ell(1+2\sin^2\theta)}}(-\cos\theta\boldsymbol{i} - \sin\theta\boldsymbol{j})$

$$\boldsymbol{v}_C = 4\ell\sin\theta\sqrt{\frac{g(\cos\theta_0 - \cos\theta)}{\ell(1+2\sin^2\theta)}}(-\boldsymbol{j})$$

$$\boldsymbol{v}_D = 2\ell\sqrt{\frac{g(\cos\theta_0 - \cos\theta)}{\ell(1+2\sin^2\theta)}}(\cos\theta\boldsymbol{i} - \sin\theta\boldsymbol{j})$$

15-13 $v = 2.08$ m/s；$x_{\max} = 1.6$ m

15-14 $v = \sqrt{\dfrac{2}{3}gy}$

15-15 $v = 60$ m/s

15-16 $t = 35.36$ s

15-17 $\phi = 12 \times 10^3$ N

15-18 (1) $v = 814.5$ m/s；$a = 28.4$ cm/s^2

(2) $v = 3953.4$ m/s；$a = -9.8$ m/s^2

15-19 $v_L = v_0 e^{-\frac{Lg}{m_0 v_0}}$；$Q = m_0\left(e^{\frac{Lg}{m_0 v_0}} - 1\right)$

15-20 (1) $P = 36$ N；(2) $a = -2$ m/s^2

⊙ 第十六章 ⊙

16-1 $a = 7.35$ m/s^2：$\theta = 36.87°$

16-2 $a = -3.35$ m/s^2；$T_1 = 0.513$ w，$T_2 = 0.427$ w

16-3 $\alpha = \dfrac{g}{\ell}$；$T_1 - T_2 = 0$

16-4 (1) $a = 1.63$ m/s^2

(2) $N_B = 1328$ N；$N_D = 887$ N

16-5 $a_C = g\sin\alpha$；$N_A = \dfrac{c}{a+b}Q\cos\alpha$

$$N_B = \frac{b}{a+b}Q\cos\alpha$$

16-6 $a=\mu_k g$；$N_A=\dfrac{2-\mu_k}{5}G$（兩後輪正向反力之和）

$N_B=\dfrac{3+\mu_k}{5}G$（兩前輪正向反力之和）

16-7 $M_0(\boldsymbol{F})=0.209\ \text{N}\cdot\text{m}$

16-8 (1) $T=\dfrac{I_O\omega_0}{2M_P}$；$N=\dfrac{3I_O\omega_O^2}{16\pi M_P}$

(2) $T=\dfrac{I_O}{k}\ln 2$；$N=\dfrac{I_O\omega_O}{4k\pi}$

16-9 逆時鐘轉 $F=3774.6\ \text{N}$

順時鐘轉 $F=4804.1\ \text{N}$

16-10 $\varphi_m=2\tan^{-1}\left(\dfrac{a^2}{b^2}\right)$

16-11 $\theta=\theta_0\cos\sqrt{\dfrac{g}{2R}}t$

16-12 $T=\dfrac{R(\mu_k^2+1)\omega_0}{2g\mu_k(\mu_k+1)}$

16-13 $X_O=0$，$Y_O=449.2\ \text{N}$

$M_A=272.2\ \text{N}\cdot\text{m}$

16-14 $a_A=\dfrac{4M_O}{7mr}$；$F=\dfrac{M_O}{7r}$

16-15 (1) 90°；(2) $\omega_{OA}=\sqrt{\dfrac{3(m_1+2m_2)g}{(m_1+3m_2)\ell}}$；$\omega_B=0$

16-16 $v_A=6.26\ \text{m/s}$，$a_A=6.5\ \text{m/s}^2$，$T=16.3\ \text{N}$

16-17 $v=0.4285\ \text{m/s}$；$\omega=56\ \text{rad/s}$

16-19 有相對滑動；$\alpha=14.74\ \text{rad/s}^2$；$N_B=35\ \text{N}$

16-20 $a_A=\dfrac{4g\cos\theta}{1+3\sin^2\theta}$；$N=\dfrac{mg\cos\theta}{1+3\sin^2\theta}$

16-21 $N=\dfrac{1}{3}mg(7\cos\varphi-2)$；$\mu\geq 0.577$

16-22 $t=0.023\ \text{s}$；$v=0.34\ \text{m/s}$

16-23 $T=\sqrt{\dfrac{2S}{\mu g}}$；$\omega=\dfrac{2}{r}\sqrt{2\mu gS}$

16-24 $a_O=3.48\ \text{m/s}^2$；$T=0.344mg$

16-25 $\omega = 7.14$ rad/s

16-26 $\omega = 10.62$ rad/s

16-27 $v = 3.68$ m/s

16-28 $\omega = 2.1$ rad/s

16-29 $\omega = 3.1$ rad/s

16-30 $v_A = 0.32$ m/s；$v_B = 1.596$ m/s

16-31 (1) $\omega_2 = k\sqrt{\dfrac{3g}{2a}}$；(2) $S_{Ax} = \dfrac{m}{3\ell}(1+k)\sqrt{\dfrac{3g}{2a}}(4a-3\ell)a$；(3) $\ell = \dfrac{4}{3}a$

16-32 $\omega = \dfrac{6v}{7\ell}$；$v_2 = \dfrac{3}{7}v$

16-33 $\omega_1 = \dfrac{1}{2}\omega_0$；$S_x = 0$；$S_y = \dfrac{1}{4}m\ell\omega_0$

16-34 $\omega_2 = \dfrac{6v_0}{7\ell}$；$v_2 = \dfrac{3\sqrt{2}}{7}v_0$

16-35 $\omega = \dfrac{12\sin\beta}{1+3\sin^2\beta}\cdot\dfrac{v_0}{\ell}$

⊙ 第十七章 ⊙

17-1 $k = k_1 + k_2$

17-3 $k_1 = 4k_2$

17-4 $x = 0.107\sin 28t$

17-5 $\omega_n = \sqrt{\dfrac{k_r}{I}}$

17-6 $x = -\dfrac{mg}{k}\sin\alpha\cos\sqrt{\dfrac{2k}{3m}}t$

17-7 $x = -\dfrac{mg}{k}\cos\sqrt{\dfrac{2k}{3m}}t$

17-8 (1) $\omega_n = 2\sqrt{\dfrac{2g}{3R\pi}}$；

(2) $\omega_n = \sqrt{\dfrac{mgR_C}{I_C + m(R-R_C)^2}}$，$R_C = \dfrac{4R}{3\pi}$，

$$I_C = \frac{1}{2}mR^2 - mR_C^2\text{；}$$

(3) $\omega_n = 70.71$ rad/s；

(4) $\omega_n = \frac{a}{\ell}\sqrt{\frac{k}{m}}$

17-9 (1) $S_0 = 0.1$ m；

(2) $\ddot{S} + 4 \times 10^3 S = 0.4 \times 10^3$；

(3) $\ddot{x} + 4 \times 10^3 x = 0$；

(4) $\omega_n = 63.2$ rad/s；

(5) 其中 (1) 和 (2) 的答案將改變

17-10 $y = -0.5\cos 44.3t + 10\sin 44.3t$

17-11 $k > \frac{mg}{\ell}$；$\omega_n = \sqrt{\frac{6}{5m\ell}(k\ell - mg)}$

17-12 $\tau = \pi\ell\sqrt{\frac{1}{3gR}}$

17-13 $T_a = 0.236$ s；$\delta = 1.81$

$x_{\max} = 0.00315$ m

17-14 $R = 36$ N

$x = 0.05e^{-30t}\sin(40t + 0.927)$ (m)

17-15 $x = e^{-5t}(0.05 + 0.25t)$ (m)

17-16 $C = 0.0201$ N·s/m

$C_C = 6.387$ N·s/m

17-17 (1) $\ddot{y}_1 + 160y_1 = 6.4\sin\frac{\pi}{2}vt$；

(2) $v_C = 8.05$ m/s；

(3) $y_{\max} = 0.0738$ m

17-18 $\varphi_m = \dfrac{\dfrac{3F_0}{m\ell}}{\sqrt{\left(\dfrac{9k}{m} - p^2\right)^2 + \dfrac{16C^2}{m^2}p^2}}$

17-19 $x = \frac{2}{k-4m}\left(\cos 2t - \cos\sqrt{\frac{k}{m}}t\right)$

17-20 $k = 717.7$ N/m

17-21 $\eta = 0.024$

17-22 (1) $B = 0.00434$ cm；(2) $\eta = 0.15$；(3) $N = 54$ N

⊙ 第十八章 ⊙

18-1 (1) $\omega_r = 25$ (rad/s)；(2) $\omega_e = 15$ (rad/s)；(3) $\boldsymbol{\alpha} = -300\boldsymbol{i}$ (rad/s^2)

18-2 $\boldsymbol{\omega} = 5\boldsymbol{j} + 3\boldsymbol{k}$ (rad/s)

$\boldsymbol{\alpha} = -15\boldsymbol{i}$ (rad/s^2)

18-3 $\boldsymbol{v}_B = -96\boldsymbol{i}$ (cm/s)；$\boldsymbol{a}_B = 1440\boldsymbol{j} - 1500\boldsymbol{k}$ (cm/s^2)

18-4 $\boldsymbol{v}_E = 60\boldsymbol{j} - 100\boldsymbol{k}$ (cm/s)；$\boldsymbol{a}_E = -680\boldsymbol{i}$ (cm/s^2)

18-5 $\boldsymbol{v}_A = -20\sqrt{3}\boldsymbol{i} - 5\boldsymbol{j} + 5\sqrt{3}\boldsymbol{k}$ (m/s)

$\boldsymbol{a}_A = 20\boldsymbol{i} - 42.5\sqrt{3}\boldsymbol{j} - 2.5\boldsymbol{k}$ (m/s^2)

18-6 $\boldsymbol{v}_P = -\boldsymbol{k}$ (m/s)；$\boldsymbol{a}_P = 2.5\boldsymbol{i} + 9.37\boldsymbol{j} - 0.4\boldsymbol{k}$ (m/s^2)

18-7 $\boldsymbol{v}_M = 5\boldsymbol{k}$ (cm/s)；$\boldsymbol{a}_M = 50\boldsymbol{i}$ (cm/s^2)

18-8 $\boldsymbol{\omega} = \left(\frac{1}{2}an\sin nt\right)\boldsymbol{i}' + \left(\frac{\sqrt{3}}{2}an\cos nt\right)\boldsymbol{j}' + \frac{n}{2}(a+1)\boldsymbol{k}'$

$\boldsymbol{\alpha} = \left(\frac{1}{2}an^2\cos nt\right)\boldsymbol{i}' - \left(\frac{\sqrt{3}}{2}an^2\sin nt\right)\boldsymbol{j}'$

18-9 $\boldsymbol{\omega} = -10\boldsymbol{i} + 5\boldsymbol{j}$ (rad/s)；$\boldsymbol{\alpha} = 20\boldsymbol{j} + 50\boldsymbol{k}$ (rad/s^2)

$\boldsymbol{v}_C = \boldsymbol{i} + 2\boldsymbol{j} - 5\boldsymbol{k}$ (m/s)

$\boldsymbol{a}_C = -21\boldsymbol{i} - 25\boldsymbol{k}$ (m/s^2)

18-10 $\boldsymbol{v}_D = -0.35\boldsymbol{i} - 0.125\boldsymbol{j} + 9\boldsymbol{k}$ (m/s)

$\boldsymbol{a}_D = 230.3\boldsymbol{i} - 1400.9\boldsymbol{j} + 112.5\boldsymbol{k}$ (m/s^2)

18-11 $\boldsymbol{\omega} = 3\boldsymbol{j} - 5\boldsymbol{k}$ (rad/s)；$\boldsymbol{\alpha} = -15\boldsymbol{i}$ (rad/s^2)

$\boldsymbol{v}_C = 0.433\boldsymbol{i} - 0.25\boldsymbol{j} - 0.45\boldsymbol{k}$ (m/s)

$\boldsymbol{a}_C = -1.475\boldsymbol{i} - 2.165\boldsymbol{j} - 1.3\boldsymbol{k}$ (m/s^2)

18-12 $\boldsymbol{v}_B = 24\boldsymbol{i}$ (m/s)；$\boldsymbol{a}_B = -4160\boldsymbol{i}$ (m/s^2)

$\boldsymbol{\omega} = 24\boldsymbol{i} - 8\boldsymbol{j} - 36\boldsymbol{k}$ (rad/s)

18-13 $\boldsymbol{v}_C = 0.1\boldsymbol{j} + 0.03\boldsymbol{i}$ (m/s)

$\boldsymbol{a}_C = -0.5\boldsymbol{i} + 0.3\boldsymbol{j} - 0.09\boldsymbol{k}$ (m/s^2)

$\boldsymbol{v}_D = 0.15\boldsymbol{j} - 0.03\boldsymbol{k}$ (m/s)；

$\boldsymbol{a}_D = -0.84\boldsymbol{i}$ (m/s^2)

18-14 $\boldsymbol{L}_O = 0.75 \times 10^{-3}\boldsymbol{j} + 0.625 \times 10^{-3}\boldsymbol{k}$ (kg·m^2/s)

18-15 $T = 0.02769$ (J)

18-16 $\boldsymbol{L}_O = \frac{5}{4}mr^2\Omega\sin\theta\boldsymbol{i}' + \frac{1}{2}mr^2(\Omega\cos\theta + \omega)\boldsymbol{k}'$

$$T = \frac{1}{2}\left(\frac{5}{4}mr^2\right)\Omega^2\sin^2\theta + \frac{1}{2}\left(\frac{1}{2}mr^2\right)(\Omega\cos\theta + \omega)^2$$

18-17 $N_D = N_C = \frac{1}{4\ell}mr^2\Omega\sin\theta(3\Omega\cos\theta - 3\omega)$

18-18 $N_A = N_B = 1052.76$ N

18-19 $N_A = N_B = \frac{mr^2}{2\ell}\Omega\omega$

18-20 $M = 1.916$ kg

《索 引》

第十一章

第十二章

Conservative force（保守力）
Potential energy（位能；勢能）
Potential function（位能函數）
Momentum（線動量）
Impulse（衝量）
Moment of momentum（角動量）
Central force（中心力）
Areal Velocity（面積速度）
Impact（碰撞）
Newton（牛頓）
Cofficient of restitution（恢復係數）

第十三章

Planar motion（平面運動）
Rectilinear traslation（直線平移）
Curvilinear traslation（曲線平移）
Rotation about a fixed axis（繞定軸旋轉；轉動）
Equations of rotation（轉動方程式）
Angular Velocity（角速度）
Angular acceleration（角加速度）
Radius of rotation（轉動半徑）
Angular displacement（角位移）
Euler's theorem（歐拉定理）
Instantaneous center of velocity（瞬時速度中心）
Method of instantaneous center of velocity（瞬心法）
Method of base point（基點法）

第十四章

Fixed reference sgstem（固定參考系；定系）
Moving reference system（動參考系；動系）
Absolute motion（絕對運動）
Relative motion（相對運動）
Carrier motion（牽連運動）
Absolute Velocity（絕對速度）
Relative Velocity（相對速度）
Carrier Velocity，Transport Velocity（牽連速度）
Absolute acceleration（絕對加速度）
Relative acceleration（相對加速度）
Carrier acceleration，Transport acceleration（牽連加速度）
Coriolis acceleration（科氏加速度）

第十五章

Momentum（動量）
Theorem of Linear momentum（線動量定理）
Monent of momentum（動量距）
Angular momentum（角動量）
Theorem of moment of momentum（動量矩定理）
Koenig's theorem（柯尼希定理）

第十六章

Effective forces（有效力系）
Center of percussion（打擊中心）

第十七章

Equilibrium position（平衡位置）

Vibration（振動）

Theory of vibration（振動理論）

Free vibration（自由振動）

Force vibration（強迫振動）

Spring constant（彈簧常數）

Rigidity coeffcient（剛度係數）

Damping coeffeient（阻尼係數）

Un-damped free vibration（無阻尼自由振動）

Euler's formular（歐拉公式）

Amplitude（振幅）

Phase angle（相位角）

Initial phase angle（初相位角）

Initial perturbation（初擾動）

Period（周期）

Frequency（頻率）

Circular natural freqrency（圖周自然頻率）

Attenuation vibration（衰減振動）

Log decrement（對數減幅率）

Energy method（能量法）

Equivalent spring constant（等效彈簧常數）

Excitation（激振力）

Response（響應）

Amplitude-frequency curves（幅頻曲線）

Phase-frequency curves（相率曲線）

第十八章

MEMO

MEMO

國家圖書館出版品預行編目資料

動力學 / 戴澤墩主編. －初版. －新北市：
新文京開發, 2018.05
面； 公分

ISBN 978-986-430-395-3（平裝）

1. 應用動力學

440.133 107004534

動力學 （書號：**A306**）

主　　編	戴澤墩
校　　訂	溫烱亮　葛自祥　張振添
出 版 者	新文京開發出版股份有限公司
地　　址	新北市中和區中山路二段 362 號 9 樓
電　　話	(02) 2244-8188（代表號）
F　A　X	(02) 2244-8189
郵　　撥	1958730-2
初　　版	西元 2018 年 05 月 01 日

建議售價：550 元

法律顧問：蕭雄淋律師

ISBN 978-986-430-395-3